力学丛书·典藏版 26

超声速流与冲击波

R. 柯朗　K. O. 弗里德里克斯 著

李维新　徐华生　管楚淦 译

孙和生 校

科 学 出 版 社

1 9 8 6

内 容 简 介

本书是一经典名著，侧重理论分析，系统建立可压缩流体动力学的数学理论，特别是与气体动力学有关的非线性理论。自1948年出版到1976年重印，几次印刷，内容都不变。三十多年来它一直是流体动力学方面的一本重要参考书，其中所涉及的不少问题至今仍是重要研究课题。

全书六章。一、二章是基础部分；三、四章分别论述一维不定常流动和二维定常流动，是本书的精华和中心；五、六章分别扼要论述射流和三维对称流。

本书第三、四章分别由李维新、管楚淦翻译，其余由徐华生翻译。

本书可供高等学校数学、力学专业的教师、研究生和高年级大学生，以及有关科技领域的研究、教学、设计人员阅读。

图书在版编目 (CIP) 数据

超声速流与冲击波／(美)柯朗(Courant,R.)等著；李维新，徐华生，管楚淦译. —北京：科学出版社，2016.1

(力学名著译丛)

书名原文：Supersonic flow and shock waves

ISBN 978-7-03-046973-1

I. ①超… II. ①柯… ②李… ③徐… ④管… III. ①超音速流动—研究 ②冲击波—研究 IV. ① 0354.3 ② 0347.5

中国版本图书馆 CIP 数据核字 (2016) 第 006924 号

R. Courant, K. O. Friedrichs

SUPERSONIC FLOW AND SHOCK WAVES

Springer-Verlag, 1976

力学名著译丛

超声速流与冲击波

R. 柯朗 K. O. 弗里德里克斯 著

李维新 徐华生 管楚淦 译

孙和生 校

责任编辑 晏名文

科学出版社 出版

北京东黄城根北街16号

北京京华虎彩印刷有限公司印刷

新华书店北京发行所发行 各地新华书店经售

*

1986年第一版 开本：850×1168 1/32

2016年印刷 印张：12 7/8

插页：精 3 平 2

字数：338,000

定价：108.00元

序

本书脱胎于 1944 年由(美国)科学研究与发展署主持发表的一份报告. 对原报告几乎已全部重写, 并新增了许多材料. 本书从数学上讨论可压缩流体动力学的基本问题, 试图提供特别与气体动力学有关的非线性波传播的系统理论. 本书写成高等教材的形式,不仅介绍了一些近代的发展,也论述了经典的内容. 作者希望它能反映出这一学科在深化方面的一些进展;但是,作者不打算涉及非线性波传播理论的整个领域, 也不想汇集各种可用以解决专门工程问题的结果.

本书是由数学家写的. 作者力求用纯理论方法来探究物理实际中的一个诱人的领域,同时也认可经验处理方法.作者希望本书对工程师、物理学家和数学家均有裨益;并希望它既不会因太多的物理假定而被数学家所拒绝, 也不至因数学上的过份严密性而为其他人所不取.

正如那些基本方程的非线性特征在其中起决定性作用的课题一样, 可压缩流体动力学离 Laplace 作为数学理论的目标所设想的完备性还相距甚远. 经典力学及数学物理是根据普遍的微分方程和具体的边界条件、初始条件来预言现象的; 可是, 本书的课题却远没能达到这种要求. 气体动力学的一些重要分支还集中于若干特殊类型的问题上,而与之相应的理论,其普遍性并非总是很鲜明的. 尽管如此,作者仍力求尽量发挥并强调这些普遍性观点,并希望这种努力对这方面的进展有所促进.

在这个近年来吸引了众多研究者且显示出如此广泛的实际和理论意义的领域内,作者发现要作面面俱到的论述是不可能的,所以我们就走了一条主要受个人的兴趣和经验所决定的道路. 那些作者有幸与之较多接触的科学家,书中经常提及他们的名字,而其他人的名字则可能被疏漏. 对许多近代研究成果的评价也许不甚公允,特别是对各机构在战时发表的,而至今仍不能随便见到的大量报告,评价就更是如此. 为了不再拖延,我们未对文献作全面的调研就进行了本书的出版工作.

此书的出版准备工作，是在纽约大学数学力学研究所工作人员的协作下进行的. Cathleen Synge Morawetz 承担了编辑 R. Shaw 的原始报告的主要任务，并在许多细节上提出了建设性意见,她的学识和有力的协助极为宝贵；L. J. Savage 积极协作重写了原始报告的第一章和其它一些部分；D. A. Flanders 阅读了部分原稿并提出了许多重要改进，对我们帮助很大；W. Y. Chen, W. M. Hirsch, E. Isaacson, A. Leitner, S. C. Lowell 和 M. Sion 在本书的出版工作中协助审阅了校样,同时提出了有益的意见;绘图是由 G. W. Evans 和 J. R. Knudsen 完成的;很多图例都代表着实际情况；手稿的准备工作是由干练的 Edythe Rodermund 和 Harriet Schoverling 完成的.

我们由衷地感谢海军研究局. 该局根据 1 号任务 N6ori-201 合同给予了慷慨支持,致使本书的准备工作得以进行;该局的成员在此项工作进行中的热情关心,使我们深受鼓舞.

我们还要向 Interscience 出版社致谢,感谢其职员们的合作态度及其官员们对推动科学出版事业的极大关注.

本书谨献给 Warren Weaver. 他作为战时应用数学小组委员会的负责人,不仅为数学科学当时的任务,而且更为其持续的发展付出了巨大的劳动. 他对我们这项工作始终如一的关心，对于我们乃是一种连续不断的鼓励. 因此,谨献本书,既是对一位为我国应用数学近代的发展贡献了大量智慧和精力的人物的赞颂，也是一种友谊的纪念.

R. 柯朗

K. O. 弗里德里克斯

1948. 8.

目　　录

序

第一章　可压缩流体 …… 1

§1　线性波与非线性波的定性差别 …… 2

A.　流动的一般方程・热力学概念 …… 3

§2　介质 …… 3

§3　理想气体・多方气体和内能可分离的介质 …… 5

§4　理想气体的数学表述 …… 7

§5　不遵循 Hooke 定律的固体 …… 9

§6　离散介质 …… 10

§7　运动的微分方程 …… 11

§8　能量守恒 …… 14

§9　焓 …… 15

§10　等熵流・定常流・亚声速流和超声速流 …… 16

§11　声学近似 …… 17

§12　流动方程的矢量形式 …… 17

§13　环量守恒・无旋流・位势 …… 18

§14　Bernoulli 定律 …… 19

§15　极限速度和临界速度 …… 21

B.　特殊类型流动的微分方程 …… 23

§16　定常流 …… 23

§17　非定常流 …… 26

§18　一维流和球形流的 Lagrange 方程 …… 27

附录　浅水中波的运动 …… 29

§19　浅水理论 …… 29

第二章　二元函数的双曲型流动方程的数学理论 …… 32

§20　包含两个二元函数的流动方程 …… 32

§21　二阶微分方程 …… 33

§22 特征曲线及特征方程 …… 34
§23 一些特殊问题的特征方程 …… 40
§24 初值问题·依赖域·影响区 …… 42
§25 间断沿特征线的传播 …… 47
§26 作为不同类型区域之间的分界线的特征线 …… 48
§27 特征初值 …… 49
§28 关于边界值的补充 …… 50
§29 简单波·与常状态区毗邻的流动 …… 52
§30 速度图变换及其奇点·极限线 …… 55
§31 多于两个微分方程的方程组 …… 62
附录 …… 67
§32 两个以上自变量的函数的微分方程概述·特征曲面 …… 67
第三章 一维流动 …… 71
§33 一维流动问题 …… 71
A. 连续流动 …… 72
§34 特征线 …… 72
§35 依赖域·影响区 …… 74
§36 更一般的初值 …… 75
§37 Riemann 不变量 …… 77
§38 等熵流动的微分方程的积分 …… 79
§39 关于 Lagrange 表示法的评述 …… 81
B. 稀疏波和压缩波 …… 82
§40 简单波 …… 82
§41 简单波中波形的畸变 …… 86
§42 简单波中的质点轨迹和贯穿特征线 …… 88
§43 稀疏波 …… 89
§44 逃逸速度·完全和不完全稀疏波 …… 91
§45 中心稀疏波 …… 93
§46 中心稀疏波的显式公式 …… 93
§47 关于 Lagrange 坐标中简单波的评述 …… 96
§48 压缩波 …… 97
B 部分附录 …… 99

§49 压缩波中包络及其尖点的位置 …… 99

C. 冲击波 …… 104

§50 作为一种不可逆过程的冲击波 …… 104

§51 关于非线性流动的历史回顾 …… 106

§52 间断面 …… 107

§53 不连续运动的基本模型·管道中的冲击波 …… 108

§54 跳跃条件 …… 109

§55 冲击波 …… 113

§56 接触间断 …… 114

§57 冲击波的描述 …… 114

§58 冲击波运动的模型 …… 117

§59 冲击波的力学条件的讨论 …… 118

§60 作为弱冲击波极限的声波 …… 119

§61 冲击波的力学条件足以确定冲击波的情形 …… 119

§62 Lagrange 表示法中的冲击波条件 …… 120

§63 从粘性和导热流体的微分方程导出的冲击波关系式 …… 121

§64 Hugoniot 关系式·冲击波过渡的确定性 …… 125

§65 冲击波过渡的基本性质 …… 128

§66 多方气体的临界速度和 Prandtl 关系式 …… 132

§67 多方气体的冲击波关系式 …… 134

§68 多方气体中由冲击波阵面一边的状态所决定的另一边的状态 …… 136

§69 由均匀压缩运动产生的冲击波 …… 136

§70 冲击波在固壁上的反射 …… 138

§71 多方气体的冲击波强度 …… 140

§72 弱冲击波·与简单波过渡的比较 …… 141

§73 非均匀冲击波 …… 146

§74 中等强度的非均匀冲击波的近似处理 …… 146

§75 衰减冲击波·N 形波 …… 149

§76 冲击波的形成 …… 153

§77 关于非均匀强冲击波的说明 …… 155

D. 相互作用 …… 157

§78 有代表性的相互作用 …… 157

§79 结果概述 …… 160
§80 Riemann 问题·激波管 …… 163
§81 分析方法 …… 165
§82 稀疏波的穿透过程 …… 172
§83 用有限差分法处理相互作用 …… 177
E. 爆轰波和爆燃波 …… 183
§84 反应过程 …… 183
§85 假定 …… 186
§86 各类过程 …… 187
§87 Chapman-Jouguet 过程 (C-J 过程) …… 190
§88 Jouguet 法则 …… 193
§89 包含反应阵面的气体流动的确定性 …… 196
§90 包含爆轰过程的流动问题的解 …… 200
§91 包含爆燃的流动问题的解 …… 202
§92 爆轰作为被冲击波激发的爆燃 …… 203
§93 有限宽度的爆燃区 …… 204
§94 有限宽度的爆轰区· Chapman-Jouguet 假说 …… 208
§95 反应区的宽度 …… 208
§96 反应过程的内部机理·燃烧速度 …… 209
附录 弹塑性介质中波的传播 …… 211
§97 介质 …… 211
§98 运动方程 …… 214
§99 撞击加载 …… 215
§100 卸载冲击波 …… 218
§101 相互作用和反射 …… 219
第四章 等熵无旋定常平面流 …… 221
§102 分析背景 …… 221
A. 速度图方法 …… 222
§103 速度图变换 …… 222
§104 用速度图方法所得到的特殊流动 …… 225
§105 极限线和过渡线的作用 …… 230
B. 特征线和简单波 …… 232

§106 特征线・Mach 线和 Mach 角 ………………………… 232
§107 速度图平面上的特征线——外摆线…………………… 235
§108 (u, v) 平面上的特征线 ……………………………… 236
§109 简单波……………………………………………………… 239
§110 简单波中流线和贯穿 Mach 线的显式表达式………… 243
§111 绕一弯曲部或一拐角的流动・简单波的结构………… 245
§112 压缩波・在凹形曲壁中的和绕一凸起部的流动……… 251
§113 二维管道中的超声速流动……………………………… 253
§114 简单波的相互作用・在固壁上的反射………………… 257
§115 射流……………………………………………………… 259
§116 多方气体中简单波的过渡公式………………………… 260
C. 斜冲击波 ………………………………………………… 263
§117 定性描述………………………………………………… 263
§118 斜冲击波关系式・接触间断…………………………… 266
§119 对多方气体的冲击波关系式・Prandtl 公式………… 270
§120 冲击波过渡的一般性质………………………………… 272
§121 多方气体的冲击波极线………………………………… 273
§122 利用冲击波极线对斜冲击波的讨论…………………… 278
§123 在拐角处或绕楔形物的流动…………………………… 283
D. 相互作用・冲击波反射…………………………………… 285
§124 冲击波的相互作用・冲击波反射……………………… 285
§125 冲击波在固壁上的正规反射…………………………… 285
§126 正规反射(续)…………………………………………… 292
§127 对多方气体正规反射的解析处理……………………… 294
§128 几个冲击波汇合的结构・ Mach 反射………………… 297
§129 通过一点的三冲击波结构……………………………… 297
§130 Mach 反射 ……………………………………………… 299
§131 驻定的，正的和反的 Mach 结构……………………… 300
§132 定量讨论结果…………………………………………… 303
§133 压力关系式……………………………………………… 306
§134 修正和推广……………………………………………… 307
§135 三冲击波结构的数学分析……………………………… 309
§136 图解法…………………………………………………… 310

E. 相互作用的近似处理・翼型流……………………313
§137 包含弱冲击波和简单波的问题……………………313
§138 弱冲击波和简单波的比较……………………314
§139 衰减冲击波……………………316
§140 绕一凸起部或一机翼的流动……………………319
§141 用扰动法(线性化)处理绕机翼的流动……………………320
§142 对机翼的另一扰动法……………………326
F. 关于定常流动边值问题的评述……………………328
§143 关于边界条件的事实和推测……………………328
第五章 喷管与射流中的流动……………………337
§144 喷管流动……………………337
§145 通过圆锥的流动……………………337
§146 Laval 喷管……………………339
§147 各种类型的喷管流动……………………342
§148 喷管和射流中的冲击波图像……………………345
§149 推力……………………350
§150 理想喷管……………………352
第六章 三维流动……………………354
A. 柱对称定常流动……………………354
§151 柱对称・流函数……………………354
§152 细长回转体的超声速绕流……………………355
§153 阻力……………………360
B. 锥型流……………………362
§154 定性描述……………………362
§155 微分方程……………………364
§156 锥面冲击波……………………366
§157 其它包含锥型流的问题……………………369
C. 球面波……………………371
§158 概述……………………371
§159 解析公式……………………372
§160 行波……………………373
§161 特殊类型的行波……………………375

§162 球面拟简单波…………………………………………………… 378
§163 球面爆轰波与爆燃波……………………………………………… 382
§164 其它球面拟简单波………………………………………………… 384
§165 球面反射冲击波…………………………………………………… 384
§166 结束语……………………………………………………………… 386
参考文献…………………………………………………………………… 387

第一章 可压缩流体

大扰动——诸如炸药爆轰、火箭喷管中的流动、发射体的超声速飞行、与固体碰撞等所产生的扰动——与声、光或电磁信号的“线性”现象极不相同．其差别在于：大扰动的传播受非线性微分方程的支配，因而人们熟知的叠加、反射和折射等规律不再成立，而却出现更为新颖的特性，其中以冲击波阵面的出现最为突出．介质的速度、压力和温度穿过冲击波阵面时发生突然的，往往是相当大的变化．即使运动开始时是完全连续的，后来却可能自动地产生冲击波间断；然而，在另一些条件下，也可能出现正好相反的情况，初始间断会立即消失．上述两种可能性本质上都与基本方程的非线性有关．

自然界呈现出大量非线性现象，它不仅出现在可压缩流体的流动中，而且也在其它许多有实际意义的情况中存在．与上面提到的现象颇为不同的一个例子是：在一群冲向一个狭窄出口或别的障碍物的惊恐的人中间所产生的灾难性挤压．倘若这群人前进的速度超过警报往后传递的速度，就会出现一个极象从固壁反射的冲击波阵面后边的压力波．一些有关的现象，如交通拥塞，实质上似乎都可归因于类似的条件．然而，在本书中我们主要着眼于可压缩流体的理论．

了解和掌握非线性波的运动有着明显的重要意义．在差不多一百年前开始的一段时期中，Stokes, Earnshaw, Riemann,Rankine, Hugoniot,Lord Rayleigh 及后来的 Hadamard 等人写下了开创这一研究领域的奠基性论文；嗣后的发展主要落在力学与工程领域中一小批有才能的人身上．然而，近几年来，随着应用科学与纯粹科学之间壁垒的拆除，非线性波，特别是冲击波和膨胀波引起了广泛的注意．

本书目的在于使非线性波的数学理论更易为人接受，与此同时，对某些近代发展也给予特别的注意[1].

§1 线性波与非线性波的定性差别

非线性波的一些特性一般地说是能够描述的. 在线性波里，例如在声音的传播过程中，扰动总以确定的速度(相对于介质)传播，这速度在介质内部可以不均匀. 这个“声速”是介质本身的局部性质，它对该介质中各种可能的线性波运动来说都是相同的. 在非线性波中这一声速也起作用. 使给定的初始波的运动发生微小变化的小扰动或“子波”，以一定的速度传播，这速度也称为声速，尽管在这种情况下声速不仅依赖于在介质中所处的位置，而且还和初始运动所造成的介质状态有关.

然而，非线性波的显著特点是同未必很小的扰动或间断相联系的. 在线性波运动里，横跨曲面的任何初始间断，始终保持为间断且以声速传播. 非线性波的表现却不同. 假设在具有不同压力、密度和流速的两个区域间存在着初始间断，则有下面两种不同的可能性：或者初始间断立即分解，扰动在传播中变为连续的；或者初始间断以一个或两个冲击波阵面的形式传播，这冲击波阵面不是以声速而是以超声速的速度相对波前而向前运动. 如前所述，冲击波是非线性波传播中所出现的最引人注目的现象. 即使没有初始间断作为导因，冲击波也可能出现并传播. 这个现象的数学依据是，非线性偏微分方程不同于线性偏微分方程，它在微分方程本身保持正则的地方，常常给不出可以连续延拓的解.

非线性波与线性波的另一明显不同点涉及相互作用现象：叠加原理对线性波成立，但对非线性波不成立. 因而，例如几个相干声波的超压只要彼此相加，而非线性波的相互作用和反射则可导致压力的剧增.

---

1) 关于可压缩流动的理论可参阅[3, 4,5]; Sauer[6], Liepmann 和 Puckett[7] 给出了另一些不同的方法.

A. 流动的一般方程·热力学概念

§2 介　质

我们将主要讨论运动流体，然而很多结果也适用于其它的运动介质(例如，以纵波形式运动的固体板)．本节将陈述介质的一些性质，这些性质是全书将采用的，同时将对一些有特殊兴趣的理想介质加以说明．此外，由于气体动力学与热力学概念完全交织在一起，因而在这里以适当的数学形式引进一些热力学的基本概念是合适的[1]．

除了在运动发生间断的地方外，我们将忽略介质的粘性、热传导以及介质状态(在任何时刻和任何点)相对于热力学平衡态的偏离．关于这些现象的忽略，我们将在以后几章中加以评述，特别是将要证明，粘性及热传导对于形成和维持冲击波间断起着重要作用．

每一时刻，流体中的每一点都存在一个由以下各量所定义的(热力学平衡的)确定状态：

p　压力，

T　温度，

τ　比容(单位质量所占体积)，

ρ　密度，$\rho\tau = 1$，

S　比熵，

e　比(内)能，

i　比焓[2]，定义为 $i = e + p\tau$．

由热力学知道，对于任何给定介质，参量 p，T，τ，e 和 S 中只有两个是独立的．实际上，这些量全可看作是 τ 和 S 的函数．

介质从一个状态变到另一状态时所获得的内能，等于介质所

---

1) 有关热力学的著作可参看 Epstein[20]和 Zemansky[21]．

2) 焓的概念将在 §9 中讨论．

吸收的热量与压力对介质所做的压缩功之和．当介质从一个状态变到紧邻的状态时，上述基本现象可以用下式表示：

$$de = TdS - pd\tau. \tag{2.01}$$

在可逆过程中，TdS 是通过热传导所获得的热量；在不可逆过程中，TdS 大于上述所得热量．假如不可逆过程可描述为粘性作用所决定的过程，那么 TdS 超过由热传导所得热量的部分，就可以解释为粘性产生的热．

假设对某介质我们已知比能 e 如何依赖于 τ 及 S，则根据关系式(2.01)的意义立即可以求出压力 p 和温度 T．它们是

$$p = -e_\tau, \quad T = e_S, \tag{2.02}$$

式中下标表示偏微商[1]．

在流体的流动理论中，常常将 p 表成 S 和 ρ（或 τ）的函数，这个函数我们总是写为

$$p = f(\rho, S); \quad p = g(\tau, S). \tag{2.03}$$

将习惯用语稍加扩展，我们把上面方程都称为介质的**热状态方程**．

忽略粘性和热传导相当于假定：当介质的质点四处运动时，运动质点的比熵保持不变，也就是说，质点状态的变化是**绝热的**．所以，我们经常感兴趣的是，固定比熵 S，而将 $f(\rho, S)$ 和 $g(\tau, S)$ 分别看成是 ρ 和 τ 的函数．确实，在某些情况下将把这些函数就简写为 $f(\rho)$ 和 $g(\tau)$．因此，方程 $p = f(\rho) = g(\tau)$ 称作**绝热方程**．

这里，**等熵**这一名词也许比**绝热**更确切．例如，若无热传导而有粘性，那么状态变化就会是绝热的（质点上无热量流入和流出），然而并不等熵（质点的熵一般要增加）．但是，我们将留下**等熵**这一名词以表示另一概念：介质中的熵处处相同．

所有实际介质的一个基本特性是，在熵保持不变的情况下，压力随密度的增加（或随比容的减小）而增加，即

$$f_\rho(\rho, S) > 0; \quad g_\tau(\tau, S) < 0, \tag{2.04}$$

---

1) 本书几乎总以下标表示偏微商．

其中极限情况 $\rho=0$ 除外，这时 $f_\rho=0$. 由于 (2.04)，我们可以定义一个具有速度量纲的正量 c:

$$c^2=\frac{dp}{d\rho}=f_\rho(\rho,S),\quad \rho^2c^2=-g_\tau(\tau,S). \qquad (2.05)$$

这个重要量 c 称为声速. 在第二章 §35 中我们将解释这一名称的来由；量 ρc 通常称为声阻抗.

对于任何 S 值，函数 $g(\tau,S)$ 一般是向下凸的. 所以，除了注明出现相反的情况以外，全书都将假定

$$g_{\tau\tau}(\tau,S)>0. \qquad (2.06)$$

注意到以下一点是有用的，即结合 (2.04)，由 $f_{\rho\rho}(\rho,S)\geqslant 0$ 可导出 (2.06).

我们再添加一个假定：在常比容时压力随熵增加，即

$$g_S(\tau,S)>0. \qquad (2.07)$$

从方程 (2.02) 看出，这个假定等价于如下假定：当熵不变时，温度随密度增加而增加.

对于气体，其密度可趋近于零，我们添加下面的假定：

$$\text{当 } \rho\to 0 \text{ 时},\ e\to 0,\ \tau p\to 0,\ T\to 0,\ c\to 0. \qquad (2.08)$$

至此，无需再对介质作更多的假定，就能大大向前发展非线性波运动的理论. 然而，存在各种物理上有特殊兴趣的介质，我们将在 §3—6 中加以介绍（比以后数学处理所需的内容略为详尽一些）.

§3 理想气体·多方气体和内能可分离的介质

在把理论用于气体的所有实际应用中，可以相当精确地假定介质是理想气体，即一种遵从 Boyle 和 Gay-Lussac 定律的介质，这两个定律通过下列状态方程表示：

$$p\tau=RT, \qquad (3.01)$$

式中常数 R 可以取为普适气体常数 R_0 除以具体气体的有效分子量.

对于理想气体，内能只是温度的函数(参看 §4). 特别是，若这内能就正比于温度 T，则这气体称为多方气体. 对于这种气体可以写出

$$e = c_v T, \tag{3.02}$$

式中常数 c_v 是定容比热. 在理论的大多数应用中，都假定气体是多方的. 这一假定再加上 (3.01) 就导出熵状态方程

$$p = f(\rho, S) = A\rho^{\gamma}, \tag{3.03}$$

式中系数 A 依赖于熵 S; 对于大多数常见的气体，绝热指数 γ 是介于 1 和 5/3 之间的常数. 中等温度下的空气可以看成是 $\gamma = 1.4$ 的多方气体.

我们将在 §4 中证明 (3.02) 与 (3.03) 是等价的. 这里指出，c_v 等于 $R/(\gamma - 1)$，因此

$$e = \frac{1}{\gamma - 1} p\tau, \tag{3.04}$$

而

$$A = (\gamma - 1)\exp c_v^{-1}(S - S_0), \tag{3.05}$$

式中 S_0 是一适当常数.

按照 (2.05) 和 (3.03)，多方气体的声速由下列简单的关系式表征:

$$c^2 = \gamma A\rho^{\gamma-1} = \gamma p\tau = \gamma RT. \tag{3.06}$$

为了以后引用，我们注意到，对于多方气体，

$$e = \frac{A}{\gamma - 1}\tau^{-(\gamma-1)} = \frac{A}{\gamma - 1}\rho^{(\gamma-1)}, \tag{3.07}$$

$$RT = A\tau^{-(\gamma-1)} = A\rho^{(\gamma-1)}, \tag{3.08}$$

$$p = A\rho^{\gamma} = A\tau^{-\gamma}. \tag{3.09}$$

由 (3.09) 直接推出，多方气体满足单调性条件 (2.04) 和凸性条件 (2.06).

用 p 和 τ 来表示时，能量由式 (3.04) 给出，温度由 (3.01) 给出，熵由下式给出:

$$S - S_0 = c_v \log\{p\tau^{\gamma}/(\gamma - 1)\}, \tag{3.10}$$

此式可从 (3.05) 和 (3.09) 推出.

气体的压力明显地依赖比熵. 然而,在某些情况下,特别当介质是液体时,熵变化的影响可以忽略,因此,可以把 p 看成只是密度(或比容)的函数. 在这种情况下,熵状态方程的形式为

$$p = f(\rho) \text{ 或 } p = g(\tau), \tag{3.11}$$

因而,由 (2.01) 和 (2.02) 得出

$$e = e^{(1)}(\tau) + e^{(2)}(S). \tag{3.12}$$

反之,按 (3.12) 所示内能可分离就意味着有 (3.11). 类似地,T 只依赖于 S 的条件等价于内能可分离的条件.

内能近似可分离的最重要介质是水. 水的热状态方程与完全气体的热状态方程有某些类似:

$$p = A\left(\frac{\rho}{\rho_0}\right)^{\gamma} - B. \tag{3.13}$$

上式中 ρ_0 是 0℃ 时的密度, A, B 及 γ 实际上与熵无关. 对水而言,这些量的值近似地为: $\gamma = 7$, $B = 3000$ 大气压, $A = 3001$ 大气压.

§4 理想气体的数学表述

现在来一般地证明理想气体的内能只是温度的函数,并建立该函数和熵状态方程的关系. 虽然这对以后各节并不重要,但看来还是值得的. 对任何理想气体,将 (3.01) 所得的值 $T = p\tau/R$ 代入 (2.02),就得到关于 e 的线性偏微分方程

$$Re_S + \tau e_\tau = 0. \tag{4.01}$$

此方程的通解为

$$e = h(\tau H), \tag{4.02}$$

式中 h 是任意函数,而

$$H = \exp(-S/R). \tag{4.03}$$

因而,熵状态方程为

$$p = -e_\tau = -h'(\tau H)H = -h'(\rho^{-1}H)H, \tag{4.04}$$

式中 h' 是 h 的微商. 对于理想气体,由 (4.04) 得出,单调性条件

(2.04) 和凸性条件 (2.06) 分别等价于 h 的二阶微商为正和三阶微商为负的条件:

$$h''(\tau H) > 0; \quad h'''(\tau H) < 0. \tag{4.05}$$

理想气体的温度由下式给出:

$$T = e_S = -\frac{1}{R} h'(\tau H)\tau H. \tag{4.06}$$

方程 (4.06) 表明,T 象 e 一样只依赖于 τH. 对于任何实际介质,T 是此变量的严格递减函数,所以可以将 τH 看成 T 的函数来求解 (4.06),然后用 (4.02)将 e 表为 T 的函数. 换言之,理想气体的比能只依赖于温度.

根据 (2.05) 和 (4.04),理想气体的声速可用下式表示成 τ 和 S 的函数:

$$c^2(\tau, S) = h''(\tau H)\tau^2 H^2. \tag{4.07}$$

因此,和比能一样,声速也只依赖于温度. 在理想气体情况下,声速同能量及温度的关系由以下方程表示:

$$c^2(T) = \left(1 + R\frac{dT}{de}\right) RT = \gamma(T)RT, \tag{4.08}$$

式中引进了无量纲量 $\gamma(T)$ 以表示 $1+R\dfrac{dT}{de}$. 方程 (4.08) 容易由 (4.07) 推出,推导中只要利用从 (4.04) 和 (4.06) 所证得的关系 $e_\tau + RT_\tau = -h''(\tau H)\tau H^2$ 和 $RT = -\tau e_\tau$.

我们注意到

$$\frac{de}{dT} = \frac{R}{\gamma(T) - 1} \tag{4.09}$$

即为"定容比热"(参看 §9).

对于多方气体,即如 (3.02) 所表示的 e 只与 T 成比例的理想气体,$\gamma(T)$ 为常数. 事实上,由 (4.08) 和 (3.02) 得

$$\gamma = 1 + Rc_v^{-1}, \tag{4.10}$$

或如前所述 $c_v = R/(\gamma - 1)$.

因为 c_v 和 R 均为正,故

$$\gamma > 1^{1)}. \tag{4.11}$$

在初等气体动力论适用的地方,已知

$$\gamma \leqslant \frac{5}{3}. \tag{4.12}$$

将 (4.02) 及 (4.06) 代入 (3.02),利用 (4.10) 得到

$$h'(\tau H) = -(\gamma - 1)(\tau H)^{-1} h(\tau H). \tag{4.13}$$

所以

$$h = \left(\tau \frac{H}{H_0}\right)^{-(\gamma-1)}, \tag{4.14}$$

式中出现常数 H_0 表明,比熵只能确定到包含一个任意常数.

于是从 (4.04) 得出

$$p = A(S)\tau^{-\gamma}, \tag{4.15}$$

根据 (4.02) 和 (3.05) ,式中 $A(S)$ 为

$$A = A(S) = (\gamma - 1)\left(\frac{H}{H_0}\right)^{-(\gamma-1)}$$

$$= (\gamma - 1)\exp[c_v^{-1}(S - S_0)].$$

关系式 (4.15) 与 (3.03) 等价. 因此,从基本假定 (3.02) 我们推出了热状态方程.

§5 不遵循 Hooke 定律的固体

与流体相反,固体的抗剪切性使固体的热力学描述(包含实际出现的许多应力应变分量)比流体的热力学描述复杂得多. 但若仅限于考虑垂直于板面运动的平面纵波,剪切力不出现. 那么弹性固体和流体之间能作很好的类比.若忽略熵变化的影响,平板横截面上的状态可用与流体的压力和比容相类似的两个变量 p 和 τ

---

1) 通常,特别是在亚声速流动理论中(参看[12]),绝热方程 $p = g(\tau)$ 近似表示为

$$p = -k^2(\tau - \tau_0) + g(\tau_0),$$

此式不满足条件 (2.06). 这个 p 与 τ 的关系式,除去一个附加常数外,对应于 $\gamma = -1$ 的多方气体.

来表征．本节中 p 表示“工程应力”的负值，即作用于平板横截面上的法向力的负值除以未变形平板的初始横截面的面积；而

$$\tau = \tau_0(1+\varepsilon),$$

式中 τ_0 是未变形平板的比容，ε 为应变．对于弹性固体板，常用的熵状态方程几乎总是用 Hooke 定律来表述，用我们的符号可写为

$$p = (\tau_0 - \tau)\frac{E}{\tau_0}, \tag{5.01}$$

式中 E 为杨氏模量．

当 Hooke 定律适用时，波的运动是线性的；更确切地说（参看第二章），按 Lagrange 观点而不是按 Euler 观点，这运动是线性的．因此我们更为关心的是 Hooke 定律不适用的固体，即这些固体具有比 (5.01) 的形式更一般的热状态方程：

$$p = g(\tau). \tag{5.02}$$

正如在流体情况中那样，我们将假定 p 随 τ 的增加而减小；还假定作为 τ 的函数 p 决不呈凸状地离开 p 轴，且在 $\tau=\tau_0$ 处变为零．这些假定的数学形式为

$$\begin{aligned} &g'(\tau) < 0, \\ &g(\tau_0) = 0, \\ &g''(\tau) \leqslant 0 \text{ 当 } \tau \leqslant \tau_0, \\ &\qquad\ \ \geqslant 0 \text{ 当 } \tau \geqslant \tau_0. \end{aligned} \tag{5.03}$$

以上条件表明，除去二阶以上各项，这固体在 τ_0 邻近满足 Hooke 定律．我们注意到，(5.03) 的最后部分与 (2.06) 相反．

这些 Hooke 定律不适用的固体，虽然本身不是塑性的，但在某些塑性研究中要用到．更详细的情况可参看第三章的附录，其中有典型的“非 Hooke”状态方程的图示．

§6 离散介质

对于波动运动，我们可以采用由一连串彼此以弹簧相联的质量所组成的介质来研究，这些弹簧一般不遵从 Hooke 定律． 这种**离散介质**与我们直接关心的连续介质有一定的类似．这种类似

性可以从两个方面加以利用：在某些计算中用离散介质去近似连续介质有利，而在另一些场合则与此相反，例如参看[58].

§7 运动的微分方程[1)]

本书所要研究的问题与流体动力学微分方程的一般结构有密切关系，这些微分方程支配着介质的运动，间断情况除外. 该方程组表达：

a. 质量守恒原理；

b. 动量守恒的牛顿定律；

c. 状态绝热变化的条件；

d. 状态方程的具体形式.

这些微分方程和相应的初始条件及边界条件一起，决定一个特定的现象.

在本章以下各节，将以适应我们的目的的方式，对流体动力学方程组的有关经典结果作一简要的综述.

流体动力学方程可用两种不同的形式表达：Lagrange 形式和 Euler 形式. 在 Lagrange 形式里，运动通过气体各质点的轨迹来描述，即把质点的坐标 (x, y, z) 看作是时间 t 以及表征各个质点的三个参量 a, b, c 的函数. a, b, c 常被选为 $t=0$ 时刻的质点坐标. 在 Lagrange 表示法中，对时间的微商以(·)表示.

然而，从数学和物理两方面的观点来看，大多数场合下 Euler 表示法更为可取. 在这种表示法里，人们着眼于一些固定的点(x, y, z)，考察在这些点上随时间 t 发生的现象. 这时，运动通过给出在 t 时刻正好位于点 (x, y, z) 上的质点的速度分量 u, v, w 来描述，在这里速度分量是作为 x, y, z 的函数给出的. 在 Euler 表示法中，对自变量 x, y, z, t 的微商将用下标表示. 从 Euler 表示法转换到 Lagrange 表示法，可以通过求解下列常微分方程组来实现：

---

1) 关于本节可参看文献目录中的 Lamb[17] 和 Milne-Thomson[18].

$$\dot{x} = u(x, y, z, t),$$
$$\dot{y} = v(x, y, z, t), \tag{7.01}$$
$$\dot{z} = w(x, y, z, t),$$

积分常数可以取作参数 a, b, c. 逆转换则通过从方程 (7.01) 中和从微分 (7.01) 所得的方程中消去 a, b, c 来实现.

Lagrange 形式的流体动力学方程为

$$(\rho\dot{\Delta}) = 0; \tag{7.02}$$

(质量守恒)

(式中 $\Delta = \partial(x, y, z)/\partial(a, b, c)$ 表示函数 $x(a,b,c,t)$, $y(a, b, c, t)$, $z(a, b, c, t)$ 的 Jacobi 行列式.)

$$\rho\ddot{x} + p_x = 0,$$
$$\rho\ddot{y} + p_y = 0, \tag{7.03}$$
$$\rho\ddot{z} + p_z = 0;$$

(动量守恒)

(这里假定,除压力梯度外无其它作用力. 当然, 重力一般是存在的,但在大多数应用中,重力或一概略去,或分开处理. 参看Milne-Thomson[18].)

$$\dot{S} = 0; \tag{7.04}$$

(状态变化是绝热的)

$$p = f(\rho, S). \tag{7.05}$$

(热状态方程)

方程 (7.03) 中压力 p 的微商是把 x, y, z, t 当作自变量. 若通过 $p_x = p_a a_x + p_b b_x + p_c c_x$ 等写成以 a, b, c, t 为变量的显式表达式,则将引进非线性项, 因为 $a_x, b_x, \cdots$ 要用反函数 $x(a, b, c, t), \cdots$ 来表示. 所以, Lagrange 表达式常常很冗繁. 对于只用一个空间坐标就足以表征的对称运动,这个缺点并不存在;我们将看到,在这些情况下 Lagrange 表示法常常是有利的.

对于含有两个以上空间坐标的运动, 一般写成 Euler 形式的方程更好. Euler 方程组中的每个方程都可用下面的恒等式直接从相应的 Lagrange 方程导出:

$$\dot{F} = F_t + uF_x + vF_y + wF_z, \tag{7.06}$$

此式对定义在质点上的任何函数 F 均适用. 此外，注意到下面的恒等式成立:

$$\dot{\Delta} = (u_x + v_y + w_z)\Delta, \tag{7.07}$$

此式易于证明.

在无外力的情况下 Euler 方程组为

$$\rho_t + u\rho_x + v\rho_y + w\rho_z + \rho(u_x + v_y + w_z) = 0, \tag{7.08.1}$$

或

$$\rho_t + (\rho u)_x + (\rho v)_y + (\rho w)_z = 0; \tag{7.08.2}$$

（质量守恒）

$$\begin{aligned} &u_t + uu_x + vu_y + wu_z + \frac{1}{\rho} p_x = 0, \\ &v_t + uv_x + vv_y + wv_z + \frac{1}{\rho} p_y = 0, \\ &w_t + uw_x + vw_y + ww_z + \frac{1}{\rho} p_z = 0; \end{aligned} \tag{7.09.1}$$

或根据 (7.08.2) 得

$$\begin{aligned} &(\rho u)_t + (\rho u^2)_x + (\rho vu)_y + (\rho wu)_z + p_x = 0, \\ &(\rho v)_t + (\rho uv)_x + (\rho v^2)_y + (\rho wv)_z + p_y = 0, \\ &(\rho w)_t + (\rho uw)_x + (\rho vw)_y + (\rho w^2)_z + p_z = 0; \end{aligned} \tag{7.09.2}$$

（动量守恒）

$$p = f(\rho, S); \tag{7.10}$$

（热状态方程）

$$S_t + uS_x + vS_y + wS_z = 0. \tag{7.11}$$

（状态的绝热变化）

我们满意地注意到，Lagrange 方程组和 Euler 方程组的方程个数(六个)都等于未知量的个数. 所以,可以预期,无需依靠任何别的物理原理，而由适当的初始条件和边界条件就导致唯一的状态(对连续运动区域). 一般更为方便的是，将这两种方程组都考虑为只由五个未知量的五个方程所组成,因为根据 (2.05),利用公

式

$$c^2(\rho, S) = f_\rho(\rho, S),$$
$$p_x = c^2(\rho, S)\rho_x, \quad p_y = c^2(\rho, S)\rho_y, \qquad (7.12)$$
$$p_z = c^2(\rho, S)\rho_z,$$

容易将 p 从动量守恒方程中消去.

§8 能量守恒

状态变化的绝热条件 (7.11) 可由下述假定推出：在不出现外力的情况下，质点获得的总能完全归之于压力做功(通过压缩和加速作用，参看 §2). 单位质量总能是 $e_{总} = \frac{1}{2}(\dot{x}^2 + \dot{y}^2 + \dot{z}^2) + e$；单位时间内在单位体积上压力作功为 $-[(p\dot{x})_x + (p\dot{y})_y + (p\dot{z})_z]$，于是由上述假定得

$$\rho\dot{e}_{总} + (p\dot{x})_x + (p\dot{y})_y + (p\dot{z})_z = 0. \qquad (8.01)$$

(能量守恒)

将式中微商展开，利用写成 $de = \tau^2 p d\rho + TdS$ 形式的关系式 (2.01) 及 (7.01),(7.07),式 (8.01) 变为

$$\rho[\dot{x}\ddot{x} + \dot{y}\ddot{y} + \dot{z}\ddot{z} + \tau^2 p\dot{\rho} + T\dot{S}] + p_x\dot{x}$$
$$+ p_y\dot{y} + p_z\dot{z} + p\Delta^{-1}\dot{\Delta} = 0.$$

利用 (7.02) 和 (7.03) 可将上式化成 (7.04) 式：$\dot{S} = 0$，此式表示状态的变化是绝热的.

在 Euler 表示法里，利用流动速率，即流速 $q = \sqrt{u^2 + v^2 + w^2}$ 及比焓 $i = e + p\tau$ (§9 中还要说到)，可将能量守恒定律表示成简明的公式. 此时借助 (7.08) 可将 (8.01) 化为

$$\rho\left[\frac{1}{2}q^2\right]_t + \rho TS_t + \rho u\left[\frac{1}{2}q^2 + i\right]_x$$
$$+ \rho v\left[\frac{1}{2}q^2 + i\right]_y + \rho w\left[\frac{1}{2}q^2 + i\right]_z = 0, \qquad (8.02.1)$$

或利用 (7.08.2) 得

$$\left\{\rho\left[\frac{1}{2}q^2+e\right]\right\}_t+\left\{\rho u\left[\frac{1}{2}q^2+i\right]\right\}_x+\left\{\rho v\left[\frac{1}{2}q^2+i\right]\right\}_y$$

$$+\left\{\rho w\left[\frac{1}{2}q^2+i\right]\right\}_z=0. \qquad (8.02.2)$$

顺便指出，单位质量的总能 $e_{总}=\frac{1}{2}(u^2+v^2+w^2)+e$ 和单位时间里在单位体积上做的功 $(pu)_x+(pv)_y+(pw)_z$ 都不是平移不变量．也就是说，当从一个以常速 (u_0, v_0, w_0) 运动的坐标系中来考察运动时，这些量的表达式将改变．但当取这种运动参考系时，式 (8.02) 的左端与原式仅差 (7.09) 的左端乘上一个因子，因此，方程组 (7.08)，(7.09)，(8.02) 保持不变．

§9 焓

当使用按下式

$$i=e+p\tau \qquad (9.01)$$

所定义的比焓时，基本方程 (2.01) 取以下形式：

$$di=\tau dp+TdS. \qquad (9.02)$$

对于绝热变化，$dS=0$，由 (2.05) 得

$$di=c^2\tau d\rho. \qquad (9.03)$$

从我们对气体所作的假定 (2.08) 可推出

$$i\to 0, \text{ 当 } \rho\to 0. \qquad (9.04)$$

对于理想气体，i 显然是温度的函数，由 (4.09)，(3.01) 和 (9.01) 得

$$\frac{di}{dT}=\frac{\gamma R}{\gamma-1}. \qquad (9.05)$$

这个量称作“定压比热”．比较 (9.05) 和 (4.09) 看出，γ 是两种比热之比．

具体对多方气体，我们从 (3.07)，(3.08)，(3.09) 和 (9.01) 得到

$$i = \frac{\gamma}{\gamma - 1} A(S)\rho^{\gamma-1} = \frac{\gamma}{\gamma - 1} RT$$

$$= \frac{\gamma}{\gamma - 1} p\tau = \frac{c^2}{\gamma - 1}. \qquad (9.06)$$

在熵为常数的情况中，例如，在一个给定的质点上，或沿着定常流的一条流线，或在等熵流的整个介质中(参看 §14)，引进比焓是特别有用的．在其它场合，焓的概念的用处在于：$di = TdS$ 是质点在保持压力不变时所获得的热增量．这一公式说明了为何常用热容一词来代替焓．

§10　等熵流·定常流·亚声速流和超声速流

常常可以作而且以下就要作的一个极重要的简化假定是：在过程开始时，介质中各处的熵均相同．由 (7.04) 直接可知，若无间断出现(穿越间断面 (7.04) 不成立)，则介质中各处的熵始终与初始值相同．于是，当认为 S 为一给定的常数时，就可以省去方程 (7.04) 或对应的方程 (7.11)，剩下五个未知量的五个方程，或消去压力而得四个未知量的四个方程．这种熵处处且始终相同的流动，称为等熵流动．固然，等熵流常常可以碰到，但也有很多重要现象，它们包含着非等熵流动．

具有很大意义的是另一种特殊流动：定常流．它是这样一种运动：在每一点上流动的速度、压力、密度和比熵均不随时间而变，即这些量只依赖于 x, y, z，而与时间 t 无关．对于这种运动，Euler 微分方程中含有 u_t, v_t, w_t, ρ_t 和 S_t 的项都消失．在定常流中，流经一固定点的所有质点，在该点处具有同样的速度、密度、压力和熵，并且有相同的轨迹，即过该点的流线．因此介质被不随时间变化的流线所覆盖．

当定常流中的流动速度 $q = \sqrt{u^2 + v^2 + w^2}$ 在某点上是小于、等于或大于该点处的声速(参看 (2.05) 和 §3)，或者当 Mach 数

$$M = q/c \qquad (10.01)$$

小于、等于或大于 1 时，称定常流在这一点上是亚声速、声速或超声速的.

§11 声学近似

通常用于描述普通声学扰动的线性偏微分方程组，可作为一般流体运动的 Euler 非线性微分方程 (7.08—11) 的一种极限情况而推出. 我们考虑等熵的小扰动,即介质的这样一种等熵运动,其中 $S = S_0$ 和 $\rho = \rho_0 + \delta\rho$，且 $\delta\rho$, u, v, w 中一阶以上的项及其微商都可忽略不计. 略去这些高阶项并将 p 消去后,Euler 方程组变为

$$\delta\rho_t + \rho_0(u_x + v_y + w_z) = 0, \tag{11.01}$$

$$u_t + \tau_0 c_0^2 \delta\rho_x = 0,\ v_t + \tau_0 c_0^2 \delta\rho_y = 0,\ w_t + \tau_0 c_0^2 \delta\rho_z = 0, \tag{11.02}$$

式中 $c_0^2 = c^2(\rho_0, S_0)$. 容易看出,方程组 (11.01—.02) 等价于一个二阶方程:

$$\delta\rho_{tt} = c_0^2(\delta\rho_{xx} + \delta\rho_{yy} + \delta\rho_{zz}), \tag{11.03}$$

这是熟知的小扰动 $\delta\rho$ 的波动方程.

§12 流动方程的矢量形式

有时用 $\boldsymbol{q}$ 表示速度矢量而将微分方程 (7.09) 写为矢量形式较为方便,此时

$$\dot{\boldsymbol{q}} + \tau \operatorname{grad} p = 0, \tag{12.01}$$

或利用 (9.02) 得

$$\dot{\boldsymbol{q}} + \operatorname{grad} i = T \operatorname{grad} S. \tag{12.02}$$

展开并整理各项,我们得

$$\boldsymbol{q}_t + \frac{1}{2}\operatorname{grad}(q^2) - \boldsymbol{q} \times \operatorname{curl} \boldsymbol{q} + \operatorname{grad} i = T \operatorname{grad} S, \tag{12.03}$$

式中 q 为流动速度的值或流动速率

$$q = |\boldsymbol{q}| = \sqrt{u^2 + v^2 + w^2} \tag{12.04}$$

符号×代表矢量积. 当然,若流动等熵,则方程 (12.02) 或 (12.03)

的右端项为零.

§13 环量守恒·无旋流·位势

在各种相当普遍的假定下，气体动力学方程组有一些容易导出的重要的"积分"或守恒定律. 我们先讨论环量守恒. 令$\mathscr{A}$为任意一条随流体运动的闭曲线，我们把绕曲线$\mathscr{A}$的环量C

$$C=\oint_{\mathscr{A}} udx+vdy+ wdz=\oint_{\mathscr{A}} \boldsymbol{q}\cdot d\boldsymbol{x} \qquad (13.01)$$

看作是t的函数. 对于各种重要的流动类型，当此闭曲线移动时，环量保持不变，即$\dot{C}=0$. 为了求得环量守恒的条件，我们来计算$\dot{C}$. 这很容易做到，只要用一可变矢径$\boldsymbol{x}(\sigma, t)$来表示$\mathscr{A}$即可，这里$\sigma$是$\mathscr{A}$上的一个参量，使得$\mathscr{A}$被描述在$0\leqslant\sigma\leqslant 1$上，且$\boldsymbol{x}(0, t)=\boldsymbol{x}(1, t)$. 于是

$$\dot{C}=\oint_{\mathscr{A}}(\dot{\boldsymbol{q}}\cdot\boldsymbol{x}_{\sigma}+\boldsymbol{q}\cdot\dot{\boldsymbol{x}}_{\sigma})d\sigma, \qquad (13.02)$$

利用(12.02)及$\dot{\boldsymbol{x}}_{\sigma}=\boldsymbol{q}_{\sigma}$得

$$\dot{C}=\oint_{\mathscr{A}}\left[TS_{\sigma}-i_{\sigma}+\frac{1}{2}(q^{2})_{\sigma}\right]d\sigma. \qquad (13.03)$$

最后，积分(13.03)中后两项得

$$\dot{C}=\oint_{\mathscr{A}} TS_{\sigma}d\sigma=\oint_{\mathscr{A}} T\text{grad}S d\boldsymbol{x}. \qquad (13.04)$$

所以(根据 Stokes 定理)只要所有曲线$\mathscr{A}$上矢量

$$\text{curl}(T\text{grad}S)=\text{grad}T\times\text{grad}S \qquad (13.05)$$

恒等于零，则这些曲线$\mathscr{A}$上的$\dot{C}$就等于零. 特别是，这将出现于下列情况中：

a. 流动等熵，此时$\text{grad}S$为零；

b. 内能可分离，此时T是S的函数，因而$\text{grad}T$平行于$\text{grad}S$；

c. 流动如此对称以致T和S只依赖于一个空间坐标(最重要的可能情况是：一维流、柱对称的二维流、球形流.)此时$\text{grad}S$与$\text{grad}T$在每一点被限定在同一方向上.

每条曲线上的环量皆为零(且保持为零)的流动，即在时空中 $\operatorname{curl}\boldsymbol{q}$ 恒为零的流动，称为无旋流动. 无旋流动经常出现，因为许多流动是从静止开始并在上述条件下进行的.

无旋流动在数学上相对比较简单，人们常常利用这一特点，因为方程

$$v_x - w_y = 0,\ w_x - u_z = 0,\ u_y - v_x = 0 \qquad (13.06)$$

或

$$\operatorname{curl}\boldsymbol{q} = 0$$

表明，存在一个速度势，也就是说存在一个函数 $\varphi(x, y, z, t)$ 使得

$$u = \varphi_x,\ v = \varphi_y,\ w = \varphi_z, \qquad (13.07)$$

或

$$\boldsymbol{q} = \operatorname{grad}\varphi.$$

类似地，由(13.05)可见，对于矢量场 $T\operatorname{grad}S$，只要环量守恒，特别当流动无旋时，就存在位势 Ω,

$$T\operatorname{grad}S = \operatorname{grad}\Omega. \qquad (13.08)$$

若流动等熵，Ω 可取为零；若介质的比能可分离，则可把 Ω 看作是与比熵相关的那部分比能[参看(3.12)]，$\Omega(x, y, z) = e^{(2)}[S(x, y, z)]$.

§14 Bernoulli 定律

这一节我们将推导三个密切相关的守恒定律，其中每一个有时都称为 Bernoulli 定律. 这定律的第一种形式是对定常流而言的(参看 §10). 从微分方程(12.02)及状态绝热变化的表达式(7.04)的矢量形式推出

$$S_t + \boldsymbol{q}\cdot\operatorname{grad}S = 0, \qquad (14.01)$$

立即可导出在定常流的每条流线上有

$$\frac{d}{dt}\left(\frac{1}{2}q^2 + i\right) = \boldsymbol{q}\cdot\dot{\boldsymbol{q}} + \boldsymbol{q}\cdot\operatorname{grad}\ i = \boldsymbol{q}\cdot T\operatorname{grad}S = 0,$$

由此得

$$\frac{1}{2}q^2+i=\frac{1}{2}(u^2+v^2+w^2)+i=\frac{1}{2}\hat{q}^2, \quad (14.02)$$

其中 $\hat{q}$ 沿流线为常数. 关系式 (14.02) 即为定常流的 Bernoulli 定律.

当然,沿不同的流线 Bernoulli 常数 $\frac{1}{2}\hat{q}^2$ 可以有不同的值.由 (14.01) 知,熵 S 沿每条流线同样也是常数. 熵和 Bernoulli 常数在穿越流线时的变化率与流动的旋量相联系,因为根据 (14.02) 可把定常流的方程 (12.03) 写为

$$\text{grad}\,\frac{1}{2}\hat{q}^2-T\text{grad}S=\boldsymbol{q}\times\text{curl}\boldsymbol{q}. \quad (14.03)$$

由这一方程可直接得出一个结论: 在无旋,即 $\text{curl}\boldsymbol{q}=0$, 和等熵,即 $\text{grad}S=0$ 的定常流动中, Bernoulli 常数 $\frac{1}{2}\hat{q}^2$ 在连通区域的每条流线上均相同. 这是 Bernoulli 定律的强形式.

值得注意的是,对于无旋流动,即使不是定常的, 也有一不同形式的 Bernoulli 定律成立. 利用在 §13 末尾引进的速度势 φ 和 $T\text{grad}S$ 的势 Ω, 无旋流动的 Bernoulli 定律由以下关系式表示:

$$\varphi_t+\left(\frac{1}{2}q^2+i\right)-\Omega=\frac{1}{2}\hat{q}^2, \quad (14.04)$$

式中量 $\hat{q}$ 可依赖于时间, 它在整个流体中均相同. 这一关系式可利用 (13.07) 及 (13.08) 直接从运动方程的 (12.03) 形式推出. 当然,在重要的等熵流动中, Ω 为零.

对于定常无旋等熵流动, (14.04) 简化为 Bernoulli 定律的强形式.

附带指出,还有一种 Bernoulli 定律的变式, 它将在冲击波间断理论中起基本作用(参看第三章 §55).

对于多方气体的定常流动,根据 (9.06) 及 (14.02), Bernoulli 定律取特别简单的形式

$$q^2 + \frac{2}{\gamma - 1} c^2 = \hat{q}^2. \tag{14.05}$$

引进代替 γ 的常数

$$\mu^2 = \frac{\gamma - 1}{\gamma + 1} \tag{14.06}$$

和具有速度量纲的量 c_*:

$$c_* = \mu \hat{q}, \tag{14.07}$$

我们可将 Bernoulli 定律 (14.05) 写成以下形式:

$$\mu^2 q^2 + (1 - \mu^2) c^2 = c_*^2. \tag{14.08}$$

c_*称作**临界速度**,在多方气体的定常流动理论中具有重要的作用,其意义将在下节讨论.

§15 极限速度和临界速度

本节讨论气体的定常流动. 此时关系式 (9.03) 和 (9.04) 沿每条流线均成立;这些说明,比焓 i 恒为正值, 并且如果沿着流线密度减小,则比焓随着下降到零. 因而从形为

$$q^2 + 2i(\tau, S) = \hat{q}^2 \tag{15.01}$$

(此式也沿每条流线成立)的 Bernoulli 定律 (14.02) 看出,速度 q 不能超过 $\hat{q}$,且随 ρ 趋于零而逼近 $\hat{q}$. 于是

$$q \leqslant \hat{q}, \tag{15.02}$$

而等号只适用于密度为零,即 $\rho = 0$ 的极限情况. 所以,量 $\hat{q}$ 恰当地被称为**极限速度**. 同样地,从 (15.01) 推出

$$i \leqslant \frac{1}{2} \hat{q}^2, \tag{15.03}$$

其中等号只适用于气体滞止,即 $q = 0$ 的地方.

当将 Bernoulli 方程 (14.08) 写成

$$q^2 - c_*^2 = (1 - \mu^2)(q^2 - c^2)$$

时, 我们就可以了解对多方气体通过 (14.07) 引进的**临界速度**概念的意义. 此时显然有

$$q > c,\ \text{则}\ q > c_*,\ \text{反之亦然};$$
$$q < c,\ \text{则}\ q < c_*,\ \text{反之亦然}. \tag{15.04}$$

换言之,流动的性质是超声速的或亚声速的(参看 §10),可以用流动速度 q 与临界速度 c_* 作比较来判定,后者沿流线是常数,而声速 c 一般是变化的.

如果在流线的某一点上,流速 q 与声速 c 相等,那么,这时两者都显然等于临界速度 c_*. 这一点也可用来表征临界速度的性质.

并非只限于多方气体才有临界速度的概念. 我们说,对于给定的 S 和 $\hat{q}$, τ 正好有一个值 τ_*, 使得 (15.01) 在 $\tau = \tau_*$ 时给出 $q = c$, 因此,值

$$c_* = c(\tau_*,\ S) = \sqrt{2\hat{q}^2 - i(\tau_*,\ S)} \tag{15.05}$$

就是临界速度.此外,对于这个广义的临界速度概念,断言 (15.04) 仍然正确. 显见, c_* 依赖于 $\hat{q}$ 和 S.

为了证明以上论述,只需指出:当 τ 从无限大下降到某个与 $q = 0$ 对应的值时,差 $c^2 - q^2$ 从 $-\hat{q}^2$ 单调地增加到某个正值. 从 (15.01) 我们有

$$c^2 - q^2 = c^2 + 2i - \hat{q}^2, \tag{15.06}$$

由 (2.05) 和 (2.02) 知, $c^2 = p_\rho = -\tau^2 p_\tau = \tau^2 e_{\tau\tau}$, 所以根据 (9.01) 得

$$i + \frac{1}{2}c^2 = e - \tau e_\tau + \frac{1}{2}\tau^2 e_{\tau\tau}. \tag{15.07}$$

将此式对 τ 微分后得

$$\left(i + \frac{1}{2}c^2\right)_\tau = \frac{1}{2}\tau^2 e_{\tau\tau\tau} = -\frac{1}{2}\tau^2 p_{\tau\tau}. \tag{15.08}$$

因为按基本假定 (2.06), $p_{\tau\tau}$ 是正的,所以从 (15.08) 及 (15.06)可得结论: $c^2 - q^2$ 随 τ 值下降而单调增加.当 $\tau = \infty$ 时这个量为负,故 $c = 0$; 当 $2i(\tau, S) = \hat{q}^2$ 时该量为正,故 $q = 0$. 由此可见,确实存在一个 τ 值,对于它有 $c = q$.

在适用 Bernoulli 方程的流线上，q 等于 c_* 的点（若存在）将流线分为亚声速段及超声速段．当然，可能在整条流线上都是 $q < c_*$ 或 $q > c_*$，在这种情况，整条流线上的流动将相应地是亚声速或超声速的．

值得注意的是，在多方气体的情况下，临界速度 $c_* = \mu\hat{q}$［参看(14.07)］与 S 无关．实际上任何理想气体都如此．倘若气体是理想的，则 c 是温度的函数［参看 (4.08)］，且由 (4.09) 知，$i = e + RT$ 是温度的递增函数．因此，c 是 i 的函数，而 c_* 是满足方程

$$c^2 - q^2 = c^2(i) + 2i - \hat{q}^2 = 0$$

的 c 值，所以 c_* 仅由 $\hat{q}$ 决定．

B. 特殊类型流动的微分方程

§7 中列出的三维流动的一般微分方程，它所提出的数学困难，超出了目前的分析能力．但在许多非常重要的情况，特别是当自变量的数目减少到两个时，问题得以简化．一维不定常流、二维定常流，柱对称定常流及球对称不定常流就属于这种情况．

§16 定常流

定常的平面流或二维流，是通过作为 x 和 y 两个坐标之函数的两个速度分量 u 和 v 来描述的，这里要求速度分量 w 等于零，要求所有表征流动的量都与 z 和 t 无关．这时沿每条流线密度和压力都可看成是流动速率

$$q = \sqrt{u^2 + v^2} \tag{16.01}$$

的函数，这可以由 Bernoulli 定律［参看 (14.02)］

$$q^2 + 2i = \hat{q}^2 \tag{16.02}$$

和绝热方程［参看 (2.03)］

$$p = f(\rho, S) \tag{16.03}$$

看出，因为沿每条流线（极限速度 $\hat{q}$ 和熵 S 为常数）以上两式成立

[参看 §14 和 §10]. 声速 c 由下式引进:

$$udu + vdv = -c^2 d\rho/\rho, \qquad (16.04)$$

此式沿每条流线成立. 它是从 (16.02),(16.03) 和

$$di = c^2 d\rho/\rho \qquad (16.05)$$

[参看 (9.03)] 推出的. 若每条流线上的 $\hat{q}$ 与 S 值已知,则 u, v, ρ, S 四个量中的任意两个量都可用另外两个量来表示, 因而原始微分方程组(7.02—.05)就只剩下两个方程.

如果流动是**无旋**的,则方程

$$v_x - u_y = 0 \qquad (16.06)$$

成立[参看 (13.06)];若流动还是**等熵**的, $S = \text{const}$, 那么在整个流场极限速度 $\hat{q}$ 是常数(参看强形式的 Bernoulli 定律, §14). 于是,在全流场成立的关系式 (16.04) 就可用来从连续性方程 [参看 (7.08)]

$$(\rho u)_x + (\rho v)_y = 0 \qquad (16.07)$$

中消去密度 ρ. 结果得到方程

$$(c^2 - u^2)u_x - uv(u_y + v_x) + (c^2 - v^2)v_y = 0, \qquad (16.08)$$

根据 Bernoulli 定律 (16.02) 及绝热方程 (16.03), 式中 c^2 认为是流动速度 q 的函数,从而是 u 及 v 的函数. 在多方气体的情况中,这个函数为[参看 (14.05) 和 (14.07)]

$$c^2 = \frac{\gamma - 1}{2}(\hat{q}^2 - q^2) = (1 - \mu^2)^{-1}(c_*^2 - \mu^2 q^2). \qquad (16.09)$$

方程 (16.08) 和 (16.06) (此式表示流动的无旋特征) 构成了以 x, y 为自变量的两个函数 u, v 的两个方程的方程组.

引进**速度势** $\varphi(x, y)$ [参看 (13.07)],使

$$\varphi_x = u, \quad \varphi_y = v, \qquad (16.10)$$

方程 (16.06) 可得以满足. 于是,方程 (16.08) 化为一个二阶微分方程

$$(c^2 - u^2)\varphi_{xx} - 2uv\varphi_{xy} + (c^2 - v^2)\varphi_{yy} = 0. \qquad (16.11)$$

顺便指出, 三维无旋定常流也可以类似地用一个速度势的二阶微分方程来表征.

引进流函数 $\psi(x, y)$:

$$\psi_x = -\rho v, \quad \psi_y = \rho u, \tag{16.12}$$

使方程 (16.07) 得以满足. 于是,方程 (16.08) 变为一个 ψ 的二阶方程,其中 ρ 应认为是 $\psi_x^2 + \psi_y^2$ 的函数.

$\psi = \text{const}$ 的线是流线;两条流线的 ψ 值之差，等于通过一个以这两条流线上任意两点 A 和 B 的任意一条联线为准线的 z 方向上的单位高度的柱面之质量流量. 这可以从下式看出:

$$\psi_B - \psi_A = \int_A^B \rho(ux_n + vy_n)ds,$$

式中 s 表示弧长, (x_n, y_n) 为曲线的点上的单位法向量.

柱对称的定常流也可以通过作为两个变量 x 及 y 的函数的两个速度分量 u 及 v 来描述，其中 x 为轴向坐标, y 为到轴的距离, u 为轴向分量， v 为径向分量. 因此，每个速度矢量都落在过轴的平面上，且它们可以用这种平面上的一个相应矢量绕轴旋转而得到. 这种流动也要求 ρ 和 p 只依赖于 x 和 y; Bernoulli 定律 (16.02),绝热方程 (16.03),从而式 (16.04) 沿每条流线皆成立;无旋性质仍由方程 (16.06)表示;此外，若流动是等熵的，则关系式 (16.04) 在全流场成立.

与平面流动唯一有差别的是连续性方程，它现在取下面的形式:

$$(y\rho u)_x + (y\rho v)_y = 0, \tag{16.13}$$

或用 (16.04) 消去 ρ 得

$$(c^2 - u^2)u_x - uv(u_y + v_x) + (c^2 - v^2)v_y + c^2 v/y = 0. \tag{16.14}$$

当然，这个方程也可化为 (16.10) 所定义的势函数 φ 的一个二阶方程.

下面我们将采用 Stokes 引进的流函数，以满足连续性方程 (16.13),此流函数由下式定义:

$$\psi_x = -y\rho v, \quad \psi_y = y\rho u. \tag{16.15}$$

回转流线所生成的曲面 $\psi = \text{const}$ 是流面; $2\pi\psi(x, y)$ 是通过下述

圆环的流量，此圆环是横坐标为 x，半径为 y 的圆被流面 $\psi=0$ 所切出的部分.

对于在整个流场中极限速度 $\hat{q}$ 是常数(但熵一般不是常数)的多方气体的定常无旋流，Crocco[22] 引进了改进的流函数. 它由方程 (16.12) 或 (16.15) 中以 $c^{2/(\gamma-1)}$代替因子 ρ 所得的方程来定义. 根据 Bernoulli 定律，$c^{2/(\gamma-1)}$只依赖于 q 和 $\hat{q}$ 而与熵无关.

§17 非定常流

当所有的流动特征量，除了依赖时间 t 以外，只依赖于一个空间坐标 x，而且另两个方向的速度分量 v 为 w 为零时，出现一维流动：此时方程 (7.08—.11) 化为

$$\rho_t + u\rho_x + \rho u_x = 0, \tag{17.01}$$

$$\rho(u_t + uu_x) + p_x = 0, \tag{17.02}$$

$$S_t + uS_x = 0; \tag{17.03}$$

后一方程表达下述假定：每个质点的状态变化是绝热和可逆的. 这里压力 p 是 ρ 和 S 的函数. 利用[参看 (7.12)]

$$\frac{\partial p}{\partial \rho} = c^2, \tag{17.04}$$

方程 (17.01) 可以方便地用下式代替：

$$p_t + up_x + \rho c^2 u_x = 0, \tag{17.05}$$

因而 (17.02)，(17.05) 和 (17.03) 这三个方程只包含 u, p 和 S 的微商. 对于多方气体，$p\rho^{-\gamma}$ 是熵的函数，方程 (17.03) 可以用

$$(p\rho^{-\gamma})_t + u(p\rho^{-\gamma})_x = 0 \tag{17.06}$$

代替. 如果流动是等熵的，我们可以用 ρ 表示 p，或者相反. 于是方程 (17.02) 和 (17.01) 或 (17.05) 表示了 x 和 t 的两个函数的两个方程.

当所有的量除依赖时间外，只依赖于到某一点(这一点选为原点 O) 的距离，且速度是指向(或背向)此点时，出现球形流动. 简便地以 x 表示到原点的距离，以 u 表示径向速度，方程(7.08—.11) 化为

$$\rho_t + u\rho_x + \rho u_x + 2\rho u/x = 0, \tag{17.07}$$

$$\rho(u_t + uu_x) + p_x = 0, \tag{17.08}$$

$$S_t + uS_x = 0. \tag{17.09}$$

注意到，这组方程与一维流动方程的唯一差别，在于连续性方程(17.07)中多出一项. 前面关于一维流讨论中的处理和简化也完全适用于球形流.

同样的论述适用于柱形流. 柱形流是二维流动，其中所有的量只与到轴的距离有关，且速度背向(或指向)柱轴；唯一的不同是,在方程(17.07)中出现的因子是1而不是2.

§18 一维流和球形流的 Lagrange 方程

一维流动中，Lagrange 方程组没有函数行列式带来的麻烦. 在这种特殊情形中，Lagrange 方程组有时比 Euler 方程组更可取.

Lagrange 观点要求我们给每个垂直于 x 轴的质点平截面指定一个号码 h，使每个截面的位置变化由函数 $x(h, t)$ 给定，于是量 ρ, p, S 看作是 h 和 t 的函数. 号码 h 可以按多种方式选取，实际上这是一个主观决定的任意函数.

通常，我们把某一初始时刻，例如 $t=0$ 时的质点横坐标取作 h. 但并非在所有问题中都能对所有质点给出这样一种在一个共同的初始时刻的初始位置.

很自然地会提出另一种以质量守恒定律为基础的选取 h 的方法. 不失一般性，可以设想流动发生在沿 x 轴的单位截面的管中，我们对任意一个确定的"零"截面(当然随流体一起运动)指定为 $h=0$，然后，对于其它任一截面，令 h 的数值等于此截面与零截面之间单位截面的管中介质的质量，h 的符号则视问题中该截面是位于零截面的右方或左方而取为正或负. 显然，如此定义的 h 对每个截面是不同的.

解析地，量 h 满足关系式

$$h = \int_{x(0,t)}^{x(h,t)} \rho dx, \tag{18.01}$$

式中 ρ 是 t 时刻在位置 x 处的密度，换言之，从 Euler 观点这里的密度被看作是自变量 x 和 t 的函数. 将式 (18.01) 对 h 微分导出

$$\rho(h, t)x_h(h, t) = 1, \tag{18.02.1}$$

或

$$x_h(h, t) = \tau(h, t), \tag{18.02.2}$$

式中 $\rho(h, t)$ 和 $\tau(h, t)$ 分别为密度和比容，h 是时间的函数.

于是，一维流动的 Lagrange 运动微分方程组 (7.02—.05) 取下列形式:

$$(\rho x_h)_t = 0 \tag{18.03}$$

(质量守恒)，

$$\begin{aligned}\rho x_{tt} &= -p_x \\ &= -p_h/x_h\end{aligned} \tag{18.04}$$

(动量守恒)，

$$S_t = 0 \tag{18.05}$$

(状态变化是绝热的)，

$$p = f(\rho, S) = g(\tau, S) \tag{18.06}$$

(热状态方程).

(这里我们用下标 t 代替了"·"，以免引起 Euler 和 Lagrange 概念的混淆.)

Lagrange 方程组(18.03—.06)可以大大简化. 首先由 (18.02) 看出 (18.03) 是多余的，而 (18.04)可以用下式代替:

$$x_{tt} = -p_h; \tag{18.07}$$

根据 (18.05)，S 只依赖于 h. 我们以后总是认为 $S = S(h)$. 函数 $S(h)$ 看作是在问题的初始条件中给定的. 利用 (18.02) 和 (18.04—.06)，可以消去 ρ，τ 和 p，整个方程组化为一个关于 x 的二阶偏微分方程

$$x_{tt} = k^2 x_{hh} - g_S S_h, \tag{18.08}$$

式中引进了量

$$k = \rho c = \sqrt{-g_\tau(\tau, S)}, \tag{8.09}$$

即介质的声阻抗. 在解释方程 (18.08) 时,自然应记住 k^2 和 g_S 是 $\tau = x_h$ 和 $S(h)$ 的已知函数.

若把速度 $u = x_t$ 和比容 $\tau = x_h$ 取作应变量,则这一个二阶方程被以下 u 和 τ 的一阶方程组代替:

$$\begin{aligned} u_h &= \tau_t, \\ u_t &= k^2\tau_h - g_S S_h(h) \end{aligned} \tag{18.10}$$

式中 k^2 和 g_S 是 τ 和 $S(h)$ 的函数.

若流动是等熵的,即 $S(h) = S_0$ 是一个常数, 方程 (18.08) 和 (18.10) 就简化为

$$x_{tt} = k^2 x_{hh}, \tag{18.11}$$

$$\begin{aligned} u_h &= \tau_t, \\ u_t &= k^2\tau_h. \end{aligned} \tag{18.12}$$

注意, 若 $k^2 = -p_\tau$ 是常数 (正如遵从 Hooke 定律的固体那样), 则方程 (18.11) 和 (18.12) 是线性的.

本节的公式容易推广到球形流动和柱形流动(参看 §17). 令 $4\pi h$ 为在球形流动中心周围半径为 $y(h, t)$ 的球内介质的质量, 则类似于 (18.08) 我们有

$$y_{tt} = y^2[k^2(y^2 y_h)_h - g_S S_h].$$

对于柱对称的平面流动,相应的公式为

$$y_{tt} = y^2[k^2(y y_h)_h - g_S S_h].$$

附录 浅水中波的运动

§19 浅水理论

具有自由表面的水或其它不可压缩流体, 若其底面到自由表面的高度足够小,就会出现某种与气体的非线性波相类似的运动. 这时候我们就说具有"浅水". 浅水的更为精确的条件是, 底面到自由面的高度与运动的某一特征长度, 譬如自由面的最大曲率半径相比是小量. 支配这种浅水运动的微分方程, 作为一种很好的近似, 可以用同指数 $\gamma = 2$ 的多方气体运动方程完全等价的方程

来代替．事实上，我们在以下几章中将要讨论的所有波动现象，在浅水波运动中，都有着严格的类似．

在充满水的空间，我们设置一坐标系 (x, y, z)，使底面为 $z=0$ 平面，自由表面则由函数 $z=Z(x, y, t)$ 给出．以 u, v, w 分别表示 x, y, z 方向的速度分量；它们都是 $x, y\ z$ 的函数．在水中，连续性条件

$$u_x + v_y + w_z = 0 \tag{19.01}$$

和牛顿定律

$$\rho \frac{du}{dt} = -p_x, \quad \rho \frac{dv}{dt} = -p_y, \quad \rho \frac{dw}{dt} = -p_z - g\rho \tag{19.02}$$

成立，式中 g 为重力加速度，ρ 为水的密度，p 为相对于大气压的超压，所以

$$p = 0, \text{ 在顶面 } z = Z \text{ 上.} \tag{19.03}$$

对于速度的边界条件为

$$w = 0, \text{ 在底面 } z = 0 \text{ 上，} \tag{19.04}$$

和

$$Z_t + uZ_x + vZ_y = w, \text{ 在顶面 } z = Z \text{ 上.} \tag{19.05}$$

此时，用只包含自由面高度 Z 和自由面上的速度 u 及 v 的方程相当好地近似代替以上这些方程是可能的．为此，我们首先将连续性方程 (19.01) 从 $z=0$ 积分到 $z=Z$：

$$w\Big|_{z=0}^{z=Z} + \int_0^Z (u_x + v_y)dz = 0.$$

根据边界条件 (19.04) 和 (19.05)，从上式得

$$Z_t + \left(\int_0^Z udz\right)_x + \left(\int_0^Z vdz\right)_y = 0. \tag{19.06}$$

下面我们引进基本假定：压力在垂直液柱上的变化与流体静力学中的相同：

$$p = g\rho(Z - z). \tag{19.07}$$

根据 (19.02) 与 (19.03)，此假定等价于以下条件：水的垂直加速度 dw/dt 为零．(19.07) 并不是随意作的假定；根据浅水的基本

假定，通过将原方程组按高度 z 的幂次展开，可以证明 (19.07) 这一假定有一阶精度（参看 Stoker [27,附录]）.

注意到，(19.07) 这一假定表明压力梯度 (p_x, p_y, p_z) 与 z 无关；根据 (19.02)，加速度 $\left(\frac{du}{dt}, \frac{dv}{dt}, \frac{dw}{dt}\right)$ 也与 z 无关. 因而，若速度 (u, v, w) 在某一时刻与 z 无关，则以后也与 z 无关. 现在我们假设某一时刻在每个垂直液柱内速度都是常数（这似乎不是一个苛刻的限制，例如，如果水曾在某一时刻处于静止，这个假定就可以满足.）所以只有 u 和 v 依赖于 x, y, z；下面我们将略去垂直速度 w.

于是，方程 (19.06) 和 (19.02) 取以下简单形式：

$$Z_t + (Zu)_x + (Zv)_y = 0, \tag{19.08}$$

$$\begin{aligned} \rho(u_t + uu_x + vu_y) &= -g\rho Z_x, \\ \rho(v_t + uv_x + vv_y) &= -g\rho Z_y. \end{aligned} \tag{19.09}$$

为说明上列方程等价于 $\gamma = 2$ 的多方气体的对应方程，我们引进"密度"

$$\bar{\rho} = \rho Z \tag{19.10}$$

（显然这是每单位面积上的质量）和"压力"

$$\bar{p} = \frac{1}{2} g\rho Z^2 = \int_0^Z p dz, \tag{19.11}$$

于是，方程组(19.08—.09)可以写成与气体的方程组[参看 (7.08), (7.09)] 相同的形式：

$$\bar{\rho}_t + (\bar{\rho}u)_x + (\bar{\rho}v)_y = 0, \tag{19.12}$$

$$\begin{aligned} \bar{\rho}(u_t + uu_x + vu_y) &= -\bar{p}_x \\ \bar{\rho}(v_t + uv_x + vv_y) &= -\bar{p}_y. \end{aligned} \tag{19.13}$$

由 (19.10) 与 (19.11) 推出"压力" $\bar{p}$ 与"密度" $\bar{\rho}$ 的关系

$$\bar{p} = \frac{g}{2\rho} \bar{\rho}^2. \tag{19.14}$$

它显然对应于 $\gamma = 2$ 的多方气体的真实压力与密度的关系.

第二章　二元函数的双曲型流动方程的数学理论

前面已指出，在很多特殊情况下，流动微分方程可化为两个自变量的函数的一阶拟线性偏微分方程组．倘若此方程组是双曲型的，则可建立相当完整的数学理论，其中特征线概念起着主要作用．当函数和方程的个数等于2时，此理论尤为简单．

为比较深入地了解以下几章对于一些特殊流动问题的处理，我们在这里插入一些关于两个微分方程的方程组的详细理论；由于在非等熵流中出现多于两个方程的方程组，对它们也将加以补充说明．

§20　包含两个二元函数的流动方程

为便于参考，下面列出受两个二元函数的两个方程支配的几种特殊的流动类型：

a）一维等熵流[参看(17.01)，(17.02)，(17.04)]

$$\begin{aligned}&\rho_t + u\rho_x + \rho u_x = 0,\\&\rho(u_t + uu_x) + c^2\rho_x = 0.\end{aligned}\tag{20.01}$$

b）球形等熵流[参看(17.04)，(17.07)，(17.08)]

$$\begin{aligned}&\rho_t + u\rho_x + \rho u_x + 2\rho u/x = 0,\\&\rho(u_t + uu_x) + c^2\rho_x = 0.\end{aligned}\tag{20.02}$$

c）用 Lagrange 表示的一维等熵流[参看(18.12)]

$$\begin{aligned}&\tau_t = u_h,\\&u_t = k^2\tau_h,\end{aligned}\tag{20.03}$$

式中 k 为 τ 的已知函数．

d）用 Lagrange 表示的一维非等熵流[参看(18.10)]

$$
\begin{aligned}
&\tau_t = u_h,\\
&u_t = k^2\tau_h - g_S S_h,
\end{aligned}
\tag{20.04}
$$

这里假定熵 $S = S(h)$ 对质点的分布是已知的，k^2 和 g_S 是 τ 及 S 的已知函数.

e) 二维等熵无旋定常流[(16.06),(16.08)]

$$
\begin{aligned}
&v_x - u_y = 0,\\
&(c^2 - u^2)u_x - uv(u_y + v_x) + (c^2 - v^2)v_y = 0,
\end{aligned}
\tag{20.05}
$$

式中 c^2 为 $u^2 + v^2$ 的已知函数.

f) 三维柱对称等熵无旋定常流[参看(16.06),(16.14)]

$$
\begin{aligned}
&v_x - u_y = 0,\\
&(c^2 - u^2)u_x - uv(u_y + v_x) + (c^2 - v^2)v_y\\
&\quad + c^2 v/y = 0,
\end{aligned}
\tag{20.06}
$$

式中 c^2 仍是 $u^2 + v^2$ 的已知函数.

§21 二阶微分方程

在一般理论中，我们用 u, v 表示应变量，用 x, y 表示自变量，使之与上节所列的几种气体动力学微分方程中的变量相一致. 于是微分方程的一般形式为

$$
\begin{aligned}
&L_1 = A_1u_x + B_1u_y + C_1v_x + D_1v_y + E_1 = 0,\\
&L_2 = A_2u_x + B_2u_y + C_2v_x + D_2v_y + E_2 = 0,
\end{aligned}
\tag{21.01}
$$

式中 A_1, A_2, $\cdots$, E_2 是 x, y, u, v 的已知函数. 我们假定本章理论中出现的所有函数总是连续的，且具有所需要的连续微商. 不失一般性，我们假定等式 $A_1:A_2 = B_1:B_2 = C_1:C_2 = D_1:D_2$ 处处不成立. 若 $E_1 = E_2 = 0$，则方程组是齐次的；若系数 A, B, C, D, E 只是 x 和 y 的函数，那么，方程组是线性的，因而也就容易处理得多.

在另一种重要情形下，以上方程组可以化为线性的：若方程组是齐次的 ($E_1 = E_2 = 0$)，且系数 A_1, $\cdots$, D_2 只是 u, v 的函数，那么我们称此方程组是可约的. 在这种情况下，对于 Jacobi 行列式

$$j = u_x v_y - u_y v_x \tag{21.02}$$

不为零的任何区域，都可借助交换应变量和自变量的地位将方程组(20.01)化为等价的线性方程组. 对(21.01)的一个解 $u(x, y)$, $v(x, y)$ 来说，如果 $j \neq 0$, 我们就可把 x 和 y 看作是 u 和 v 的函数. 由

$$u_x = j y_v, \qquad u_y = -j x_v,$$
$$v_x = -j y_u, \qquad v_y = j x_u$$

看出，$x(u, v)$ 和 $y(u, v)$ 满足线性微分方程组

$$\begin{aligned} A_1 y_v - B_1 x_v - C_1 y_u + D_1 x_u = 0, \\ A_2 y_v - B_2 x_v - C_2 y_u + D_2 x_u = 0. \end{aligned} \tag{21.03}$$

反之，若 Jacobi 行列式

$$J = x_u y_v - x_v y_u \tag{21.04}$$

不为零，则方程(21.03)的每个解 x, y 都导致(21.01)的一个解.

上述从 (x, y) 平面到 (u, v) 平面的转换常常称为速度图变换.

可约方程出现在一维流[参看(20.01),(20.03)]和二维定常流[参看20.05)]中.

上述推演的可能性实质上取决于 $j \neq 0$ 的假定，所以，对于 $j = 0$ 的那些解，不能用速度图变换来求出. 但是，正如 §29 中将要讨论的那样，这些解(这里称为简单波)是求解流动问题的最重要的工具. 简单波及其推广显然还未在双曲型微分方程的数学研究中得到充分的强调.

§22 特征曲线及特征方程

(21.01)形式的拟线性偏微分方程组的一般理论的关键，是区分椭圆型和双曲型方程，并对后者(我们的主要对象)引进特征线概念. 这些概念自然地由下述考虑所产生.

函数 $f(x, y)$ 的两个微商的线性组合 $af_x + bf_y$ 表示 f 沿给定方向 $dx:dy = a:b$ 的微商. 若 $x(\sigma)$, $y(\sigma)$ 代表 $x_\sigma : y_\sigma = a:b$ 的一条曲线，那么，$af_x + bf_y$ 就是 f 沿这条曲线的微商. 我

们考虑具体的函数 $u(x, y)$, $v(x, y)$, 此时微分方程(21.01)的系数只是 x, y 的函数. 一般来说, 在这两个方程的每一个方程中, 函数 u 和 v 是沿着二个不同的方向微分的. 现在我们要寻找一种线性组合

$$L = \lambda_1 L_1 + \lambda_2 L_2,$$

使得微分表达式 L 中 u 和 v 的微商组合成沿同一方向的微商. 这个依赖于点 x, y 和此点上的 u, v 值的方向称为**特征方向**. 假设此方向由上述比值 $x_\sigma : y_\sigma$ 给定, 那么在 L 中 u 和 v 是沿着这一方向微分的条件就是

$$\begin{aligned}&\lambda_1 A_1 + \lambda_2 A_2 : \lambda_1 B_1 + \lambda_2 B_2 \\ &= \lambda_1 C_1 + \lambda_2 C_2 : \lambda_1 D_1 + \lambda_2 D_2 = x_\sigma : y_\sigma,\end{aligned} \tag{22.01}$$

因为 L 中诸微商 u_x, u_y 和 v_x, v_y 的系数由比式(22.01)中各对应项给定. 表达式 L 乘以 x_σ 或 y_σ 后可以写为

$$\begin{aligned}&(\lambda_1 A_1 + \lambda_2 A_2) u_\sigma + (\lambda_1 C_1 + \lambda_2 C_2) v_\sigma \\ &+ (\lambda_1 E_1 + \lambda_2 E_2) x_\sigma = x_\sigma L,\end{aligned} \tag{22.02}$$

或

$$\begin{aligned}&(\lambda_1 B_1 + \lambda_2 B_2) u_\sigma + (\lambda_1 D_1 + \lambda_2 D_2) v_\sigma \\ &+ (\lambda_1 E_1 + \lambda_2 E_2) y_\sigma = y_\sigma L.\end{aligned} \tag{22.03}$$

若函数 u, v 在点 (x, y) 上满足微分方程(21.01), 我们就得出对于 λ_1 和 λ_2 的四个线性齐次方程:

$$\begin{aligned}&\lambda_1(A_1 y_\sigma - B_1 x_\sigma) + \lambda_2(A_2 y_\sigma - B_2 x_\sigma) = 0, \\ &\lambda_1(C_1 y_\sigma - D_1 x_\sigma) + \lambda_2(C_2 y_\sigma - D_2 x_\sigma) = 0, \\ &\lambda_1(A_1 u_\sigma + C_1 v_\sigma + E_1 x_\sigma) + \lambda_2(A_2 u_\sigma + C_2 v_\sigma + E_2 x_\sigma) = 0, \\ &\lambda_1(B_1 u_\sigma + D_1 v_\sigma + E_1 y_\sigma) + \lambda_2(B_2 u_\sigma + D_2 v_\sigma + E_2 y_\sigma) = 0.\end{aligned} \tag{22.04}$$

这些方程若要得到满足, λ_1 和 λ_2 的系数矩阵中所有的由两行构成的行列式就要为零, 由此就得到若干**特征关系**.

特别, 由前两个方程得到

$$\begin{vmatrix} A_1y_\sigma - B_1x_\sigma & A_2y_\sigma - B_2x_\sigma \\ C_1y_\sigma - D_1x_\sigma & C_2y_\sigma - D_2x_\sigma \end{vmatrix} = 0, \qquad (22.05)$$

或

$$ay_\sigma^2 - 2bx_\sigma y_\sigma + cx_\sigma^2 = 0, \qquad (22.06)$$

式中

$$a = [AC],\ 2b = [AD] + [BC],\ c = [BD], \quad (22.07)$$

这里用了如下的缩写:

$$[XY] = X_1Y_2 - X_2Y_1.$$

若 $ac - b^2 > 0$, 则(22.06)不能为一个(实的)方向所满足.在这种情况下不存在特征方向,微分方程被称为椭圆型的.我们不考虑 $ac-b^2=0$ 的情况,在这种情况下通过每一点有一个特征方向.若 $ac - b^2 < 0$,则通过每一点有两个不同的特征方向 $y_\sigma:x_\sigma$, 方程组被称为双曲型的. 本书讨论的流动问题中, 微分方程大多是双曲型的. 从现在起我们将假定方程(21.01)是双曲型的[1], 相应地假定

$$ac - b^2 < 0. \qquad (22.08)$$

上述假定排除了三个系数均为零的例外情况. 此外, 为了方便,我们设

$$a = [AC] \neq 0. \qquad (22.09)$$

(这个条件总是可以满足的,必要时可引进新的坐标代替 x 和 y.)因而,从(22.06)知,对于一个特征方向 (x_σ, y_σ), $x_\sigma \neq 0$; 于是我们可以迳自引进斜率

$$\zeta = y_\sigma/x_\sigma, \qquad (22.10)$$

方程(22.06)就变成了 ζ 的二次方程

$$a\zeta^2 - 2b\zeta + c = 0. \qquad (22.11)$$

根据(22.08),以上方程有两个互异的实根 ζ_+ 和 ζ_-,

$$\zeta_+ \neq \zeta_-. \qquad (22.12)$$

---

1) 对于 $ac - b^2>0$ 所表征的椭圆型方程,可以给出与下面稍相对应的处理, 这里就省略了. 参看 Courant-Hilbert [32, pp. 337—342].

因此，在点(x, y)上由 $dy/dx = \zeta_+$ 和 $dy/dx = \zeta_-$ 给出两个不同的特征方向. 一般说来，(22.11)的根 ζ_+ 和 ζ_- 是 x, y, u, v 的函数，因而应该注意到，方程组 (22.01) 的双曲型特性依赖于所考虑的各个函数 $u(x, y)$，$v(x, y)$.

一旦将(21.01)的一个确定解代入方程 $dy/dx = \zeta_+(x, y, u, v)$和 $dy/dx = \zeta_-(x, y, u, v)$，它们就成了两个独立的一阶常微分方程. 这两个方程确定了(x, y)平面上的两族单参数的特征曲线或简单地说特征线 C_+ 和 C_-，这两族特征线属于解$u(x, y)$，$v(x, y)$.

上述两族特征线可以分别用 $\beta(x, y) = \text{const}$ 和 $\alpha(x, y) = \text{const}$ 来表示，它们形成一曲线坐标网. 很自然地，现在可以引入新的参数 α, β 以代替 x, y，使得在曲线 C_+ 上 β 为常数，在曲线 C_-上 α 为常数. 为了定出这些特征参数，例如我们可以取任意一条处处都不是特征方向的曲线 $\mathscr{I}: x = x(s)$，$y = y(s)$，即

$$ay_s^2 - 2bx_sy_s + cx_s^2 \neq 0, \quad 在\mathscr{I}上. \tag{22.13}$$

通过 $\mathscr{I}$ 上任意两点 $s = \alpha$ 和 $s = \beta$ 引出曲线 C_- 和 C_+ 直至它们相交于一点(x, y)，(若$|\alpha - \beta|$相当小，这样一个交点是存在的，因为根据(22.12)，C_+ 和 C_- 的方向是不相同的.)于是，点(x, y)的曲线坐标 α, β 就是特征参数.

当然，可以不用这种方法来引进参数 α, β，而用任何单调函数 $\alpha' = V(\alpha)$，$\beta' = W(\beta)$ 作为特征参数. 这样一种变换保留了特征线方程的不变性，并且特征线本身也不变.

在引入特征参数的区域中，我们有

$$\text{I} \qquad \begin{aligned} &y_\alpha = \zeta_+ x_\alpha \quad 沿\ C_+, \\ &y_\beta = \zeta_- x_\beta \quad 沿\ C_-. \end{aligned} \tag{22.14}$$

按照原先的目的，我们现在必须定出因子 λ_1 和 λ_2 以构成组合关系式 $\lambda_1 L_1 + \lambda_2 L_2 = L = 0$. 然而，通过从方程(22.04)的第一和第三式中消去 λ_1 和 λ_2，可更为巧妙地得到关系式 $L = 0$. 其结果为

$$\begin{vmatrix} A_1 y_\sigma - B_1 x_\sigma & A_2 y_\sigma - B_2 x_\sigma \\ A_1 u_\sigma + C_1 v_\sigma + E_1 x_\sigma & A_2 u_\sigma + C_2 v_\sigma + E_2 x_\sigma \end{vmatrix} = 0.$$

利用 $y_\sigma = \zeta x_\sigma$，消去上式中的因子 x_σ 后，我们得到以下方程：

$$Tu_\sigma + (a\zeta - S)v_\sigma + (K\zeta - H)x_\sigma = 0, \quad \text{沿 } C_+, \tag{22.15}$$

其中

$$T = [AB], \ S = [BC], \ K = [AE], \ H = [BE]. \tag{22.16}$$

若取 ζ 为 ζ_+，取 σ 为 α，上面的关系仍然保持；若取 ζ 为 ζ_-，σ 为 β，上式同样成立.

于是，我们得到下列四个特征方程：

$$\begin{aligned} &\mathrm{I}_+ && y_\alpha - \zeta_+ x_\alpha = 0, \\ &\mathrm{I}_- && y_\beta - \zeta_- x_\beta = 0, \\ &\mathrm{II}_+ && Tu_\alpha + (a\zeta_+ - S)v_\alpha + (K\zeta_+ - H)x_\alpha = 0, \\ &\mathrm{II}_- && Tu_\beta + (a\zeta_- - S)v_\beta + (K\zeta_- - H)x_\beta = 0. \end{aligned} \tag{22.17}$$

这些方程对于每个解 $u(x, y)$，$v(x, y)$ 都成立，而且在方程的特征线 C_+ 或 C_- 上适用.

虽然到此为止，我们研究的是一个固定的解 u，v，但由于方程(22.17)的全部系数都是 x，y，u，v 的已知函数，此方程也就不再明显地与这个解有关.

现在我们介绍一种稍稍不同但却有决定性变化的解释：方程组 (22.17) 可以且将被看成是作为 α，β 的函数的四个量 x，y，u，v 的四个偏微分方程的方程组，用这个特征方程组代替原始方程组(21.01)是后面理论的基础.

微分方程(22.17)具有特别简单的形式，因为每个方程所含有的微商都是只对独立参数中的一个参数求导的，而且系数与独立参数无关.（这样一种方程组称为典型双曲型方程组，参看 [32, p.324].）

应当注意到前面说过的两种特殊情况：

当微分方程(21.01)是线性方程时，ζ_+ 和 ζ_- 是 x, y 的已知函数,(22.17)中的方程 I 与方程 II 彼此独立,因而方程 I 确定了与解无关的两族特征曲线 C_+ 和 C_-.

当微分方程是可约方程时，也就是说，当 $E_1=E_2=0$，且 $A_1, \cdots, D_2$ 只依赖于 u, v 时,情况是类似的. 此时，ζ_+ 和 ζ_- 是 u 和 v 的已知函数,微分方程 II 与 x, y 无关.（顺便指出,即使 E_1 和 E_2 不为零但仅依赖于 u 和 v, 情况仍然相同.）

对于可约方程而言,(u, v) 平面上的特征曲线 Γ,即 (x, y) 平面上的特征线 C 的像,与所考虑的具体解 $u(x, y)$, $v(x, y)$ 无关,它们由微分方程 II 表征,这些方程可写为

$$\begin{aligned}\Gamma_+: \qquad & T\frac{du}{dv}=S-a\zeta_+,\\ \Gamma_-: \qquad & T\frac{du}{dv}=S-a\zeta_-.\end{aligned} \tag{22.18}$$

虽然方程(22.17)构成了完备的方程组，但可以指出，能够推出另一个关系式,当涉及到(u, v)平面上的特征线 Γ_+ 和 Γ_- 时，该式特别有用;它将方程 II 组合在一起就如 (22.06) 将方程 I 组合起来一样,把(22.04)后两方程中的 λ_1 和 λ_2 消去,我们得到

$$\begin{vmatrix} A_1u_\sigma+C_1v_\sigma+E_1x_\sigma & A_2u_\sigma+C_2v_\sigma+E_2x_\sigma \\ B_1u_\sigma+D_1v_\sigma+E_1y_\sigma & B_2u_\sigma+D_2v_\sigma+E_2y_\sigma \end{vmatrix}=0. \tag{22.19}$$

这一方程类似于(22.05). 我们假设(22.19)中的 u_σ^2, $u_\sigma v_\sigma$ 和 v_σ^2 的系数

$$[AB]=T, \quad [AD]+[CB], \quad [CD]$$

不全为零,具体地假设

$$T\neq 0; \tag{22.20}$$

这后一条件总是可以满足的，需要的话只要引进新的函数代替 u 和 v.

在可约情况下方程 (22.19) 变成对于比值 $u_\sigma:v_\sigma$ 的一个简单的二次微分方程,可以用它代替(22.18)去确定两族 Γ 特征线.

§23 一些特殊问题的特征方程

对于 §20 中列举的流动方程，通过直接推导或者通过代入一般公式容易得出特征方程.

对于一维等熵流的情况，我们直接地使用这样的方法：将(20.01)的两个方程构成线性组合，并研究在什么条件下这个线性组合才包含 u 和 ρ 的只在由 (t_σ, x_σ) 所给的一个方向上的微商 u_σ 和 ρ_σ. 我们把这个线性组合写成以下形式:

$$u_t + (u + \lambda\rho)u_x + \lambda\rho_t + \left(\lambda u + \frac{c^2}{\rho}\right)\rho_x = 0. \tag{23.01}$$

于是对(t_σ, x_σ)的条件显然为

$$x_\sigma = (u + \lambda\rho)t_\sigma, \quad \lambda x_\sigma = \left(\lambda u + \frac{c^2}{\rho}\right)t_\sigma,$$

由此得到

$$\lambda^2 = c^2/\rho^2. \tag{23.02}$$

因此存在两个特征方向:

$$x_\alpha = (u + c)t_\alpha, \quad x_\beta = (u - c)t_\beta. \tag{23.03}$$

由(23.01—.03)，u 和 ρ 的特征方程变为

$$u_\alpha + \frac{c}{\rho}\rho_\alpha = 0, \quad u_\beta - \frac{c}{\rho}\rho_\beta = 0. \tag{23.04}$$

正如在第三章中将详加说明的那样，方程 (23.03) 表达了如下事实：(x, t)平面上的特征线代表可能的扰动运动（以后称为“声波”)，扰动运动的速度

$$\frac{dx}{dt} = u + c \quad \text{或} \quad \frac{dx}{dt} = u - c \tag{23.05}$$

与质点速度 u 之差等于声速$\pm c$.

三维球形流的微分方程 (20.02) 与一维流的微分方程的差别在于多一项 $2\rho u/x$. 这一项并不含有 u 和 ρ 的微商. 因此，对于 x 和 t 的特征方程，显然与一维流的相同，即(23.03)（当然，这并不表示特征线也相同，因为特征线与解有关). 对于 u 和 ρ 的特征

方程，则不同于(23.04)；我们立即可推得

$$u_\alpha + \frac{c}{\rho}\rho_\alpha + 2\frac{cu}{x}t_\alpha = 0,$$

$$u_\beta - \frac{c}{\rho}\rho_\beta - 2\frac{cu}{x}t_\beta = 0. \tag{23.06}$$

对于二维等熵无旋定常流，我们采取与一般理论比较接近的方法. 将方程(20.05)构成一个线性组合

$$\lambda_2(c^2-u^2)u_x + (\lambda_1 - \lambda_2 uv)u_y - (\lambda_1 + \lambda_2 uv)v_x + \lambda_2(c^2-v^2)v_y = 0.$$

此线性组合只包含由 (x_σ, y_σ) 所给定的一个方向上的微商 u_σ, v_σ 的条件是

$$(\lambda_1 - \lambda_2 uv)x_\sigma - \lambda_2(c^2-u^2)y_\sigma = 0,$$
$$\lambda_2(c^2-v^2)x_\sigma + (\lambda_1 + \lambda_2 uv)y_\sigma = 0,$$
$$\lambda_2(c^2-u^2)u_\sigma - (\lambda_1 + \lambda_2 uv)v_\sigma = 0,$$
$$(\lambda_1 - \lambda_2 uv)u_\sigma + \lambda_2(c^2-v^2)v_\sigma = 0.$$

这组方程与(22.04)对应. 从头两个方程中消去 λ_1 和 λ_2 后得

$$(c^2-v^2)x_\sigma^2 + 2uvx_\sigma y_\sigma + (c^2-u^2)y_\sigma^2 = 0; \tag{23.07}$$

类似地，从后两个方程得

$$(c^2-u^2)u_\sigma^2 - 2uvu_\sigma v_\sigma + (c^2-v^2)v_\sigma^2 = 0, \tag{23.08}$$

而从第一和第三个方程推出

$$[(c^2-u^2)u_\sigma - uvv_\sigma]x_\sigma - [uvx_\sigma + (c^2-u^2)y_\sigma]v_\sigma = 0 \tag{23.09}$$

将方程(23.07)写成如下形式的关于 $\zeta = y_\sigma/x_\sigma$ 的方程：

$$(c^2-v^2) + 2uv\zeta + (c^2-u^2)\zeta^2 = 0. \tag{23.10}$$

这个方程在 $(c^2-v^2)(c^2-u^2) - u^2v^2$ 为负值或

$$0 < c^2 < u^2 + v^2$$

的条件下有两实根 ζ_+, ζ_-, 因而

$$y_\alpha = \zeta_+ x_\alpha, \quad y_\beta = \zeta_- x_\beta. \tag{23.11}$$

上述条件表明流动是超声速的，它保证了微分方程组 (20.05) 属于双曲型. 我们今后把 (23.11) 所确定的特征线称为“Mach 线”

(参看§31).

方程(23.08)确定了 (u, v) 平面上与所考虑的解 $u(x, y)$, $v(x, y)$ 无关的两个特征方向. 因为方程组(20.05)是可约的，所以,根据一般理论显见,在(u, v)平面上这种固定的特征线是存在的. 将方程(23.08)和(23.07)相比较可知,(23.08)中 dv/du 的两个根是 $-\zeta_+$ 和 $-\zeta_-$. 对方程(23.09)作适当调整就给出

$$(c^2-u^2)u_\alpha-[2uv+(c^2-u^2)\zeta_+]v_\alpha=0,$$

或者,因为由(23.07)

$$(c^2-u^2)(\zeta_++\zeta_-)=-2uv,$$

故

$$u_\alpha=-\zeta_-v_\alpha. \tag{23.12.1}$$

类似地我们求得

$$u_\beta=-\zeta_+v_\beta. \tag{23.12.2}$$

当然,从(23.12)这两个方程以及 ζ_+ 和 ζ_- 作为方程(23.10)的根的定义,自然也就得到了方程(23.08).

如此导出的特征方程的意义,将在第四章中详加解释和讨论. 这里我们只提一下: 对于受方程(20.06)支配的三维柱对称定常流,关于 x_σ 和 y_σ 的特征方程依然是方程(23.07),这与二维流动情况相同. 然而关于 u_σ, v_σ 的特征方程就不同了. 容易验证,此时代替(23.08)的是

$$u_\alpha+\zeta_-v_\alpha+\frac{c^2}{c^2-u^2}\frac{v}{y}x_\alpha=0,$$

$$u_\beta+\zeta_+v_\beta+\frac{c^2}{c^2-u^2}\frac{v}{y}x_\beta=0. \tag{23.13}$$

§24 初值问题·依赖域·影响区

初值问题是双曲型微分方程理论中的主要问题. 设 $x=x(s)$, $y=y(s)$ 是用参数 s 表示的 (x, y) 平面上的一条曲线 $\mathscr{I}$,(我们假定在曲线 $\mathscr{I}$ 上微商 $x_s(s)$, $y_s(s)$ 分段连续且 $x_s^2+y_s^2\neq 0$.) 在曲线 $\mathscr{I}$ 上任意给定连续的值 $u(s)$, $v(s)$. 于是初值问题是:

在$\mathscr{I}$的邻域中，试求方程(21.01)的一个解 $u(x, y)$, $v(x, y)$，这个解在$\mathscr{I}$上取给定的初值 $u(s)$, $v(s)$. 我们假定这条给定初值 $u(s)$, $v(s)$ 的曲线 $\mathscr{I}$ 处处都不是特征方向，换句话说在曲线$\mathscr{I}$上

$$ay_s^2 - 2bx_sy_s + cx_s^2 \neq 0.$$

利用微分方程的特征形式(22.17)，这个问题可以象常微分方程所对应的问题那样完整地得以解决[1].

在特征参数 α, β 的平面上，我们可以把$\mathscr{I}$看作是特殊的直线 $\Lambda: \alpha+\beta=0$ 的象. 在§22中，我们曾就一条其上 $\alpha=\beta$ 的曲线$\mathscr{I}$引进了特征参数 α, β，这里只需用$-\beta$ 代替那里的β. 下面我们限于在$\mathscr{I}$一侧之邻域中讨论问题.

现在，可以在 (α, β) 平面上表述微分方程(22.17)的初值问题：在直线Λ上，x, y, u, v 的值为 $\alpha=-\beta=s$ 的连续可微函数，要在Λ一侧之邻域内求出(22.17)中特征方程 I 和 II 的解，它在Λ上取上述给定的值.（假定(22.17)的系数具有对自变量的两次连续微商.）

为了构造解，我们将方程 I_+ 和 II_+ 对β微分，将方程 I_- 和 II_- 对α微分，于是得出关于 $x_{\alpha\beta}$, $y_{\alpha\beta}$, $u_{\alpha\beta}$, $v_{\alpha\beta}$ 的四个线性方程. 这组线性方程的行列式的值为 $aT(\zeta_+-\zeta_-)^2$，根据(22.09)，(22.12)，(22.20)，此行列式的值不等于零. 所以，可解出 $x_{\alpha\beta}$, $y_{\alpha\beta}$, $u_{\alpha\beta}$, $v_{\alpha\beta}$，并得到以下形式的一组方程：

$$x_{\alpha\beta}=f_1,\quad y_{\alpha\beta}=f_2,\quad u_{\alpha\beta}=f_3,\quad v_{\alpha\beta}=f_4, \tag{24.01}$$

其中 f 具有关于 x, y, u, v, x_α, x_β, y_α, y_β, u_α, u_β, v_α, v_β 每个量的一阶连续微商. 从原始初值以及方程(22.17)，可以确定出这十二个量在直线Λ上的值. 于是，可以用迭代法[2]在初始直线Λ的邻域内求解方程(24.01)的初值问题. 这个在点(α, β)上给出 u, v, x, y 诸值的迭代过程，只用到函数 f_i 在图1中所示的三角形 ABP 上的积分. 例如，假定初值为零，我们用下列递推公

---

1) 这一重要事实的发现归功于 Hans Lewy[29]。

2) 参看[32, 第五章 §5]

式定义一系列 α 和 β 的函数 $x^{(n)}$, $y^{(n)}$, $u^{(n)}$, $v^{(n)}$:

$$x^{(0)} = 0,$$

$$x^{(n+1)}(P) = \iint_{ABP} f_1(x^{(n)},\ y^{(n)},\ u^{(n)},\ v^{(n)}) d\alpha d\beta,$$

对于 y, u 和 v 依此类推. 可以证明以上序列收敛于方程(24.01)的解. 方程(24.01)的解就给出特征方程组(22.17)的解. 倘若 Jacobi 行列式 $x_\alpha y_\beta - x_\beta y_\alpha$ 不等于零，那么，求解特征方程组(22.17)与求解原始方程(21.01)的初值问题是等价的.

关于详细的证明,可以参考上面所引的文献.（关于一个略有不同但更为一般的证明参看 §32.）

从迭代过程显见,点 $P=(\alpha,\ \beta)$ 上的 u, v, x, y 值只依赖于图中所示的点 $A=(-\beta,\ \beta)$ 和点 $B=(\alpha,\ -\alpha)$ 之间线段上的初值. 假定在三角形 ABP 中,微分方程有两个解，它们在线段 AB 上有相同的初值(但在线段之外可能不同),那么，在整个三角形 ABP 中,这两个解重合.

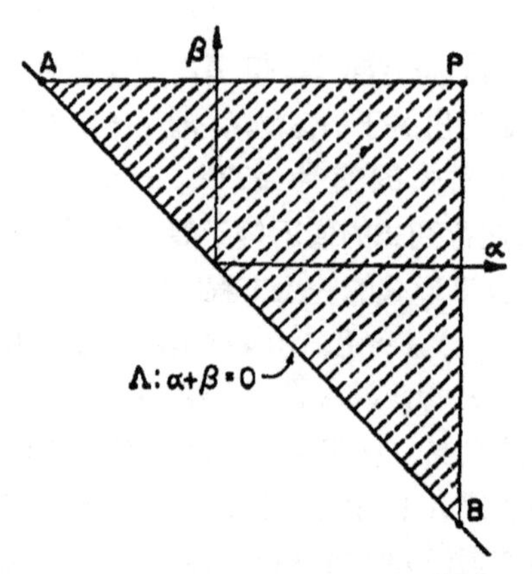

图1 (α, β) 平面上应用迭代过程的三角形区域.

就 $(x,\ y)$ 平面而论，上面结果有下述重要意义：设在一条初始曲线 $\mathscr{I}$ 的邻域内已给具有二阶连续微商的解 $u(x,\ y)$, $v(x,\ y)$,由 §22 的讨论知道,此时可引进特征参数，所以从我们的解导

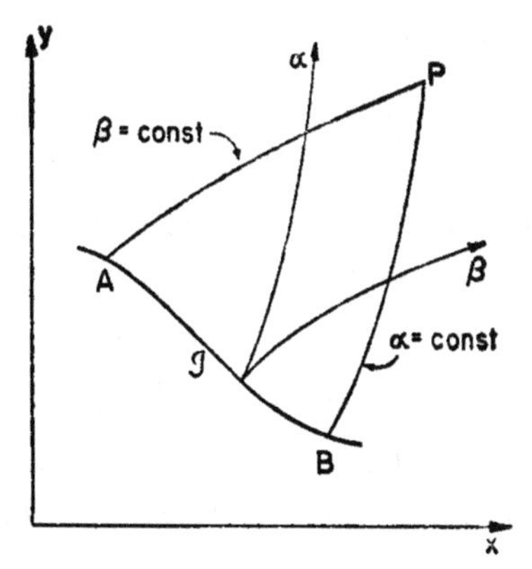

图2 (x, y) 平面上可以求解初值问题的三角形区域.

出了方程(24.01)的解. 在 (x, y) 平面上曲线 $\alpha=\text{const}$ 和 $\beta=\text{const}$ 是特征线,所以在 (x, y) 平面上点 P 上解 u, v 的值并不依赖于 $\mathscr{I}$ 上的全部初值,而只是依赖于曲线 $\mathscr{I}$ 被过 P 的两条特征线所截线段上的初值. 曲线 $\mathscr{I}$ 被这两条特征线截出的线段称为 P 点的**依赖域**. 这一概念的重要性在下述定理中得到了体现.

唯一性定理: 在由过点 P 的两条特征线和它们在初始曲线 $\mathscr{I}$ 上截出的"依赖域" AB 所围的区域 ABP 中,设方程(20.01)有一个解(具有二阶连续微商);假定在 ABP 中还给出另外一个解(具有二阶连续微商),它在 AB 上与第一个解取相同的值.那么,在这域 ABP 中第二个解与第一个解恒等.

如果当 $u=v=0$ 时,(21.01)中的 E_1, E_2 就等于零,则出现一种重要的特殊情况. 此时, $u=v=0$ 是 **ABP 中在 P 的依赖域 AB 上取零值的唯一解.**

初始曲线 $\mathscr{I}$ 上一点 Q 的**影响区**,是 (x, y) 平面上受到点 Q 的初值影响的全部点. 点 Q 的这一影响区由所有这样的点 P 组成,这些点的依赖域都含有点 Q. 所以影响区正好是过 Q 的两条特征线之间的角形区域. 以后我们将在下面两种情况中认识上述两个概念的重要性: 一种情况是自变量之一,例如 y, 代表的是时间[参看§35]；另一种是超声速定常流的情况，其中 x 和 y 是空间变量，u 和 v 为速度分量.

这种依赖域和影响区的存在，是波的传播现象不同于平衡状态的特征. 后一种情形，介质中所有各点的状态都是相互联系的；微分方程为椭圆型，正如从偏微分方程的一般理论知道的，方程的解是解析函数，它在整个区域上的值由它在任意一个无论怎样小的区域中的值所确定. 另一方面，对于波的传播问题，微分方程的解不一定是解析的. 从而，在(x, y)平面上的不同区域中，解可以由解析不相同的部分组成；因此，往往可能做到分片构造解，正如将在许多例子中见到的，这种可能性使双曲型问题常常比较容易求解.

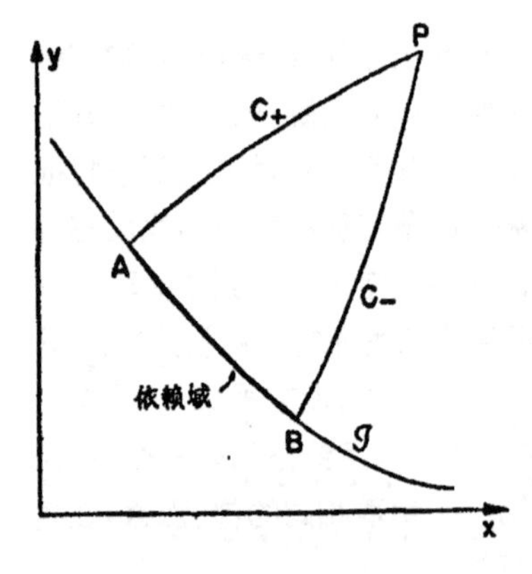

图 3　点的依赖域.

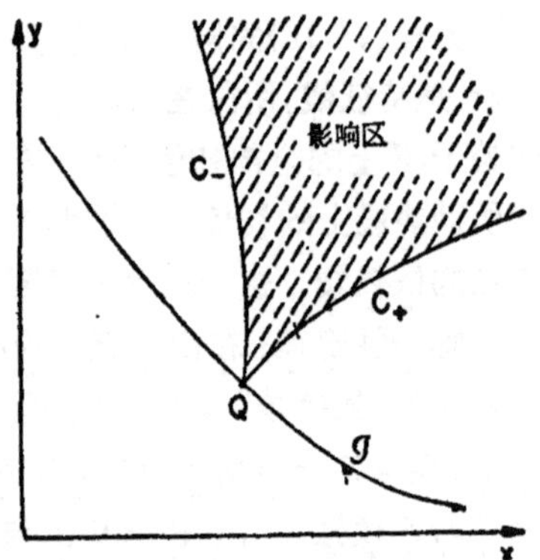

图 4　初始曲线上点的影响区.

依赖域和影响区的概念的作用在于，在诸如“点 P 处的介质不知道点 Q 处的状态”这种表述中，意味着 P 不在 Q 的影响区里.

在构造解的时候，我们并未对初始曲线的两侧加以区分，因此，上述方法对于初始曲线的两侧都给出初值问题的解.

虽然就上述存在性和唯一性而言，u 和 v 在 $\mathscr{I}$ 上的初值有二阶连续微商，但是初值的一阶(或高阶)微商具有间断的解是存在的. 假设有一连续解 $u(x, y)$，$v(x, y)$，其微商沿某些曲线有间断；我们进一步假定，在这些间断线以外的地方，u 和 v 有二阶连续微商，在依赖域不包含初值的一阶(或高阶)微商的间断点的那些点 P 上，解 u 和 v 具有一阶(和高阶)连续微商. 从解的上述构造可以推断：这类微商的间断只出现在过初始曲线 $\mathscr{I}$ 的间断点的特征线上(参看[32，第五章 §7]).

到目前为止，特征线是用来对初值问题进行理论上的讨论的. 然而，除此而外，微分方程的特征形式对于实际的数值求解是非常有用的. 如果将这种微分方程换为有限差分方程，常常花较少的劳动就得出数值解. 这将在第三章 §83 中作比较详细的叙述.

§25　间断沿特征线的传播

这里，我们就特征线作为间断的可能轨迹作一点补充说明. 若 $\mathscr{I}$ 上初值的某些微商在点 A 有间断，那么，按照上面所说，间断就沿着过 A 的一条或两条特征线传播. 此外，正如我们即将看到的，这些间断将按一确定的规律传播. 该规律表明这些间断决不会消失.

倘若变量 y 就是时间 t，以上陈述可解释如下：在一维的 x 区域中，任何间断都以速度 dx/dt 传播，这个速度由(x,t)平面上过相应间断点两条特征线的斜率所给定.

在二维定常流中，由于边界稍微粗糙而产生的小扰动将由流动边界发出的特征曲线即 Mach 线显示出来. 在沿粗糙度很小的界壁的流动中，这些特征线常常是实际可见的.

间断沿特征线的传播，可以通过以下的数学考虑加以描述. 我们假定可以引进特征参数，并假定穿过曲线 $\alpha=\text{const}$ 时发生间断，因而对 β 的(切向)微商将保持连续. 我们来考察下面四个跳跃即间断的强度：

$$[x_\alpha]_{\alpha-0}^{\alpha+0}=X(\beta),\qquad [y_\alpha]_{\alpha-0}^{\alpha+0}=Y(\beta),$$

$$[u_\alpha]_{\alpha-0}^{\alpha+0}=U(\beta),\qquad [v_\alpha]_{\alpha-0}^{\alpha+0}=V(\beta),$$

式中 $x,\ y,\ u,\ v$ 看成是 $\alpha,\ \beta$ 的函数. 对于这些间断强度，可以沿曲线 $\alpha=\text{const}$ 建立两个齐次线性微分方程.

我们首先考虑(22.17)的方程 I_+ 和 II_+ 在点 P_1 和 P_2 的情况，P_1 与 P_2 是在特征线 $\alpha=\text{const}$ 的两侧且靠近 $\alpha=\text{const}$ 上的点 P. 将这两个方程相减，令 P_1 与 P_2 趋近于 P. 因为方程的系数及其对 β 的微商是连续的，故得

$$
\begin{aligned}
&Y(\beta)-\zeta_+(\beta)X(\beta)=0,\\
&U(\beta)+G_+(\beta)V(\beta)+R_+(\beta)X(\beta)=0,
\end{aligned}
\tag{25.01}
$$

式中 ζ_+，$G_+(\beta)=(a\zeta_+-S)/T$ 及 $R_+=(K\zeta_+-H)/T$ 沿 $\alpha=\text{const}$ 是 β 的已知函数[参看(22.16)]. 为了从 I_- 和 II_- 得出一些结果，我们先将它们对 α 微分，再仿照上面的步骤推导，于是得到下列形式的微分方程：

$$
\begin{aligned}
&Y_\beta-\zeta_-X_\beta+M(X,\ Y,\ U,\ V)=0,\\
&U_\beta+G_-V_\beta+R_-X_\beta+N(X,\ Y,\ U,\ V)=0,
\end{aligned}
\tag{25.02}
$$

其中 ζ_-，$G_-=(a\zeta_--S)/T$，$R_-=(K\zeta_--H)/T$，且线性表达式M及N的系数，沿 $\alpha=\text{const}$ 是 β 的已知函数.

方程 (25.01—.02) 把间断强度作为线性齐次常微分方程的解给予确定. 所以，这些间断是唯一确定的. 而且，如果已知它们在特征线的任意一点上不为零，则在整条特征线上都不等于零.

应当指出，本节关于一阶微商间断的传播所作的讨论[1]并不适用于函数 u 和 v 本身的间断. 在第三章中将看到，函数本身的间断是作为"冲击波"以完全不同的方式传播的.

§26 作为不同类型区域之间的分界线的特征线

我们要重复一下一个重要的基本点：当两个相邻区域的流动(特别当一个区域是静止的或常状态的，而另一个区域不是常状态的)，由解析不相同的表达式来描述时，这两个区域必然被一条特征线分开. 一般说来，从一个区域到另一个区域的过渡要涉及到某些微商的间断；所以上述断言是以下事实的直接推论：u 和 v 的任何阶微商的间断只有在特征线上才能出现. 然而，即使微商

1) 关于间断传播的更详细的讨论，仍可参看[32，第五章].

的间断不会出现，根据由两条特征线和一段初始曲线组成的三角形区域的初值问题解的唯一性，由此推理也仍然容易得出上述结论(参看[32，p.297]).

如果微分方程组(21.01)是椭圆型的,不存在实的特征线(参看[32,第二章 §2]),其连续解的微商也就不会有间断. 若微分方程的系数是解析的,则解是 x, y 的解析函数. 所以,除非解在整个区域是常数,否则它在任何一个区域中都不可能是常数.

§27 特征初值

正如我们已看到的，沿一条对 u, v 初值来说不是特征线的曲线 $\mathscr{I}$，用我们的微分方程可以计算 u 和 v 的微商(和所有高阶微商),并在此曲线的两侧唯一地确定出解.

如果曲线 $\mathscr{I}$ 上的 u, v 值使此曲线成为特征线，那么，对这样的 $\mathscr{I}$,微分方程将给出什么相应的结果呢? 这从微分方程的特

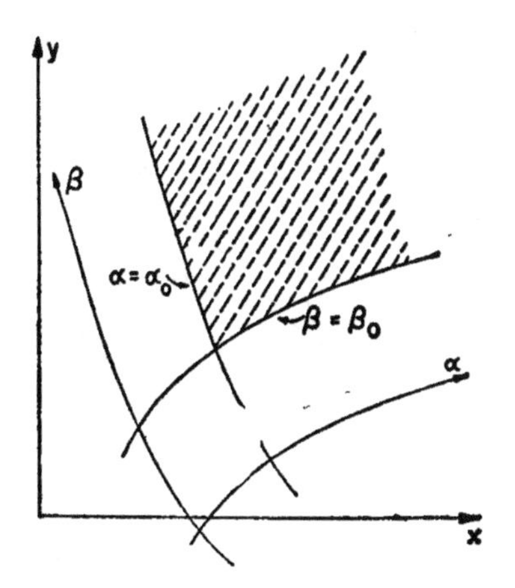

图5 (x, y) 平面上可以建立特征初值问题解的矩形域.

征形式(22.17)立即可找到答案. 设 $\mathscr{I}$ 是一条 C_+ 特征线，其上 $\beta=\text{const}$. 方程 II_+ 表明，在 $\mathscr{I}$ 上不能同时任意给定 u 和 v 值，或更确切地说，II_+ 建立了 u, v 之间的一个关系,因为沿着 $\mathscr{I}=$

C_+, II_+ 是 u 和 v 的一个常微分方程．所以，我们能随意给定的只是其中的一个函数，例如 u，以及另一个函数 v 在某一点上的值．

在许多重要应用中，初值问题并不是对一条非特征初始曲线 $\mathscr{I}$，而是对两条相交的特征线给初值提出的．这种对特征微分方程提的特征初值问题表述如下．在如图 5 所示的两条特征线段 $\alpha=\alpha_0$, $\beta=\beta_0$ 上给定相容的 u 和 v 值，对在四个角形区域之一，例如 $\alpha>\alpha_0$, $\beta>\beta_0$ 中的点 α, β，求 (22.17) 中方程 I 和 II 的具有这些初值的解．这个解仍是唯一确定的，且可用 §24 中所略述的迭代方法求出．对于这个问题，有限差分法仍然是进行数值计算的令人满意的工具．

§28　关于边界值的补充

以后，特别是在有关燃烧和爆轰的理论中[参看第三章，E 部

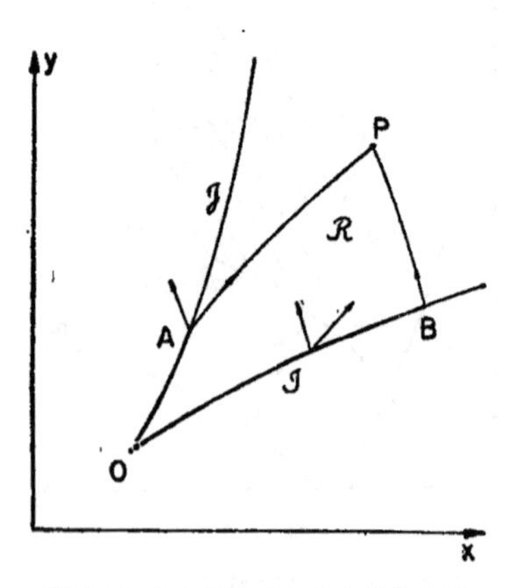

图 6　在空向线和时向线上的依赖域．

分]，我们会碰到这样一些问题，其中微分方程(21.01)的解的边界值给在(x, y)平面的两条非特征曲线 $\mathscr{I}$ 和 $\mathscr{J}$ 上，这两条曲线相交于 O，构成角形域 $\mathscr{R}$［参看图 6］．鉴于对这样一些问题的应用，我

们顺便在这里作一点说明．我们对两族特征线的每一个规定以方向，假定从 $\mathscr{I}$ 上的点发出的两条特征线都进入区域 $\mathscr{R}$，而从 $\mathscr{J}$ 上的点发出的特征线只有一条进入区域 $\mathscr{R}$．基于第三章A部分所述的原因，称 $\mathscr{I}$ 为空向的，$\mathscr{J}$ 为时向的（参看 [32，p355]）是方便的．于是，我们可以说，$\mathscr{I}$ 上的两个量以及 $\mathscr{J}$ 上的一个量确定了 $\mathscr{R}$ 中的解．更确切地说，自 $\mathscr{R}$ 中一点 P 沿负方向引两条特征线，直至与 $\mathscr{I}$ 或 $\mathscr{J}$ 相交于两点 B 和 A．假设在 $\mathscr{R}$ 中给出第二个解，其 u 和 v 在 $\mathscr{I}$ 的线段 OB 上取与第一个解相同的值；在 $\mathscr{J}$ 的线段 OA 上，其中一个量，例如 u 取与第一个解相同的值．那么，在区域 ABP 中，特别是在点 P 上，这两个解重合．这是关于唯一性的一个重要表述．它说明把两条特征线从 $\mathscr{I}$ 和 $\mathscr{J}$ 上截下的线段 AB 叫做“依赖域”是合理的．

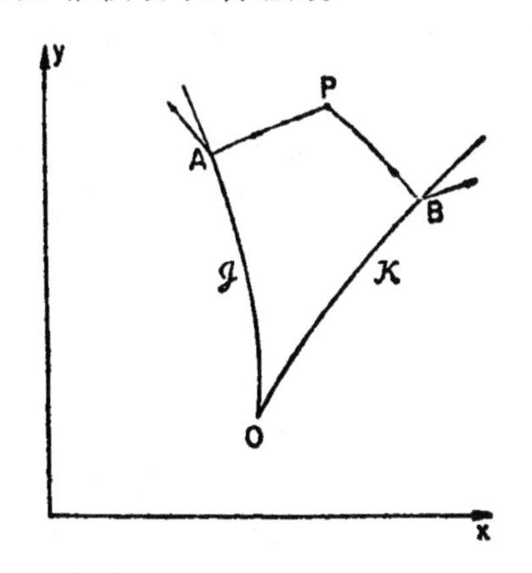

图 7　在两条时向弧上的依赖域．

在阐述存在性定理时我们所遇到的困难是，曲线 $\mathscr{J}$ 是否是“时向”的取决于 u 和 v 两个量，而在此曲线上给定的只是其中一个量．然而，根据连续性，$\mathscr{I}$ 上给定的两个量决定了 $\mathscr{J}$ 在 O 点的方向是否是时向的（假定 $\mathscr{J}$ 上的量在 O 点是连续的）．如果是时向，那么至少可以说在 $\mathscr{I}$ 的使 $\mathscr{J}$ 为时向的邻域内解存在．

另一个自然的问题是，在两条时向线 $\mathscr{J}$ 和 $\mathscr{K}$ 上给定一个量，在交点O上给定两个量．假设已有一解，对这个解而言，$\mathscr{J}$和$\mathscr{K}$是时向的(参看图7)．于是在$\mathscr{J}$上的依赖域OA，在$\mathscr{K}$上的依赖域OB，仍然是由过P点往负向引出的两条特征线所截得的线段．考虑另外任何一个解，对它来说在OA上有一个量例如u，在OB上有一个量u或v，在O点上有两个量u及v与前面所述的解相同．于是这两个解在子域ABP上重合．虽然在适当条件下这个唯一性定理的成立几乎是无疑的，但似乎它还未被证明过．

对于存在性定理，也可以作同样的论述．该定理说，倘若在O点$\mathscr{J}$和$\mathscr{K}$的两个方向都是时向的，如果在$\mathscr{J}$上给定一个量，在$\mathscr{K}$上给定一个量，而在O点给定两个量，且使这些量在O点连续，那么在O点的邻域内解存在．

以上论述构成了对于§20所列情况的气体动力学方程的一套完整处理的基础．正如在第三章和第四章将要表明的，在所有这些情况下，将微分方程化成特征形式开辟了理论研究和数值计算的道路．下面我们通过讨论一个非常重要的概念——简单波，继续介绍一般理论．

§29　简单波·与常状态区毗邻的流动

下述情况是常遇到的：在(x, y)平面上的某个区域(I)中，微分方程(21.01)的解(u, v)，或简单地说“流动”(u, v)是常数，与此常状态区毗邻的是另一个区域(II)，其中u和v是变化的．此时，正如在§26已见到的，这两个区域被一条特征线C所分隔．在本节中我们将证明，如果微分方程(21.01)是可约的，即微商u_x，u_y，v_x，v_y的系数A，B，C，D只依赖于u和v，而E等于零(参看§21)，那么，在这样一个与常状态区域(I)相邻的区域(II)中，流动具有特别简单的性质．

这一节，我们只讨论可约的微分方程，并且假定方程是双曲型的．这些方程在(u, v)平面上具有两族固定的特征线$\Gamma_+:\beta(u, v) = \text{const}$，和$\Gamma_-:\alpha(u,v) = \text{const}$．如§21所表明的，只要Jacobi

行列式 $j=u_x v_y-u_y v_x \neq 0$，可约微分方程就可化为线性方程．然而，我们现在研究的是 Jacobi 行列式在整个区域中为零的解 $u(x, y)$，$v(x, y)$，因而，这些解不能用相应的线性微分方程的解来表示．这种类型的解或"流动"，我们称之为简单波．在描述和建立流动问题的解时，简单波起着基本的作用．特别是我们将证明：在与常状态区毗邻的区域中，流动总是简单波．

在常状态区(I)中，两族特征线 C_+ 和 C_- 都是直线，因为 u 和 v 是常数表明 β 和 α 也是常数．我们将看到，在简单波区至少有一族特征线 C 是由直线组成．

我们从简单波作为具有下述特性的一种流动的数学定义出发：流动区域被一类特征线 C 譬如说 C_- 的一组曲线所覆盖，这组特征线在 (u, v) 平面上的像全部都落在同一条特征线例如 Γ_-^0 上．换句话说，整个简单波区的 u，v 像都落在这条特征线 Γ_-^0 上．

很清楚，简单波区的任何一条 C_+ 特征线的像都落在某一条 Γ_+ 特征线上；另一方面，根据假定，这个像完全在 Γ_-^0 上，因为整个简单波区的像都在 Γ_-^0 上．因此，每一条第二类的特征线 C_+ 的像都只是一个点，即 Γ_+ 与 Γ_-^0 的交点．这就意味着，量 u 和 v 沿每一条第二类的特征线 C_+ 都是常数．特别是这条特征线的斜率 $dy/dx=\zeta_+(u, v)$ 是常数，因而该特征线 C_+ 是直线．换言之，简单波区被这样的特征线所覆盖：这些特征线上的 u，v 为常数，因而这些特征线都是直线．

由上述定义直接导出如下结果．

基本引理：在一流动区域中，假如在一条特征线的一段上 u 和 v 为常数，那么，在与此线段相邻的区域中，流动是简单波或常状态的．现设有一个区域 $\mathscr{R}$，在那里 u 和 v 是 x 和 y 的连续函数，并且此区域包含 C_+ 特征线的一段 $\mathscr{S}$，在该线段上 u，v 为常数．在区域 $\mathscr{R}$ 内的每一点上，都有一条 C_- 特征线通过．取 $\mathscr{R}$ 中所有这样的点为 $\mathscr{R}$ 的子域 $\mathscr{R}'$，这些点上的 C_- 特征线都与线段 $\mathscr{S}$ 相交．这时，基本引理的确切叙述是：子域 $\mathscr{R}'$ 中的流动是简单波. 现在可直接加以证明: $\mathscr{S}$ 在 (u, v) 平面上的像是一个点，所以 $\mathscr{R}'$ 中全部 C_- 特征线的像都落在过这一点的 Γ_- 特征线上. 通过一点的同类特征线只有一条. 所以，这些像都落在同一条 Γ_- 特征线上. 于是,根据定义，在 $\mathscr{R}'$ 中的流动是简单波.

基本引理的一个直接推论是**基本定理**: 与常状态区相毗邻的区域中的流动是简单波.

因为常状态区与非常状态区的分界线是一段特征线，在常状态区中，特征线上的 u, v 为常数. 同时很清楚，在相邻的区域 $\mathscr{R}'$ 中,流动的性质已确定为简单波.

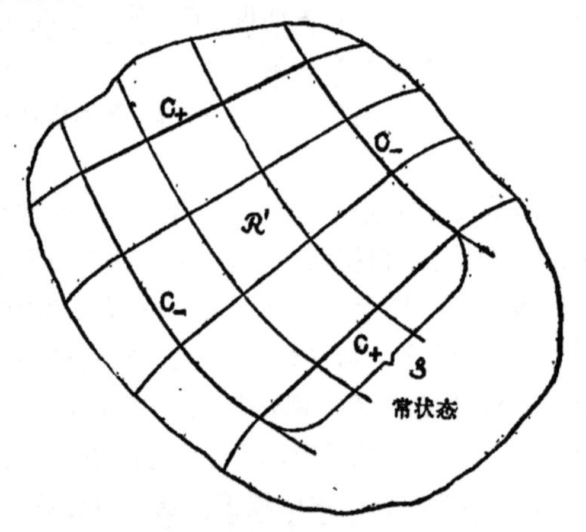

图 8　与常状态区相毗邻的简单波区.

可约微分方程(21.01)有很多种简单波解，因而，研究什么样的初值可以确定一个简单波是很有意义的. 对应于典型的物理问题,一种自然的可能性是: 在给定的曲线 $\mathscr{B}: x = x(s)$, $y = y(s)$ 上给定值 $u = u(s)$, $v = v(s)$, 使得 (u, v) 平面上的像落在一条 Γ 特征线,例如 Γ_- 上,于是，从 $\mathscr{B}$ 上任何一点$(x(s), y(s))$发出的直线特征线 C_+ 的斜率由 $dy/dx = \zeta_+(u(s), v(s))$ 给定，且在这条 C_+特征线上 u, v 值为常数; $u = u(s)$, $v = v(s)$, 所以流动可通过两个参数 s 和 σ 用 $x = x(s) + \sigma, y = y(s) + \sigma\zeta_+$, $u = u(s)$, $v = v(s)$ 来描述. 我们假设 $\mathscr{B}$ 与 C_+ 方向处处不相切:

$$y_s \neq \zeta_+ x_s.$$

于是, Jacobi 行列式 $\partial(x, y)/\partial(\sigma, s) = y_s + \sigma(\zeta_+)_s - \zeta_+ x_s$ 在 $\mathscr{B}$ 上不等于零. 所以在 $\mathscr{B}$ 的邻域内,可以引进 x, y 作为自变量. 容易证明,这样得到的解 $u(x, y)$, $v(x, y)$ 是微分方程的简单波解.

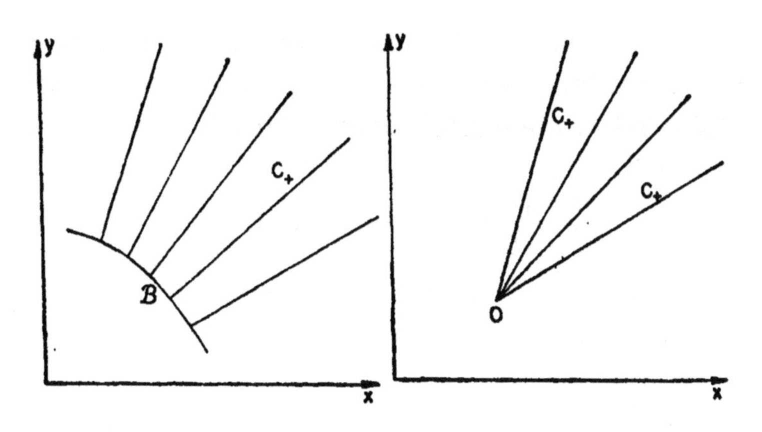

图 9 与一条任意曲线 $\mathscr{B}$ 毗邻的简单波区.　　图 10 中心简单波.

在曲线 $\mathscr{B}$ 退化成一点 O 的特殊情况,全部直特征线都发自 O 点. 因而称这个波是以 O 为中心的中心波. 如果给定了相应的一段 Γ_- 特征线,则这种中心简单波显然就被确定了.

§30 速度图变换及其奇点·极限线

我们就 §21 所述的"速度图变换"作点说明,该节中将它当作是一种将 (x, y) 的函数 (u, v) 的可约方程(21.01)化成 (u, v) 的函数 (x, y) 的线性方程(21.03)的工具. 在 §29 中我们研究了这样一种流动区域中的简单波,在这种区域中处处 $j = u_x v_y - u_y v_x = 0$,

因而不可能进行速度图变换．现在我们考虑只在一条光滑曲线上 $j=0$ 的情形；类似地，我们还对这样一种情况感兴趣，其中 Jacobi 行列式 $J=x_u y_v - x_v y_u$ 在 (u, v) 平面某个区域的一条曲线上等于零，在该区域中变换后的微分方程(21.03)具有光滑解．在第四章中将指出(参看 §105)，这两种情形在二维定常流理论中都非常重要．这里我们只讨论有关映射的奇异性的数学基础．

考虑(ξ, η)平面到(ξ', η')平面的映射．设在点 $O_1(\xi=\eta=0)$，

$$j=\xi'_\xi \eta'_\eta - \xi'_\eta \eta'_\xi = 0, \tag{30.01}$$

而微商 ξ'_ξ，ξ'_η，η'_ξ，η'_η 在 O 点并不全为零．由这个要求，我们排除了在位势理论中，或更一般地在形如(21.01)的任一椭圆型微分方程组的解(u, v)中所出现的那种类型的分支奇点．例如，若假设 $\eta'_\xi \neq 0$，则条件

$$\frac{\partial(\eta', j)}{\partial(\xi, \eta)} = \eta'_\xi j_\eta - \eta'_\eta j_\xi \neq 0, \quad \text{在} O \text{点}, \tag{30.02}$$

确保 $j=0$ 的迹线是一条过 O 点的光滑曲线，即"临界"曲线．那么，O 点的一个邻域的像在像点 $O'(\xi'=\eta'=0)$ 的邻域中将是怎样的呢？

回答是：在 (ξ, η) 平面上 O 点的全邻域的像，并不是(ξ', η')平面上像点 O' 的全邻域，而只是二重覆盖的部分邻域，就象将原像的邻域折转并叠置在一起一样．

这个像区域由沿一条折边相交的两叶组成．该折边是临界曲线 $j=0$ 的像．过 O 点有一"例外"方向，任何在此例外方向过 O 点的曲线 C 的像，在像点 O' 处均有尖点；在这些尖点上，像的方向取决于临界曲线在 O 点处的曲率．上述例外方向$(\dot{\xi}, \dot{\eta})$由以下条件表征：

$$\dot{\xi}' = \xi'_\xi \dot{\xi} + \xi'_\eta \dot{\eta} = 0, \quad \dot{\eta}' = \eta'_\xi \dot{\xi} + \eta'_\eta \dot{\eta} = 0. \tag{30.03}$$

所有过 O 的"非例外"方向都映射成同一个方向即"折边方向"．也就是说，任何在一非例外方向过 O 点的曲线的像，在 O' 点上与折边相切，在该处并不形成尖点，并且，一般说来从折叠的一叶过

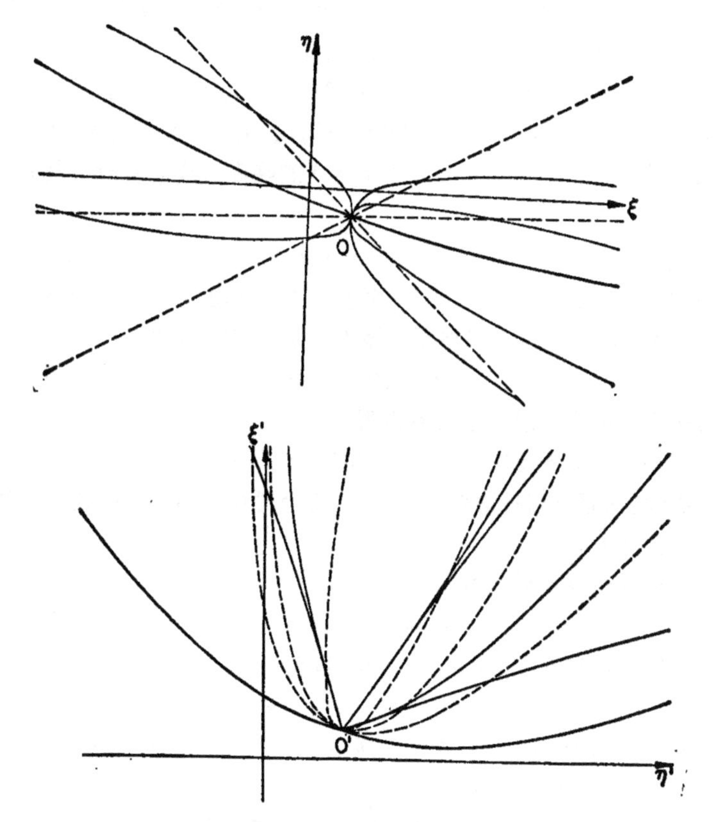

图 11 临界曲线（粗实线）的邻域的映射. 图中示出：三条沿例外方向穿过临界曲线的曲线，以及它们的带尖点的像（细实线）；三条沿非例外方向穿过临界曲线的曲线，以及它们与折边相切的像(细虚线).

渡到另一叶.

上述结果很容易验证,只要对(ξ, η)平面和(ξ', η')平面施加两个适当的线性变换或仿射变换，使得上述映射可以写成以下形式:

$$\begin{aligned} \sigma' &= \sigma + F\sigma^2 + 2G\sigma\tau + H\tau^2 + \cdots, \\ \tau' &= L\sigma^2 + 2M\sigma\tau + N\tau^2 + \cdots, \end{aligned} \tag{30.04}$$

式中 σ，τ 和 σ'，τ' 表示新的坐标，省略号代表高于二阶的项. 于是 Jacobi 行列式(仍以 j 表示)变为

$$j = 2M\sigma + 2N\tau + 4(FM - GL)\sigma^2 + \cdots, \quad (30.05)$$

式中省略号表示除 σ^2 以外的高于一阶的项，在 O 处的条件(30.02)化为 $N \neq 0$. 于是，具有方程 $j = 0$ 的临界曲线被映射成具有方程

$$\tau' = L\sigma'^2 + \cdots, \quad (30.06)$$

的折边. 所以，在 (σ', τ')平面上折边方向由 $d\tau' = 0$ 给出. 由(30.04)可知，在(σ, τ)平面上每条过 O 的，具有方程

$$\tau = \beta\sigma + \cdots \quad (30.07)$$

的曲线都被映射成一条具有方程

$$\tau' = (L + 2M\beta + N\beta^2)(\sigma')^2 + \cdots \quad (30.08)$$

的曲线，从而它与折边相切. 所以，每个过 O 的 $d\sigma \neq 0$ 的方向都是非例外方向.

每条过 O 的具有方程

$$\sigma = \alpha\tau^2 + \cdots \quad (30.09)$$

的曲线，被(30.04)映射成具有以参数表示的

$$\sigma' = (\alpha + H)\tau^2 + \cdots, \quad \tau' = N\tau^2 + \cdots \quad (30.10)$$

的曲线. 由于 $N \neq 0$，这条曲线在 O' 处有一尖点. 所以，过 O 的例外方向显然由 $d\sigma = 0$ 给出.

注意到，在尖点处此象曲线的曲率一般为无穷大.

此外，若(30.02)不成立，从而 $N = 0$，临界曲线本身在 O 点有例外方向，那么它的像即折边一般形成两支，它们在 O' 点相交成一尖点，这是容易证明的. 于是，(ξ, η)平面上 O 点的全部邻域的像形成三叶的“折褶”，其中一叶恰好覆盖了两折边之间的“尖角区域”，而在每条折边上又与其余两叶中之一相衔接，这后两叶盖过尖角区并往尖角区域以外伸展.

我们解释过的事实可用来说明在(x, y)平面到(u, v)平面的映射中出现的重要情况，而反过来，也用来说明由可约微分方程(21.01)的解 $u(x, y)$，$v(x, y)$ 所提供的情况. 我们来研究作

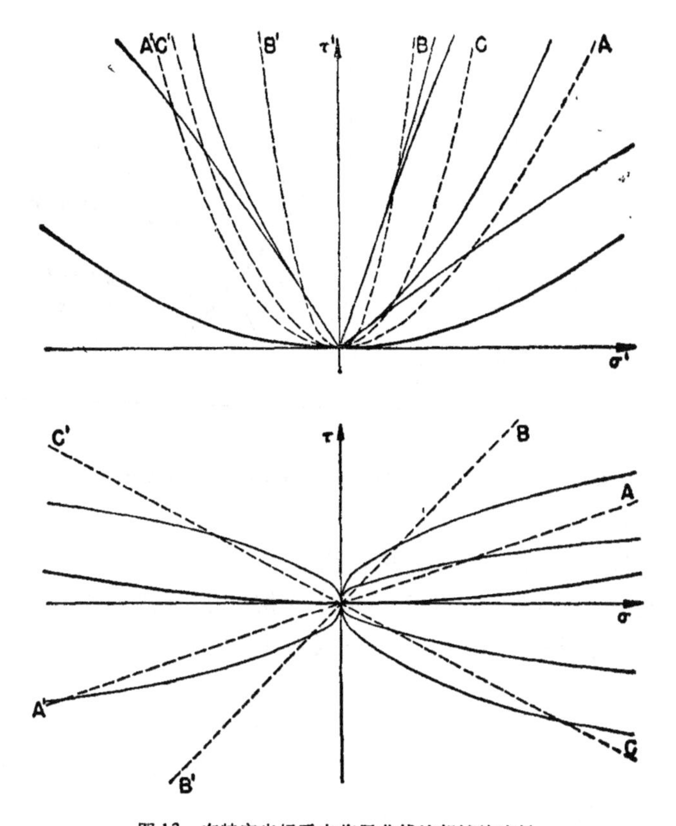

图 12　在特定坐标系中临界曲线的邻域的映射.

为 (x, y) 的函数(u, v)的拟线性偏微分方程 (21.01),和相应的作为(u, v)的函数的(x, y)的线性方程 (21.03),以及特征方程 (22.17):

$$\text{I}\qquad y_\alpha = \zeta_+ x_\alpha, \qquad y_\beta = \zeta_- x_\beta,$$

$$\text{II}\qquad Tu_\alpha = -(a\zeta_+ - S)v_\alpha, \quad Tu_\beta = -(a\zeta_- - S)v_\beta, \tag{30.11}$$

式中 ζ_+, ζ_-, a, T, S 只与(u, v)有关,假定这样来选取坐标,使得 ζ_+ 和 ζ_- 是有限的且 $T \neq 0$, $a \neq 0$ [参看 (22.09) 和 (22.20)]. 再假定在所考虑的区域中 $\zeta_- \neq \zeta_+$ [参看(22.12)],从

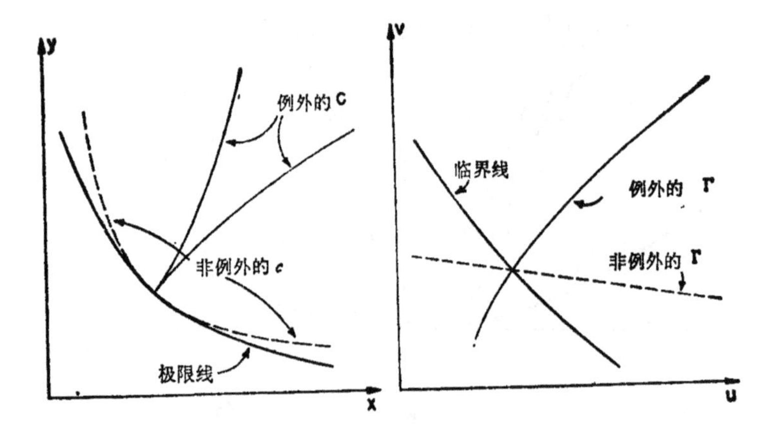

图 13　可约微分方程的解所给出的映射，其中有一条极限线，在它的像上 $J=0$.

而通过每一点有两条不同的特征线.

首先,考虑线性方程(21.03)的一个解(x,y)及相应的自(u, v)平面到(x,y)平面的映射. 假定在(u, v)平面上,沿一临界曲线 Jacobi 行列式

$$J=x_u y_v-x_v y_u \tag{30.12}$$

等于零(但其中四个微商并不全为零). 在(x, y)平面上这条临界曲线的像,即折边,我们称之为极限线. 由于在(u, v)平面上有两族固定的Γ特征线,我们可以引进参数(α, β)使得

$$u_\alpha v_\beta-u_\beta v_\alpha \neq 0.$$

所以,J等于零表明

$$x_\alpha y_\beta-x_\beta y_\alpha=0, \tag{30.13}$$

或根据(30.11)中之 I,

$$(\zeta_- - \zeta_+) x_\alpha x_\beta=0. \tag{30.14}$$

因为根据假定$\zeta_- \neq \zeta_+$,故沿临界曲线或者$x_\alpha=0$,或者$x_\beta=0$. 设$x_\alpha=0$,则根据 I,也有$y_\alpha=0$. 按照(30.03), 这就表明一个特征方向(在我们的情形为$d\beta=0$)是例外方向,相应的“例外的”C特征线在极限线上有一尖点. (u, v)平面上以不同于例外特征

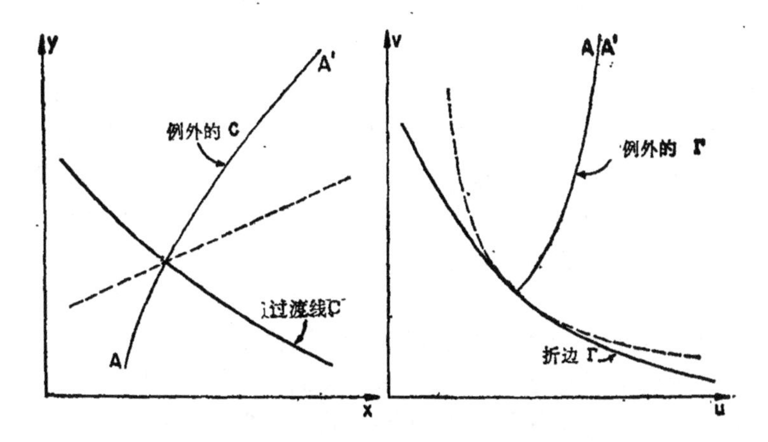

图 14　包含一条过渡特征线(其上 $j=0$)的可约微分方程的解所提供的映射.

方向的方向穿过临界曲线的所有曲线的像都与此极限线相切. 特别地,这也适用于其它非例外的 Γ 特征线. 所以,极限线是一组非例外 C 特征线的包络线.

其次,考虑由原始拟线性方程(21.01)的解 (u, v) 所提供的从 (x,y) 平面到 (u, v) 平面的映射. 假定沿 (x, y) 平面的一条临界曲线 Jacobi 行列式

$$j = u_x v_y - u_y v_x \tag{30.15}$$

等于零(但其中四个微商不全为零). 我们称这样的曲线为过渡曲线.

我们说, 这样一条过渡曲线是一条 C 特征线,且它的像,即在 (u,v) 平面上的折边,是一条 Γ 特征线. 另一类 C 特征线是例外特征线,它的像先朝一个方向行经一段 Γ 特征线终止于折边,然后朝相反的方向通过同一段 Γ 特征线返回. (x, y) 平面上所有那些不是以例外特征方向穿过过渡曲线的曲线的像,皆与折边相切.

为验证这些事实,我们在过渡曲线的邻域内引进特征参数(α, β),因而在此邻域中

$$x_\alpha y_\beta - x_\beta y_\alpha \neq 0.$$

于是，由 $j=0$ 推出 $u_\alpha v_\beta - u_\beta v_\alpha = 0$，或根据(30.11)中之 II，

$$a(\zeta_- - \zeta_+)v_\alpha v_\beta = 0;$$

因为 $a \neq 0$，$\zeta_- \neq \zeta_+$，故在过渡曲线上或者 $v_\alpha = 0$，或者 $v_\beta = 0$. 假定 $v_\alpha = 0$，则根据 II 知，也有 $u_\alpha = 0$. 按照(30.03)，这就意味着由 $d\beta = 0$ 给出的特征方向是例外方向. 此例外的 C_+ 特征线的像在折边上有一尖点. 因为这个像落在一条 Γ 特征线上，且 Γ_+ 特征线又都是固定的曲线，显见，通过向前和向后行经同一段 Γ_+ 就会达到 C_+ 的像的尖点. 从一般理论得知，所有以非例外方向穿过过渡曲线的曲线的像都与折边相切，特别可推得，折边是 Γ_- 特征线的包络线，在它的每一点上都具有特征方向. 通过每一点只有一条曲线具有这一特性，这就是特征线本身. 换句话说，折边就是一条 Γ_- 特征线，所以过渡曲线是 C_- 特征线.

§31 多于两个微分方程的方程组

在本章中，至此一直限于讨论两个微分方程的方程组，因为在充分对称的等熵流动中出现这种方程组. 然而，有时等熵或无旋的假定是不合理的，这时流动受三个或四个微分方程的方程组支配. 对于这类多于两个方程的拟线性微分方程组，本章理论的许多有关内容仍然是适用的.

可以按照与 §22 相同的方法定义特征方向：寻找微分方程的一种线性组合，该组合包含所有未知函数只在一个方向上的微商，这种方向就称为特征方向. n 个二元函数的 n 个方程的方程组，对于每点的特征方向，都导出一个 n 次代数方程. 如果所有特征方向都是实而互异的，方程组就称为是**全双曲型**的.

几个具体情形可叙述如下：

对于支配一维非等熵流的三个方程(17.01—.03)，它的三个特征方向由下列各式表征：

$$C_+: dx/dt = u + c, \qquad C_-: dx/dt = u - c,$$

$$C_0: dx/dt = u. \tag{31.01}$$

这些将在 §34 中详加推导，过一点的三条特征线，显然是 §23 中

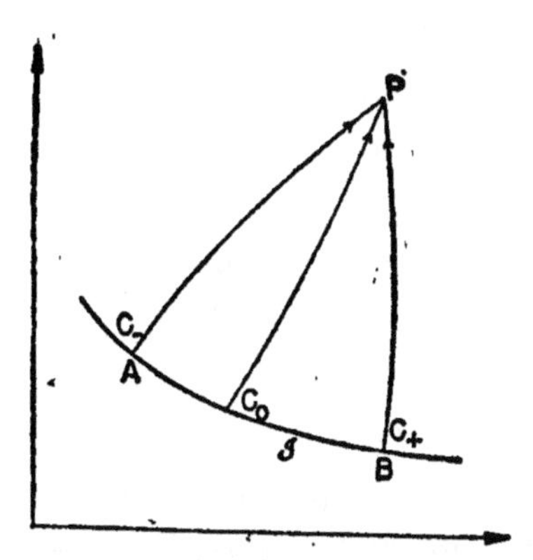

图 15 求解具有三条特征线的方程组时点 P 的依赖域 AB.

所述的两个"声波"的轨迹 C_+, C_- [参看(23.05)], 以及质点轨迹 C_0 [参看图 15].

但是,通过引入 Lagrange 表示法[参看(18.10)],且假定熵是 Lagrange 参数 h 的已知函数, 这些方程的初值问题可以化为只有两个函数的方程组的问题.

二维定常有旋非等熵流,受作为 x, y 的函数的四个量 u, v, τ, S 的四个微分方程所支配[参看(7.08—.11)]. 通过一点的四条特征线是: 在 §23 中求得的两条 "Mach 线"[参看(23.11)], 以及计作两次的流线.

此外,通过引进流函数 ψ [参看(16.12)] 以及任何别的量, 例如速度 q,作为未知函数, 并认为熵 S 和 Bernoulli 常数 $\frac{1}{2}\hat{q}^2$ 是 ψ 的已知函数, 这些方程的初值问题可化为只含两个函数的问题.

然而,有些问题是不可能化为两个未知函数的情况的. 所以, 研究 n 个未知函数 u^1, $\cdots$, u^n $(n>2)$ 的一般形式的拟线性双曲型微分方程组, 不仅有理论意义,也有实用价值. 值得注意的是,本章前几节所介绍的求解理论可以加以修改和推广,以保证初值问题解的存在性和唯一性,并提供合适的数值方法.

本节指出的数值方法，比早期的近似方法（参看[33，34]）显得稍为简单一些，在即将问世的一篇著述中对这个方法有详尽的说明.

考虑 n 个微分方程：

$$L_i \equiv a_{ij}\frac{\partial u^j}{\partial x} + b_{ij}\frac{\partial u^j}{\partial y} + c_i = 0,$$

$$(i = 1, \cdots, n) \quad (j = 1, \cdots, n), \tag{31.02}$$

方程中的系数 a，b，c 依赖于 x，y，u^1，$\cdots$，u^n[1].

与 §22 相仿，我们仍从特解 u^1，$\cdots$，u^n 出发寻找曲线 C：$x(\sigma)$，$y(\sigma)$，使得能够将微分方程构成一个线性组合 $\lambda_i L_i$，在这个线性组合中出现的微分仅仅是对此曲线的参数 σ 的微分：

$$\lambda_i L_i \equiv T_j u^j_\sigma + R = 0, \tag{31.03}$$

与 §22 中完全相同，我们求得，存在这样一个"特征方向"的充要条件是下列对于 λ_i 的线性齐次方程的相容性条件：

$$\begin{aligned} &\lambda_i(a_{ij}y_\sigma - b_{ij}x_\sigma) = 0, \\ &\lambda_i(a_{ij}u^j_\sigma + c_i x_\sigma) = 0, \qquad (j = 1, \cdots, n), \\ &\lambda_i(b_{ij}u^j_\sigma + c_i y_\sigma) = 0. \end{aligned} \tag{31.04}$$

这个条件相当于系数矩阵的所有 n 阶行列式都等于零. 我们首先得到行列式方程

$$|a_{ij}y_\sigma - b_{ij}x_\sigma| = 0, \tag{31.05}$$

即，对于商

$$\zeta = \frac{dy}{dx} = \frac{y_\sigma}{x_\sigma} \tag{31.06}$$

的一个 n 次代数方程. 假定方程有 n 个不相同的实根 ζ_1，ζ_2，$\cdots$，ζ_n，或者说方程组是**全双曲型的**，那么，就存在 n 族特征线 C_ν，它们满足常微分方程

$$\frac{dy}{dx} = \zeta_\nu. \tag{31.07}$$

---

1) 通常，求和符号被省略，下标重复出现的项应理解成对此下标进行求和.

每一族特征线都覆盖了(x, y)平面上所考虑的区域．象 §22 中的情况一样，在方程(31.04)中，除了前 n 个方程外，我们令任意 n 个方程的行列式为零，由此求得，原始微分方程结合成下列形式的线性组合：

$$M_{\nu j}du^j + N_\nu dy = 0, \quad \text{在 } C_\nu \text{ 上 } \nu = 1, \cdots, n \quad (31.08)$$

式中 d 表示沿 C_ν 方向的微分，系数 $M_{\nu j}$ 和 N_ν 是 x, y, u^j 的已知函数，且行列式 $|M_{\nu j}|$ 不为零．方程(31.08)和(31.05)一起组成了原始微分方程的特征方程．

当 $n > 2$ 时，这些方程已不能看成是典型的偏微分方程组，因为 n 条特征线含有 n 个参数，而这里却只有两个独立变量．

尽管如此，方程(31.02)的特征形式(31.05)和 (31.08) 仍可用于理论研究；理论研究又为利用有限差分方法进行各种数值计算提供了启示．

我们得到的结果是，这个初值问题的解存在且唯一；同样，此理论立即给出一个依赖域，对平面上的点 P 来说，这就是从点 P 往回画的特征线在初始曲线 $\mathscr{I}$ 上截取的最大线段．

线性方程：我们先假定原始方程是线性的，即方程的系数只依赖于 x 和 y．于是，在 (x, y) 平面上，n 族特征线是由常微分方程(31.07)给出的固定曲线．我们研究这样的初值问题：给定一条处处不是特征线的曲线 $\mathscr{I}$，在曲线上规定 u^j 的初值，要在 $\mathscr{I}$ 近旁一个适当小的区域 $\mathscr{R}$ 中，在所有具有坐标 x, y 的点 P 上求出一个解．假定在此小区域内，过 P 点的 n 条特征线在 P 点有不同的方向，且与 $\mathscr{I}$ 相交于不同点 P_ν．．于是，方程(31.08)经分部积分后，可写为如下形式：

$$M_{ij}u^j|_P = -N_i y|_P + M_{ij}u^j|_{P_i} + \int_{P_i}^P u^j dM_{ij},$$

式中的积分取在 C_i 的弧 $\overline{P_i P}$ 上，且右端的前两项为已知量．这些关系式为我们直接提供了一种迭代方案：先将任意一个满足初始条件的第一次近似值 u_1^j 代入方程右端的 u^j，然后令方程左端的 u^j 为第二次近似值 u_2^j，我们就得出了关于 P 点上这些值的 n

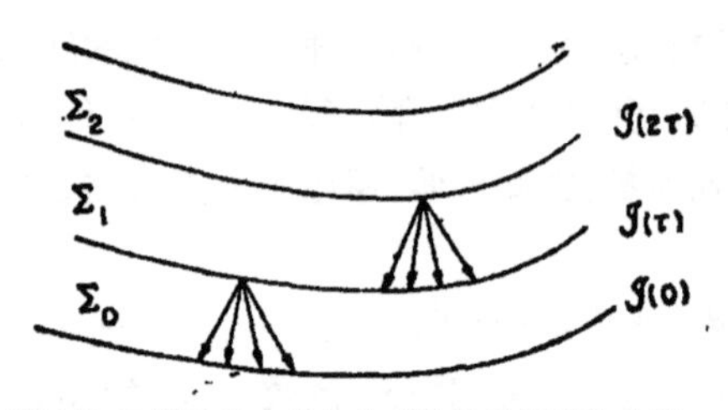

图 16　有限差分方法中出现的特征矢量和条带.

个线性方程的方程组. 假定方程组的行列式不等于零，于是将所求得的作为 x, y 的函数的 u_2^i 代入方程的右端,就又得出下一次近似值的表达式,如此往下继续进行. 不难证明,这个过程收敛于原始方程组的解,解也是唯一的. 同时，可以看出,P 点的依赖域是两条外侧特征线在 $\mathscr{I}$ 上截得的线段.

在非线性方程组(31.02)的一般情况下,出现了各种似乎是合理的,仿照线性过程的迭代步骤. 第一步,我们可以从第一次近似 u_1^i 开始,将这些值代入微分方程的系数中，从而得出一线性方程组. 利用上述方法,这个方程组将给出解的第二次近似 u_2^i. 如此迭代下去，可以证明，在一个适当小的区域中它收敛于所求的解(参看[34]).

另一种方法是直接利用(31.02),同时考虑在每一步都对特征线进行修正.

然而,作为数值计算的基础,按照下述方法进行计算似乎是可能的，甚至是更可取的：考虑有一系列依赖于一个参数 t 的曲线 $\mathscr{I}$,而每条曲线又可以用一个参数 s 来表示，当参数 t 从零增加时,曲线 $\mathscr{I}(t)$ 光滑地覆盖区域 $\mathscr{R}$; 我们进一步假定,对于给定的初值及其一个充分小的邻域,曲线 $\mathscr{I}$ 处处都不是特征的. 现在选定一个小值 τ,并考虑曲线 $\mathscr{I}=\mathscr{I}(0)$, $\mathscr{I}_1=\mathscr{I}(\tau)$, $\mathscr{I}_2=\mathscr{I}(2\tau)$ 等等,以及如此定出的狭条带 Σ_0, Σ_1, $\cdots$; 然后,利用解线性方程的方法在小条带 Σ_0 中求解. 为此目的，将给定的初值沿着曲线 $\mathscr{I}(t)$ 的非特征线的横截曲线族,例如沿直线 $s=\text{const}$,按常数外推,以此建立第一次近似解 u_1^i. 把这些函数 u_1^i 代入微分方程的系数里，就使它们变成了一组线性方程. 它的解就给出 $\mathscr{I}_1$ 上的 u^j 值. 利用这些值,我们用同样的方法在 Σ_1 上求解线性初值问题，依此往下类推. 于是，在区域 $\mathscr{R}$ 中就得到一个函数,可以证明,当 $\tau \to 0$ 时，这个函数收敛于所求的非线性问题的解.

上述方法有助于将数值计算大大简化. 通过缩小步长 τ，我们可以省去在条带 Σ 内求解初值问题，而代之以就用下述方法从 $\mathscr{I}_n$ 上的相应值求出 $\mathscr{I}_{n+1}$ 上的值 u^j: 从 $\mathscr{I}_{n+1}$ 上的点 P，沿着 n 个特征方向往回引出 n 条短线段与 $\mathscr{I}_n$ 交于点 P_ν,它们的斜率由 s 在点 P_ν 上的值 s_ν 所确定. 然后，方程(31.05)和(31.08)就用差分方程来代替,后者是 n 个线性方程，只含有先前在 $\mathscr{I}_n$ 上已得到的 u^j 值,这组线性方程就直接表达了 P 点上的 u^j 值.

附　　录

§32 两个以上自变量的函数的微分方程概述·特征曲面

特征线概念可以很自然地推广到 n 个自变量 $(n > 2)$ 的函数的微分方程上去. 我们将简要地介绍特征曲面和特征方程的概念,然后讨论为何这一概念的使用是有限的原因.

将符号稍作改换,我们一般地来研究 n 个自变量 $x_\nu(\nu=1,\cdots,n)$、k 个函数 $u^{(\kappa)}(\kappa=1,\cdots,k)$、$k$ 个方程的方程组:

$$L_\mu(u) = a^\nu_{\mu\kappa} u^{(\kappa)}_{x_\nu} + f_\mu = 0, \quad \mu = 1, \cdots, k, \qquad (32.01)$$

式中 $a^\nu_{\mu\kappa}$ 和 f_μ 是 $u = \{u^{(\kappa)}\}$ 和 $x = \{x_\nu\}$ 的函数. 通过任何一点 x,设置一些 $(n-1)$ 维曲面的面元 φ,由其法向矢量 $\xi = \{\xi^\nu\}$ 表征. 对一个面元 φ 来说，如果微分表达式 L_μ 的一个适当的线性组合 $L = \lambda_\mu L_\mu$,它所包含的“函数” $u = \{u^{(\kappa)}\}$ 的微商只在此面元的方向上,那么，我们称这样一个面元 φ 为特征面元. 当然，面元 φ 在某点是否为特征面元,依赖于该点上的 u 值,而与该处 u 的微商值无关.

在微分表达式 L 中，对 $u^{(\kappa)}$ 微分的方向是具有分量为 $\lambda_\mu a^\nu_{\mu\kappa}$

的矢量的方向．所以，这个方向落在垂直于分量为 ξ^ν 的矢量的平面上的条件是

$$\lambda_\mu a^\nu_{\mu\kappa}\xi^\nu = 0. \tag{32.02}$$

因为这个条件对 $\mu = 1, 2, \cdots, k$ 都满足，所以我们得到一个关于 $\lambda_1, \cdots, \lambda_k$ 的 k 个方程的线性齐次方程组．于是，我们得到了作为乘子 λ_μ 存在的条件的行列式方程:

$$\|a^\nu_{\mu\kappa}\xi^\nu\| = 0. \tag{32.03}$$

这就是**特征方程**，是 $\xi^1, \xi^2, \cdots, \xi^n$ 的 k 次齐次方程；或者，若特征面元是一个具有 $\xi^\nu = \varphi_{x_\nu}$ 的曲面 $\varphi(x_1, x_2, \cdots, x_n) = 0$ 的面元，那么，这个特征方程是偏微商 φ_{x_ν} 的 k 次齐次方程．

假定 $\xi = \{\xi^\nu\}$ 代表特征面元，那么，可以看出乘子 λ 满足方程(32.02)．这时，微分方程 $L = 0$ 意味着所有函数 $u^{(\kappa)}$ 的微分都沿此曲面面元内的某个方向．

为将 $L = 0$ 写成一种明显地表达上述结果的形式，我们引进函数 g 的**法向微商** g_ξ:

$$g_\xi = g_{x_\nu}\xi^\nu,$$

并假设 $|\xi|^2 = 1$．于是 $g_{x_i} - \xi^i g_\xi$ 代表 g 在曲面 $\varphi = 0$ 内微分，且可解释为沿 x_i 方向在此曲面面元上投影的微分．于是，$L = 0$ 可以写为

$$L = \lambda_\mu a^\nu_{\mu\kappa}(u^{(\kappa)}_{x_\nu} - \xi^\nu u^{(\kappa)}_\xi) + \lambda_\mu f_\mu = 0, \tag{32.04}$$

这是因为根据(32.02)，式中带负号的项组合为零．显然，(32.04)只包含在 $\varphi = 0$ 内的微分．

现在假设我们有可能确定 k 个连续依赖于 x 和 u 的特征面元，使得相应的 k 组乘子 λ 是线性无关的．(因而方程组(32.01)是全双曲型的，参看[32].) 于是所得到的 k 个微分方程(32.04)与方程组(32.01)等价．如果这 k 个“特征方程”中的每个方程所含有的微商都是只在一个方向上的，则方程组(32.01)就将得到根本的简化．然而，一般说来，每个方程(32.04)都包含着几个方向的微商，其数目只由条件 $\leqslant k$ 和 $\leqslant n-1$ 所限制．因而若 $k \geqslant 2$，且 $n \geqslant 3$，化为特征形式一般并不会给微分方程带来实质性的简化．

我们自然要问,对于多变量的函数,是否存在关于简单波概念的有用推广.设在区域 D 中定义了变量 $x_1, \cdots, x_n$ 的 k 个函数 $u^{(1)}, \cdots, u^{(k)}$. 假如区域D被$(n-1)$维超平面的一个单参数集所覆盖,在这些超平面上 u 为常数,我们就说"函数" $u=\{u^{(\kappa)}\}$ 代表一个简单波. 如果区域D为$(n-2)$维超平面的一个两参数集所覆盖,在这些超平面上 u 为常数,那么,我们就说函数 u 表示一个二重波;于是,如何定义 n 重波也就清楚了.

关于这样一些波,会提出各种问题. 若某函数 u,它代表与 u 的微商的矩阵 $\{u^{(\kappa)}_{x_\nu}\}$ 行列式等于零相应的一个 n 重波,那么这个函数 u 有什么样的特性呢? 哪些微分方程容许 n 重波作为解?

我们特别希望知道,在一个 $(n-1)$ 维超平面上为常数的解,在超平面的毗邻区域中是否为简单波;在一个一维集的每个 $(n-2)$维超平面上为常数的解,在毗邻区域中是否为二重波.

在某些情况下,这些问题有些是可以回答的. 例如,如果矩阵 $\{u^{(\kappa)}_{x_\nu}\}$ 的秩等于 1,容易看出每个无旋矢量场 $u=\{u^{(1)}, \cdots, u^{(n)}\}$ 都是简单波. 因为若矩阵的秩等于 1,那就存在一个函数 $s(x)$ 和"函数" $U(s)$ 使得 $u(x)=U(s(x))$. 令 φ 为位势,因而 $u^{(\kappa)}=\varphi_{x(\kappa)}$,再令

$$\Phi = x_\kappa u^{(\kappa)} - \varphi,$$

故

$$\Phi_{x_\nu} = x_\kappa \frac{dU^{(\kappa)}}{ds} s_{x_\nu}.$$

于是,Φ的梯度与 s 的梯度成比例;这就说明Φ是 s 的函数,

$$\Phi = F(s),$$

因而

$$\frac{dF}{ds} = x_\kappa \frac{dU^{(\kappa)}}{ds}.$$

这个关系表明,曲面 $s=\text{const}$ 是平面,因为 dF/ds 和 $dU^{(\kappa)}/ds$ 只与 s 有关.

用类似的方法可以证明，若矩阵 $\{u_{x_\nu}^{(\kappa)}\}$ 的秩等于 r，无旋矢量场就是 r 重波.

从上述结果的推演着手，Giese[35] 非常详尽地研究了三维情况下代表等熵无旋流的简单波和二重波的几何图像.

第三章 一 维 流 动

§33 一维流动问题

如果介质的状态只依赖于时间 t 和一个笛卡尔坐标，则可压缩流体的等熵流动可以作十分完善的数学处理．这时，运动微分方程化为前一章中所研究过的那种类型的简单方程组．没有必要以这些一般理论为基础来进行讨论，我们现在来分析只依赖于两个变量的流动问题．第一个课题是一维流动．

作为一维流动的模型，我们通常考虑沿 x 轴延伸的长管道中的气体流动．管道可以是无限长、半无限长或有限长，亦即两端开口的、一端以活塞或壁封闭的、或两端以活塞或壁封闭的．除非另有说明，我们将假设初始状态具有均匀的速度 u_0、均匀的压力 p_0 和均匀的密度 ρ_0．气体的运动是由端点处活塞的作用引起的．

在(x, t)坐标系中来描述现象是方便的，并且把(x, t)平面上表示质点运动的曲线叫做"轨迹"．设在充满气体的管道左端的活塞，其 x 坐标在 $t=0$ 时是 $x=0$．这时，活塞的运动在(x, t)平面上被表示为自坐标原点开始的曲线 $\mathscr{P}$，即**活塞轨迹**．图 1 中示出起压缩作用和膨胀作用时的活塞轨迹．

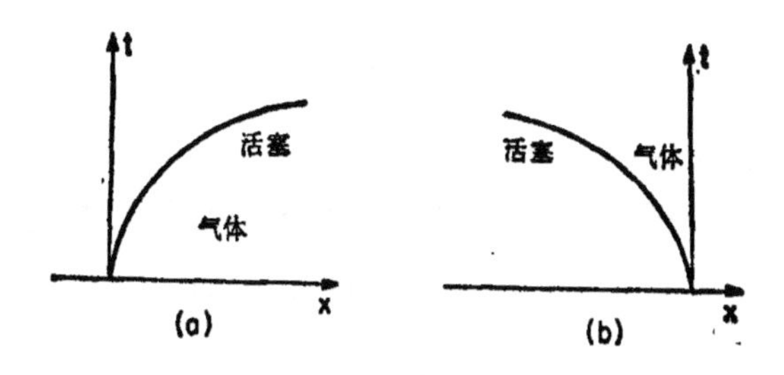

图 1 (a) 活塞轨迹(压缩作用).
(b) 活塞轨迹(膨胀作用).

在A部分中我们将研究运动微分方程的一般解法；在B部分中我们将研究气体的最简单类型的连续运动，特别是由回抽活塞产生的稀疏波. C部分专门讨论包含冲击波阵面的非连续运动，冲击波是由压缩作用产生的. 我们将牺牲一些简明性，试图从各种观点来阐明冲击波理论. 在D部分中，介绍怎样由B和C两部分中所研究的基本运动的相互作用，产生更一般类型的运动. 在E部分中我们将讨论不连续的爆轰过程和燃烧过程的理论，此理论与冲击波理论密切相关.

A. 连 续 流 动

§34 特 征 线

在本节中我们讨论一维等熵流动的微分方程

$$\begin{aligned} &\rho_t + u\rho_x + \rho u_x = 0, \\ &\rho u_t + \rho u u_x + p_x = 0 \end{aligned} \tag{34.01}$$

的特征方向和特征曲线[参看(17.01—.02)]，其中 $p = f(\rho)$ 是给定的函数. 在第二章 §23 中推导的特征方程是 [参看 (23.03—.04)]

$$\begin{aligned} &\mathrm{I}_+: x_\alpha = (u + c)t_\alpha, \\ &\mathrm{I}_-: x_\beta = (u - c)t_\beta, \end{aligned} \tag{34.02}$$

$$\begin{aligned} &\mathrm{II}_+: u_\alpha = -\frac{c}{\rho}\rho_\alpha, \\ &\mathrm{II}_-: u_\beta = \frac{c}{\rho}\rho_\beta, \end{aligned} \tag{34.03}$$

其中 $c^2 = f'(\rho)$ [参看 (2.05)].

用压力 p 代替密度 ρ 作应变量，方程 II 取如下形式:

$$\mathrm{II}_+: u_\alpha = -\frac{p_\alpha}{\rho c}, \quad \mathrm{II}_-: u_\beta = \frac{p_\beta}{\rho c}, \tag{34.04}$$

其中声阻抗 ρc 认为是 p 的函数.

方程(34.03)，(34.04)意味着，在两特征方向上速度、压力和比

容之间有如下关系式:

$$(du)^2 + dp d\tau = 0; \tag{34.05}$$

这个方程不含依赖于解的系数.

不参照第二章的公式也容易直接推导出特征方程. 这样做时我们将不假定流动是等熵的，于是，流动由以下三个微分方程描述:

$$\begin{aligned} &\rho_t + u\rho_x + \rho u_x = 0, \\ &\rho u_t + \rho u u_x + p_x = 0, \\ &S_t + uS_x = 0, \end{aligned} \tag{34.06}$$

[参看(17.01—.03)],其中 p 是 ρ 和比熵 S 的给定函数. 若用 p 代替 ρ 作为应变量,则要推导的特征方程将取更简明的形式;这时 ρ 看作是 p 和 S 的函数,根据(2.04)这是可能的. 由 $p = f(\rho, S)$ 或

$$dp = c^2 d\rho + f_S dS$$

所给出的这些量之间的关系式，可使我们从连续性方程中消去 $d\rho$,并将该方程改写为

$$p_t + up_x + \rho c^2 u_x = 0,$$

[参看(17.05)]. 将(34.06)的第二个方程乘以 c，然后与上式相加和相减,我们得到

$$\begin{aligned} &p_t + (u+c)p_x + \rho c\{u_t + (u+c)u_x\} = 0, \\ &p_t + (u-c)p_x - \rho c\{u_t + (u-c)u_x\} = 0. \end{aligned}$$

这两个方程与方程 $S_t + uS_x = 0$ 一起,等价于原始的三个方程的方程组. 新形式的三个方程启示我们在 (x, t) 平面上用

$$\begin{aligned} &\mathrm{I}_+:\ dx = (u+c)dt, \quad \mathrm{I}_-:\ dx = (u-c)dt, \\ &\mathrm{I}_0:\ dx = u\,dt \end{aligned} \tag{34.07}$$

引进三个方向(+),(−),(0). 对于这三个方向,三个方程相应地取以下形式:

$$\begin{aligned} &\mathrm{II}_+:\ dp = -\rho c\,du, \quad \mathrm{II}_-:\ dp = \rho c\,du, \\ &\mathrm{II}_0:\ dS = 0. \end{aligned} \tag{34.08}$$

因为方程(34.07—.08)的每一式都只包含着在其相应方向上的微分,所以三个方向 I 就是第二章§ 22 所说意义上的特征方向,方程

II 就是特征方程．第三个特征方向(0)对应质点速度．对于等熵流动，则予先假定了 $S=$ 常数，特征方程就化为以前导出的 I 和 II 两对方程组．

特征线 C 在 (x, t) 平面上代表我们将称之为声波的轨迹，声波是根据在下节中将要讨论的理由而得名的．与 C_+ 或 C_- 特征线相对应的向前和向后的声波，其速度根据(34.02)分别是

$$\frac{dx}{dt}=u+c, \qquad \frac{dx}{dt}=u-c. \tag{34.09}$$

§35 依赖域·影响区

且不说特征方向在对微分方程作理论的和数值的求积方面的重要性，在讨论解对给定值的依赖性时，特征方向乃是决定性的因素．我们首先限于讨论等熵流动的情况．假设 u 和 p (或 ρ) 的值在 $t=0$ 时刻作为 x 的函数给定，并假定 $t>0$ 时存在具有这些初始值的解．考虑 (x, t) 平面上任何一点 P，过 P 画两特征曲线 C_+ 和 C_-，它们与 x 轴交于两点 P_+ 和 P_- (见图 2)．(我们回忆起，特征曲线 C_+ 和 C_- 分别代表微分方程 I_+ 和 I_- 的解，它们与流动问题的解 $u(x, t)$, $p(x, t)$ 有关．) 于是，x 轴上的线段 P_+P_- 就是点 P 的依赖域(参看§24)．这意味着：

假设流动问题存在另一个解 (具有 u 和 p 关于 x 和 t 的连续微商)，这个解至少在三角形区域 PP_+P_- 中有定义，并且在线段 P_+P_- 上具有与第一个解相同的初始值．那么，在区域 PP_+P_- 中

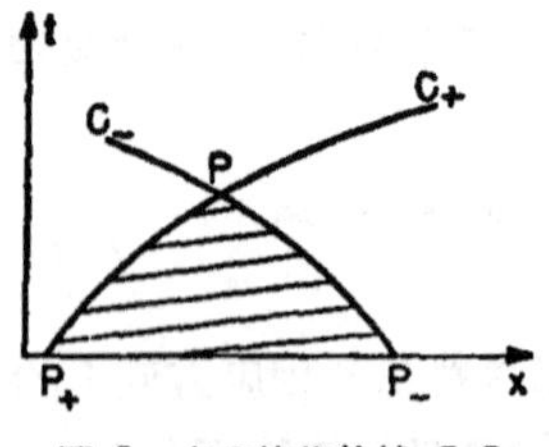

图 2　点 P 的依赖域 P_+P_-.

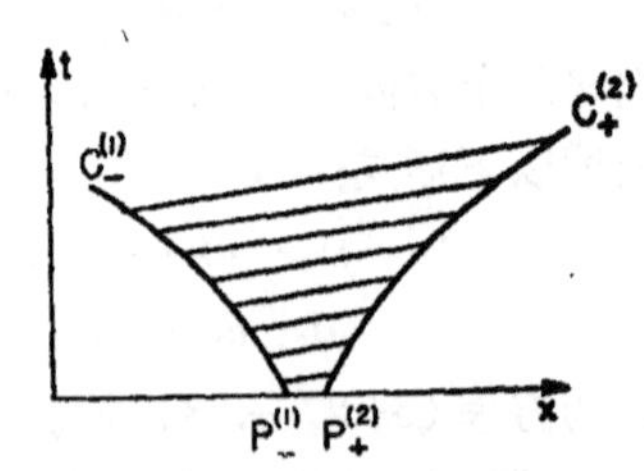

图 3　线段 $P_-^{(1)}P_+^{(2)}$ 的影响区.

第二个解与第一个解恒等．在这个意义上，线段 P_+P_- 外面的初始值的任何扰动都不影响点 P 上的值．线段 P_+P_- 以外的初值的扰动决不是限于"无穷小"扰动，唯一的限制是在 PP_+P_- 中应该存在具有受扰初值的、有连续微商的解．（后面在§ 48 中我们将看到，违反这个连续性条件的扰动是可能的．）这一点还可以解释如下：

假设初始值在 x 轴的线段 $P_-^{(1)}P_+^{(2)}$ 上发生变动，那么由点 $P_-^{(1)}$ 和 $P_+^{(2)}$ 分别发出的两条特征线 $C_-^{(1)}$ 和 $C_+^{(2)}$ 将围成一个区域，在这个区域外面解是不会变动的（见图 3）．这个区域就是所谓的线段 $P_-^{(1)}P_+^{(2)}$ 的影响区（参看§ 24）．实际上，解在这个区域的边界 $C_-^{(1)}$ 和 $C_+^{(2)}$ 之间被改变了．这个事实不是由一般理论得出的，但对这里所研究的方程它是能够被证实的．这两条曲线 $C_-^{(1)}$ 和 $C_+^{(2)}$ 代表"扰动波"的"波头"的运动，该运动的速度分别是 $u-c$ 或 $u+c$．相对于问题中每一点上的气体速度 u 来说，这速度等于 $\mp c$．所以，"扰动波"的"波头"相对于气体以声速传播，这说明对量 c 来说声速这一名称是正确的．因此，我们把 C 特征线称作"声波"的轨迹．

§ 36 更一般的初值

有时（譬如参看本章 E 部分）出现这样的问题，其中初值不是给定在 $t=0$ 的 x 轴上，而是在其它线上．我们在本节中将考虑这些问题，虽然本章中的大多数讨论都与它们无关．在表述那些具有唯一解的问题之前，我们必须引进空向方向和时向方向的概念．如果两特征方向在 $dt>0$ 时都位于方向 (dx, dt) 的同一侧，则称此方向 (dx, dt) 为空向的；如果方向 (dx, dt) 在 $dt>0$ 时把特征方向分隔开，则称方向 (dx, dt) 为时向的．空向方向对应于相对气体运动而言的超声速，$|dx/dt-u|>c$；时向方向对应于亚声速，$|dx/dt-u|<c$．假定连续可微的值给定在 (x, t) 平面上的这样一条曲线上，使得该曲线成为空向的，也就是它的方向处处都成为空向的（注意，曲线是否是空向的，与这些值有关）．那

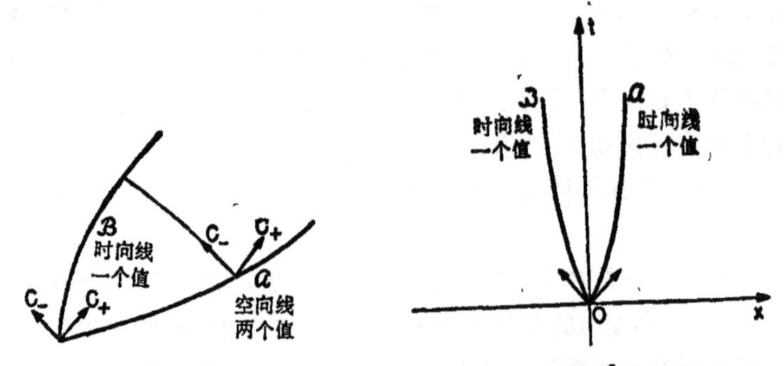

图 4 空向线和时向线(图中 a 即文中$\mathscr{A}$). 图 5 两条时向弧线(图中 a 即文中$\mathscr{A}$).

么,根据 § 24 和 § 35 中阐明的理论,在曲线的邻域中存在唯一的解,并且每一点的依赖域乃是被过该点的两特征线在初始曲线上切割出来的线段.

现在设有两条弧线 $\mathscr{A}$ 和 $\mathscr{B}$(见图 4),它们由具有连续微商 x_s, t_s, 且 $x_s^2+t_s^2\neq 0$ 的两个函数 $x(s)$ 和 $t(s)$ 给出,并且它们是由点 O 发出并围成一个角形区域 $\mathscr{R}$. 假定初值按以下方式给定:在弧线 $\mathscr{A}$ 上以连续可微的方式给定两个量(u 和 p),使 $\mathscr{A}$ 成为空向的,并使在 $\mathscr{A}$ 的所有点上两特征方向在 $dt>0$ 时都指向 $\mathscr{R}$. 再假定弧线 $\mathscr{B}$ 在点 O 的方向是时向的,并且仍以连续可微的方式在 $\mathscr{B}$ 上给定一个量,譬如 u 或 p. 这个量在点 O 应取 $\mathscr{A}$ 上已经给出的同一值. 于是,在 $\mathscr{A}$ 的邻域中仍存在一个唯一的解(参看 § 24).

确定以零速开始向初始静止的气体中运动的活塞所产生的流动,就是一个以这种方式给定初值的例子. 在(x, t)平面上的活塞轨迹上,量 u 给定为等于活塞速度. 很清楚,活塞轨迹处处是时向的.

最后,令自点 O 发出的两弧线的每一条具有一个给定的量,譬如,令 $\mathscr{A}$ 有 u 值, $\mathscr{B}$ 有 p 值. 设 u 和 p 的值在点 O 处是这样的,使得 $\mathscr{A}$ 和 $\mathscr{B}$ 两弧线在该处都是时向的. 这时,在 O 的近傍所围成的角形区域中,也存在唯一的解(参看 § 24).

同样，在有三条特征线 C_-, C_0, C_+ 通过每个点 P 的非等熵流的情况下，在弧线 $\mathscr{A}$ 或者 $\mathscr{B}$ 上可以给定的初值的数目，取决于下述特征线的数目，当自弧线附近的点 P 在 t 减小的方向上画出这些特征线时，它们将与该弧线相交. 图 6 到图 8 示出了各种可能性.

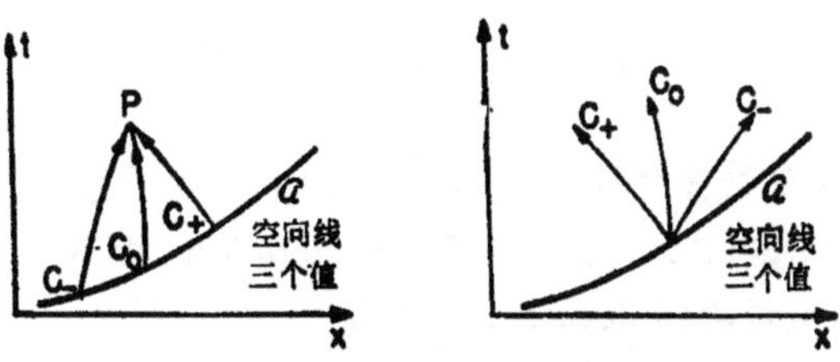

图 6 非等熵流的具有三个值的空向线(图中 a 即文中 $\mathscr{A}$).

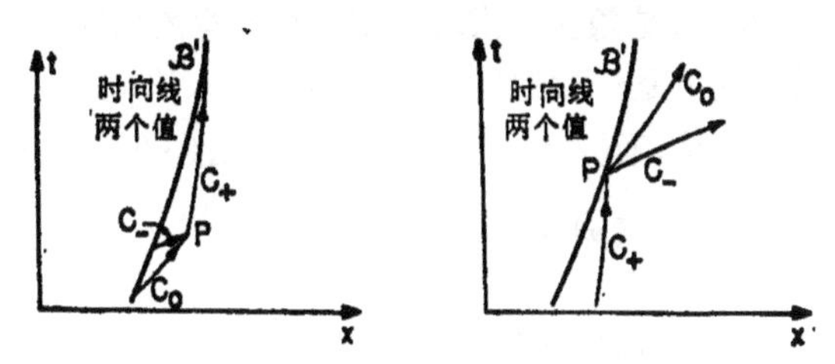

图 7 非等熵流的具有两个值的时向线.

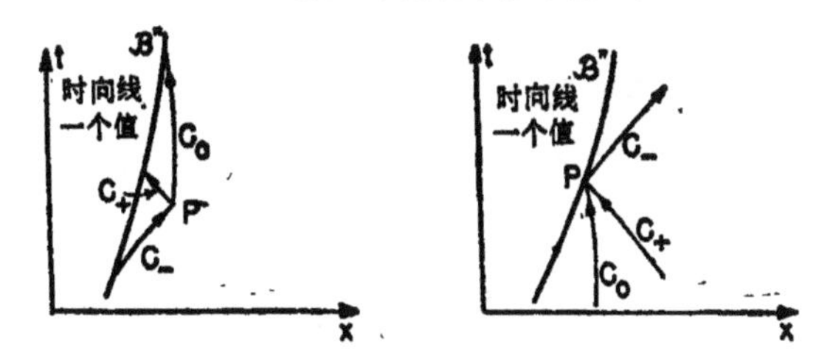

图 8 非等熵流的具有一个值的时向线.

当利用有限差分方法时，解的确定性及需要给定的值的恰当个数，一般说来，在数值计算过程中是容易看出来的.

§ 37 Riemann 不变量

在等熵流动假定下，u 和 ρ 的方程 II [参看(34.03)]可被积分

成如下形式:

$$u + l(\rho) = 2r(\beta),$$
$$u - l(\rho) = -2s(\alpha), \tag{37.01}$$

其中 $r(\beta)$ 和 $s(\alpha)$ 可分别看成是 α 和 β 的任意函数，量 $l(\rho)$ 由下式给出:

$$l(\rho) = \int_{\rho'}^{\rho} \frac{c d\rho}{\rho} = \int_{p'}^{p} \frac{dp}{\rho c}, \tag{37.02}$$

式中 ρ' 或 p' 是任意常数.对于气体,我们总可以假设,当 $\rho = 0$ 时 $l = 0$,因此,当 $\rho > 0$ 时 $l > 0$. 由 Earnshaw 和 Riemann 引进的量 r 和 s,通常称作 Riemann 不变量.

方程(37.01)表示如下事实,特征线 C_+ 和 C_- 在(u, ρ)平面上的映像 Γ_+ 和 Γ_- 是两族不依赖于所考虑的解的曲线. 这一点与这些方程是可约的是一致的(参看 § 21).

对多方气体,有 $c = \sqrt{A\gamma}\rho^{(\gamma-1)/2}$ [参看(3.06)],所以

$$l(\rho) = \frac{2}{\gamma - 1}\sqrt{A\gamma}\rho^{(\gamma-1)/2}, \tag{37.03}$$

(令 $\rho' = 0$),或者简单地有

$$l = \frac{2}{\gamma - 1} c. \tag{37.04}$$

因此，Riemann 不变量由下式给出:

$$r = \frac{u}{2} + \frac{c}{\gamma - 1},$$
$$-s = \frac{u}{2} - \frac{c}{\gamma - 1}, \tag{37.05}$$

于是我们推得如下基本结论:

$$\text{沿 } C_+:\ \frac{dx}{dt} = u + c, \qquad \frac{u}{2} + \frac{c}{\gamma - 1} \text{ 是常数},$$
$$\text{沿 } C_-:\ \frac{dx}{dt} = u - c, \qquad \frac{u}{2} - \frac{c}{\gamma - 1} \text{ 是常数}. \tag{37.06}$$

值得注意的是，在 $\gamma = 3$ 的特殊情况下，C_+ 的特征速度是

$u+c=2r$，C_- 的是 $u-c=2s$；所以沿特征线这些速度都是常数．换言之，当 $\gamma=3$ 时 (x,t) 平面上的特征线是直线．

在 (u,ρ) 平面上特征线 Γ_+ 和 Γ_- 是固定的曲线，即

$$\begin{aligned}&\text{对于}\,\Gamma_+\quad u+\frac{2\sqrt{A\gamma}}{\gamma-1}\rho^{(\gamma-1)/2}\ \text{是常数},\\&\text{对于}\,\Gamma_-\quad u-\frac{2\sqrt{A\gamma}}{\gamma-1}\rho^{(\gamma-1)/2}\ \text{是常数}.\end{aligned}\tag{37.07}$$

如果我们用 u 和声速 c 来代替 u 和 ρ 作为应变量，则 (u,c) 平面上的特征线变成直线（参看图 9），

$$\begin{aligned}&\text{沿}\ \Gamma_+\quad \frac{u}{2}+\frac{c}{\gamma-1}=\text{const},\\&\text{沿}\ \Gamma_-\quad \frac{u}{2}-\frac{c}{\gamma-1}=\text{const},\end{aligned}\tag{37.08}$$

这里 $c\geqslant 0$．

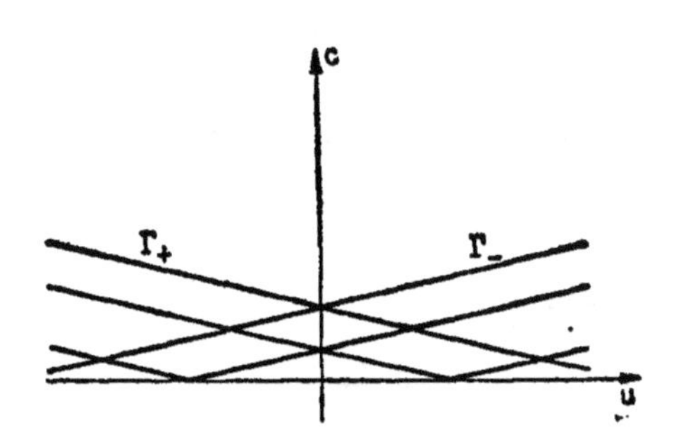

图 9 (u,c) 平面上的特征线．

§38 等熵流动的微分方程的积分

我们必须区别三种类型的解（关于 (x,t) 平面上的区域 $\mathscr{R}$）．第一种，在 $\mathscr{R}$ 内 $\rho=\text{const}$，$u=\text{const}$．这时我们说具有常状态，虽然正确地应说成“定常态”．第二种，在 $\mathscr{R}$ 内或者 $r=\text{const}$，或者 $s=\text{const}$．这时区域 $\mathscr{R}$ 在 (u,ρ) 平面上的映像全部落在曲线 $r=\text{const}$ 上或 $s=\text{const}$ 上，亦即落在特征线上．根据 §29，区域

$\mathscr{R}$ 内的流动是简单波. 这种简单波将在 §40 中讨论.

最后,在 $\mathscr{R}$ 内 r 和 s 都不是常数,更确切地说,在 $\mathscr{R}$ 内出现的每一对 r 和 s 的值在这里只对应于$\mathscr{R}$内的一个点. 这时, 且只在这时 s 和 r 可作为代替 u 和 ρ 的参量引入.我们看到, $dl/d\rho>0$意味着,ρ 从而 c 可以认为是 l 的函数. 因为由(37.01)有

$$l=r+s,\quad u=r-s, \tag{38.01}$$

看得出 $u+c$ 和 $u-c$ 是 r 和 s 的已知函数. 所以,形如

$$x_s=(u+c)t_s,\quad x_r=(u-c)t_r, \tag{38.02}$$

的特征方程 I [参看 (34.02)],可以看作是对作为 r 和 s 的函数的 x 和 t 的两个线性微分方程的方程组. 消去 x, 我们得到 $t(r,s)$ 的一个二阶线性偏微分方程

$$2ct_{rs}+(u+c)_r t_s-(u-c)_s t_r=0. \tag{38.03}$$

一旦求出作为这个微分方程的解的函数 $t(r,s)$,先前的方程就立即给出函数 $x(r,s)$. 在多方气体的情况下,有

$$c=\frac{\gamma-1}{2}(r+s),\quad u=r-s$$

[参看(37.04)和(38.01)],方程(38.03)就变为

$$2\mu^2 t_{rs}+\frac{1}{r+s}(t_r+t_s)=0, \tag{38.04}$$

其中[参看 (14.06)]

$$\mu^2=\frac{\gamma-1}{\gamma+1}.$$

一个等价方程最先是由 Riemann 研究的[38]. 事实上,正是一维气体流动问题引导 Riemann 发展了他的线性双曲型微分方程的著名理论. 在这里所考虑的多方气体的特殊情况下, 可以用超几何函数表出初值问题的显式解(参看 §82).

对于特定值

$$\gamma=\frac{2N+1}{2N-1},\ \mu^2=1/2N,\ N=0,1,2,3,\cdots, \tag{38.05}$$

也就是对于

$$\gamma = -1,\ 3,\ 5/3,\ 7/5,\cdots,$$

方程(38.04)甚至可以借助于一些初等函数直接积分出来.

对于 $N=0$, $\gamma=-1$ (参看§4),我们有 $2\mu^2=\infty$,并且方程(38.04)化为线性波动方程 $t_{rs}=0$,它具有以任意函数 f 和 g 表示的通解 $t=f(r)+g(s)$.

当 $\gamma=3$ 时我们有 $2\mu^2=1$,且方程(38.04)化为

$$(r+s)t_{rs}+t_s+t_r=0$$

或

$$[(r+s)t]_{rs}=0,$$

它有通解

$$t=\frac{1}{r+s}(f(r)+g(s)), \tag{38.06}$$

其中 f 和 g 是任意函数.

容易证明,对于(38.05)的 γ (当 $N\geqslant 1$)的特定值,方程(38.04)的通解是

$$t=k+\frac{\partial^{N-1}}{\partial r^{N-1}}\frac{f(r)}{(r+s)^N}+\frac{\partial^{N-1}}{\partial s^{N-1}}\frac{g(s)}{(r+s)^N},$$

其中具有任意函数 f 和 g 及任意常数 k. 通过适当选取 $f(r)$, $g(s)$ 和 k,问题的初始条件可以得到满足.

应当指出,空气的 γ 值 $1.4=7/5$ 出现在特定值(38.05)当中;对于由燃烧或其它化学过程产生的气体,经常可以使用值

$$\gamma=11/9\approx 1.2.$$

正如我们在§82中将要看到的,在波的相互作用的理论中以上的论述有着重要的应用.

§39 关于 Lagrange 表示法的评述

在 Lagrange 表示法中没有本质上的新思想(参看第一章§18). 自变量 $h=\int_{x_0}^{x}\rho(\xi)d\xi$ 和 t 通过下列关系式与应变量 u 和 τ 相联系:

$$dx = \tau dh + udt, \tag{39.01}$$

此式从(18.02.2)和 $x_t = u$ 推得.将它代入特征方程(34.02—.03),我们就得到在 Lagrange 坐标中等熵流的微分方程(18.12)的特征形式:

$$\text{I}\quad \begin{aligned} &C_+:\ h_\alpha = k(\tau)t_\alpha, \\ &C_-:\ h_\beta = -k(\tau)t_\beta, \end{aligned} \qquad \text{II}\quad \begin{aligned} &\Gamma_+:\ u_\alpha = k(\tau)\tau_\alpha, \\ &\Gamma_-:\ u_\beta = -k(\tau)\tau_\beta, \end{aligned} \tag{39.02}$$

其中 $k(\tau) = c(\tau)/\tau$ 是声阻抗[参看(18.09)].(u, τ) 平面上的特征线 Γ_+ 和 Γ_- 也可以明确地写为

$$u = \pm \int_0^\tau k(\tau)d\tau + \text{const.} \tag{39.03}$$

对于非等熵流,声阻抗 k 除依赖于比容 τ 之外还依赖于比熵 S. 第三个特征方程是

$$\text{I}_0\quad C_0:\ dh = 0.$$

它表示第三条特征曲线是质点轨迹. 对应的方程 II 是

$$\text{II}_0\quad \Gamma_0:\ dS = 0,$$

并可以积分得

$$S = S(h).$$

所以,如果熵 S 作为 h 的函数事先已知,则剩下要求解的只是两个方程 I(参看第一章 § 18).

B. 稀疏波和压缩波

§ 40 简 单 波

在§ 38 中等熵流动区分为三种类型的解:

1. u 和 ρ 为常数的常状态;

2. r 或者 s 为常数的简单波;

3. r 和 s 都不是常数的一般流动.

简单波常常被用来建立一维等熵流动问题的解. 在本节中我们将一般地讨论这种简单波;在后面几节中我们将利用它们来求专门问题的解.

§29 中推出的简单波的基本性质是：在 (x,t) 平面上有一类特征线 C 是直线．换句话说，这些特征线代表以常速进行的传播．具体地说，如果在波动区域中不变量 $-2s=u-l(\rho)$ 是常数，则 C_+ 特征线 $r=\text{const}$ 是直线．对应的声波的速度 $u+c$ 大于质点速度 u，所以质点轨迹由右方进入每条特征线，也就是它来自 x 值大的一边．我们把这样的波叫做**前向波**，以表明上述事实．另一方面，如果在流动区域内 $2r=u+l(\rho)$ 是常数，则 C_- 特征线是直线，称此简单波为**后向波**．

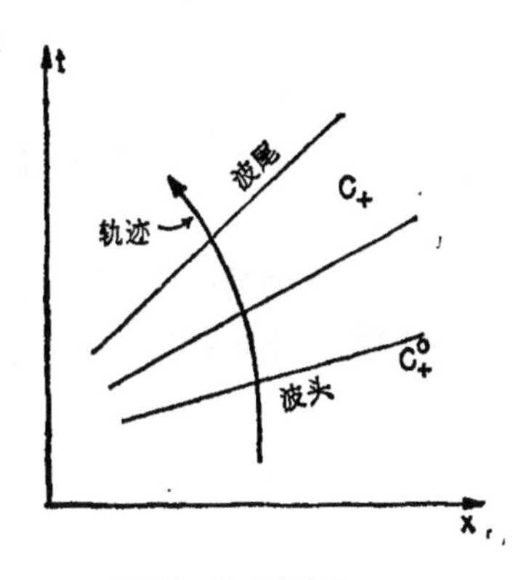

图 10　前向膨胀波．

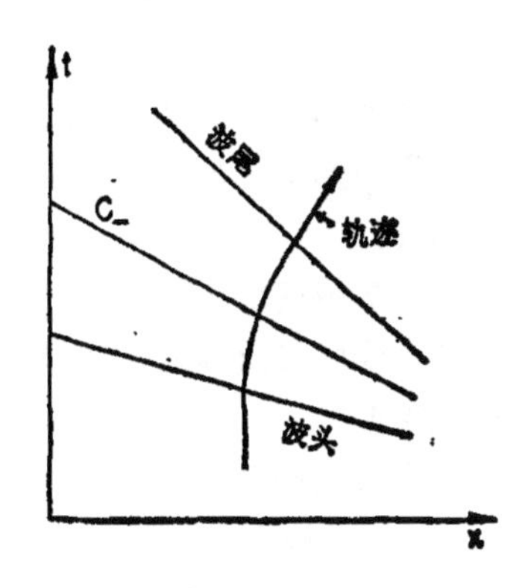

图 11　后向膨胀波．

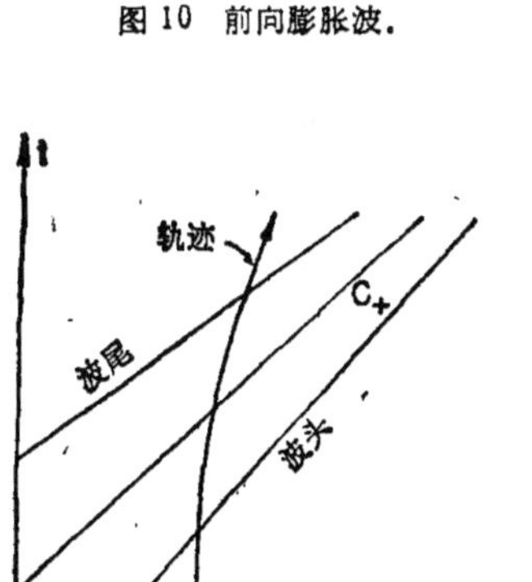

图 12　前向压缩波．

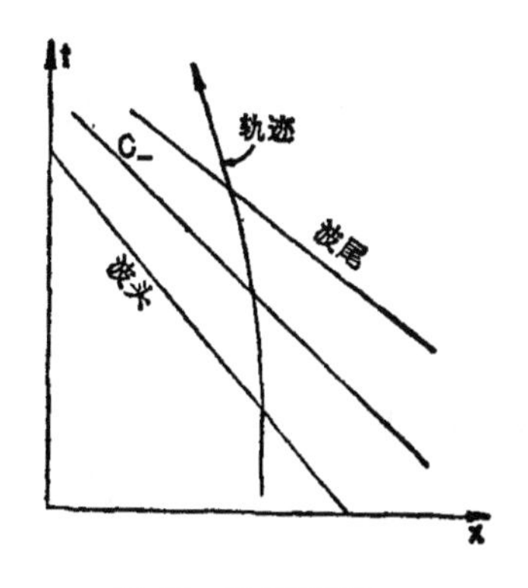

图 13　后向压缩波．

根据§29的基本定理，与常状态相邻的流动是简单波. 显然，由常状态流动区到简单波区的过渡，是在穿过一特征线时发生的. 假设简单波是前向波. 波动区与常数区之间的过渡发生在穿越一直线特征线 C_+^0 的时候，如果在穿越它时气体是进入波区，则称此特征线为波头；如果在穿越时气体是离开波区，则称该特征线为波尾. 设 u_0 和 ρ_0 是常状态流动区中的速度和密度，那么在整个简单波区

$$u - l = u_0 - l_0, \quad l_0 = l(\rho_0). \tag{40.01}$$

特别是，如果起始的特征线是静止状态结束的边界，则

$$u - l = -l_0. \tag{40.02}$$

由 $dl/d\rho > 0$ 和 $dp/d\rho > 0$ 我们看到，穿越前向简单波时，密度和压力的变化与气体速度变化的方向相同（穿越后向简单波时则相反）.

在穿越简单波时如果气体质点的压力和密度减少，则称此简单波为膨胀波或稀疏波；如果压力和密度增加，则称该波为压缩波或致密波.

由直线特征线 C_+ 所表示的"声波"的传播速度 dx/dt，根据(34.09)和(40.01)，由下式给出：

$$\frac{dx}{dt} = c(\rho) + l(\rho) - l_0 + u_0. \tag{40.03}$$

根据(2.04)，(2.05)和基本假设(2.06)，这速度相对于气体速度 $u = l(\rho) - l_0 + u_0$ 的变化率是

$$\frac{dc + dl}{dl} = \frac{\rho dc + c d\rho}{c d\rho} = \frac{d(\rho c)}{c d\rho}$$

$$= -\frac{\tau g_{\tau\tau}}{2 g_\tau} > 0. \tag{40.04}$$

所以，对于前向简单波

$$\frac{d(u + c)}{du} > 0. \tag{40.05.1}$$

类似地，对于后向简单波，在该波中 $u + l = l_0$，由(40.04)我

们有

$$\frac{d(u-c)}{du}>0. \tag{40.05.2}$$

换言之，如果穿越简单波区时气体速度 u 增加，则声波的传播速度 $u+c$ 或 $u-c$ 也增加.

对于多方气体我们求得 $l(\rho)=2c(\rho)/(\gamma-1)$ [参看(37.04)]. 所以在前向简单波中基本关系式是[参看(40.01)]

$$u-\frac{2}{\gamma-1}c=u_0-\frac{2}{\gamma-1}c_0, \tag{40.06}$$

或者，特别是，如果初始状态(0)是静止状态，则基本关系式是

$$u-\frac{2}{\gamma-1}c=-\frac{2}{\gamma-1}c_0, \tag{40.07}$$

这里 c_0 是静止气体中的声速. 利用缩写

$$\mu^2=\frac{\gamma-1}{\gamma+1}, \qquad 1-\mu^2=\frac{2}{\gamma+1}, \tag{40.08}$$

[参看(14.06)]，关系式(40.06)就可写为如下形式:

$$\mu^2(u-u_0)=(1-\mu^2)(c-c_0). \tag{40.09}$$

顺便说一下，最后这个方程正好是(u,c)平面上唯一的特征线 Γ_-，根据第二章§29的一般理论该特征线属于简单波. 它碰巧也是一根直线(见§37中图9).

前向简单波中的量 p, ρ 和 c，利用(40.06)和 $p/p_0=(\rho/\rho_0)^\gamma$，$c/c_0=(\rho/\rho_0)^{(\gamma-1)/2}$，容易通过速度 u 来表达[参看(3.03)，(3.06)]. 于是

$$\begin{aligned}
p&=p_0\left[1+\frac{\gamma-1}{2}\,\frac{u-u_0}{c_0}\right]^{2\gamma/(\gamma-1)},\\
\rho&=\rho_0\left[1+\frac{\gamma-1}{2}\,\frac{u-u_0}{c_0}\right]^{2/(\gamma-1)},\\
c&=c_0+\frac{\gamma-1}{2}(u-u_0),\\
u+c&=u_0+c_0+\frac{\gamma+1}{2}(u-u_0).
\end{aligned} \tag{40.10}$$

为以后的需要，我们写出 $p-p_0$，$\tau-\tau_0$，和 $\rho-\rho_0$ 以 $u-u_0$ 的幂次表达的展开式中的一阶和二阶项

$$
\begin{aligned}
p &= p_0 + \rho_0 c_0 (u-u_0) + \frac{\gamma+1}{4}\rho_0 (u-u_0)^2 + \cdots, \\
\tau &= \tau_0 - \tau_0 c_0^{-1}(u-u_0) + \frac{\gamma+1}{4}\tau_0 c_0^{-2}(u-u_0)^2 + \cdots, \quad (40.11) \\
\rho &= \rho_0 + \rho_0 c_0^{-1}(u-u_0) + \frac{3-\gamma}{4}\rho_0 c_0^{-2}(u-u_0)^2 + \cdots,
\end{aligned}
$$

其中曾用到了 $\gamma p_0 = \rho_0 c_0^2$。在处理弱的或中等强的简单波时，也就是在穿越这些波时上述的量只发生相对地小的变化时，这些式子是有用的(参看 § 74)。

§ 41　简单波中波形的畸变

为了说明在简单波中气体的流动，我们可以来描述波形即作为 x 之函数的量 u, c, p, ρ 的分布是怎样随时间 t 变化的。假定简单波是前向波，并且 u 和 c 在 $t=0$ 时的分布是由满足关系式 $u-l=\text{const}$ [参看(40.01)]的两个函数 $u=F(x)$, $c=G(x)$ 给出，在该式中 l 是 c 的给定函数。在 $t=0$ 时自点 $x=\xi$ 发出的前向声波，以常速 $u+c$ 传播，并具有不变的 u 和 c 值。所以它的轨迹表示为

$$x=\xi+(u+c)t,\ u=F(\xi),\ c=G(\xi). \qquad (41.01)$$

在这轨迹上 u 和 c 是常数。这一事实，由下列关系式表示:

$$u=F[x-(u+c)t],\quad c=G[x-(u+c)t]. \qquad (41.02)$$

这些方程并未给出作为 x 和 t 的函数的 u 和 c 的表达式；为了得到这样的表达式，必须对 u 和 c 求解上列方程。尽管如此，当与关系式

$$u=F(x-c_0t),\quad c=c_0=\text{const}, \qquad (41.03)$$

进行对比时，上面的式子还是十分说明问题的。这里式(41.03)表示线性波运动中初始波形 $u=F(x)$ 的传播。在线性波中波形在传播时是不变的，而在非线性波中它将畸变。因为，u 和 c 的值

是由发自不同点 $x=\xi$ 的声波以一般说来不相同的速度 $u+c$ 传输的.

为了描述这种畸变，我们来研究速度剖面的陡度随时间的变化,这里陡度是用速度的微商 $u_x(x,t)$ 量度的. 由(41.01)我们有

$$u_x=\frac{\partial u}{\partial \xi}\Big/\frac{\partial x}{\partial \xi}=F'(\xi)/\{1+[F'(\xi)+G'(\xi)]t\}. \tag{41.04}$$

如果是稀疏波,我们有 $F'(\xi)>0$,从而根据(40.05.1)有

$$F'(\xi)+G'(\xi)>0;$$

于是，(41.04) 右端的分母随时间而增大. 这就是说，**随着时间的推移简单稀疏波中的速度分布将拉平**. 相反，**在压缩波中速度分布将逐渐变陡**. 事实上，在压缩波中(41.04)的分母可能趋近于零. 这种可能性的意义将在§48和§50中讨论.

速度分布的拉平和变陡示于图 14.

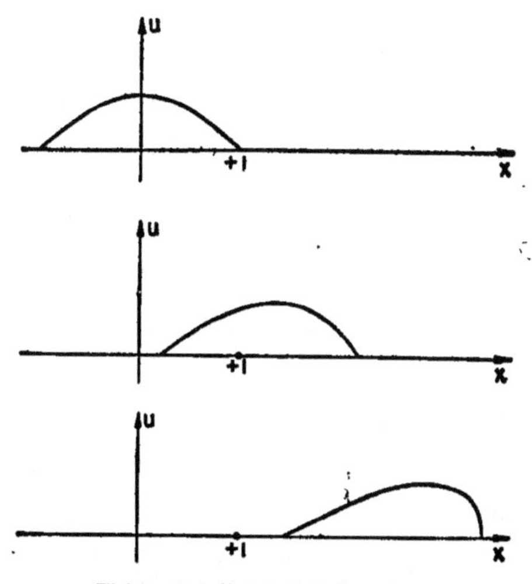

图 14 进入静止气体的前向简单波的速度分布的压缩部分之变陡和膨胀部分之拉平.

§ 42 简单波中的质点轨迹和贯穿特征线

前向简单波的直线特征线可以用公式

$$x = \xi + (u + c)t \tag{42.01}$$

来描述，其中 $\xi = \xi(\beta)$，$u = u(\beta)$，$c = c(\beta)$ 是满足关系式 $u + l = \text{const}$ 的已知函数，l 是 c 的已知函数 [参看（40.01）和 § 41].

于是，通过 (42.01) 将 t 和 x 给成 β 的函数，则任何轨迹都可以用参数的形式来描述. 对于质点轨迹，函数 $x(\beta)$ 应满足条件 $dx/dt = u$ 或 $x_\beta = ut_\beta$，通过(42.01)由此条件导出

$$ct_\beta + (u_\beta + c_\beta)t = -\xi_\beta, \tag{42.02}$$

这是一个 $t = t(\beta)$ 的线性微分方程.

对于贯穿特征线，在本情况中即 C_- 特征线，用类似的做法由 $dx/dt = u - c$ 我们求得

$$2ct_\beta + (u_\beta + c_\beta)t = -\xi_\beta. \tag{42.03}$$

特别是，对于多方气体我们有

$$c = \mu^2(u + c) + (1 - \mu^2)c_0, \tag{42.04}$$

[参看(40.09)]，这里 $\mu^2 = (\gamma - 1)/(\gamma + 1)$ 且假定 $u_0 = 0$. 所以线性微分方程有显式解，对于质点轨迹此解是

$$t = -c^{-1/\mu^2}\left\{\int c^{\mu^{-2}-1}\xi_\beta d\beta + \text{const}\right\}, \tag{42.05}$$

对于 C_- 贯穿特征线此解是

$$t = -\frac{1}{2}c^{-1/(2\mu^2)}\left\{\int c^{1/(2\mu^2)-1}\xi_\beta d\beta + \text{const}\right\}. \tag{42.06}$$

图 19 和 20 示出一种特殊情况.

这些公式很容易用于气体管道中由活塞作用而产生的简单波情况，这里气体在 $t = 0$ 时是静止的，并具有常压和常声速. 假设在开始时活塞位于点 $x = 0$，气体是在它的右边 $x > 0$，且具有声速 c_0. 如果活塞的运动是由

$$x = X(t) \tag{42.07}$$

给出，则所产生的简单波可用

$$x = X(\beta) + (u + c)(t - \beta) \tag{42.08}$$

而不用(42.01)来描述. 这里 $u = \dot{X}(\beta)$，而 c 可以通过 u 表出，这是因为 $u + l = l_0 = \text{const}$；特别是，对于多方气体可通过(42.04)表出. 同样，质点轨迹和贯穿特征线也可以通过将 t 给成 β 的函数来描述. 采用公式(42.05)或者由(42.08)重新推出类似的公式，对多方气体我们就得到特别简单的质点轨迹表达式

$$t = \beta + t_0(c/c_0)^{-\mu^{-2}}, \tag{42.09}$$

其中 t_0 是所讨论的质点穿越波区的波头 $x_0 = c_0 t$ 的时刻.

对贯穿特征线，能够推导出类似的但并非如此简单的表达式.

§43 稀 疏 波

在本节和以后几节中，主要课题是讨论在初始处于静止的气体中运动的活塞所引起的运动.

无论活塞是抽离气体还是向着气体推进，不是全部气体都瞬时受到影响. 有一个"波"自活塞发出而进入气体，只有波阵面已经到达的那些质点方被扰动而偏离它们的初始静止状态. 如果这个波代表连续运动（当活塞从气体抽出时总是这种情况），则波阵面将以静止气体的声速 c_0 传播；若活塞朝向气体运动，则情况可能变得复杂得多，因为可能出现在C部分中将要看到的那种超声速的不连续的**冲击波**. 这里我们将只涉及由活塞产生的连续的波的运动，正如我们将要看到的那样，这样的波的运动总是**简单波**（见图 15).

我们把膨胀运动与压缩运动区别开，并首先研究抽动活塞的膨胀作用，假定介质是初始静止的，具有常密度 ρ_0 和常声速 c_0 的气体. 另外，假设初始处于静止的活塞以不断增加的速度往回抽，直至达到最终的常速度 $u_B < 0$ 为止. 这时，在 (x, t) 平面上代表活塞运动的"轨迹"$\mathscr{P}$，自原点 O 向后弯曲到点 B，在该点轨迹相对于 t 轴的斜率达到 u_B，然后沿这个方向作直线延伸，如图 15，16，17 所示.

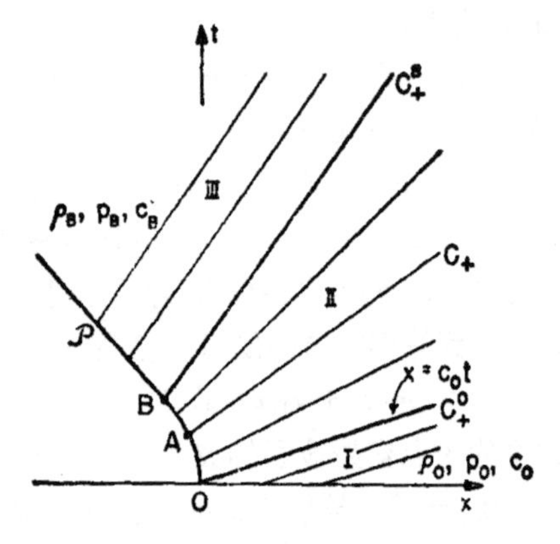

图 15 与两个常状态区(I)和(III)相邻的简单波区(II) $(-u_B < l_0)$.

活塞运动在气体中所产生的扰动，以未扰气体的状态 (ρ_0, p_0) 所对应的声速 c_0 传入未扰动气体. 这是由如下基本事实得出的，即区域 $x > c_0t$ 的依赖域是 x 轴的正部分 $x > 0$，因此，这里初始静止状态意味着静止的常状态是微分方程的唯一解（参看 § 28).（该区域中一点的依赖域可这样求得：通过该点画特征线 C_+ 和 C_- 直至它们与 x 轴相交.）所以由活塞运动所产生的流动限于区域 $x \leqslant c_0t$. 由于这个区域是与常数区相邻，故其中的流动是简单波(参看 § 40). 显然，它是前向简单波，因为气体是由右边进入这个区域. 因此，在该波区内 $u - l = -l_0$ 是常数[参看(40.02)]. 因为沿活塞轨迹 $x = X(t)$ 气体速度等于活塞速度 $\dot{x} = \dot{X}(t) = u_p(t)$，再考虑到 $dl/d\rho > 0$ 和 $dp/d\rho > 0$，因此密度 ρ 从而压力 p 和声速 c 将由 $l = l_0 + u_p(t)$ 确定. 从活塞发出的直线特征线的斜率 $u + c$ 同样被确定. 因此整个简单波被确定. 因为活塞假定是往回抽，且其速度 u_p 在不断减小，所以按 § 40 中所作的论述，在穿越波时密度和压力也减小. 于是波为稀疏波. 而且，正如由 § 40 所看到的，前向声波的速度 $dx/dt = u + c$ 是与气体速度 u 在相同的方向上变化，所以根据速度 u 而得知 $u + c$ 在减小，从活塞曲线上发出的诸特征线向外张开成扇形.

§ 44 逃逸速度 · 完全和不完全稀疏波

如果活塞的最终速度$-u_B$超过某一极限，则上述波系结构要加以改变.原因是，由于 $l \geqslant 0$（参看§ 37），所以，一旦 $|u_B| > l_0$，则由 $u = l - l_0$ 所表达的稀疏波的规律就变得毫无意义. 因此，量 l_0 被称为初始静止气体的逃逸速度. 对于多方气体，根据(37.04)有

$$l_0 = \frac{2}{\gamma - 1} c_0. \tag{44.01}$$

若$-u_P$达到逃逸速度，则稀疏波把气体稀疏到密度为零；压力和声速同样也被减小到零. 如果稀疏波扩展到这一程度，则由于它最终成为真空而被称作完全稀疏波.

依据活塞的最终速度$-u_B$是否低于逃逸速度 l_0，膨胀波的波尾存在两种可能的结果.

若$-u_B < l_0$，则上述结构的简单波给出通过从 O 到 B 一段活塞轨迹上每一点 A 的直线特征线 C_+. 覆盖区域(II)的稀疏波是不完全的，并且结束于通过 B 的具有 $u = u_B$ 的特征线 C_+^B. 它后面是一个介于不完全稀疏波的波尾与活塞之间的，具有常状态 u_B，ρ_B，p_B，C_B 的区域(III)，在该区中特征线 C_+ 全部是平行的（正如在简单波波前的常状态区域(I)中的特征线那样）.

若$-u_B = l_0$，则过点 $B = B_e$ 的特征线 C_+^B 与活塞曲线相切，因为在点 B 活塞曲线有斜率 $f'(t) = u_B$，而特征线 C_+^B 的斜率是 $dx/dt = u_B + C_B = u_B = -l_0$（因为 $C_B = 0$）. 换言之，波正好在活塞上完成.

若$-u_B > l_0$，则在活塞达到最终速度之前已经形成完全波. 在活塞曲线 $\mathscr{P}$ 上的 O 和 B 之间有一个点 B_e，对于该点特征线 $C_+^{B_e}$ 与活塞曲线相切，并有值为零的密度、压力和声速. 在此情况下，稀疏波到 $C_+^{B_e}$ 这一条线即告完成，在直线外面有一个空腔区域(III′)，它相当于向后抽的活塞与气体中的波尾之间的真空.

从物理上讲，逃逸速度 l_0 是这样的速度，活塞以超过它的速度

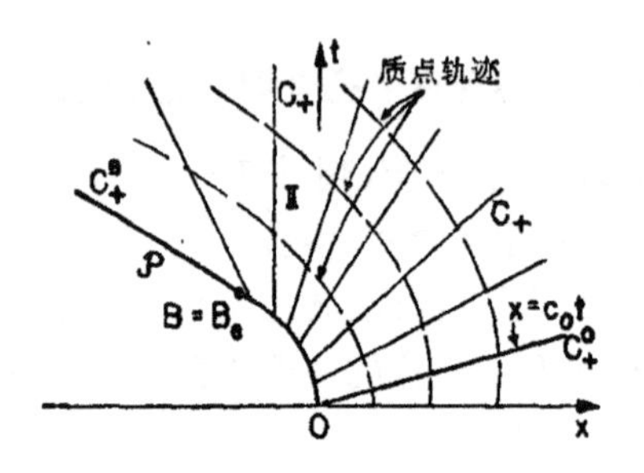

图 16　恰好在空腔区结束的稀疏波($-u_B=l_0$).

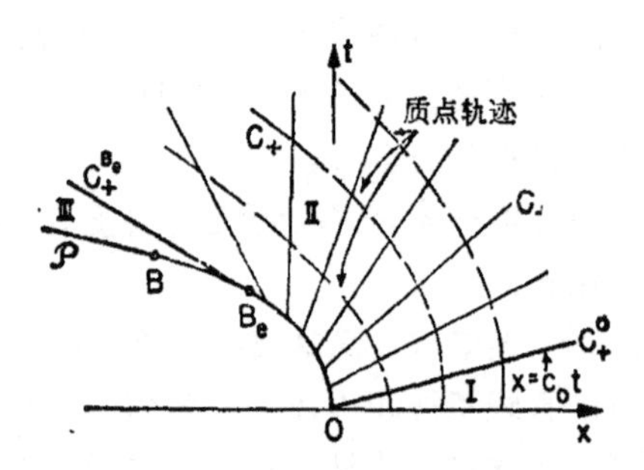

图 17　在空腔区(III)结束的稀疏波 ($-u_B>l_0$).

往回抽时,不可能不与被稀疏的气体脱离. 如果活塞速度超过 l_0,那么,就气体的运动而论,u_B 的实际值有多大是没有关系的. 正因如此,我们可以认为 $-u_B$ 无穷大,或者把活塞设想为一个被突然抽离的壁,允许气体向真空飞散. “逃逸速度”的名称就是指这一解释说的.

小结. 可以把我们的结果定性地概括如下. 一个以始终不减小的速度自静止气体抽回的活塞,引起质点朝向活塞运动的一个稀疏波. 在以声速向气体中运动的波头上,气体的速度为零. 穿过波,气体被加速. 若活塞速度低于逃逸速度 l_0,则气体一直膨胀到它达到活塞速度 $-u_B$ 为止,然后以常速度、常密度和常压继续运动. 但是,若活塞速度超过逃逸速度,则膨胀是完全的,并且波在波尾与活塞之间的空腔区结束. 在任何情况下,波都向静止气体中运动，而气体质点则以不断增长的速度由波头向波尾运动，亦即由高压和高密度区向低压和低密度区运动.

§45 中心稀疏波

有特殊意义的是这样的情况，活塞由静止加速到最终常速度 u_B 是在无限小时间间隔内，即瞬时发生的. 这时，组成简单波的 C_+ 族特征线退化为一束过原点 $O(x=0,\ t=0)$ 的直线（见图18）. 换言之，简单波退化为**中心**简单波. 显然，这样的中心简单

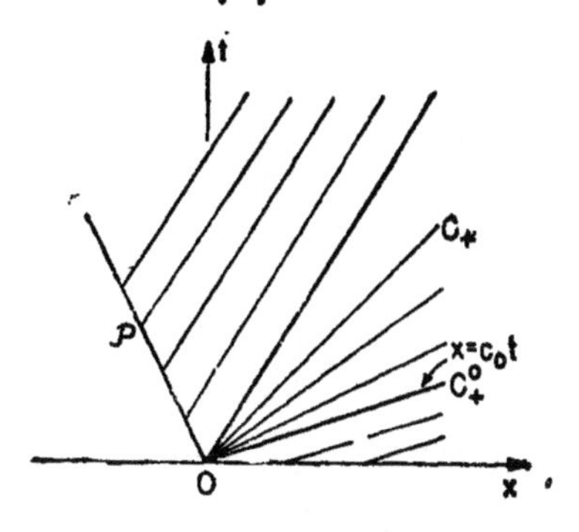

图18 中心稀疏波 $(-u_P < l_0)$.

波是稀疏波. 因为如在§40中所表明的那样，如果波是前向波，则在穿越它时 u 减小；如果波是后向波则 u 增加. 在这两种情况下穿越波时 ρ 和 p 都减小，所以，它是稀疏波.

在中心 O 量 u, ρ, p 作为 x 和 t 的函数是不连续的，但是，在以后的运动中这**间断立即被平滑掉**. 这里我们得到初始间断立即分解为连续流的第一个且典型的例子.

§46 中心稀疏波的显式公式

中心简单波可以由方程

$$x=(u+c)t \tag{46.01}$$

来描述，式中

$$u=l-l_0 \tag{46.02}$$

可以看作 c 的已知函数. 反之,我们可以通过 $u+c$ 从而通过 x/t 来表出 u 和 c. 对于多方气体,我们根据(42.04)得到给出中心简单波中 u 和 c 分布的显式关系式

$$
\begin{aligned}
c &= \mu^2 \frac{x}{t} + (1-\mu^2)c_0, \\
u &= (1-\mu^2)\left(\frac{x}{t} - c_0\right).
\end{aligned}
\tag{46.03}
$$

比较(46.01)与(42.01)我们看到,质点轨迹和贯穿特征线的线性微分方程(42.02)和(42.03)变成齐次方程. 多方气体的解(42.05)和(42.06)就分别化为[参看(42.09)]

$$t = t_0\left(\frac{c}{c_0}\right)^{-\mu^{-2}} \tag{46.04}$$

和

$$t = t_0\left(\frac{c}{c_0}\right)^{-\frac{1}{2}\mu^{-2}}, \tag{46.05}$$

其中 t_0 是质点轨迹或贯穿特征线在直线 $x=c_0t$ 上开始发出的时间. 利用如下形式的关系式(42.04)

$$u + c = (1-\mu^{-2})c_0 + \mu^{-2}c,$$

并根据(46.04)或(46.05)将 c 通过 t 表出,我们从(46.01)对质点轨迹得到

$$x = -(\mu^{-2}-1)c_0t + \mu^{-2}c_0t_0\left(\frac{t}{t_0}\right)^{1-\mu^2}, \tag{46.06}$$

对贯穿特征线得到

$$x = -(\mu^{-2}-1)c_0t + \mu^{-2}c_0t_0\left(\frac{t}{t_0}\right)^{1-\frac{1}{2}\mu^2}. \tag{46.07}$$

这些公式在稀疏区中成立.

在以零密度终结的完全稀疏的情况下,$-u_B \geqslant l_0$,公式(46.07)对任意大的 t 值成立,并且对大的 t 我们有质点轨迹的渐近表达式

$$x \sim -(\mu^{-2}-1)c_0t.$$

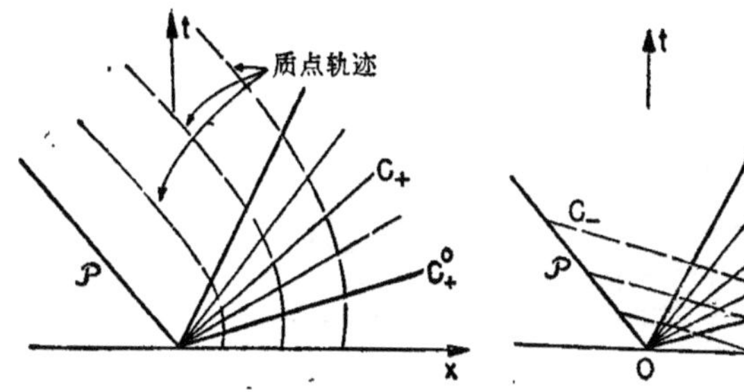

图 19　中心稀疏波中的质点轨迹.　　图 20　中心稀疏波中的 C_- 贯穿特征线.

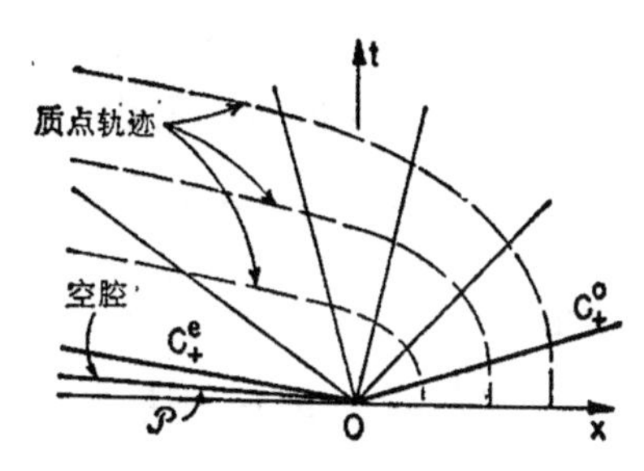

图 21　结束于空腔的中心稀疏波中的质点轨迹.

如前所述,气体保留在稀疏区(II)中,并且在 (x, t) 图上质点轨迹渐近地达到 C_+^e 特征线的方向,在该线上速度达到了逃逸速度 l_0(见图 21).

当 $-u_B < l_0$ 时稀疏波在速度具有值 $u = u_B$ 的 C_+ 特征线上结束,而且,所有质点轨迹都平行着活塞轨迹 $\mathscr{P}$ 的最终方向从区域(II)中发出,并在区域(III)中保持平行.

贯穿特征线 C_- 在由不完全稀疏区中出来之后作为直线继续延伸,它们与活塞线 $\mathscr{P}(x = u_B t)$ 相遇. 当 $-u_B \geqslant l_0 = (\mu^{-2} - 1)c_0$ 时,特征线 C_- 保留在"完全稀疏区"内,并且由于 $x \sim -(\mu^{-2} - 1)c_0 t$,它们渐近地逼近于质点轨迹(见图 21 和 22).

显然,这些考虑可以推广到非多方状态方程的情况.

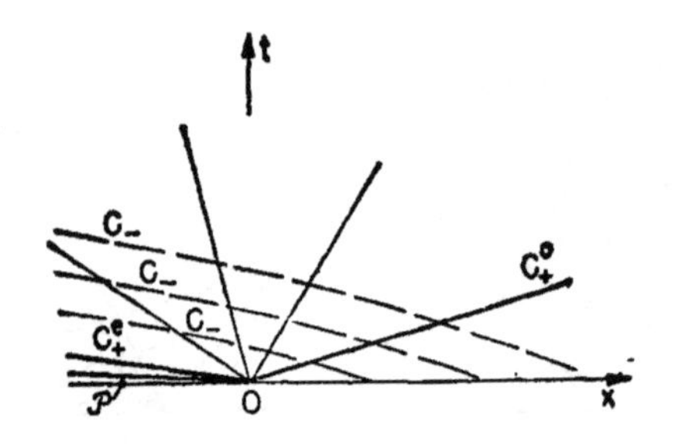

图 22 结束于空腔的中心稀疏波中的贯穿特征线 C_-.

§47 关于 Lagrange 坐标中简单波的评述

利用第三章 A 部分中所导出的方程 (39.02)，我们因此可以在 Lagrange 坐标中发展简单波理论. C_+ 特征线由

$$\frac{dh}{dt}=\rho c=k \tag{47.01}$$

给出，C_- 特征线由

$$\frac{dh}{dt}=-\rho c=-k \tag{47.02}$$

给出. 对于前向简单波，所有 C_+ 线在 (h,t) 平面上是直线，因为在其中的每一条线上斜率 k 是常数. 所以，对于一具体中心简单波 $h/t=k$ 是常数. 换言之，不论绝热状态方程是什么，声阻抗始

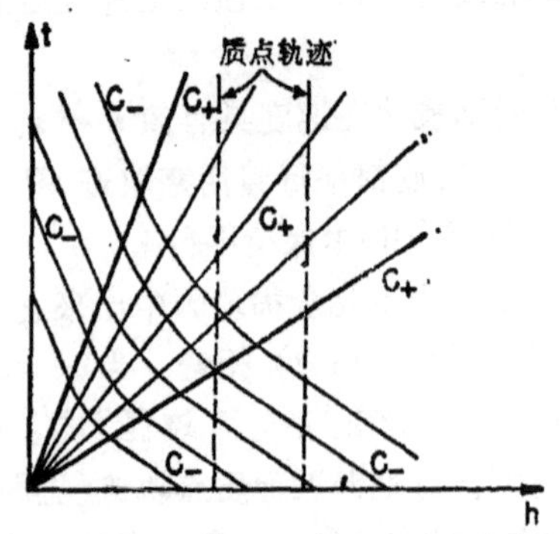

图 23 中心简单波在 Lagrange 坐标中的特征线.

终是 $k = h/t$. 所以曲线 C_- 满足方程 $dh/dt = -h/t$，它可以直接积分得到

$$ht = \text{const.} \tag{47.03}$$

于是，对于任何流体的等熵流，在 Lagrange 坐标中中心稀疏波内的贯穿特征线都是直角双曲线.

§48 压 缩 波

如果活塞不是往后抽而是向充满气体的管道中推进，或者，如果向后运动的活塞减速或停下，这时在活塞上就发出简单压缩波或致密波. 关于稀疏波的定性论述和公式也适用于压缩波，只是活塞上的密度、压力和声速是增加的，而且发自活塞曲线的前向特征线 C_+ 不再是发散的. 因此，不是无限期地在所有时刻 t 存在简单波. 因为，如果每一条具有各自 u 值的直线特征线 C_+ 在流动内可以无限期地延续下去，那么它们将汇聚而形成一个包络，在它上面 u 的值将互不自洽.

在出现这种包络的最早时刻 $t = t_c$，包络在某点 $x = x_c$ 形成一个尖点(参看§ 49). 在尖点相交的两支包络线，围着一个被 C_+ 特征线三次覆盖的角形区域. 于是，超过时刻 t_c 时，在点 x_c 处通过简单波的流动，其唯一连续性在数学上是不可能的. 关于这个于 1848 年首先由 Stokes[40] 明显注意到的现象，我们也可以用以下方式来解释. 活塞运动的影响，是通过一些相对气体以声速 c 运行的声波而传入气体的. 在这里，对于较大的活塞速度，对应的声速 c 也较大. 所以，活塞运动的较晚的影响传播得较快，趋向于赶上较早发出的影响. 以作为 x 的函数的速度所描述的波形（参看§ 41）将变得越来越陡，并趋向于在某一点上变成垂直的. 导致间断的这种性质，类似于越变越陡的水波的破碎，这些水波是由于其传播得较慢的部分被其较快部分赶上而变得越来越陡的（参看[27]).

活塞以最终超过声速 c_0 的速度向静止气体中的运动，提供了一个说明间断必然出现的非常直接的例证. 若气流保持连续，则

气体在区域 $x \geqslant c_0t$ 中应当是静止的，活塞从原来的位置以小于声速的速度运动是不能到达这个区域的．但是，因为活塞最终以大于声速的速度运动，所以它最终必定进入这个区域．因此，运动不会保持连续．

我们现在看到了，在时刻 $t = t_c$ 之后，呈现唯一连续性的简单波流动是不存在的．根据任何与常状态相邻的连续流动都是简单波（参看第二章§29）这个定理推得，这里不存在流动问题的另一个处处连续的解．这一点应予强调，因为在文献中(参看[39])对此有一些争论．

所以，流动不可能在所有情况下都保持连续、等熵和只受压力的支配．值得注意的是，导致推翻关于支配流动机制的似乎合理的假说，是纯数学的推论．在讨论“冲击波间断”的本章C部分，将会看到采用了另一种什么样的假设．

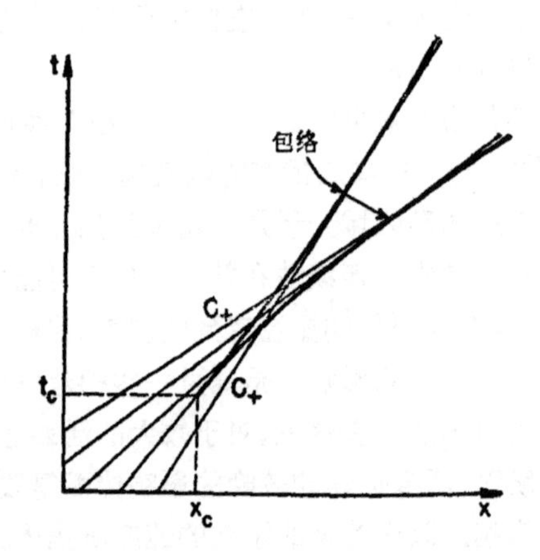

图 24　简单压缩波的直线特征线之包络的形成．

流动问题的解中可能出现包络，这给§28中所述的，关于在 $t = t_c =$ const 线上取给定值的微分方程(21.01)的解的存在唯一性定理提供了明显例证．假设这些值正好等于某个解的值，该解在点 $x = x_c$，$t = t_c$ 上形成自尖点开始的包络．关于不存在取这些初始值的唯一解的结论，初看起来似乎与刚才所述的定理相矛盾．究其原因，在于此定理要求初始值具有对 x 的连续微商．在 $x=x_c, t=t_c$ 处具有尖点的解，虽然其在 $t=t_c$ 上的值在 $x=x^c$ 处是连续的，但是正如从§41中的讨论所看到的那样，这些值在该处对 x 的微商为无穷大．

B 部 分 附 录

§49 压缩波中包络及其尖点的位置

这里对关于由压缩波的直线特征线 C_+ 组成的包络的几何图形补作一些说明(例如参阅 Hadamard[28])．

我们将前向简单波(42.01)的解析表达式写为如下形式：

$$x=\xi(\beta)+\omega(\beta)t,\quad \omega(\beta)=u(\beta)+c(\beta). \tag{49.01}$$

在包络上 x 对 β 的微商为零，因此

$$t=-\frac{d\xi}{d\omega},\quad x=\xi-\omega\frac{d\xi}{d\omega} \tag{49.02}$$

是包络的参数表达式．我们在这里用 ω 代替了 β 作为参数，如果在所讨论的区域中 $\omega_\beta\neq0$，这是容许的．若对 β 的某个值 β_c 微商 $d\xi/d\omega$ 有极值，那么，当假设 $\xi(\beta)$ 有连续的二级微商时，$d^2\xi/d\omega^2=-dt/d\omega$ 在 $\beta=\beta_c$ 处变号，从而只需 $\omega_0\neq0$(为简单起见作此假定)，则 $dx/d\omega=-\omega d^2\xi/d\omega^2$ 也变号．因此，在包络的尖点处出现上述 t 的极值，并且在尖点处有

$$\frac{d^2\xi}{d\omega^2}=0. \tag{49.03}$$

比较详细地描述包络的形成是有用的．假设尖点出现在具有值 $\omega=\omega_0$ 的 $t=0$，$x=0$ 处．由于在 $x=t=0$ 处 $d\xi/d\omega=0$ 和 $d^2\xi/d\omega^2=0$，我们有 $\xi(\omega)=k(\omega_0-\omega)^3+\cdots$．这时，波具有压缩性质，或者在 $t\geqslant0$ 时形成包络所需的条件，则由条件 $k\geqslant0$ 表示．首先在平面($\omega_0-\omega$, t)上来描述简单波和包络是方便的．在这个平面上 C_+ 特征线是一些直线 $\omega_0-\omega=\text{const}$，并且根据(49.02)包络的表示式为

$$t = t^E(\omega) = -\frac{d\xi}{d\omega} = 3k(\omega_0 - \omega)^2 + \cdots. \qquad (49.04)$$

与 $\omega_0 - \omega > 0$ 和 $\omega_0 - \omega < 0$ 相对应的(x, t)平面上的包络的两个分支，同时是$(\omega_0 - \omega, t)$平面到(x, t)平面的映射的折边边缘[参看§30]. 这一点在研究线 $t = t_1 = \text{const}$ 的映像时可以看出. 从 $dx/d(\omega_0 - \omega) = -t_1 - d\xi/d\omega$ 看到，当 $\omega_0 - \omega$ 达到负值 $\omega_0 - \omega = \omega_0 - \omega_{-1}$（在该处 $-d\xi/d\omega = t_1$）以前，x 随$(\omega_0 - \omega)$的增加而增加，然后，在 $\omega_0 - \omega$ 达到正值 $\omega_0 - \omega = \omega_0 - \omega_{+1}$（在该处 $-d\xi/d\omega = t_1$）之前 x 减小，此后 x 又增加. 因此很清楚，包络两分支之间的尖角区（它是区域 $t > t^E(\omega)$ 的映象）在映射时被覆盖三次.

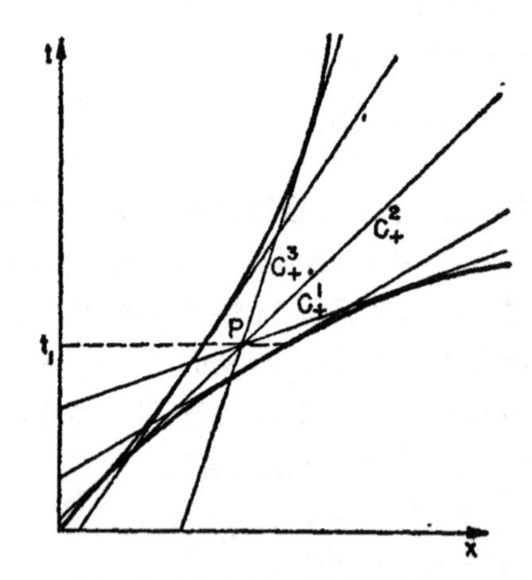

图 25 简单压缩波中的尖角区被直线特征线覆盖三次.

现在，我们将更具体地研究由

$$x = X(t) \qquad (49.05)$$

描述的活塞运动所产生的压缩波中包络的形成.

我们想要证明，如果当位于左端的活塞以正加速度向气体推进时出现简单波，则总是要形成包络，并且，如果活塞运动的加速阶段是从零加速度开始，则该包络总是在波区内形成一个尖点.

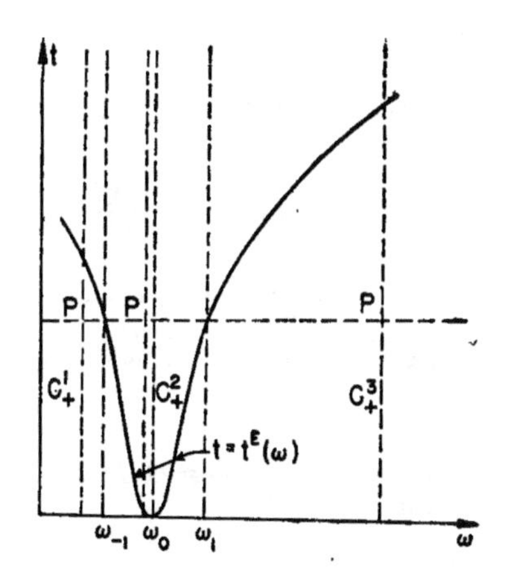

图 26　简单压缩波的尖角区的中间页面在 (ω, t) 平面上的映像.

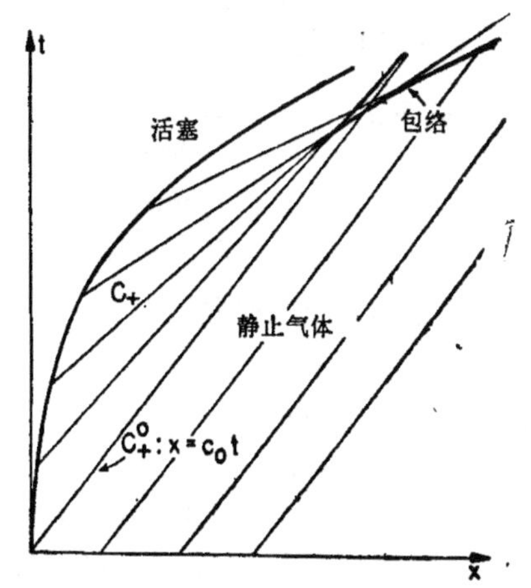

图 27　活塞加速所产生的压缩波的直线特征线形成的带尖点的包络.

我们不加限制地假设，$X(0)=\dot{X}(0)=0$，$\beta>0$ 时 $\ddot{X}(\beta)>0$，且在特征线 $x=c_0t$ 上 $u=0$，$c=c_0$. 对于所产生的简单波，我们可以将通过点 (x, t) 的 C_+ 特征线在活塞上发出的时间取作参数 β. 于是简单波将由关系式(42.08)描写:

$$x=X(\beta)+\omega(\beta)(t-\beta). \tag{49.06}$$

在这里 $\xi=X(\beta)-\beta\omega(\beta)$ [参看 (49.01)]. 这时包络的表示式

(49.02) 变为

$$t = \beta + \frac{\omega(\beta) - \dot{X}(\beta)}{\dot{\omega}(\beta)}, \qquad (49.07)$$

$$x = X(\beta) + \omega(\beta)\frac{\omega(\beta) - \dot{X}(\beta)}{\dot{\omega}(\beta)}.$$

显然，活塞速度为 $\dot{X}(\beta) = u(\beta)$. 因为 $\omega = u + c = c + l - l^0$ 是 $l = u + l_0$ 的已知函数，所以 $\omega(\beta)$ 也被确定[参看 (40.05.1)]. 利用

$$\frac{d\omega}{du} = \frac{d(c+l)}{dl} = \lambda > 0 \qquad (49.08)$$

[参看(40.05.1)]，我们有

$$\dot{\omega} = \lambda(\beta)\ddot{X}(\beta).$$

于是对包络我们从(49.07)得到

$$t = t^E(\beta) = \beta + \frac{\omega(\beta) - \dot{X}(\beta)}{\lambda(\beta)\ddot{X}(\beta)}$$

$$= \beta + \frac{c(\beta)}{\lambda(\beta)\ddot{X}(\beta)}. \qquad (49.09)$$

现在 $c(\beta)$ 和 $\lambda(\beta)$ 是正的，并且，根据假设 $\beta > 0$ 时 $\ddot{X}(\beta) > 0$，所以 $\beta > 0$ 时 $t^E(\beta) > \beta$. 再则

$$x^E(\beta) = \omega(\beta)[t^E(\beta) - \beta] + X(\beta) > X(\beta).$$

所以，包络是在流动区域内形成.

公式(49.09)表明，若 $\ddot{X}(0) = 0$，则 $t^E(0) = \infty$. 若对所有的 $t > 0$ 都有 $\ddot{X}(t) > 0$，则当 $\beta \to \infty$ 时 $t^E(\beta)$ 无限增大. 若对某一时刻 $t = t_1 > 0$ 有 $\ddot{X}(t) = 0$，则当 $\beta \to t_1$ 时 $t^E(\beta) \to \infty$. 在任何情况下都清楚，$t^E(\beta)$ 先减小而后再增大. 所以，当 β 取某一值时，$t^E(\beta)$ 有极小值 t_c，因此包络在 t_c 时刻形成尖点.

对减速活塞 ($\ddot{X}(\beta) < 0$) 情况则不同，在与 (x, t) 上流动区域的内部相对应的区域 $x > X(\beta)$ 内没有包络的点.

我们说，如果在一段时间内活塞在向前的运动中是加速的，或者在向后的运动中是减速的，则特征线 C_+ 总是形成包络. 对这

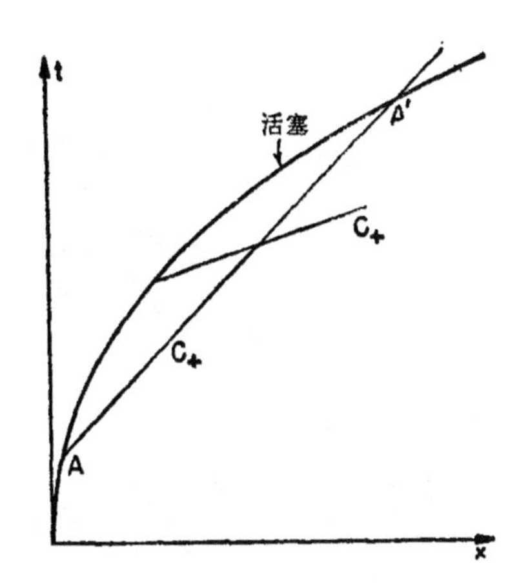

图 28　不可能的情况：自活塞轨迹上一点发出的直线特征线又在另一点上与活塞相交.

一说法可能会产生怀疑．因为当考察图 13 时也许会想，在流动区域以外形成包络是可能的，或者换句话说，活塞轨迹本身切断包络是可能的．简单的分析表明不会有此情形．

假设自活塞轨迹上一点 A 发出的特征线在另一点 A' 上与活塞轨迹相交(见图 28)，那么，自活塞轨迹的 AA' 弧上 A' 附近一点发出的特征线将与特征线 AA' 相交．因此，特征线的包络出现在活塞轨迹的 AA' 弧线与特征线 AA' 割线之间的扇形区内．

只要当活塞的初始加速度为正时，包络就将在发自原点的直线特征线 C_+ 上的点 $t=t_c$，$x=c_0t_c$ 处开始．由 (49.09) 并取 $\beta=0$，我们得

$$t_c=\frac{c_0}{\lambda_0\ddot{X}(0)}.\tag{49.10}$$

在这种情况下，特征线 $x=c_0t$ 的超出 $t=t_c$ 的部分可以看作包络的第二支，因此又有尖点形成．这种情形示于图 29 中．

对应活塞的各种运动，包络可以取各式各样的形状．例如，可以这样来推动活塞，使得特征线汇聚于一点．但是，因为包络的几何图形的细微性质依赖于函数 $X(t)$ 的二级和高级微商的局部特

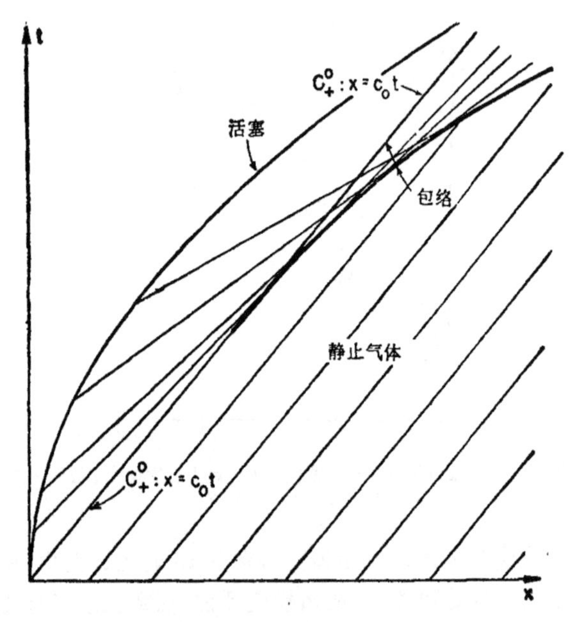

图 29　由均匀加速的活塞产生的压缩波的直线特征线的包络.

性，所以我们必然料到，流动的真实性态不会强烈地受包络的几何复杂性的影响.

C. 冲 击 波

§50　作为一种不可逆过程的冲击波

正如我们已看到的那样，初始间断有时会被平滑掉，如在中心稀疏波情形中就是如此；而另外一些以完全连续的波开始的运动，却又不可能保持不出现间断. 事实上，活塞的任何向前加速或向后减速，即使是缓慢的，最终也将导致速度、压力、密度、比熵和温度的间断.

因此，为了对由推进活塞所引起的运动及许多其他的运动作数学描述，我们必须放弃迄今所用的物理假说，或者更确切地说，应该加以补充(如我们在§ 48 中已经指出的那样).

这就立即出现一种可能性，我们可以试试直接由运动微分方程得到必要的推广．我们在第二章 § 24 中已经看到,在 (x, t) 平面上穿越特征线时，这些微分方程允许 u 和 ρ 的一阶和高阶微商有间断．这种“声波间断”出自于微分方程的自然延拓,例如,在初值问题中通过由具有连续微商的初值到具有局部跃变间断微商的初值取极限,就出现上述间断．在线性微分方程情况下,同样类型的极限过程导致甚至未知函数本身的间断之“声波传播”(参看[32，第 360—361 页])．然而,对于我们的非线性微分方程,通过由连续解的极限过渡，推导不出 ρ 和 u 的间断的这种声波传播.

因此,为了建立合适的理论,我们必须放弃原先关于物理情况的过分简化的描述，而通过考虑在原来的微分方程中被忽略的物理因素,来寻找一种更接近实际情况的近似.

迄今我们曾假定,气体中的力是来源于压力 $p=p(\rho, S)$的变化,而根本不是来自摩擦;并假定质点的熵保持不变．这些假定只在速度和温度的梯度是小量时才是正确的．另一方面，物理情况的数学描述必须考虑由摩擦和热传导（只要速度和温度不为常数时它们总是存在的）所引起的不可逆热力学过程的效应．要不是存在以下事实，这样的一种理论将会包含着几乎不可克服的数学困难．该事实是：实际现象表明，只在速度和温度的梯度变得非常大的一些狭窄区域内,气体中才出现不可逆过程,而在这些过渡区域之外,流动仍遵从对绝热可逆过程所建立的诸定律,即以前所讨论过的那些微分方程．于是，种种经验事实启发我们作数学上的进一步的理想化处理,它将是我们理论分析的基础.

不可逆过程将由穿过流体中某些明确定义的曲面时发生的突跃间断来描述．在数学理想化的处理中，将用这些在某些量上具有无穷大梯度的间断来代替具有显著不可逆性的狭窄区域.

事实上，当穿过这些曲面时，速度和温度将发生非常大的变化,因此,陡峭间断的假定确实是一种与事实符合得比我们所期望的还要好的理想化处理.

当然，对这不可逆过程，我们要求质量、动量和能量三个守恒定律也成立. 在间断面外边，唯一作用的力按假定乃是来自压力，并且能量所仅有的增加和减少，是由这些压力所做的功造成的. 所以,在这些区域中我们的基本微分方程组是正确的.

正如我们由§8回想到的,对于连续过程，每个气体质点的比熵的不变性,即可逆性,是由能量守恒定律推出来的. 对于遵从同样守恒定律的不连续过程，情况再也不是这样. 表达过程的不可逆性质的热力学条件是,在不连续过程中熵不减少,并且这个熵条件必须加到守恒定律上去.

虽非显而易见但可有把握地假定，包含这种不连续过程的流动将被三个守恒定律和熵条件所完全确定. 在连续流区域中成立的原先的微分方程，加上穿过间断面时表达守恒定律的诸条件及熵条件,就足以确定流动,而无须对通过间断面时的不可逆过程作详细描述.

为了阐明这一情况,我们将在 §63 中通过热传导和粘性来讨论此不可逆过程内部机制的合理描述，在讨论时将考虑此过程的区域有有限宽度. 但是，在以下诸节中我们将严格从我们的数学假定出发,前面的论证乃是这些假定的依据.

§51 关于非线性流动的历史回顾

有几个历史事实可在此叙述一下.

Poisson (1808)[36] 确定了，在等温气体中流动的微分方程的简单波解实际上是

$$u = F[x-(u+c)t],$$

F是一个任意函数(参看 §41).

Challis (1848)[41] 注意到,这样一个方程并非总是可以对速度u唯一求解的. 为了获得唯一解，Stokes (1848)[40] 曾作假设：速度上的间断是在 $\partial u/\partial x$ 变成无穷大的时候开始的（参看 §41). 于是,他利用质量和动量守恒定律,推导出等温气体的两个间断条件. Stokes 证明了,从物理上决不会出现间断,因为造成间断的任

何趋势都将被粘性力抹平掉．另外他还指出，含有间断的流动必定也包含着某些反射现象．

Earnshaw (1858)[37] 发展了满足任何关系式 $p=p(\rho)$ 的气体流动的简单波解．他论证了，由于穿过压缩波时局部传播速度在增加，所以这样的一个波在其波面上将不断地“增幅”，最后将形成一个“涌波”即间断(参看 §41)．

与此同时，Riemann (1860)[38] 利用“Riemann 不变量”独立地发展了简单波理论和流动问题的一般解(参看 §37)．他又发现并详细建立了冲击波理论，但是他凭想象作了错误的假设，认为穿越冲击波的跃变是绝热和可逆的．

Rankine (1869)[42] 证明了，定常绝热过程(过程中唯一的力是压力) 不能够表达在一个小的有限区域内由一个常状态到另一常状态的连续变化．他另外提出，穿过这个区域时出现的是下述条件下的非绝热过程：热量可以从一个质点传到另一质点，但是不从外面得到．

Rankine 的条件符合能量守恒原理． 但是，Rayleigh[39] 和 Hugoniot (1887)[43] 首先清楚地指出，冲击波上的绝热可逆过渡将违背能量守恒原理．事实上，Hugoniot 证明了，在没有粘性和热传导(在冲击波外面)时，能量守恒意味着连续流动中熵守恒和穿过冲击波时熵发生变化．他从能量守恒也推导出了通常形式下的冲击波的第三个条件[参看 (54.10)]，它比 Rankine 的式子更可取，虽然，在理想气体情况下 Rankine 的三个冲击波条件是与 Hugoniot 的条件等价的．

Rayleigh (1910)[39] 指出，在穿过冲击波阵面时熵必然增加，由于这一理由，在理想气体中不可能出现稀疏冲击波．

§52 间断面

我们要区分两类间断面：**接触面**和**冲击波阵面**．**接触面**是将介质分为两部分且无任何气流通过的曲面；**冲击波阵面**是有气体**穿过**的间断面．气体进入冲击波阵面时所通过的那一面将称为冲击波的波前或冲击波的前边，另一面则称为波后．在 §65 中我们将看到，从波前观察时冲击波阵面始终是以超声速运动，而从波后观察时则以亚声速运动．冲击波阵面后边的流动区常常称为冲击波．在本章中我们讨论的是一维运动，所以冲击波阵面和接触面都认为是垂直于 x 轴的平面，在 x 轴上由点来表示，在 (x, t) 平面上由线来表示，以后将分别称作冲击波线或接触线．

§53 不连续运动的基本模型·管道中的冲击波

我们首先叙述包含冲击波阵面的最简单的运动情况．作为一种基本类型的运动，我们曾研究过一个以常速后退的活塞所引起的中心膨胀波．完全一样，由一个从静止开始突然以常速 u_P 向静止气体中推进的活塞所引起的运动，同样是基本的和典型的．不论 u_P 怎样小，所产生的运动都不可能是连续的，因为连续运动将意味着是一个前向简单波，具体说是中心简单波，这样方能在原点

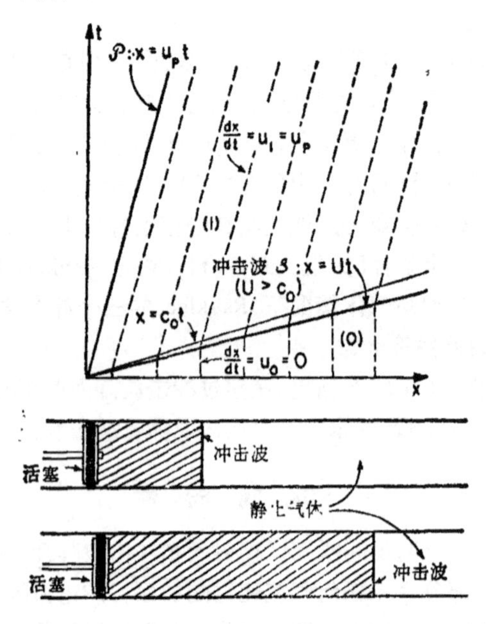

图 30 由一个以常速度向静止气体中运动的活塞所产生的冲击波．

实现速度的不连续变化. 但是,如果在简单波波前气体速度为零,则在穿过中心简单波时气体速度将变为负的. 所以,通过连续运动是不可能调整达到正的活塞速度的.

将发生什么情况呢? 回答是: 立即出现一个离开活塞以常速度U运动的冲击波阵面,并且,正如我们将要证明的那样,速度U是超声速的,它由静止气体的密度和声速以及活塞速度u_P唯一确定. 在冲击波波前气体是静止的,而在冲击波波后气体以常速u_P运动. 在(x,t)平面上这种非常简单的运动由图30表示. 当相继减小u_P的值时,冲击波线将趋近于特征线$x=c_0t$,并且穿越冲击波时的速度、压力和密度的跃变将趋向零. 冲击波变为弱冲击波,并趋向"声波扰动".

在我们能够证实以上定性描述以前,我们必须讨论穿越冲击波时的间断条件即跳跃条件.

§54 跳跃条件

我们将从"热状态方程"(见§2)和以下基本物理定律推导跳跃条件:

(1) 质量守恒;

(2) 动量守恒;

(3) 能量守恒;

(4) 熵守恒或熵增加.

如果我们进一步假设速度、密度和压力连续,那么头两条定律将导出等熵流的 Euler (或 Lagrange) 方程(参看§7). 把这两条原理应用于不连续运动,就导出冲击波的相应的头两个跳跃条件. 能量定律(3)注意到需更仔细对待的方面. 我们在原始微分方程组[见(7.03—.11)]中曾补充了热状态方程,在那里我们假定了熵不变,这与所设想的过程的绝热可逆性质相一致,并与能量守恒定律相符合. 然而,穿越冲击波阵面时,正如我们即将表明的那样,第三个守恒定律意味着熵在变化,并导致由 Rankine 和 Hugoniot 建立的第三个"热力学"跳跃条件,它将代替对连续运动所作的绝热变化的假设.

现在，我们通过对管道中的一段气体柱应用三个普遍原理来推导间断条件. 气体柱在 t 时刻充满区间 $a_0(t) < x < a_1(t)$，这里 $a_0(t)$和 $a_1(t)$代表气体柱两端上的运动质点的位置,并且在柱的两端上流动假设是连续的. 我们用 e 表示气体单位质量的内能，则单位质量的总能是 $e + u^2/2$. 于是,对气体柱来说,四个基本原理就由以下关系式表达:

质量守恒

$$\frac{d}{dt}\int_{a_0(t)}^{a_1(t)} \rho dx = 0, \tag{54.01}$$

动量守恒

$$\frac{d}{dt}\int_{a_0(t)}^{a_1(t)} \rho u dx = p(a_0, t) - p(a_1, t), \tag{54.02}$$

能量守恒

$$\frac{d}{dt}\int_{a_0(t)}^{a_1(t)} \rho\left[\frac{1}{2}u^2 + e\right]dx$$

$$= p(a_0, t)u(a_0, t) - p(a_1, t)u(a_1, t), \tag{54.03}$$

熵守恒或熵增加

$$\frac{d}{dt}\int_{a_0(t)}^{a_1(t)} \rho S dx \geqslant 0. \tag{54.04}$$

式(54.01)无需解释. 式(54.02)表达这样的假定,即唯一的作用力是压力，所以气体柱的动量变化率等于作用在气体柱两端上的压力所产生的总合力. 式(54.03)表达以下假定，能量的增加仅是压力作用的结果,换言之,气体柱内所含能量的增长率等于"输入功率",即单位时间内压力在气体柱端面上所做的功 [端面的速度是 $\dot{a}_0 = u(a_0, t)$和 $\dot{a}_1 = u(a_1, t)$]. 式(54.04)说明气体柱的熵增加或者保持不变.

只要我们假设 u, ρ, p 和 S 在整个气体柱内连续和可微,我们就能容易地从这些方程的前三个方程导出运动微分方程(参看 § 7 和 § 8)，熵守恒是一个结果. 但是,在现在的分析中,我们假设在运动的气体柱内有一个间断点，其坐标 $x=\xi(t)$ 以速度 $\dot{\xi}(t)=U(t)$运动，我们将从方程(54.01—.04)推导出该点两边上的诸量之间的关系式.

我们所有的积分都具有形式

$$J=\int_{a_0(t)}^{a_1(t)}\Psi(x,t)dx,$$

被积函数 Ψ 在 $x=\xi$ 处是间断的. 求微商得

$$\begin{aligned}\frac{d}{dt}J&=\frac{d}{dt}\int_{a_0(t)}^{\xi(t)}\Psi(x,t)dx\\&\quad+\frac{d}{dt}\int_{\xi(t)}^{a_1(t)}\Psi(x,t)dx\\&=\int_{a_0(t)}^{a_1(t)}\Psi_t(x,t)dx+\Psi_0\dot{\xi}(t)-\Psi(a_0,t)u(a_0,t)\\&\quad+\Psi(a_1,t)u(a_1,t)-\Psi_1\dot{\xi}(t).\end{aligned}\tag{54.05}$$

量 Ψ_0 和 Ψ_1 是当 x 分别由 $x<\xi$ 和 $x>\xi$ 两边趋向 ξ 时 $\Psi(x,t)$ 的极限. 不管气体柱多么短，只要它包含着作为内点的 $x=\xi$，这个公式就成立. 我们现在令柱的长度趋向零来进行极限运算. 由于(54.05)右端的第一个积分这时趋于零，$\Psi(a_1,t)\to\Psi_1$ 和 $\Psi(a_0,t)\to\Psi_0$，我们得到

$$\lim_{a_1-a_0\to0}\frac{d}{dt}J=\Psi_1v_1-\Psi_0v_0,\tag{54.06}$$

式中

$$v_i=u_i-U,\ i=0,1\tag{54.07}$$

是相对于间断面的气流速度. 于是，我们从四个基本方程导出下列跳跃条件:

质量守恒

$$\rho_1v_1-\rho_0v_0=0\tag{54.08.1}$$

或

$$\rho_0v_0=\rho_1v_1=m,\tag{54.08.2}$$

m 是通过间断面的质量流量.

动量守恒

$$(\rho_1 u_1)v_1 - (\rho_0 u_0)v_0 = p_0 - p_1, \tag{54.09.1}$$

根据(54.07)和(54.08)这个关系式等价于

$$mu_0 + p_0 = mu_1 + p_1 \tag{54.09.2}$$

或

$$\rho_0 v_0^2 + p_0 = \rho_1 v_1^2 + p_1 = P, \tag{54.09.3}$$

此式仅含有相对速度 v. 由(54.09.3)定义的量 P 有时称作总动量通量.

能量守恒

$$\rho_1\left(\frac{1}{2}u_1^2 + e_1\right)v_1 - \rho_0\left(\frac{1}{2}u_0^2 - e_0\right)v_0 = p_0 u_0 - p_1 u_1 \tag{54.10.1}$$

或

$$m\left(\frac{1}{2}u_0^2 + e_0\right) + u_0 p_0 = m\left(\frac{1}{2}u_1^2 + e_1\right) + u_1 p_1. \tag{54.10.2}$$

根据(54.07—09)此关系式等价于

$$m\left(\frac{1}{2}v_0^2 + e_0 + p_0\tau_0\right) = m\left(\frac{1}{2}v_1^2 + e_1 + p_1\tau_1\right). \tag{54.10.3}$$

熵增加

$$\rho_1 S_1 v_1 - \rho_0 S_0 v_0 \geqslant 0 \tag{54.11.1}$$

或根据 (54.08)

$$mS_0 \leqslant mS_1. \tag{54.11.2}$$

所有这些关系式在穿过冲击波阵面和接触面时都成立. 由下述性质区分这两类间断面: 穿过冲击波阵面有气体流动, $m \neq 0$; 穿过接触面没有气体流动, $m = 0$.

我们将在 §55 中研究冲击波间断,而把关于接触面的讨论推迟到§56.

§55 冲击波

对于冲击波($m \neq 0$),关系式(54.10.3)化为

$$\frac{1}{2}v_0^2 + e_0 + p_0\tau_0$$
$$= \frac{1}{2}v_1^2 + e_1 + p_1\tau_1 = \frac{1}{2}\hat{q}^2, \qquad (55.01)$$

其中$\hat{q}$是§14和§15引入的极限速度. 利用§9中定义的焓$i = e + p\tau$,我们可把(55.01)写为如下形式:

$$\frac{1}{2}v_0^2 + i_0 = \frac{1}{2}v_1^2 + i_1 = \frac{1}{2}\hat{q}^2. \qquad (55.02)$$

因此我们看到,第三个冲击波条件正好具有Bernoulli定律的形式. 但是,它不同于先前在§14中讨论过的三种形式,因为表示成ρ的函数的焓i在穿过冲击波时是间断的,这是由于值i_1和i_0对应着不同的熵值S_1和S_0(这一点下面将会看到). 换言之,穿过冲击波时焓的变化$i_1 - i_0$不等于$\int_{(0)}^{(1)} \frac{dp}{\rho}$,而等于$\int_{(0)}^{(1)}\left(\frac{dp}{\rho} + TdS\right)$.

三个冲击波条件(54.08—.10)的每一个都具有这样的形式,在该式中只包含相对速度$v = u - U$,而不是包含分开的速度u和U. 因此很清楚,按照Galileo相对性原理,在以常速度作平动的情况下冲击波条件是不变式.

从方程(54.09.2)和(54.08.2)我们得到

$$(\tau_0 + \tau_1)(p_1 - p_0) = m(\tau_0 + \tau_1)(v_0 - v_1)$$
$$= v_0^2 - v_1^2. \qquad (55.03)$$

利用这个关系式从(55.02)中消去v_0和v_1得到

$$(p_1 - p_0)\frac{\tau_0 + \tau_1}{2} = i_1 - i_0, \qquad (55.04)$$

再根据$i = e + p\tau$,得到

$$(\tau_0 - \tau_1)\frac{p_1 + p_0}{2} = e_1 - e_0. \qquad (55.05)$$

这两个重要的冲击波关系式中的第二式可以解释为：穿过冲击波阵面时内能的增长，是由于在进行压缩时平均压力所做的功造成的．第一式说明，焓的增加是由于在平均体积上压力差所做的功造成的．

关系式(55.04)和(55.05)特别值得注意，因为它们只涉及到热力学量．它们是由 Hugoniot 首先导出的，所以式 (55.05) 被称为 Hugoniot 关系式．

§56 接触间断

间断条件 (54.08—.10) 允许有“平凡”解或退化解．如果通过间断面的流量 m 为零，亦即如果没有气体穿过它，则我们有 $v_0 = v_1 = 0$． 因此 $u_0 = u_1 = U$，并由 (54.09) 得 $p_0 = p_1$，而 (54.10.1) 则自动满足． 但是从 (54.10.3) 已不再能导出 (55.01)．这样的间断面称为接触面．接触面与气体一起运动并把两个不同密度(和温度)的区域分开，但是两边的压力和流动速度是相同的．接触间断不仅可以分隔同一种气体的两部分，而且也可以分隔两种不同的气体．

显然，这样的接触面实际上不可能保持很长的时间，间断两边一直相邻的质点之间的热传导，很快就会使我们的理想化假定成为不实际的．穿过冲击波阵面的气体质点只在非常短的时间内受到热传导作用，而在接触面两边保持相邻的气体质点则始终受热传导作用．所以很清楚，接触层将逐渐消失．

在一维流中穿过接触面流速是连续的．但是，在多于一维的流动中，正如在第四章 §118 中我们将证明的，穿过接触面时流速的切向分量可以有间断，而相对接触面的法向分量始终为零，这跟这里所讨论的情况一样．

§57 冲击波的描述

我们回忆一下在§52 中所作的下述定义．气体进入冲击波阵面时所通过的那一面称为冲击波的波前或冲击波的前边，另一面则称为波后．换言之，质点是从波前向波后穿过冲击波阵面．这个定义与坐标系的选取无关．通常我们将冲击波阵面的波前记以下标(0)，波后记以(1)．我们也说，冲击波阵面面向波前或朝向波前．

应该清楚地懂得，由U的符号所给定的冲击波阵面运动的方向，与该阵面面向的方向毫不相干，亦即与冲击波的波前和波后的区分毫无关系，波前和波后的区分只取决于相对速度 v．冲击波阵面是前进、是停在原地还是后退，这取决于绝对速度．

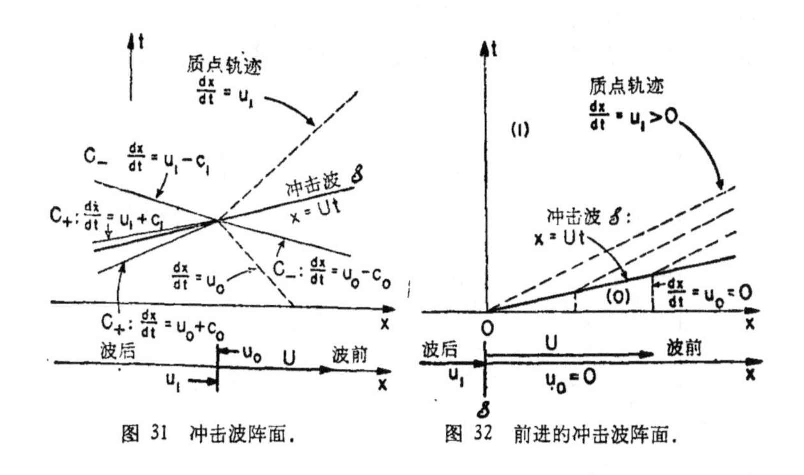

图 31　冲击波阵面．　　　　图 32　前进的冲击波阵面．

我们在§65和§67中将看到，冲击波阵面后边的压力、密度、温度和熵永远大于波阵面前边的相应量，其增长的程度可以按各种方式用来量度冲击波的强度(参看§71)．

在§65和§66中我们将进一步看到，气体相对冲击波阵面的速度$|u-U|$，其波后值始终小于波前值．因而，不管哪一边是波前，哪一边是波后，冲击波阵面左边的速度总是大于右边的速度，即

$$u_{左} > u_{右} \quad 或 \quad v_{左} > v_{右}. \tag{57.01}$$

我们现在讨论冲击波阵面的三种不同表现，根据 Galileo 相对性原理它们全部是等价的．

首先，设波前的速度 u_0 为零. 于是，当从波前来观察时，冲击波阵面以速度 U 向静止区域(0)中前进，该速度将被证明是超声速的；而从波后高压区来观察时，冲击波阵面的速度 $U-u_1=-v_1$ 是亚声速的. 冲击波阵面迅速地向静止区中运动，卷入越来越多的气体，这些气体在被冲击波扫过之后以小于冲击波速度的速度尾随其后. 与此同时，密度和压力突然增加. 我们已经解释过，当向静止气体中推动活塞时，就产生这样的前进冲击波.

其次，设波后的速度 u_1 为零. 这时，冲击波阵面可以说成是以速度 U 后退的，在它后面留下一个静止的高压区. 当冲击波从壁上反射时，就将碰到这样的后退冲击波(参看 § 70).

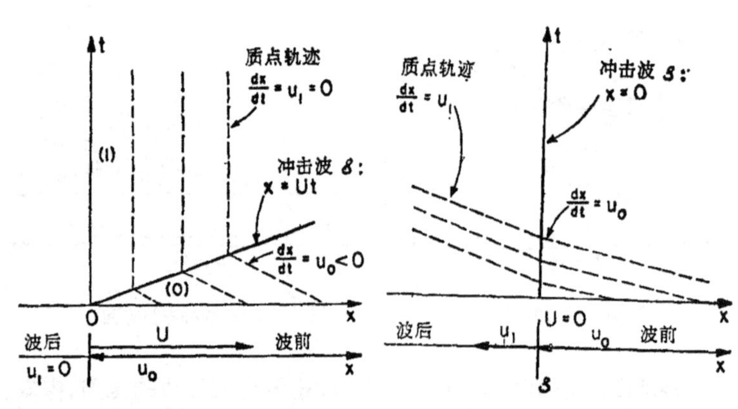

图 33　后退的冲击波阵面.　　　　图 34　驻定的冲击波阵面

最后，设冲击波阵面的速度为零，换句话说，设冲击波阵面是驻定的. (若从以冲击波阵面的瞬时速度 U 运动的坐标系中观察，任何冲击波阵面都是驻定的.)这样的驻定冲击波阵面可以用管道中的一个固定点 $x=\xi$ 来简单地描述，气体以超声速流向该点，在它后面气体减速(变为亚声速)，而压力和密度增加. 对驻定冲击波 $(U=0)$ 成立的间断条件可以直接通过在(54.08-.10)中令 $v_i=u_i$ 而得到:

$$\rho_0 u_0=\rho_1 u_1=m, \tag{57.02}$$

$$\rho_0 u_0^2 + p_0 = \rho_1 u_1^2 + p_1 = P, \tag{57.03}$$

$$\frac{1}{2} u_0^2 + i_0 = \frac{1}{2} u_1^2 + i_1 = \frac{1}{2} \hat{q}^2. \tag{57.04}$$

§ 58 冲击波运动的模型

冲击波的各个不同方面可以通过与公路上的快速汽车队相仿的质点运动作类比来想象．冲击波可以产生如下．我们假设有一高速车队的定常流动，在这样的流动中存在着“声速”，也就是车队中所出现的小扰动在传播时所取的速度．如果汽车运行的速度超过这个声速，那么，当速度突然减小，譬如当一个司机看到减速信号时，就将出现冲击波．后面任何一辆汽车的司机将突然看到前面一辆汽车减速，在他也降低了车速之前他不可能把报警信号发给后面的司机．这样产生的冲击波面向后边．密度的增加是显而易见的；假若我们设想各辆汽车由具有非线性斥力规律的弹簧或缓冲器分隔开，那么在我们的模型中压力的增加也立即可表现出来．如果认为小“激发”能代表热，则通过这些模型温度的增加也大致可以得到解释．

严格的后退冲击波可以想象为一种极端情况．同前一样，我们假设有长长的一队彼此等距相隔的、以超声速运行的汽车，车队碰到一个意外的障碍物，使得第一辆汽车立即刹住，第二辆将紧挤住第一辆停下，第三辆将被第二辆迫使突然停下，如此等等．停下的汽车与还在运行的汽车的分界点，显然就代表后退的冲击波阵面．

向静止区运动的向前冲击波阵面可用这样的现象来表示：一队快速运行的汽车接连不断冲撞一行彼此相隔一段距离停着的汽车，并迫使它们运动．

通过按非线性斥力规律相联的一个个质点所描述的一维波的运动模型，不仅具有启发性，而且在只需考虑头两个冲击波条件的情况下（参看 § 61），甚至可以用来作为真实情形的近似，从而作为数值计算的基础（参看[58]）．

§ 59 冲击波的力学条件的讨论

只有第三个条件才显式地引入了由作为 p 和 ρ 的已知函数的内能 e 或焓 i 所表示的物质的热力学性质. 所以,所有只从"力学条件",即头两个冲击波条件 (54.08—.09)

$$\rho_0 v_0 = \rho_1 v_1 = m,$$
$$\rho_0 v_0^2 + p_0 = \rho_1 v_1^2 + p_1 = P$$

得出的结论,对任何介质均成立,而不管介质的状态方程如何. 确切地有下列关系式:

$$m(v_1 - v_0) = p_0 - p_1, \tag{59.01}$$

$$m^2 = -\frac{p_0 - p_1}{\tau_0 - \tau_1}, \tag{59.02}$$

$$v_1 v_0 = \frac{p_0 - p_1}{\rho_0 - \rho_1}. \tag{59.03}$$

关系式 (59.01) 直接从(54.09)得出, 关系式(59.02)由(59.01)代入 $v_1 = m\tau_1$ 和 $v_0 = m\tau_0$ 后得出, 关系式 (59.03) 由 (59.01) 代入 $mv_1 = \rho_0 v_0 v_1$ 和 $mv_0 = \rho_1 v_1 v_0$ 后得出.

速度 v_0, v_1 与质量流量 m 显然有相同的符号. 于是式(59.01)表明, 压力 p 的变化与相对速度 $|v|$ 的变化方向相反. 式(59.02)表明,密度的变化与压力的变化方向相同.

我们先承认冲击波是压缩波,即 $\rho_1 > \rho_0$ (一般的证明将在§65中给出; 对于多方气体,如§ 67 所示,这一事实由显式公式得出),可以看出,当气体穿越冲击波阵面时,压力增加而相对速度 $|v|$ 减小.

冲击波力学条件的另一对称形式是

$$\begin{aligned} \tau_0(p_1 - p_0) &= v_0(v_0 - v_1), \\ \tau_1(p_0 - p_1) &= v_1(v_1 - v_0), \end{aligned} \tag{59.04}$$

由它们得到等价关系式

$$(\tau_0 - \tau_1)(p_1 - p_0) = (v_0 - v_1)^2, \tag{59.05}$$

$$(\tau_0 + \tau_1)(p_1 - p_0) = v_0^2 - v_1^2. \qquad (59.06)$$

条件(59.03—.06) 全都清楚地将热力学量与速度分离开.

§60 作为弱冲击波极限的声波

对一固定状态 (0) 我们考虑这样一个冲击波序列，它们以 $p_1 - p_0$ 度量的冲击波强度趋向零. 如果我们先承认将要在 §65 中证明的结果,即穿过冲击波时熵的变化只是 $p_1 - p_0$ 的三阶量，那么方程(59.03) 在 $p_1 \to p_0$ 时给出关系式 $v_0 v_1 \to p_\rho = c^2$. 因为关系式(59.01)这时给出 $v_1 \to v_0$，所以我们看到,取极限时流动速度相对冲击波阵面为声速. 我们在§34 的末尾已经把这一点认作是 (x, t) 平面上特征线所给定的声波的传播条件,这就表明了,声波可以说成是无限弱的冲击波.

§61 冲击波的力学条件足以确定冲击波的情形

冲击波的头两个条件,即力学条件,其作用与热力学条件大不相同，关于这一点应作进一步的说明. 存在着一些具有很大实际意义的情况,在那里头两个冲击波条件就足以确定冲击波过程,这就是那样一些流体的流动,在这些流体中压力只依赖于密度,而不依赖或不明显地依赖于熵.

譬如，水近似地就是这种流体,因为在它的压力-密度关系式 $p = A\rho^\gamma - B$ 中系数 A 和 B 大体上与熵无关(参看 §3). 这同样适用于确定浅水中的冲击波,或确切地说涌波,浅水的性质由关系式 $\bar{p} = A\bar{\rho}^2$ 表征[参看 (19.14)].

当然,在所有这些情况下冲击波第三个条件仍然有效,但可以把它看作只是在问题已经求解后用来确定能量平衡的一个工具.

这种流体的内能分为两部分,即 $e = e^{(1)}(\rho) + e^{(2)}(S)$，一部分只依赖于密度,另一部分只依赖于熵(参看 §3). 于是冲击波第三个条件可写为如下形式:

$$[e_1^{(2)} - e_0^{(2)}] = -\left[\frac{1}{2} v_1^2 - \frac{1}{2} v_0^2 + e_1^{(1)} - e_0^{(1)}\right.$$

$$+ p_1\tau_1 - p_0\tau_0\Big].$$

由于上式右端已经由冲击波的头两个条件确定，故我们能够计算 $e^{(2)}$ 的增量，这个增量可以看作是转变为热（或转变为浅水中的湍流能）的能量.

这些说明一般也适用于弱冲击波，即超压比 $(p_1 - p_0)/p_0$ 小的冲击波. 正如我们将看到的，对于这种弱冲击波，熵增很小，实际上为 $(p_1 - p_0)/p_0$ 的三阶量，所以完全可以忽略不计（参看 §72）.

§62 Lagrange 表示法中的冲击波条件

就冲击波关系式的 Lagrange 形式作一些说明，对以后是有用的. 若 $x(t)$ 是运动质点的坐标，$x_0(t)$ 代表一特定的"零"质点（参看 §18），那么，任何一个质点都由 Lagrange 坐标

$$h = \int_{x_0}^{x} \rho dx$$

所确定（不管时间如何）. 以 h 和 t 作自变量，u 和 $\tau = \rho^{-1}$ 作应变量，则微分方程就为[参看(18.09—.10)]

$$\tau_t = u_h,\ u_t = k^2\tau_h,\ 这里\ k = \tau^{-1}c = \rho c$$

且 $x_h = \tau$，$x_t = u$. 现在我们考虑一相对于气体运动的冲击波阵面 $\mathscr{S}$，它在 t 时刻扫到具有 Lagrange 坐标 $h = h(t)$ 的质点. 于是，若 $x(h, t)$ 是具有坐标 h 和 t 的质点的位置，则冲击波阵面的位置为

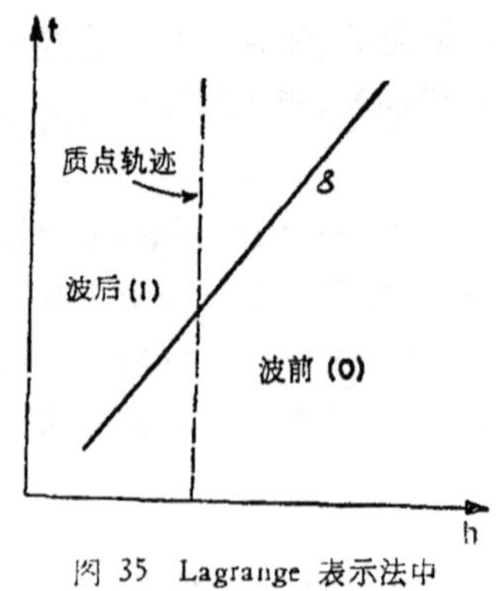

图 35 Lagrange 表示法中冲击波阵面的运动

$$\xi = x(h(t), t),$$

从而冲击波速度是

$$U = \tau\dot{h} + u.$$

以符号 $[f]$ 记 $f_1 - f_0$，我们立即得到冲击波的"运动学"条件

$$\dot{h}[\tau]+[u]=0, \tag{62.01}$$

它代替自动满足的质量守恒条件. 我们注意到, $-\dot{h}$ 是在单位时间内从波前向波后穿过冲击波阵面的质量（截面假定为一单位面积）. 所以动量守恒由以下关系式表示

$$[p]-\dot{h}[u]=0, \tag{62.02}$$

根据(62.01)它的表示成平移运动下不变的形式

$$[p]+\dot{h}^2[\tau]=0; \tag{62.03}$$

根据 $v=u-U=-\tau\dot{h}$,能量守恒则表示为

$$\left[\frac{1}{2}(u-U)^2+i\right]=0 \tag{62.04}$$

或

$$\frac{1}{2}\dot{h}^2[\tau^2]+[i]=0. \tag{62.05}$$

§ 63 从粘性和导热流体的微分方程导出的冲击波关系式

简要而又稍细致地分析一下，如何通过令粘性系数 μ 和热传导系数 λ 趋于零可以得到冲击波关系式,以此对 § 50 中的绪论作一补充，这看来是合适的.（这两个系数的符号 μ, λ 只限于本节使用;这里所用的因子 μ 为通常引用的 4/3 倍.）推广方程（17.01—.03）而包含上述因子的微分方程是[1]:

质量守恒

$$\rho_t+(\rho u)_x=0, \tag{63.01}$$

带粘性摩擦的动量守恒

$$(\rho u)_t+(\rho u^2+p-\mu u_x)_x=0, \tag{63.02}$$

能量守恒

$$\left[\rho\left(\frac{1}{2}u^2+e\right)\right]_t$$

$$+\left[\rho u\left(\frac{1}{2}u^2+i\right)-\mu u u_x-\lambda T_x\right]_x=0, \tag{63.03}$$

---

1) 这些方程的推导见 Goldstein [19, 第 II 卷, 第 14 章].

热平衡

$$\rho T S_t + \rho u T S_x = \mu u_x^2 + (\lambda T_x)_x. \tag{63.04}$$

热平衡方程(63.04)可以作为三个守恒定律的组合而被推导出来. 方程(63.04)的左端是单位体积在单位时间内得到的热量. 右端的第二项度量热传导所作的贡献，而第一项度量粘性摩擦所作的贡献,根据热力学第二定律它在本质上是正的.

对利用粘性和热传导的概念来描述冲击波过程的内部机制已提出过异议，因为在狭窄的冲击波区间内所有的量的变化大得使这些概念失去了意义. 代之曾建议利用气体动力论的 Boltzmann 方程. 但是,粘性和热传导的概念是否能至少用于弱冲击波,这问题不象是已经解决了. 在任何情况下我们都可指望，这些概念的利用将导致定性上正确的状态图像.

利用粘性和热传导时我们应该指出，在与物理情况相对应的初始和边界条件下,方程组(63.01—.03)具有唯一的连续解,它在 $\lambda \to 0$ 和 $\mu \to 0$ 时,除沿 (x, t) 平面上的一些离散线外,收敛于无粘性和无热传导流动的微分方程的解. 在这些离散线的邻域内收敛是非一致的,并且极限解在穿越这些线时是间断的. 另外,应当指出，在穿越这些线时冲击波或接触间断的条件是成立的. 这些事实的证明将给以下的观点提供依据，即上述理论是对物理状况的一种适当的近似;这样的证明尚未给出.

通过简化问题，分次地来分析这种趋向极限的过程还是可能的. 我们假设上述关于收敛性的陈述成立，并在这假设的基础上来推导冲击波条件.

我们假设在 $t = 0$ 时刻在点 $x = 0$ 的邻域内有一突然的跃变. 不失一般性我们可以在一个运动坐标系中考察这个过程，使得该点在 $t = 0$ 时刻是静止的. 为简单起见，我们再假定，在 $x = 0$, $t = 0$ 的邻域内过程可以认为是定常的，从而在 $t = 0$ 时在 $x = 0$ 近旁可以令 $u_t = \rho_t = S_t = 0$,并用 v 代替 u.

四个定律(63.01—.04)这时化为

$$(\rho v)_x = 0, \tag{63.05}$$

$$(\rho v^2 + p - \mu v_x)_x = 0, \tag{63.06}$$

$$\left[\rho v\left(\frac{1}{2} v^2 + i\right) - \mu v v_x - \lambda T_x\right]_x = 0, \tag{63.07}$$

$$\rho v T S_x = \mu v_x^2 + (\lambda T_x)_x. \tag{63.08}$$

三个守恒定律(63.05—.07)显然可以求出积分，它们表示在流动过程中质量、动量和能量不变．这种可能性用下述方式就导致冲击波条件．我们在$-\varepsilon$和ε之间积分方程(63.05—.07)，这里ε任意的小，得到

$$[\rho v]_{-\varepsilon}^{\varepsilon} = 0, \tag{63.09}$$

$$[\rho v^2 + p - \mu v_x]_{-\varepsilon}^{\varepsilon} = 0, \tag{63.10}$$

$$\left[\rho v\left(\frac{1}{2} v^2 + i\right) - \mu v v_x - \lambda T_x\right]_{-\varepsilon}^{\varepsilon} = 0, \tag{63.11}$$

式中 $[f]_{-\varepsilon}^{\varepsilon}$ 代表差 $f(\varepsilon) - f(-\varepsilon)$．对于具有极限 $\lambda \to 0, \mu \to 0$ 的变化的λ和μ值，我们考察一系列的流动，假设它们收敛于一极限流，也许只在点$x = 0$上除外，不包含点$x = 0$上的量时，关系式(63.09—.11)在该极限中保持有效．所以对极限流动我们得到

$$[\rho v]_{-\varepsilon}^{\varepsilon} = 0, \tag{63.12}$$

$$[\rho v^2 + p]_{-\varepsilon}^{\varepsilon} = 0, \tag{63.13}$$

$$\left[\rho v\left(\frac{1}{2} v^2 + i\right)\right]_{-\varepsilon}^{\varepsilon} = 0. \tag{63.14}$$

现在，当令ε趋近零时，我们就得到与先前所得相同的冲击波条件．

同样，第四个冲击波条件，即熵增条件是我们极限过程的一个结果．令$\rho v = m = \text{const}$，根据(63.05)，在$-\varepsilon$和$\varepsilon$之间积分方程(63.08)，我们得到

$$m[S]_{-\varepsilon}^{\varepsilon} = \int_{-\varepsilon}^{\varepsilon} \mu \frac{v_x^2}{T}\, dx + \int_{-\varepsilon}^{\varepsilon} \lambda \frac{T_x^2}{T^2}\, dx + \left[\frac{\lambda T_x}{T}\right]_{-\varepsilon}^{\varepsilon}. \tag{63.15}$$

对于固定的ε值，当 $\mu \to 0, \lambda \to 0$ 时，右端最后一项趋于零．对

另外两项这未必成立，因为这两项是这样一个区间上的积分，在该区间内 T_x^2 和 v_x^2 在取极限的过程中变得非常大. 所以，右端的正贡献最终占主导地位，从而在取极限时有

$$[S]_{-\varepsilon}^{\varepsilon} \geq 0,$$

这就是第四个冲击波条件. (我们已经看到，对真实的间断等号要去掉.) 值得注意的是，与冲击波的三个守恒定律无关的最后这个冲击波条件，是从热平衡方程取极限时得出的，热平衡方程是依赖于连续流动的三个守恒定律的.

应该再次强调，用一种包含冲击波阵面但没有粘性和热传导的理想化流动，对几乎没有粘性和热传导的流体流动作的近似描述，在冲击波阵面附近的区域内必然是不适当的，在那里 v, ρ 和 T 的微商变得很大. 所以，对在 λ 和 μ 的值非常小但不为零时的突然跃变作更周密的分析是需要的. 特别是需要从这样一种分析中去确定冲击波区的宽度.

我们假设，在冲击波区域 $-\varepsilon \leqslant x \leqslant \varepsilon$ 两边上的量 ρ_0, τ_0, p_0 及 ρ_1, τ_1, p_1 是已知的，且等于冲击波阵面这一极限情况下出现的相应量. 于是，三个方程(63.05—.07)的解(ρ, τ, p)就是所要求的取给定边界值的解. 冲击波区的宽度 2ε 将根据这样的条件来确定: 存在一些这样的解，其微商 ρ_x, p_x, v_x 在两个端点 $x=\pm\varepsilon$ 处为零.

是否存在这样的解是值得怀疑的. 但是，可以换另一种曾成功地应用于其他领域，特别是应用于粘性流体流动的 Prandtl 边界层理论中的方法试一下(参看[19]). 边界条件给在 $x=-\infty$ 和 $x=\infty$ 处而不是在 $x=-\varepsilon$ 和 $x=\varepsilon$ 处. 于是冲击波区域被有点任意地定义为一个 ρ, p 及 v 在其中发生显著变化的区间.

这一无穷区间的边值问题，当假定系数 μ 和 λ 不变时曾由不同的作者处理过，参看[4, 17, 45]，而 L. H. Thomas[46] 则考虑了 μ 及 λ 随温度变化的情况. 该理论的一个结果是，求得冲击波区域是如此之窄，其宽度只与气体分子的平均自由程相当. 这表明，为研究这种过渡区，视气体为连续介质的理论不是十分合适的，恰

当的理论得转为依靠气体动力论的概念.

§64 Hugoniot 关系式·冲击波过渡的确定性

为了下面的考虑,引进 τ 和 p 代替 τ 和 S 作为独立变量,并把能量看作 τ 和 p 的函数 $e(\tau, p)$,将证明是有用的. 这样做是可能的,因为对函数 $p=g(\tau, S)$ 假设了 $g_s>0$ [参看(2.07)]. 利用中心为(τ_0, p_0)的 Hugoniot 函数

$$H(\tau, p)=e(\tau, p)-e(\tau_0, p_0)+(\tau-\tau_0)\frac{p+p_0}{2}, \quad (64.01)$$

我们可将 Hugoniot 关系式(55.05)写为如下形式:

$$H(\tau, p)=0. \quad (64.02)$$

当冲击波阵面一边的值(τ_0, p_0)给定时,上式就代表冲击波阵面另一边的与三个冲击波关系式(54.08—.10)相容的所有成对的(τ, p)值. Hugoniot 关系式在(τ, p)平面上的图像就称为 Hugoniot 曲线(见图 36).

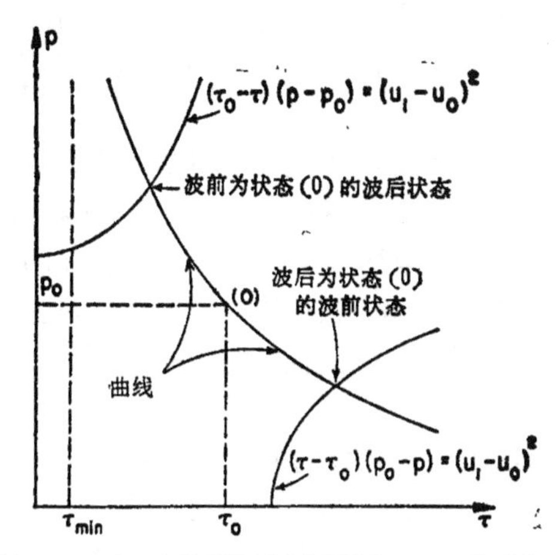

图 36 Hugoniot 曲线(即图中"曲线")和问题(C)的解.

对于具有

$$e=\frac{1}{\gamma-1}p\tau=\frac{1-\mu^2}{2\mu^2}p\tau \quad (64.03)$$

的多方气体[参看(3.04)和(14.06)]，Hugoniot 函数由下式给出

$$2\mu^2 H(\tau, p) = (\tau - \mu^2\tau_0)p - (\tau_0 - \mu^2\tau)p_0, \qquad (64.04)$$

所以 Hugoniot 曲线是等轴双曲线.

在研究哪些数据确定冲击波过渡时，Hugoniot 函数非常有用. 由于 e 可以看作 τ 和 p 的给定函数，所以三个冲击波关系式(54.08—.10) 代表七个量 τ_0, τ_1, p_0, p_1, u_0, u_1 和 U 之间的三个关系式. 因此，若固定这些量中的三个，则还存在由一个参数决定的一族可能的冲击波.

尽管七个量之间的冲击波关系式是非线性的，也就是如果再给定一个量时它们也不一定确定冲击波，但我们仍将看到，在很宽的条件下下列定理成立：

(A) 给定冲击波阵面一边的状态(0)和冲击波速度 U，就决定了冲击波阵面另一边的整个状态(1).

(B) 给定状态(0)和压力 p_1 就决定了冲击波阵面的速度和整个状态 (1).

(C) 不管状态 (0) 是被规定为冲击波的波前状态还是波后状态，给定状态 (0) 和速度 u_1，就决定了冲击波阵面的速度和整个状态 (1).

注意，在情况(A)和(B)中，给出的数据已经确定了状态(0)是冲击波的波前状态还是波后状态. 正如我们将看到的，前一种情形的条件在情况(A)中是 $|u_0 - U| > c_0$，在情况(B)中是 $p_1 > p_0$. 另一方面，在情况(C)中，根据关系式 $u_{左} > u_{右}$ [见(57.01)]，给出的数据已经确定了哪一个状态是冲击波阵面左边的和哪一个是右边的.

使定理得以证明[1) 所需的条件，可以通过中心为 (τ_0, p_0) 的 Hugoniot 曲线 $H(\tau, p) = 0$ 表达. 它们是：

1) 沿 Hugoniot 曲线压力 p 从零变到无穷大，τ 的值可以在有限的极限值 τ_{min} 和 τ_{max} 之间变化.

---

1) 对多方气体在§ 68 中给出了不同的方法.

例如，对多方气体情况就是这样，正如从（64.04）所看到的，沿 Hugoniot 曲线 τ 在 $\tau_{\min}=\mu^2\tau_0$ 和 $\tau_{\max}=\mu^{-2}\tau_0$ 之间变化。

2）沿 Hugoniot 曲线 $dp/d\tau<0$。

3）每一条过中心（τ_0，p_0）的射线，只要它与 τ 轴交于点 $\tau\leqslant\tau_{\max}$，则此射线与 Hugoniot 曲线就只交于一点。

正如在下节将表明的那样，条件 3）几乎普遍满足。对于多方气体所有这三个条件根据表达式(64.04)可立即得到证实。

如果状态(0)和 p_1 给定，条件 1)和 2)就保证有一个且只有一个 τ_1 值满足 $H(\tau_1, p_1)=0$。于是，值 $v_0=m\tau_0$，$v_1=m\tau_1$ 由(59.02)求得。m 的符号取决于冲击波阵面是面向左 $m>0$ 还是面向右 $m<0$。冲击波速度由 $U=u_0-v_0$ 给出。于是定理（B）被证明。

对于定理(A)和(C)应再加上一个条件，即

$$p_0<\rho_0^2v_0^2(\tau_{\max}-\tau_0)\quad 对于（A）, \tag{64.05}$$

$$(u_1-u_0)^2<p_0(\tau_{\max}-\tau_0)\quad 对于（C）. \tag{64.06}$$

但是，这些条件只在状态(0)是波后状态的情况下才起作用。

为证明定理（A），我们注意到，由已知数据给定的量 $-m^2=-\rho_0^2v_0^2$ 根据(59.02)等于比值 $(p_1-p_0)/(\tau_1-\tau_0)$。所以为了求 τ_1 和 p_1，我们只需用通过 (τ_0, p_0) 的斜率为 $-m^2$ 的射线与 Hugoniot 曲线相交。根据条件 3) 和 (64.05) 这样的交点只有一个。于是，v_1 的值由 $v_1=m\tau_1$ 求出。

为了证明定理(C)我们利用关系式(59.05)，对它来说，已知数据给出了其右端项 $(u_1-u_0)^2$。所以，为了确定 τ_1 和 p_1，我们只需用 Hugoniot 曲线与双曲线 $(\tau-\tau_0)(p-p_0)=-(u_1-u_0)^2$ 相交。因为双曲线的斜率是正的，所以由条件 2)和 (64.06) 得知，只存在两个交点，对应于状态(0)是波前状态或波后状态这两种可能性。流量 m 由(59.02)求出，若冲击波阵面面向左，则它为正，若面向右，则为负。然后冲击波速度由 $U=u_0-\tau_0m=u_1-\tau_1m$ 求出。

§ 65 冲击波过渡的基本性质

在本节中我们将确立冲击波阵面两边的气体状态的四个基本性质．我们说冲击波强度，则是指差 $\rho_1-\rho_0$，p_1-p_0 或 $|v_1-v_0|$ 中的任何一个．

I. 穿过冲击波阵面时熵的增加是冲击波强度的三阶量．

II. 穿过冲击波阵面时压力、密度和温度的增长与这些量的可逆绝热变化相比较，最多在冲击波强度的三阶项上有差别．这里假定，这两种过程的初始状态及其终态中的一个量是相同的．

III. 冲击波是压缩波．更确切地说：穿过冲击波阵面时密度和压力增加．

IV. 相对冲击波阵面而言，流动速度在波前为超声速，在波后为亚声速．

对于多方气体，这些性质容易从我们将在 § 67 中讨论的显式跃变公式看出．值得注意的是，对于一般的理想气体这些性质本质上只取决于对函数 $p=g(\tau,S)$ 所作的基本假设(2.04—.07)，即

$$g_\tau<0,\ g_\tau=-\rho^2c^2, \tag{65.01}$$

$$g_{\tau\tau}>0, \tag{65.02}$$

$$g_s>0. \tag{65.03}$$

在用最一般原则建立这些事实[1] 之前，我们提一下，如果用稍许更强的条件 $d^2p/d\rho^2>0$ 来代替 (65.02)，性质 IV 的前半部分可直接从 III 得出．因为，由于 $S_1>S_0$ 和 $g_s>0$，方程 (59.03) 将给出关系式

$$\begin{aligned} v_1v_0&=\frac{p(\rho_1,S_1)-p(\rho_0,S_0)}{\rho_1-\rho_0}\\ &>\frac{p(\rho_1,S_0)-p(\rho_0,S_0)}{\rho_1-\rho_0}\\ &=p_\rho(\bar\rho,S_0)>p_\rho(\rho_0,S_0)=c^2(\rho_0,S_0)=c_0^2, \end{aligned}$$

---

1) 由 Bethe[47] 和 Weyl[48] 证明的．

其中 $\bar{\rho}$ 是一个在 ρ_0 与 ρ_1 之间适当选取的中间值．所以

$$v_0 v_1 > c_0^2 \tag{65.04}$$

因为 $\rho_0 v_0 = \rho_1 v_1$，所以性质 III，即 $\rho_1 > \rho_0$ 就导致 $|v_0| > |v_1|$．于是我们从(65.04)得出了所要的关系式 $|v_0| > c_0$．可以注意到，这一论证全然不曾用到冲击波的第三个热力学关系式．

现在我们着手一般地证明上述四个性质[1]．

我们首先用稍许简单的方法推导一个重要结果，即冲击波过渡与绝热变化之间的差别只是冲击波强度的三阶量，所以这差别只对"强"冲击波才是显著的．我们将精确地证明：

I．穿过冲击波时熵的增量是比容之差 $\tau_1 - \tau_0$ 的三阶量，或者等价地是压力差的三阶量．

而且证明：II．假设有一冲击波和一可逆绝热变化，它们把相同的初始状态变到具有相同比容的状态．那么，穿过冲击波阵面时压力的增长与绝热变化中的压力增长重合到比容之差 $\tau_1 - \tau_0$ 的二阶项．这对于作为 p 和 τ 函数的温度的增长也同样是正确的．此外，若引进差 $p_1 - p_0$，$T_1 - T_0$，$|v_0 - v_1|$ 代替 $\tau_1 - \tau_0$ 作为冲击波强度，也可以立即得出类似的结论．

为了证明这两点论述，我们研究 Hugoniot 函数

$$H(\tau, p) = e(\tau, p) - e(\tau_0, p_0) + \frac{1}{2}(\tau - \tau_0)(p + p_0), \tag{65.05}$$

[参看(64.01)]，和 (τ, p) 平面上具有"中心" (τ_0, p_0) 的 Hugoniot 曲线 $H(\tau, p) = 0$．它代表通过冲击波从 (τ_0, p_0) 所能达到的单参数族状态 (τ, p)．我们假设该曲线可以表示为形式 $p = G(\tau)$，并且当 $\tau \to \tau_{\min}$ 时 $G(\tau) \to \infty$（见§64 中条件 1)和 2))．沿 Hugoniot 曲线我们有 $dH = 0$，从而根据(2.01)

$$2TdS - (p - p_0)d\tau + (\tau - \tau_0)dp = 0, \tag{65.06}$$

---

1) Prandtl 和 Busemann 曾利用 (v, p) 平面给出了关于冲击波关系式的富有启发的几何解释．利用这个平面，也可以对一般流体推导出性质 IV（参看[3]）．后来的论述参看 Weyl[48]．

所以 $TdS = 0$ 或

$$dS = 0 \quad 在\ (\tau_0,\ p_0)\ 点. \tag{65.07}$$

再次沿 Hugoniot 曲线微分(65.06),并将 τ 看作自变量,我们求得

$$2d(TdS) + (\tau - \tau_0)d^2p = 0,$$

因此在中心有

$$d(TdS) = dTdS + Td^2S = 0,$$

所以又得

$$d^2S = 0 \quad 在\ (\tau_0,\ p_0)\ 点. \tag{65.08}$$

关系式(65.07)和(65.08)表明,熵的变化至少是三阶的.

再一次求微分并令 $p = p_0$, $\tau = \tau_0$,我们得到

$$2d^2(TdS) + d\tau d^2p = 0 \quad 在\ (\tau_0,\ p_0)\ 点$$

或由于(65.06—.07)而得

$$2Td^3S + d\tau d^2p = 0 \quad 在\ (\tau_0,\ p_0)\ 点.$$

因 $g_{\tau\tau} > 0$ [见(65.02)],此式给出

$$d^3S > 0 \quad 当在\ (\tau_0, p_0)\ 点\ d\tau < 0\ 时 \tag{65.09}$$

所以,熵的增量精确地是三阶的. 于是性质 I 得证.

关于压力的断言乃是一个直接推论. 沿 Hugoniot 曲线熵 S 是 τ 的函数,因此我们有

$$p = G(\tau) = g(\tau, S(\tau)).$$

所以,根据(65.07—.08)

$$G(\tau_0) = g(\tau_0, S_0), \quad G'(\tau_0) = g_\tau(\tau_0, S_0),$$
$$G''(\tau_0) = g_{\tau\tau}(\tau_0, S_0),$$

或者从几何上讲: Hugoniot 曲线 $p = G(\tau)$ 和绝热曲线 $p = g(\tau, S_0)$ 过中心时在该处二阶相切. 这就证明了第二个性质.

从 (65.07—.09) 可见,函数 $S(\tau)$ 在中心是单调的. 我们现在证明,这一点在大范围内也是正确的: III. 沿整条 Hugoniot 曲线熵随比容的减小而增加.

为此,我们沿用 Weyl[48] 所作的极好的论证.

我们借助函数 $S = S(\tau, p)$ 改写条件(65.01—.03). 恒等式 $S = S(\tau, g(\tau, S))$ 给出 $S_p g_S = 1$,从而根据式(65.03)

$$S_p > 0. \tag{65.10}$$

再则，考虑到(65.01)，$0 = S_\tau + S_p g_\tau$ 就意味着

$$S_\tau > 0. \tag{65.11}$$

此外，我们再一次将恒等式 $S_p g_\tau + S_\tau = 0$ 对 τ 求微商，凸性条件(65.02) $g_{\tau\tau} > 0$ 就导致

$$S_{\tau\tau}S_p^2 - 2S_{\tau p}S_pS_\tau + S_{pp}S_\tau^2 < 0. \tag{65.12}$$

现在，为了证明沿 Hugoniot 曲线 $H(\tau, p) = 0$ 熵 S 的单调性，只要证明沿曲线除在中心 (0) 即 (τ_0, p_0) 处以外 $dS \neq 0$ 就够了. 若在点(1)即(τ_1, p_1)处 S 沿着 Hugoniot 曲线是平稳的，也就是说，在该处 dS 及 dH 同时为零，则直线弦 (0-1) 根据(65.06)就应该在点 (1) 处与 Hugoniot 曲线相切. 但是，正如由以下论证所表明的，这种相切是不可能的. 在 (τ, p) 平面上的一条射线 $\mathscr{R}$，它通过参数 s 由下式表出:

$$p = p_0 + as, \quad \tau = \tau_0 + bs,$$

其中

$$a = p_1 - p_0, \quad b = \tau_1 - \tau_0.$$

在这样的 $\mathscr{R}$ 上我们有 $dp = ads$ 和 $d\tau = bds$，从而根据(65.06)有 $dH = TdS$. 所以，如果沿 $\mathscr{R}$ 将 S 和 H 都看作是 s 的函数，那么，随便在何处只要 $S(s)$ 和 $H(s)$ 中的一个是平稳的，它们两者就同时是平稳的.

射线 $\mathscr{R}$ 决不会与 Hugoniot 曲线相重合，否则就将与中心(0)处的凸性性质相矛盾. 所以 $H(s)$ 在中心(0)和弦线端点(1)处为零这一事实说明，$H(s)$ 在其间至少具有一个极值. 在极值点上 $S(s)$ 同样是平稳的. S 的这个平稳值是极大值，因为在该点上

$$S_s = S_\tau b + S_p a = 0$$

或 $S_\tau/S_p = -a/b$，所以，除去一个正因子外，S_{ss} 等于量

$$S_{\tau\tau}S_p^2 - 2S_{\tau p}S_pS_\tau + S_{pp}S_\tau^2,$$

根据(65.12)此量是负的. 所以，S 从而 H 在位于(0)和(1)之间的 $\mathscr{R}$ 上有一个且只有唯一的一个平稳点.

根据 S 在(0)和(1)之间只有一个极大值的事实，我们推断出

不等式

$$\frac{dS}{ds} > 0 \quad 在点(0), \tag{65.13.1}$$

$$\frac{dS}{ds} < 0 \quad 在点(1). \tag{65.13.2}$$

第二个不等式排除了 S 沿 Hugoniot 曲线在点(1)处会是平稳的这一可能性，否则，正如我们已看到的，射线 $\mathscr{R}$ 在该点就将是 Hugoniot 曲线的切线. 在该点关系式 $dH = 0$ 意味着 $dS(s)/ds = 0$，因此与(65.13.2)相矛盾. 于是我们证明了，沿 Hugoniot 曲线熵随比容的减小而增加.

因为根据条件(54.11)穿过冲击波时熵增加，由此得出，密度 τ^{-1} 同样是增加的，同时，由于(65.01)和(65.03)，故压力也是如此. 于是，性质 III 得证.

第四点性质乃是不等式(65.13)的直接结果. 由于 $S_\tau/S_p = -g_\tau = \rho^2c^2$, $d\tau/ds = \tau_1 - \tau_0$, $dp/ds = p_1 - p_0$，以及(65.10)，于是不等式(65.13)取以下形式:

$$(p_1 - p_0) + \rho_0^2c_0^2(\tau_1 - \tau_0) > 0,$$

$$(p_1 - p_0) + \rho_1^2c_1^2(\tau_1 - \tau_0) < 0.$$

现在设 $\tau_1 < \tau_0$，那么这两个不等式就可以合并为

$$\rho_0^2c_0^2 < \frac{p_1 - p_0}{\tau_0 - \tau_1} < \rho_1^2c_1^2.$$

根据(59.02)和(54.08)此式等价于

$$v_0^2 > c_0^2, \quad v_1^2 < c_1^2. \tag{65.14}$$

于是性质 IV 也就得证.

§66 多方气体的临界速度和 Prandtl 关系式

在以下几节中我们将研究多方气体冲击波关系式的一些具体形式. 这时冲击波的热力学条件特别简单. 多方气体的焓是

$$i = \frac{\gamma}{\gamma - 1}\frac{p}{\rho} = \frac{1 - \mu^2}{2\mu^2}c^2,$$

其中

$$\mu^2=\frac{\gamma-1}{\gamma+1},$$

参看(9.06)，(14.06)．因此条件(55.02)变为

$$\mu^2 v_0^2+(1-\mu^2)c_0^2=\mu^2 v_1^2+(1-\mu^2)c_1^2=c_*^2. \quad (66.01)$$

此式与表为形式(14.08)的 Bernoulli 定律完全一致，并且 c_* 是§15中所讨论的临界速度．基于第三个冲击波条件的这种代数形式，冲击波阵面两边各量和冲击波阵面速度 U 之间的诸关系式就具有纯粹代数的性质．

冲击波阵面两边的相对速度 v_0，v_1 之间的关系式，可以表为 Prandtl 所导出的十分精致而有用的形式，即

$$v_0 v_1=c_*^2. \quad (66.02)$$

这个基本关系式只包含速度而不直接涉及诸如压力或密度这样一些热力学量．

为证明 Prandtl 关系式，譬如我们可以从(54.09)，(66.01)和 $\gamma p=\rho c^2$ [见(3.06)]推出关系式

$$\mu^2 P+p_1=\mu^2 v_1^2\rho_1+(1+\mu^2)p_1=c_*^2\rho_1,$$

$$\mu^2 P+p_0=\mu^2 v_0^2\rho_0+(1+\mu^2)p_0=c_*^2\rho_0.$$

将两式相减，得到

$$p_1-p_0=c_*^2(\rho_1-\rho_0)$$

或

$$c_*^2=\frac{p_1-p_0}{\rho_1-\rho_0},$$

根据(59.03)就得出关系式(66.02)．

倘若 v_1 和 v_0 不为零，Prandtl 关系式显然等价于跃变公式

$$\frac{c_*}{v_1}+\frac{v_1}{c_*}=\frac{c_*}{v_0}+\frac{v_0}{c_*}. \quad (66.03)$$

顺便说一下，Prandtl 关系式表明，当冲击波强度趋近零时，冲击波阵面趋近于声波．因为，若 $v_0=v_1$，则(66.02)表明 v_0 和 v_1 二者具有共同的值 c_*．由于 $c=c_*$，所以弱间断近似地以声速传

播. 当然，这一点是与如下原则相一致的，即沿特征线传播的不是量 u 和 ρ 的扰动，而只是它们的导数的扰动.

看得出来，作为 Prandtl 关系式的一个直接结果是，相对冲击波阵面气体的速度在波前为超声速，在波后为亚声速，这与§ 65 的普遍结果相一致.

公式(66.02)表明，$|v_0|>|v_1|$意味着$|v_0|>c_*$和$|v_1|<c_*$；并且我们的结论可直接由临界速度c_*的基本性质得出. 对现在的情况该性质可以通过将(66.01)写为下列形式看出：

$$(1-\mu^2)(v_0^2-c_0^2)=v_0^2-c_*^2,$$

$$(1-\mu^2)(v_1^2-c_1^2)=v_1^2-c_*^2.$$

§ 67 多方气体的冲击波关系式

由冲击波的三个标准关系式，对冲击波两边的量可以导出其他各种关系式.

多方气体的 Hugoniot 关系式 $H(\tau_1, p_1)=0$ 按(64.04)取形式 $(\tau_1-\mu^2\tau_0)p_1-(\tau_0-\mu^2\tau_1)p_0=0$，由此得出重要公式

$$\frac{p_1}{p_0}=\frac{\tau_0-\mu^2\tau_1}{\tau_1-\mu^2\tau_0}=\frac{\rho_1-\mu^2\rho_0}{\rho_0-\mu^2\rho_1}. \tag{67.01}$$

将此式反演我们得

$$\frac{\tau_0}{\tau_1}=\frac{\rho_1}{\rho_0}=\frac{p_1+\mu^2p_0}{p_0+\mu^2p_1}. \tag{67.02}$$

关系式 (67.02) 表明，正如我们在§ 64 中已提到的那样，压缩度 ρ_1/ρ_0 始终被限制在范围

$$\mu^2<\frac{\rho_1}{\rho_0}<\frac{1}{\mu^2} \tag{67.03}$$

之内，所以压缩度永远不超过 μ^{-2} 倍. 因此，当 $\gamma=1.4$ 时，密度压缩度总是小于 6 倍，当 $\gamma=1.2$ 时压缩比的极限为 11.

穿过冲击波时温度和熵的变化，可利用 $T_1/T_0=p_1\tau_1/p_0\tau_0$ 和 $S_1-S_0=c_v\log p_1\tau_1^\gamma/p_0\tau_0^\gamma$ [参看(3.01)和 (3.23)] 直接由(67.02)得出. 容易证明，穿过冲击波时 S 和 T 均增加.

从§59中的冲击波的力学条件，可以推导出仅在波阵面一边的速度、压力和密度之间的关系式. 根据(67.01)我们从(59.02)求出

$$m^2=\frac{p_1+\mu^2 p_0}{(1-\mu^2)\tau_0}=\frac{p_0+\mu^2 p_1}{(1-\mu^2)\tau_1}, \tag{67.04}$$

由此再根据(59.01)得

$$(u_1-u_0)^2=(p_1-p_0)^2\frac{(1-\mu^2)\tau_0}{p_1+\mu^2 p_0}$$

$$=(p_1-p_0)^2\frac{(1-\mu^2)\tau_1}{p_0+\mu^2 p_1}. \tag{67.05}$$

压力比 p_1/p_0 与气流的 Mach 数

$$M_0=\frac{|v_0|}{c_0} \tag{67.06}$$

[参看(10.01)]之间存在特别简单的关系式. 从(67.04)和 $\rho_0 c_0^2=\gamma p_0$ 我们有

$$p_1+\mu^2 p_0=(1-\mu^2)\rho_0 v_0^2=\gamma(1-\mu^2)p_0 M_0^2$$

或

$$\frac{p_1}{p_0}=(1+\mu^2)M_0^2-\mu^2. \tag{67.07}$$

由 Prandtl 关系式(66.02)可以非常容易地导出只包含质点速度和声速的冲击波关系式. 用 $v_i=u_i-U$ 代入(66.02)，并利用(66.01)我们求得

$$(u_0-U)(u_1-U)=\mu^2(u_0-U)^2+(1-\mu^2)c_0^2$$

$$=\mu^2(u_1-U)^2+(1-\mu^2)c_1^2. \tag{67.08}$$

从而我们得到关系式

$$(1-\mu^2)(U-u_0)^2-(u_1-u_0)(U-u_0)$$

$$=(1-\mu^2)c_0^2, \tag{67.09}$$

若 u_1 和 c_0 给定，上式代表 $U-u_0$ 的一个二次式；它等价于

$$\frac{u_1-u_0}{c_0}=(1-\mu^2)\left(\frac{U-u_0}{c_0}-\frac{c_0}{U-u_0}\right), \tag{67.10}$$

这个公式有时很有用.

§68 多方气体中由冲击波阵面一边的状态所决定的另一边的状态

如果冲击波阵面一边的状态给定，并再给定另一个量，例如冲击波速度U或另一边的压力或速度，就可用已导出的各个公式完全决定冲击波过渡. 于是我们就可以对多方气体证明§64中所述的定理(A)，(B)和(C). 我们利用另一种做法代替§64的各个步骤，这种做法中用声速代替密度.

A) 给定 p_0，ρ_0，u_0，U. 首先计算 $v_0 = u_0 - U$，接着算出 $M_0 = |v_0|/c_0$，然后从(67.07)求 p_1，再确定 $c_*^2 = \mu^2 v_0^2 + (1-\mu^2)c_0^2$，从而

$$v_1 = \frac{c_*^2}{v_0}.$$

最后由

$$\mu^2 v_1^2 + (1-\mu^2)c_1^2 = c_*^2$$

求出 c_1^2. 关系式(67.10)

$$\frac{u_1 - u_0}{c_0} = (1-\mu^2)\left(\frac{U-u_0}{c_0} - \frac{c_0}{U-u_0}\right)$$

供作检验.

B) 给定后向冲击波(这意味着 $v_0 > 0$)波前的 p_0，ρ_0，u_0 和另一边的 $p_1 > p_0$. 首先从(67.07)求 M_0^2，然后求 $v_0 = M_0 c_0$，$U = u_0 - v_0$，$c_*^2 = \mu^2 v_0^2 + (1-\mu^2)c_0^2$，再照A的做法继续下去.

C) 给定后向冲击波波前的 p_0，ρ_0，u_0 和另一边的 $u_1 < u_0$. 首先解 $v_0 = u_0 - U > 0$ 的二次方程(67.09)求出 U. 然后照A的做法继续下去. 关系式 $u_1 - U = c_*^2/v_0$ 用作检验.

§69 由均匀压缩运动产生的冲击波

先前在§45中已经看到，在管道中由一以常速度突然抽回的活塞所产生的流动，可以通过一中心简单稀疏波来描述. 另一方

面，如果将活塞突然以常速度向管道内推进，则所产生的流动将包含一个冲击波(参看§48)．从数学上讲，我们所碰到的是一个混合的初边值问题(参看§38)：当 $t=0$ 时在半轴 $x>0$ 上给定了 $u=0, p=p_0, \rho=\rho_0$，同时在代表活塞以常速度 u_p 运动的直线 $x=u_pt$ 上加有条件 $u=u_p$． 我们应当求出满足这些条件的流动的微分方程(34.01)的解．但是，若 $u_p>0$，则除非允许有间断，否则这样的解是不存在的．包含冲击波间断并满足所有条件的流动，现在可以象§53和图30中那样被容易地加以描述．

强度不变的冲击波以常速向气体中运动，冲击波阵面后边的气体处于定常状态．这时冲击波阵面后边的气体速度等于给定的活塞速度 $u=u_p$．定理(C)(参看§64和§68)表明，在这些情况下，对任意值的活塞速度 $u_p>0$，冲击波和波后状态被完全确定．在非常一般的条件下，对非多方气体同样正确．问题的上述解在数学上是唯一可能的解，这一点需要数学证明．这里我们把证明省略了．

因 $u_1=u_p$，$u_0=0$，对多方气体我们从方程(67.09)求得 U

$$U=\frac{1}{2}\frac{u_p}{1-\mu^2}+\sqrt{c_0^2+\frac{1}{4}\left(\frac{u_p}{1-\mu^2}\right)^2}. \qquad (69.01)$$

很清楚，冲击波速度 U 大于 c_0 和 $u_p/(1-\mu^2)$．以后的观察表明，例如对 $\gamma=1.4$，$\mu^2=1/6$ 的空气，冲击波比活塞至少快20%．

对于这样决定的冲击波速度，关于活塞压缩的基本运动的描述经证明是相符的．虽然我们不曾给出关于唯一性的证明，即没有在数学上排除其他流动图像的可能性，但对于解释与我们理想化模型相类似的情况下所观察到的实际现象，我们承认上述理论是令人满意的．求得了 U，我们就可按§64和§68中的做法A求出与活塞相邻的区域中的压力 p_1，声速 c_1 和密度 ρ_1．

对于以高速 u_p 推进的活塞，即 $u_p/c_0\gg 1$，我们根据(69.01)，(67.07)和(67.02)有

$$U \sim \frac{u_p}{1-\mu^2}, \tag{69.02}$$

$$\frac{p_1}{p_0} \sim \frac{1+\mu^2}{(1-\mu^2)^2} \frac{u_p^2}{c_0^2}, \tag{69.03}$$

$$\frac{\rho_1}{\rho_0} \sim \frac{1}{\mu^2}. \tag{69.04}$$

§70 冲击波在固壁上的反射

我们现在要讨论一个很重要的问题——冲击波的反射. 设冲击波阵面后边有一个以常速 u_1 运动的气体柱碰撞一以固壁为边界的静止区域. 于是,随后的物理现象可以描述为冲击波在壁上的反射, 在数学上这可以用在入射冲击波和反射冲击波上满足冲击波条件的微分方程的分段常数解来表示. 在入射冲击波的碰撞下,靠近固壁的静止区域(0)譬如说在 $t=0$ 时收缩为零, 然后在相反的方向上发出一反射冲击波, 它在自己与壁之间又留下一个不断扩大的静止区. 对这一情况从 (x, t) 平面上的图像可以得到很好的了解. 状态(0)是由量 $u_0=0$, ρ_0, p_0, c_0 所表征的静止区. 在入射冲击波后面的状态(1)中我们有 $u=u_1$; 在与壁相邻的状态(2)中我们又有静止区

$$u=u_2=0,$$

但具有新值 ρ_2, p_2, c_2. 我们的目的在于根据数据 ρ_0, p_0, $u_0=0$, u_1 求出状态(2).

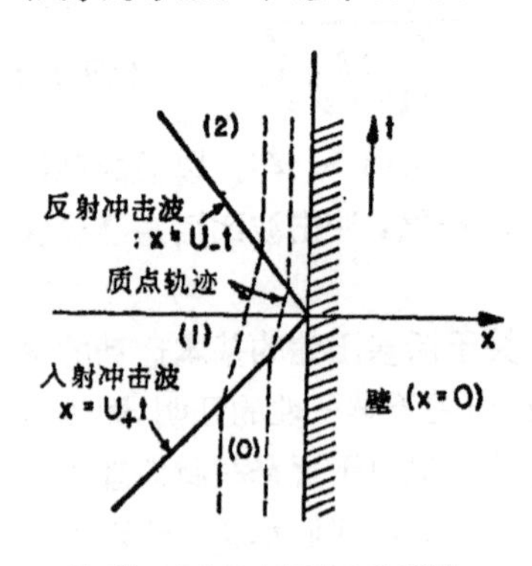

图 37 冲击波在固壁上的反射.

为此目的我们注意到,图 37 中设想的图像表明, 具有流速 u_1 和声速 c_1 的状态(1)是通过一个冲击波与静止区(0)相联,又通过另一个冲击波与静止区(2)相联. U_+ 为入射冲击波的速度, U_- 为反射冲击波的速度. 因此, 根据方程(67.08)这两个速度满足同样的二次方程

$$(U-u_1)^2+\frac{(U-u_1)u_1}{1-\mu^2}-c_1^2=0,$$

或者两个 Mach 数 $M_+=(u_1-U_+)/c_1<0$ 和 $M_-=(u_1-U_-)/c_1>0$ 满足二次方程

$$M^2-(1-\mu^2)^{-1}c_1^{-1}u_1M-1=0, \tag{70.01}$$

所以

$$M_+M_-=-1. \tag{70.02}$$

此外，由(67.07)得出的压力关系式是

$$\begin{aligned}\frac{p_0}{p_1}&=(1+\mu^2)M_+^2-\mu^2;\\ \frac{p_2}{p_1}&=(1+\mu^2)M_-^2-\mu^2.\end{aligned} \tag{70.03}$$

利用(70.02)我们得到反射的压力比

$$\frac{p_2}{p_1}=\frac{(2\mu^2+1)\dfrac{p_1}{p_0}-\mu^2}{\mu^2\dfrac{p_1}{p_0}+1} \tag{70.04}$$

和超压比

$$\frac{p_2-p_0}{p_1-p_0}=1+\frac{1+\mu^2}{\dfrac{p_0}{p_1}+\mu^2}. \tag{70.05}$$

这是反射这一重要现象的基本关系式. 在由线性波运动产生的"声波反射"中此比值为2，它表明反射后的超压只增加一倍. 我们在这里看到了一种完全不同的情况，特别是，若入射冲击波是强冲击波，也就是说对于它比值 p_1/p_0 很大，则我们得到

$$\frac{p_2-p_0}{p_1-p_0}\sim 2+\frac{1}{\mu^2}=\begin{cases}8 & \text{对 } \gamma=1.4,\\ 13 & \text{对 } \gamma=1.2,\\ 23 & \text{对 } \gamma=1.1.\end{cases} \tag{70.06}$$

所以，强冲击波的反射使得壁上的压力显著增大，显然这是一个具有极其重要意义的事实.

对于弱入射冲击波，p_1/p_0-1 是小量，于是我们从式(70.05)

求得

$$\frac{p_2 - p_0}{p_1 - p_0} \sim 2,$$

这与声波反射的情况相一致.

§71 多方气体的冲击波强度

出于各种考虑，引进冲击波强度的概念是方便的. 有一些参量可以被用来作为冲击波强度的量度:

超压比 $\frac{p_1 - p_0}{p_0}$,

压缩度 $\frac{\rho_1 - \rho_0}{\rho_0}$,

参量 $\frac{|u_1 - u_0|}{c_0}$ 或 $M_0^2 - 1$.

$M_0 = |v_0|/c_0$是来流相对于冲击波阵面的Mach数[参看(10.01)]. 我们对多方气体写出这些量之间的关系式.

在 §67 的公式中包含了强度的这些不同表示式之间的关系. 特别从(67.01)我们有

$$\frac{p_1 - p_0}{p_0} = \frac{1 + \mu^2}{1 - \mu^2 \frac{\rho_1}{\rho_0}} \frac{\rho_1 - \rho_0}{\rho_0}$$

$$= \frac{\gamma}{\left(\frac{\rho_1 - \rho_0}{\rho_0}\right)^{-1} - \frac{\gamma - 1}{2}}, \tag{71.01}$$

而从(67.02)有

$$\frac{\rho_1 - \rho_0}{\rho_0} = \frac{1 - \mu^2}{1 + \mu^2 \frac{p_1}{p_0}} \frac{p_1 - p_0}{p_0}$$

$$= \frac{1}{\gamma\left(\frac{p_1 - p_0}{p_0}\right)^{-1} + \frac{\gamma - 1}{2}} \tag{71.02}$$

和

$$\frac{\tau_0 - \tau_1}{\tau_0} = \frac{1 - \mu^2}{\frac{p_1}{p_0} + \mu^2} \frac{p_1 - p_0}{p_0}. \tag{71.03}$$

由(67.07)我们有特别简单的公式

$$\frac{p_1 - p_0}{p_0} = (1 + \mu^2)(M_0^2 - 1). \tag{71.04}$$

而从(67.05)和(67.07)有

$$\frac{|u_1 - u_0|}{c_0} = \frac{1 - \mu^2}{\sqrt{1 + \mu^2}} \frac{p_1 - p_0}{p_0}$$

$$\cdot \sqrt{\frac{p_0}{p_1 + \mu^2 p_0}} = (1 - \mu^2)\frac{M_0^2 - 1}{M_0}. \tag{71.05}$$

具有特别重要意义的是强冲击波和弱冲击波的极端情况. 强冲击波可以由 p_1/p_0 或 M_0 非常大这一条件来表征. 由 (67.02) 或 (71.02) 我们看到, 当 $p_1/p_0 \to \infty$ 时密度比 ρ_1/ρ_0 趋于一有限的极限, 即

$$\rho_1/\rho_0 \to 1/\mu^2 = 6 \quad 对于 \quad \gamma = 1.4. \tag{71.06}$$

根据(67.07)或(71.04)压力比 p_1/p_0 随 Mach 数的平方而增长, 即

$$(p_1/p_0)/M_0^2 \to 1 + \mu^2. \tag{71.07}$$

于是对声速之比我们求得

$$(c_1/c_0)/M_0^2 \to \mu\sqrt{1 + \mu^2}, \tag{71.08}$$

因为 $c_1^2/c_0^2 = p_1\rho_0/p_0\rho_1$. 对于速度差 $u_1 - u_0$ 我们从 (71.05) 得到

$$\frac{|u_1 - v_0|}{c_0} \Big/ M_0 \to (1 - \mu^2). \tag{71.09}$$

§72 弱冲击波·与简单波过渡的比较

以下是一个对通过冲击波的不连续过渡与通过简单波的连续过渡进行比较的重要定理:

假设一冲击波和一简单波把给定初始状态为(τ_0, p_0, u_0)的气体分别转变为 (τ, p, u) 和 (τ^*, p^*, u^*) 状态. 我们用三个差 $\tau - \tau_0$, $p - p_0$ 和 $u - u_0$ 中的任意一个来度量冲击波强度, 如果

$\tau^* = \tau$，或 $p^* = p$，或 $u^* = u$，我们就相应地把简单波和冲击波说成是等强度的．这时定理叙述如下：对于具有相同初始状态和相同强度的冲击波过渡和简单波过渡，量 τ^* 与 τ，p^* 与 p，u^* 与 u 重合到冲击波强度的二阶量，在三阶量上方出现差别．

为了证明这个定理，显然只要对表示强度的三种定义中的一个进行证明就足够了．为此目的我们选择差 $\tau - \tau_0$．

这个定理意味着两个事实：通过冲击波时熵的变化和 Riemann 不变量之一的变化是三阶量，因为这两个量在穿过简单波时都是不变的(具体地说，对于前向冲击波这个相应的 Riemann 不变量是 s，对于后向冲击波是 r)．这第一个事实已经在 § 65 中作了证明，现在我们可以用它来直接证明上述定理涉及压力的部分．但是，涉及速度的部分从熵的条件得不出来，对它我们需要更细致的论证．

为了确定压力的变化，我们在展开式

$$p = p_0 + g_\tau(\tau_0, S_0)(\tau - \tau_0) + g_S(\tau_0, S_0)(S - S_0) + \frac{1}{2} g_{\tau\tau}(\tau_0, S_0)(\tau - \tau_0)^2 + \cdots$$

中将 $S - S_0$ 用 $\tau - \tau_0$ 表示的适当的展开式代入；$\tau - \tau_0$ 的一阶和二阶项不受影响，因此这些项跟简单波（穿过它 $S = S_0$ 是常数）的相同．所以压力重合到二阶项，参看§ 65 中的陈述 II.

定理涉及速度的部分，由冲击波的力学条件 (59.05)

$$-(p - p_0)(\tau - \tau_0) = (u - u_0)^2$$

求出．将此式对 τ 相继微分三次，然后置 $\tau = \tau_0$，$p = p_0$，$u = u_0$，我们就得到关系式

$$-dp\,d\tau = (du)^2, \tag{72.01}$$

$$-d^2p\,d\tau = 2d^2u\,du, \tag{72.02}$$

式中微分应是对 $\tau = \tau_0$ 取的．因为 $dp = g_\tau(\tau_0, S_0)d\tau = -\rho_0^2 c_0^2 d\tau$ 和 $d^2p = \frac{1}{2} g_{\tau\tau}(\tau_0, S_0)d\tau^2$ 已被确定，du 和 d^2u 就可以从(72.01)和(72.02)算出．du 的符号取决于冲击波是前向的还是后向的(在前

一种情况下 $du/d\tau$ 是正的，在后一情况下是负的）.

现在设有一族简单波，这族波具有相同的波前状态（τ_0，p_0，u_0），而在波尾具有值 τ（即一系列不同的 τ 值）. 这样一族波只不过是由一个简单波的不同部分构成的，亦即由具有 τ_0，p_0，u_0 的波头直线特征线与具有值 τ 的特征线之间的各部分构成. 因此，p 及 u 对于 τ 的依赖关系与沿着贯穿特征线的依赖关系是相同的. 所以关系式 $-dpd\tau=(du)^2$ 成立[参看(35.05)]，并且对 τ 微分也有 $-d^2pd\tau=2d^2udu$. 在 $\tau=\tau_0$ 时所取的这两个关系式与冲击波情况下的关系式(72.01—.02) 相一致. 所以在 $\tau=\tau_0$ 处简单波的 du 和 d^2u 也与冲击波的相吻合. 换言之，对冲击波及简单波来说，u 以 $\tau-\tau_0$ 的幂次表出的展开式直到包括二阶项在内都是相同的.

通过计算容易证明，冲击波及简单波的压力和速度的变化，实际上在三阶项上出现差别.

当然，如果所比较的冲击波及简单波的过渡，不是以相同的 τ 值而是以相同的压力 p 值或速度 u 值结束，我们的定理仍保持有效（见图 38）. 所有提及的量以 $p-p_0$ 或 $u-u_0$ 的幂次表出的展开式，分别都重合到二阶项.

现在我们考虑对 $u-u_0$ 而不是对 $\tau-\tau_0$ 的幂次展开式. 对冲击波来说，这些展开式与 §40 中的简单波的展开式直到包括二阶项在内都相同[参看(40.10—.11)]，特别是，对多方气体中的前向冲击波阵面有

$$c=c_0+\frac{\gamma-1}{2}(u-u_0)+\cdots,$$

$$u+c=u_0+c_0+\frac{\gamma+1}{2}(u-u_0)+\cdots,$$

$$u-\frac{2}{\gamma-1}c=u_0-\frac{2}{\gamma-1}c_0+\cdots,\qquad(72.03)$$

$$p=p_0+\rho_0c_0(u-u_0)+\frac{\gamma+1}{4}\rho_0(u-u_0)^2+\cdots,$$

$$\tau = \tau_0 - \tau_0 c_0^{-1}(u - u_0) + \frac{\gamma + 1}{4}\tau_0 c_0^{-2}(u - u_0)^2 + \cdots,$$

式中的省略号代表三阶项.

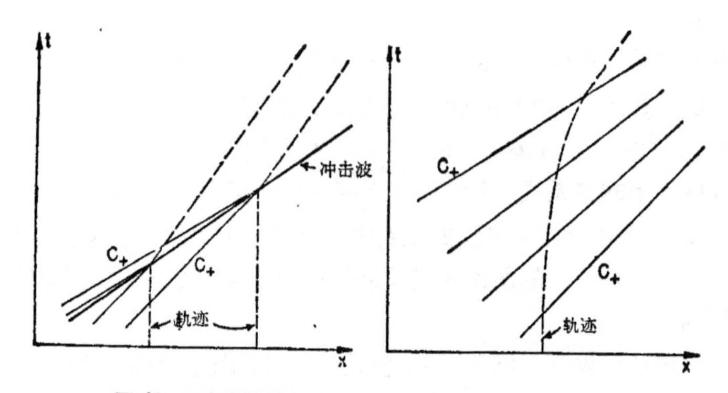

图 38　以相同的波前状态开始并造成同样速度增长的冲击波和简单压缩波.

冲击波速度U是一个与冲击波有关系的重要的量，它不受我们定理的影响. 在写成(59.02)形式的冲击波力学关系式

$$(u_0 - U)^2 = -\tau_0^2 + \frac{p - p_0}{\tau - \tau_0} \tag{72.04}$$

中代入p的展开式，就可以容易地得到以$\tau - \tau_0$的幂次表出的U的展开式. 这里我们只给出多方气体的U以$u - u_0$的幂次表出的展开式. 将(72.03)的最后两个展开式代入(72.04)，可以得到一阶项. 为了推导整个展开式，利用式(67.10)更为方便，它对前向冲击波给出

$$U = u_0 + c_0 + \frac{\gamma + 1}{4}(u - u_0) + \frac{(\gamma + 1)^2}{32}\frac{(u - u_0)^2}{c_0} + \cdots. \tag{72.05}$$

为了以后的目的，将U表示成$u + c - u_0 - c_0$的幂次的展开式是有用的；利用(72.03)我们得到

$$U = u_0 + c_0 + \frac{1}{2}(u + c - u_0 - c_0)$$
$$+ \frac{1}{8}\frac{(u + c - u_0 - c_0)^2}{c_0} + \cdots. \qquad (72.06)$$

从这个公式我们看到,前向冲击波的速度,其一阶项正好是冲击波波前和波后的前向声波的速度的平均值

$$\frac{1}{2}(u_0 + c_0 + u + c).$$

用简单波的关系式代替冲击波的关系式所引起的误差，甚至对超压比 $(p_1 - p_0)/p_0$ 高达 1.5 的冲击波来说也是很小的（参看[54]）. 就 $\gamma = 1.4$ 的多方气体而言，对上述强度的冲击波

$$\frac{u_1 - u_0}{c_0} = 0.71, \quad \frac{c_1 - c_0}{c_0} = 0.15,$$
$$\frac{c_1 - c_0}{c_0} - \frac{\gamma - 1}{2}\frac{u_1 - u_0}{c_0} = 0.01,$$

而对同样强度的简单波

$$\frac{u_1 - u_0}{c_0} = 0.70, \quad \frac{c_1 - c_0}{c_0} = 0.14,$$
$$\frac{c_1 - c_0}{c_0} - \frac{\gamma - 1}{2}\frac{u_1 - u_0}{c_0} = 0.$$

冲击波速度为

$$\frac{U - u_0}{c_0} = 1.51,$$

而公式(72.06)给出

$$\frac{U - u_0}{c_0} = 1.52.$$

这说明,甚至对强度稍大于 $(p_1 - p_0)/p_0 = 1.5$ 的冲击波,用简单波关系式来代替冲击波关系式以及用公式(72.06) 求冲击波速度,在大多数场合都将是足够精确的.

§73 非均匀冲击波

前面在§53和§57所讨论的冲击波运动中，情况是很简单的，因为冲击波阵面两边的状态均为常数. 在(x, t)平面上这样的冲击波阵面由一直线的"冲击波轨迹"表示，它相对于x轴的斜率，是不变的冲击波速度 U. 但是，常常是两边的状态并非都为常数，而是必须由流动方程的非常数解来描述. 这时冲击波阵面不具有常速度，就是说在(x, t)平面上的冲击波轨迹是曲线. 一般说，穿过这样一些冲击波时熵的变化也是不同的. 所以，即使冲击波波前的状态具有均匀的熵，波后的状态也不是均匀的，从而迫使我们使用非等熵流的微分方程(34.06). 这种数学上的复杂性使之得不出明确的理论，虽然在特定的问题中计算还是十分有可能的. 幸而在许多特别重要的情况下，冲击波是弱的或具有中等强度，因此熵的变化可以有理由忽略不计，于是问题的数值分析是非常容易的. 在这样一些情况下，我们可以利用等熵流的较简单的微分方程，其运算只用到冲击波的前两个力学条件，而不管第三个条件. 在下节中将讨论一种更为简单的近似处理.

§74 中等强度的非均匀冲击波的近似处理

对于弱的或中等强度的非均匀冲击波，§72的结果启示我们利用相应的简单压缩波的过渡关系式来代替冲击波跃变关系式. 换言之，我们可以假设穿过冲击波时熵和相应的Riemann不变量保持不变. 基于这种做法的近似处理是首先由 Chandrasekhar[54] 采用的，以后得到了相当广泛的发展(参看[55]). 如果在弯曲的冲击波阵面前边流动是常数，例如处于静止状态，则特别容易处理. 我们多半将限于讨论这种情况.

如果一波前和波后为常状态的前向均匀冲击波，被一前向简单波从后面赶上，并接着有所改变(见图39)，就会出现包含一非均匀冲击波的最通常的情况. (这是在D部分中将从不同观点进行讨论的波的相互作用问题之一.)当假定冲击波具有中等强度并采用以上指出的方法时，我们将给被改变的冲击波阵面后边的流动赋予常数熵和常数的 Riemann 不变量 s. 根据第二章的理论，具有常数熵和常数 s 的流动是前向简单波(参看 §29). C_+ 特征线(沿它 r 也是常数) 是直线. 所以，这简单波正好是入射简单波的延续. 于是，在近似范围内冲击波不影响简单波. 因此之故，正如我们将看到的，简单波对冲击波的影响是容易被确定的.

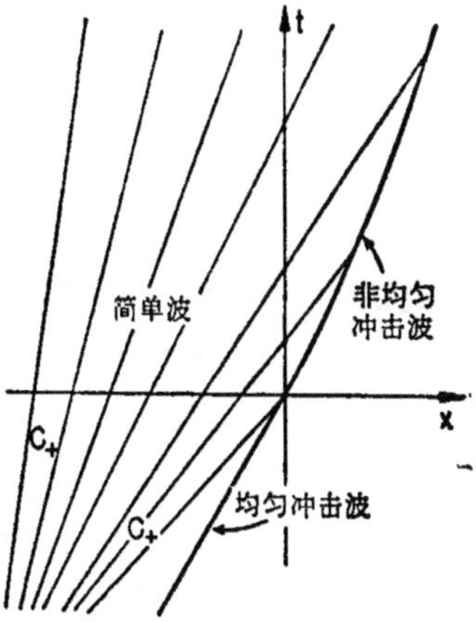

图 39 被简单波赶上而变弱的冲击波.

通过给定质点速度 u 和声速 c 是足以描述气体的状态的. 我们假定冲击波阵面前边 $u = u_0 = 0$, $c = c_0$,并设它于 $t = 0$ 时刻在 $x = 0$ 处波追赶上. 这时冲击波阵面后边的简单波可以用下列方程描述：当 $\xi < 0$ 时，

$$\chi = \xi + \omega(\xi)t, \tag{74.01}$$

$$\omega(\xi) = u(\xi) + c(\xi), \tag{74.02}$$

其中 $u(\xi)$ 和 $c(\xi)$ 应满足关系式 $u(\xi) - l(\xi) = -l_0$ [参看(40.01)和(49.01)]. 这里 l_0 是 c_0 的已知函数，因为冲击波阵面两边的熵假定是相同的(参看§40 和§49). 从多方气体的关系式所取的简单形式(40.09)我们导出

$$\begin{aligned} u(\xi) &= (1-\mu^2)\ (\omega(\xi) - c_0), \\ c(\xi) - c_0 &= \mu^2(\omega(\xi) - c_0), \end{aligned} \tag{74.03}$$

[参看(40.06)]. 通过将 t 给为 ξ 的函数并把此函数代入(74.01)，冲击波阵面的轨迹就可以参数形式描述. 将式(74.01)沿冲击波轨迹对 ξ 求微商，并利用沿该轨迹 $dx = U dt$，我们求得关系式

$$[U(\xi) - \omega(\xi)]\frac{dt}{d\xi} - \frac{d\omega(\xi)}{d\xi}t = 1, \tag{74.04}$$

一旦 U 作为 ξ 的函数为已知，上式就是关于函数 $t = t(\xi)$ 的线性微

分方程．现在冲击波速度 U 依赖于波阵面两边的气体状态．我们利用公式(72.06)，将它写为如下形式：

$$U(\xi)=c_0+\frac{1}{2}[\omega(\xi)-c_0]+\frac{1}{8c_0}[\omega(\xi)-c_0]^2. \tag{74.05}$$

将此式代入(74.04)就给出微分方程

$$\left[\frac{1}{2}(\omega-c_0)-\frac{1}{8c_0}(\omega-c_0)^2\right]\frac{dt}{d\xi}+\frac{d\omega}{d\xi}t=-1, \tag{74.06}$$

它将在 $\xi=0$ 时的初始条件 $t=0$ 下求解．令

$$\omega(\xi)=c_0+c_0\sigma(\xi), \tag{74.07}$$

我们求得如下显式解：

$$c_0t=8\left(\frac{4-\sigma(\xi)}{\sigma(\xi)}\right)^2\int_\xi^0\frac{\sigma(\eta)d\eta}{[4-\sigma(\eta)]^3}. \tag{74.08}$$

冲击波速度相对于波前气体为超声速的条件可以用

$$0<U-c_0=\frac{1}{8}(\omega-c_0)(4+\sigma)$$

表示，它表明冲击波阵面后 $\sigma>0$ 或 $\omega>c_0$．另一方面，冲击波速度相对波后气体为亚声速的条件表为

$$0<\omega-U=\frac{1}{8}(\omega-c_0)(4-\sigma),$$

它表明 $\sigma<4$ 或 $\omega-c_0<4c_0$．(事实上，每当可以利用我们的近似时，$|\sigma|$ 与 4 相比总是小的；对于其它情况，(74.05) 中的二阶项与一阶项相比将不是小量.)

$\sigma>0$ 时所定义的函数 $t(\xi)$，再加上由 (74.01) 得到的函数 $x(\xi)$，就描述冲击波阵面穿过简单波区时的轨迹．

如果简单波是压缩波，则冲击波被加速，从而其强度增加；如果简单波是膨胀波，则冲击波减速，从而强度减弱．

为了证明这点，首先我们注意到，从 §40 中的论述得到，在前向稀疏波中 $d\omega(\xi)/d\xi > 0$，所以根据 (74.05) 有 $dU(\xi)/d\xi > 0$. 其次我们注意到，从 (74.06) 和 $0 < \sigma < 4$ 得出 $d\xi/dt < 0$（对于压缩波 $d\xi/dt$ 可能变为无穷大并变号，但这时我们的近似不能再用）.

§75 衰减冲击波 · N 形波

沿静止区运动的冲击波被一个以后将一直保持与它接触的稀疏波赶上时所造成的冲击波衰减，具有特别重要的意义. 正如我们将看到的，如果稀疏波后面气体速度为零，就是这种情况. 根据我们的假定，稀疏波中的气体具有与冲击波波前气体相同的熵和相同的 Riemann 不变量 s，由此可知，稀疏波后的声速和压力与冲击波波前的相同.

研究冲击波阵面的位置及其后面波区内 u, c 和 p 的分布的渐近性状，即时间 t 大时的性质，具有很大意义. 随着时间的增长，冲击波的宽度，即冲击波阵面与稀疏波波尾之间的距离是增加，是减小，还是趋于一个不等于零的有限值，这一点并不是显而易见的. 我们将证明，冲击波的宽度按时间 t 的平方根增长.

我们从 (74.08) 看到，当 σ 趋于 0 或 ω 趋于 c_0 时 t 趋于无穷大. 所以，冲击波阵面逐渐穿过简单波中压力和密度大于冲击波阵面前的那一部分；它不会进入简单波中压力和密度小于冲击波波前的那些区域. 于是，若稀疏波波尾上的压力大于冲击波波前的压力，则冲击波横穿稀疏波，然后按直线轨迹延续下去. 在这种情况下冲击波的宽度在有限时间内减小到零.

为了研究冲击波的渐近性状，我们来考虑这样的情况，在其中简单稀疏波波尾的压力恰好等于冲击波阵面前的压力. 在我们的近似的精确度范围内，这时稀疏波波后气体处于静止，因为它在冲击波阵面前边是静止的. 这个由声波 $\xi = \xi_0 < 0$ 给出的波的波尾，则由条件 $\omega(\xi_0) = c_0$ 或 $\sigma(\xi_0) = 0$ 表示.

利用符号

$$A = 32\int_{\xi_0}^{0} \frac{\sigma(\eta)d\eta}{[4-\sigma(\eta)]^3}, \tag{75.01}$$

我们从(74.08)得渐近展开式

$$\sqrt{c_0t} = \left(\frac{1}{\sigma}-\frac{1}{4}\right)\sqrt{4A}+\cdots, \tag{75.02}$$

由此得

$$\sigma = 2\sqrt{\frac{A}{c_0t}}-\frac{A}{c_0t}+\cdots. \tag{75.03}$$

将此式代入(74.01)我们求得

$$x = \xi_0 + c_0t + 2\sqrt{Ac_0t} - A \tag{75.04}$$

作为冲击波轨迹的渐近表达式. 由于稀疏波波尾由 $x=\xi_0+c_0t$ 给出，我们对冲击波的宽度求得渐近表达式

$$d(t) = 2\sqrt{Ac_0t} - A. \tag{75.05}$$

这个渐近表达式决不应理解为，实际宽度与表达式 $d(t)$ 的差别随 t 的无限增长而趋于零；公式 (75.05) 倒是应解释为，真实渐近展开式中$\sqrt{t}$ 的系数及常数项，与(75.05)所给出的项 $2\sqrt{Ac_0}$ 及$-A$ 相差不大.

为了得到波区中 u 和 c 的分布，我们对固定的 t 将 σ 用 x 表示. 令

$$\sigma = a(\xi-\xi_0)+b(\xi-\xi_0)^2+\cdots, \tag{75.06}$$

并代入 (74.01)，我们渐近地求得

$$x = \xi_0 + c_0t + (ac_0t+1)(\xi-\xi_0) + bc_0t(\xi-\xi_0)^2, \tag{75.07}$$

因此

$$\xi-\xi_0 = \frac{x-\xi_0-c_0t}{ac_0t+1} - bc_0t\frac{(x-\xi_0-c_0t)^2}{(ac_0t+1)^3}, \tag{75.08}$$

再根据(75.06)得到

$$\sigma = a\,\frac{x-\xi_0-c_0t}{ac_0t+1} + b\,\frac{(x-\xi_0-c_0t)^2}{(ac_0t+1)^3}. \tag{75.09}$$

将 u 和 c 的表达式(74.02)和(74.03)写为形式

$$u = (1 - \mu^2) c_0 \sigma, \quad c = c_0 + \mu^2 c_0 \sigma, \tag{75.10}$$

然后将(75.09)代入之，就给出从 $x = \xi_0 + c_0 t$ 伸延到 $x = \xi_0 + c_0 t + d(t)$ 的波区中 u 和 c 的渐近分布.

压力分布从 $p = p_0 (c/c_0)^{2\gamma/(\gamma-1)}$ 和(75.10)求得

$$p = p_0 \left[1 + (1 + \mu^2) \sigma + \frac{1}{2} (1 + \mu^2) \sigma^2 \right]. \tag{75.11}$$

紧接在冲击波阵面之后我们从(75.09)有

$$\sigma = a \frac{d(t)}{a c_0 t + 1} + b \frac{d^2(t)}{(a c_0 t + 1)^3}, \tag{75.12}$$

根据(75.05)它等价于(75.03)

$$\sigma = 2 \sqrt{\frac{A}{c_0 t}} - \frac{A}{c_0 t} + \cdots.$$

将(75.03)代入(75.11)，我们不难看出，穿过冲击波阵面时压力增高，或简单地说，冲击波强度的衰减与时间的平方根成反比.

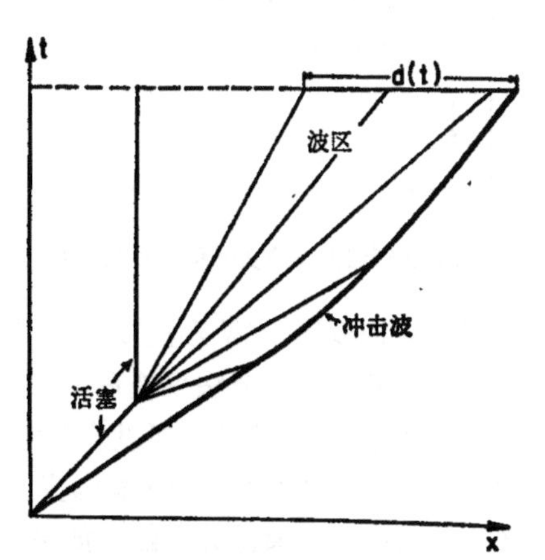

图 40 停住运动活塞所产生的衰减冲击波.

当活塞在管道中产生一个常强度的冲击波之后突然停止时，就得到一个被稀疏波追赶而生成的上述类型的衰减冲击波，因为，在活塞停住的时刻所发出的中心稀疏波，其波头以声速跟在冲击波阵面后边并赶上它. 对于这种情况函数 $\omega=\omega(\xi)$ 和常数 A, a 和 b 容易计算出来(参看[55]). 所产生的流动图像示于图 40 中.

如果活塞不是突然停止而是突然以常速返回，然后在它的初始位置上突然停下，则在活塞最终停止的瞬间发出第二个冲击波阵面. 在图 41 中示出的波系由一个"头部冲击波",一个稀疏波和一个"尾部冲击波"组成.穿过头部冲击波时气体被加速和压缩;穿过稀疏波时气体减速到负速度并膨胀到低于大气压力; 穿过尾部冲击波时气体又回到静止状态并恢复为大气压力.

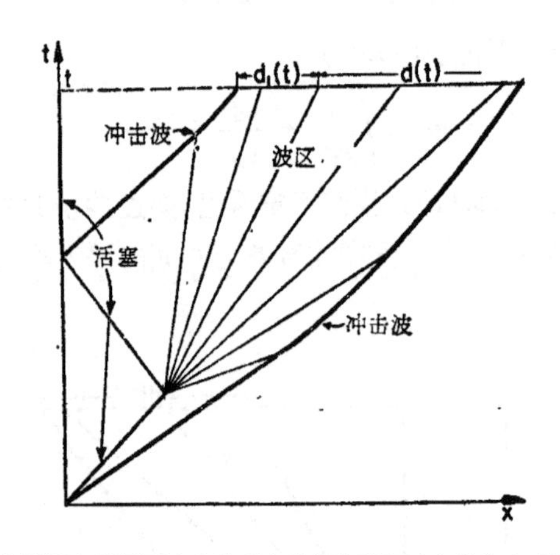

图 41　由于活塞返回而产生的具有头部和尾部冲击波的衰减的N形波.

这种类型的波系结构被称为"N 形波". 这种N形波的尾部冲击波可以用与头部冲击波同样的方法来处理，并且其渐近性状可以用本质上相同的公式来描述.稀疏波可以分为两部分,以具有气体速度 $u=0$ 和声速 $c=c_0$ 的声波 $\xi=\xi_0$ 为界. 头部冲击波横截稀疏波的前部，尾部冲击波横截其后部. 如果尾部冲击波的起始位置位于 $c=\xi_1$,我们就得到,N形波波区宽度渐近地为

$$d(t)+d_1(t)=2(\sqrt{A}+\sqrt{A_1})\sqrt{c_0t}-(A+A_1),\tag{75.13}$$

其中

$$A_1 = 32\int_{\xi_1}^{\xi_0} \frac{\sigma(\eta)d\eta}{[4-\sigma(\eta)]^3}. \tag{75.14}$$

宽度仍然正比于 t 的平方根而增长. u, c, p 的渐近分布同前面一样由公式(75.09—.11)给出. 由回抽活塞产生的N形波中压力的渐近分布示于图 42 中.

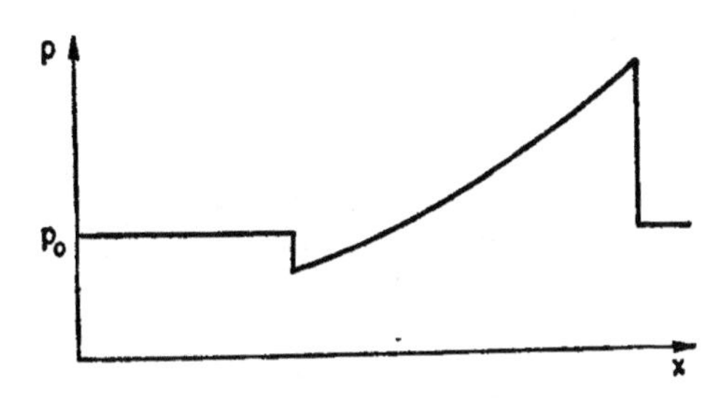

图 42 具有头部冲击波和尾部冲击波的衰减的N形波中的压力分布.

§ 76 冲击波的形成

正如我们在 B 部分中已表明的，在压缩波中可能出现间断. 波形可以逐渐变得很陡,以致在某一点上出现无穷大斜率(参看§ 41),并在该点发展成一个冲击波. 在(x, t)图上画出的前向压缩波中的 C_+ 特征线，可以构成一个以尖点开始的包络(参看§ 48). 冲击波轨迹就从这个尖点开始. 包络(除非它完全变为一个点)有两支,它们在尖点上有相同的方向,并且量 u, c, p 本身在尖点仍是连续的(在该处仅只它们的导数变为无穷大). 所以，冲击波以零强度开始，并且在它形成的早期阶段是弱冲击波. 因此在§ 74 中所作的简化假定也可在描述冲击波的形成时使用.

我们只限于讨论在进入静止区的前向简单压缩波波头上形成冲击波的情况. 例如，在由均匀加速的活塞所产生的压缩波中就出现这种情形(参看§ 49 末尾). 实际上这与简单波追赶冲击波的情况一样(参看§ 75)，只是在这里初始冲击波为零.

假定冲击波在 $t=0$ 时于位置 $x=0$ 处形成，且 $t=0$ 时区域 $x \geqslant 0$ 处于静止，我们要求 $\omega(\xi_0)=c_0$，$\xi>0$ 时 $d\omega/d\xi<0$，并且

为了在 $x=0$，$t=0$ 处形成冲击波，要求在 $\xi=0$ 时 $d\omega/d\xi=-\infty$. 具体地我们假设

$$\sigma=\sqrt{-\xi}\,(a+a_1\xi+\cdots),\ a>0, \tag{76.01}$$

同时 $\omega=c_0(1+\sigma)$ [参看 (74.08)]. 于是我们可以利用公式(74.08)和(74.01). 将这些公式的右端项按 ξ 的幂次展开，我们得到冲击波轨迹的表达式

$$\begin{aligned} c_0t&=\frac{4}{3a}\sqrt{-\xi}-\frac{1}{12}\xi+\cdots,\\ x&=\frac{4}{3a}\sqrt{-\xi}-\frac{5}{12}\xi+\cdots, \end{aligned} \tag{76.02}$$

或

$$x=c_0t+\frac{3}{16}a^2c_0^2t^2+\cdots. \tag{76.03}$$

所以，正如所料，冲击波以速度 c_0 开始运动，并有加速度 $3a^2c_0^2/8$. 冲击波强度的增长从下列公式看出:

$$\begin{aligned} u&=\frac{3}{4}(1-\mu^2)a^2c_0^2t+\cdots,\\ c-c_0&=\frac{3}{4}\mu^2a^2c_0^2t+\cdots,\\ p-p_0&=\frac{3}{4}(1+\mu^2)p_0a^2c_0t+\cdots, \end{aligned} \tag{76.04}$$

这些公式由(74.03)和(76.02)得出.

对于在按 $x=\frac{1}{2}bt^2$ 运动的均匀加速的活塞所产生的压缩波中之冲击波的形成，我们不难一一写出这些公式. 压缩波由

$$x=\frac{1}{2}b\beta^2+\left[c_0+\frac{1}{1-\mu^2}b\beta\right](t-\beta) \tag{76.05}$$

给出[参看(49.06)]. 尖点在

$$t=t_c=(1-\mu^2)c_0/b,\ x=x_c=(1-\mu^2)c_0^2/b \tag{76.06}$$

处形成[参看 (49.10)]. 把坐标原点移至该点且令

$$\sigma = \beta / t_c,$$
$$\xi = -\frac{1}{2}\frac{1+\mu^2}{1-\mu^2}b\beta^2 = -\gamma b\beta^2/2, \tag{76.07}$$

就可把(76.05)写为形式

$$x - x_c = \xi + c_0(1+\sigma)(t - t_c). \tag{76.08}$$

所以(76.01)中的系数 a 由下式给出:

$$a^2 = \frac{2}{\gamma b t_c^2} = \frac{2b}{(1-\mu^4)c_0^2}. \tag{76.09}$$

用 $x - x_c$ 和 $t - t_c$ 置换 x 和 t，并将(76.08)和(76.09)代入公式(76.02—.04)，我们就得到了关于冲击波发展的描述. 更详细的讨论,特别是关于冲击波在波区内部发展的情况,可参阅[55].

还应再次强调,只要冲击波强度足够小,所有以上结果及它们在具体情况中的数值应用都有效. 一旦这个假设不可取，我们就不仅必须考虑非等熵流动，而且需如实表现冲击波对它后面的简单波的修改. 这是一种相互作用效应，它可以用一个有相当强度的"反射波"来解释（而弱冲击波则并不显著地反射它后面的流动). 在D部分中我们将在不作任何弱冲击波的假定下研究相互作用.

§77 关于非均匀强冲击波的说明

对于一个在压缩波内必然产生的冲击波，要严格确定它在弱的或中等强度的早期阶段之后的发展，是一个复杂的理论分析问题. 在 (x, t) 平面上流动受冲击波影响的区域 $\mathscr{R}$,其边界显然是:自尖点 A 开始的冲击波轨迹,自 A 到活塞轨迹上的点 B 的一段贯穿特征线,及点 B 之后的活塞轨迹弧线(见图 43). 若冲击波轨迹 $\mathscr{S}$ 及其强度为已知,我们借助于冲击波关系式可以得到区域 $\mathscr{R}$ 中 u, ρ 及熵 S 沿 $\mathscr{S}$ 的确定的初始值.利用这些初始值可以求解微分方程(34.06),并确定 $\mathscr{R}$ 中的 u, ρ, S. 冲击波轨迹必须这样来选取,使得在点 B 之后的那段活塞轨迹线上,解具有由活塞速度所规定的 u 值.

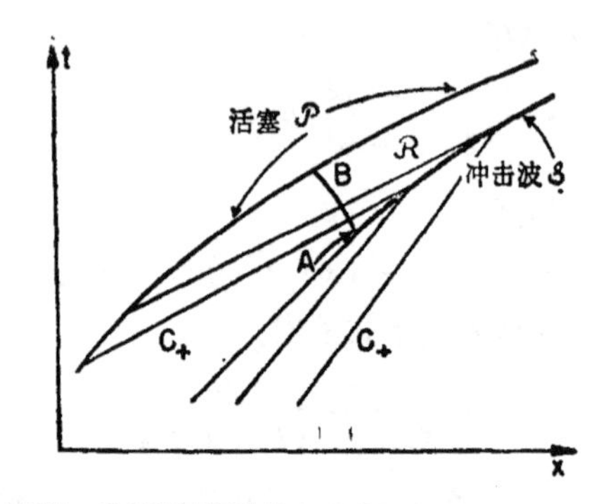

图 43　受起源于压缩波中的冲击波影响的区域$\mathscr{R}$.

这是一个有未知边界的初边值问题，似乎不可能进行直接的理论处理.每个具体问题的解可以用数值方法,例如有限差分法确定. 下述反求法也是可行的. 假定一冲击波轨迹 $\mathscr{S}$,根据冲击波条件定出它另一边的初始值. 然后求解初值问题，并求出与通过点 B 的流动相应的活塞运动. 对各种适当假定的冲击波轨迹 $\mathscr{S}$ 完成以上计算,就可得到各种各样的流动图像,从中就可以选出一种最能代表所给活塞运动的流动.

为了阐明基本问题，必须把半无限管道中在由封闭端起动的活塞影响下的气体流动,用一般的术语提成数学问题：在(x,t)平面上以正 x 轴和任意指定的"活塞轨迹"$\mathscr{P}(x=X(t),0\leqslant t\leqslant\infty)$为界的区域内,寻求微分方程 (34.06) 的解，在 $t=0$ 时状态 ρ, p, S, u 给定,而沿 $\mathscr{P}$ 规定 u 值等于 $u_p(t)=\dot{X}(t)$.

我们知道,此初边值问题一般没有连续解. 我们要问的是,如果在某些不是预先已知的线上容许冲击波间断，问题是否总是可解的,并且解是否是唯一确定的?

回答这些一般性问题，现有的知识还不够. 对二维或三维流动中相应的或类似的问题,则更是如此. 但是,只在少数现在可以着手研究的特殊情况下，这样一些问题至少可为一些探索性尝试指明方向.

D. 相互作用

§78 有代表性的相互作用

正如以前反复指出的,流动问题的通解是不可能有的.但是,如果流动开始时的性质是简单的，那么对于以后由初始的“基本波”(即膨胀波、压缩波、由静止状态开始的冲击波及接触间断等)的“相互作用”所表征的运动发展状况，我们能够做出十分完整的分析.在许多较为重要的情况中,气体开始是以相互分开的基本波运动的.随后不久,这些波就发生反射(参看§70)、彼此相碰或追赶,以致由于相互作用而出现更一般的运动状态. 如此产生的运动是以下讨论的课题.与线性波运动的情况不同,这里叠加原理不成立,出现与线性波运动完全不同的现象.作为一个经典例子,我们提一下由 Love 和 Pidduck[50] 详细讨论过的内弹道学中的 Lagrange 问题. 一个管道在固定点 O 处用固壁封闭，在另一端由一个具有变动位置 B 的给定质量的活塞封闭. 直到时刻 $t=0$ 之前管道内具有大气压力. 随后，在 $t=0$ 时管内发生爆炸使仍处于静止的气体具有常数熵 S_0,密度 ρ_0 及非常高的压力 p_0. 活塞由于其两边的压力差而被加速,结果其后边的管内气体也被加速而变稀.这个膨胀过程是以一稀疏波向管道内部传播，它从活塞传到点 O 处的壁上,在壁上被反射,与仍在继续由活塞向管内传播的波相遇并相互作用,又在活塞上发生反射,如此等等. 我们的问题是不但要描述活塞的运动，也要描述气体的运动.

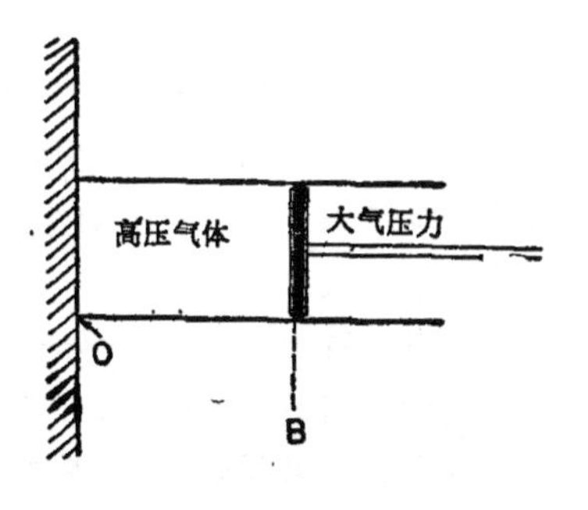

图 44 Lagrange 问题的初始状况.

内弹道学的另一个包含相互作用的有代表性的问题，出现在下列情形中:情况如前,但把活塞换为薄膜，即设想由一薄膜将爆炸后的气体与管内的大气隔开，薄膜在一瞬间被除去．爆炸气体与空气的交界面上的初始间断将分解为两个波：传入静止空气并对它压缩的冲击波，及向后扫过爆炸气体并使之膨胀的稀疏波．稀疏波在封闭端上被反射．反射的稀疏波首先赶上爆炸气体与空气的交界面，后者由于气体的膨胀而被推离固壁．最后该稀疏波赶上冲击波．每一次“赶上”都产生包含更多反射波的复杂相互作用过程．在图45中给出了该过程的图示．

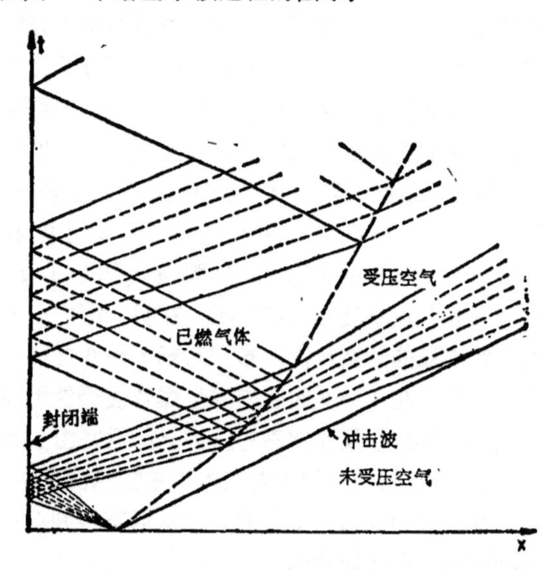

图45　拆除高压气体与大气之间的薄膜所产生的波的运动．

如前所述，我们将满足于研究基本的相互作用：两波碰撞、一波追赶另一波、一波与间断相遇等．我们将看到，作为这些相互作用的最终结果，一般可以期望得到两个离开相互作用地点朝相反方向运动的波．

这里应对一个波追赶另一个波的问题作一般的研究．任何两个朝同一方向运动的波，除二者都是稀疏波外，最终要彼此赶上．为了论证这一重要事实，须考察四种可能的情况．（对所有的速度都是相对于两个波之间的区域(1)中的气体观测的．）

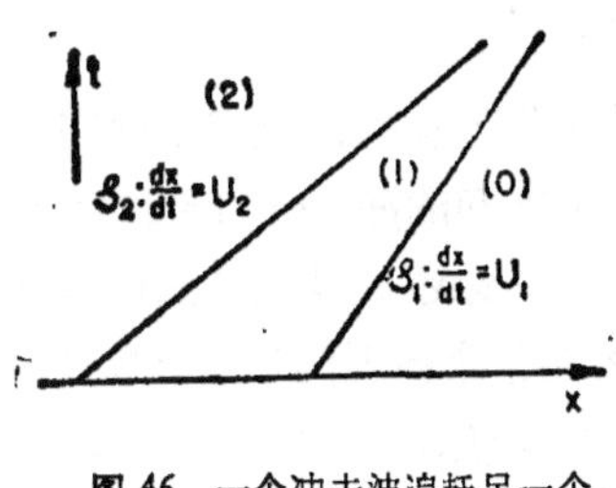

图 46 一个冲击波追赶另一个.

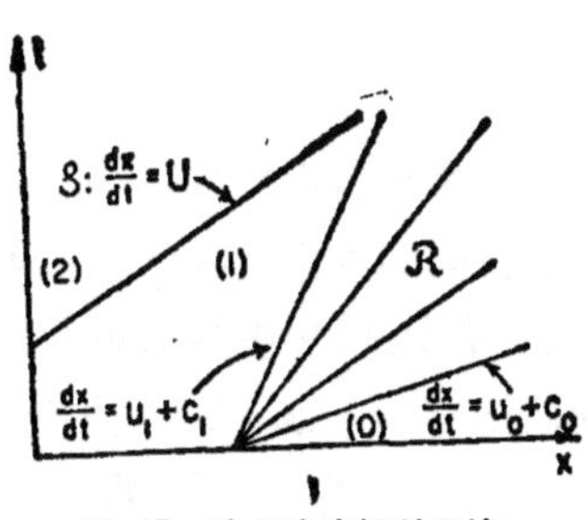

图 47 冲击波追赶稀疏波.

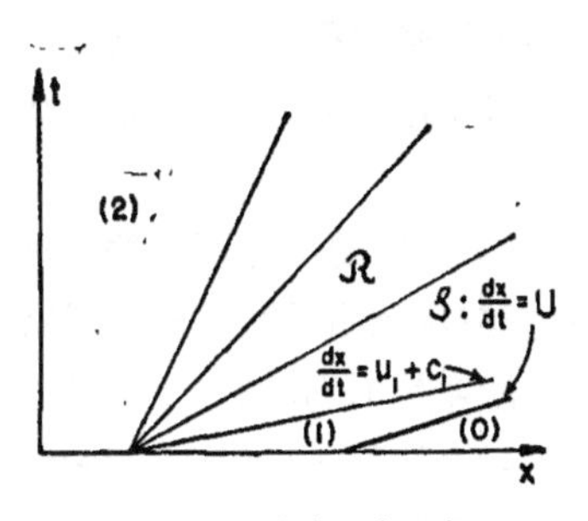

图 48 稀疏波追赶冲击波.

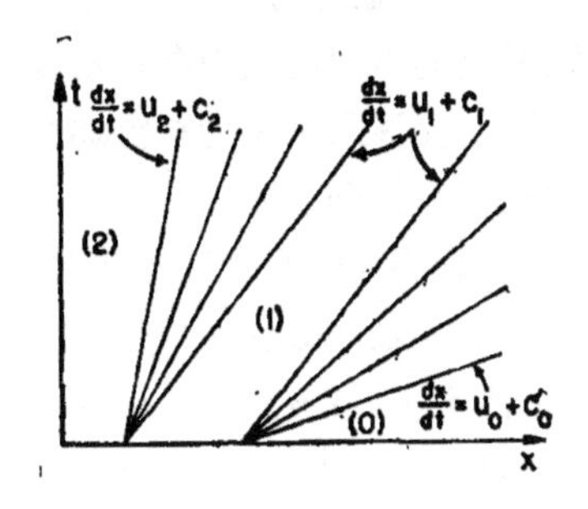

图 49 向同一方向传播的两个稀疏波.

1) 冲击波阵面 $\mathscr{S}_1$ 在冲击波阵面 $\mathscr{S}_2$ 前头,两者向同一方向传播(见图 46). 这时,第一个冲击波 $\mathscr{S}_1$ 以亚声速传播, 第二个冲击波 $\mathscr{S}_2$ 以超声速传播(参看§ 65). 所以 $\mathscr{S}_2$ 将赶上 $\mathscr{S}_1$.

2) 稀疏波 $\mathscr{R}$ 后面跟着一个冲击波 $\mathscr{S}$(见图 47). $\mathscr{R}$ 的波尾以声速 c_1 传播,而冲击波阵面以大于 c_1 的速度传播.

3) 冲击波 $\mathscr{S}$ 后面跟着一个稀疏波 $\mathscr{R}$(见图 48). 稀疏波波头以声速 c_1 传播,但冲击波以亚声速传播,所以 $\mathscr{R}$ 将赶上 $\mathscr{S}$.

4) 然而, 两个面向同一方向的稀疏波永远不会相遇(见图 49). 一个波的波尾跟另一个波的波头以同样的声速传播.

面向同一方向的两个冲击波或一冲击波和一稀疏波总是要彼此赶上. 这一事实意味着, 两个冲击波阵面或一个冲击波阵面和一个中心稀疏波永远不可能在同一时刻从同一点发出并向同一方向传播.

§79 结果概述

用符号方程来描述相互作用的结果是方便的．我们把面向 x 增加方向的冲击波阵面记作 $\mathscr{S}_{\rightarrow}$，相反方向的冲击波阵面记作 $\mathscr{S}_{\leftarrow}$；类似地，根据气体进入稀疏波是从右边还是从左边而把该稀疏波记作 $\mathscr{R}_{\rightarrow}$或$\mathscr{R}_{\leftarrow}$[1]．由于相互作用而常常出现的接触间断（参看§ 56)记作符号 $\mathscr{T}$．根据 $\mathscr{T}$ 左边的声速比 $\mathscr{T}$ 右边的大或小，可把接触间断区分为 $\mathscr{T}_{>}$ 或 $\mathscr{T}_{<}$；对于具有相同 γ 值的多方气体，较高的声速对应较高的密度．我们用符号 $\mathscr{T}\mathscr{T}$ 表示这样一个区域，在该区中压力和流速为常数，但密度、熵和温度在不同质点轨迹上是不同的．

不同强度的两个冲击波对碰时出现下述情况：在两个冲击波互相穿透（从而减弱并减速）之后，它们在自己后面留下一个不断扩大的常压、常流速区．但是，该区内密度是不均匀的；一个以该区流速运动的点将区域分成了不同（均匀的）密度（和温度）的两部分．换言之，出现一个§ 56 中所述类型的接触间断[2]．这个在实验

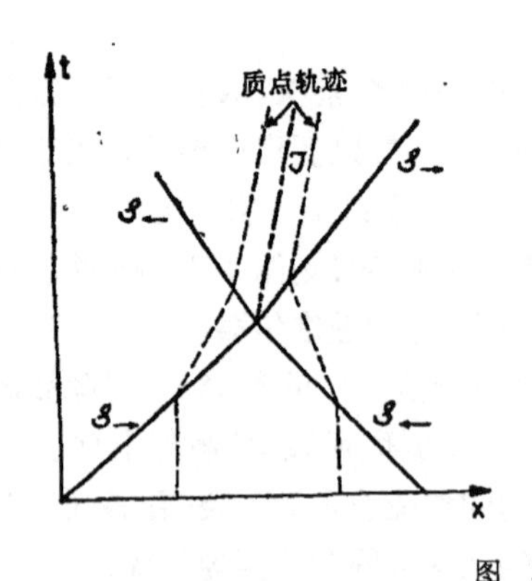

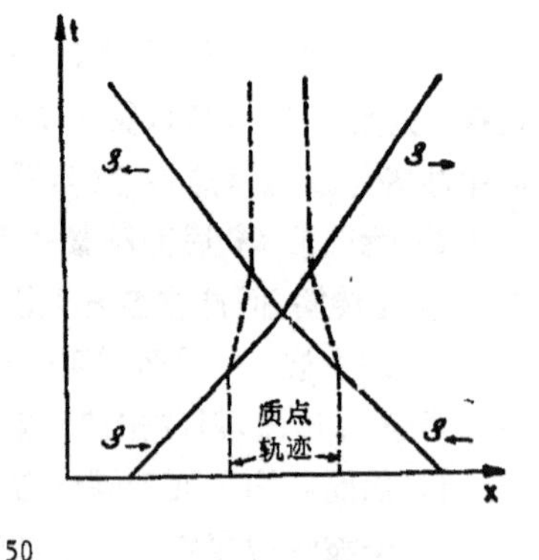

图 50

两个不相等的冲击波的对碰．　　　　两个相等的冲击波的对碰．

1）应再次强调，基本波面向的方向与该波阵面运动的方向是毫无关系的．

2）这一事实似乎被这个领域的许多作者疏忽了，von Neumann 使它引起了普遍的注意（参看[51]）．

上已完全确立的事实表明，在相互作用中除了冲击波和稀疏波之外，我们还必须考虑接触间断.

所以，两冲击波对碰的作用可用下列符号公式描述:

$$\mathscr{S}_{\rightarrow}\mathscr{S}_{\leftarrow}\rightarrow\mathscr{S}_{\leftarrow}\mathscr{T}\mathscr{S}_{\rightarrow}.$$

换言之,冲击波的对碰产生两个冲击波阵面,它们向相反方向运动并被一个接触间断分开. 在两个对称的波的情况下,或等价地,在冲击波在沿对称线置放的固壁上反射的情况下,接触间断消失,而对于反射,我们有§ 70 所给出的显式结果.

在绝热指数 $\gamma\leqslant 5/3$ 的气体中，冲击波的追赶将产生一个透射冲击波、一个反射（一般是弱的）稀疏波和一个在这两者之间的接触间断:

$$\mathscr{S}_{\rightarrow}\mathscr{S}_{\rightarrow}\rightarrow\mathscr{R}_{\leftarrow}\mathscr{T}\mathscr{S}_{\rightarrow}\quad 对\ \gamma\leqslant 5/3,$$

这是 von Neumann 首先得到的结果[51]. 当 $\gamma>5/3$ (对理想气体不出现这情形)时,我们可以有同样的情况,但也存在反射冲击波的情况:

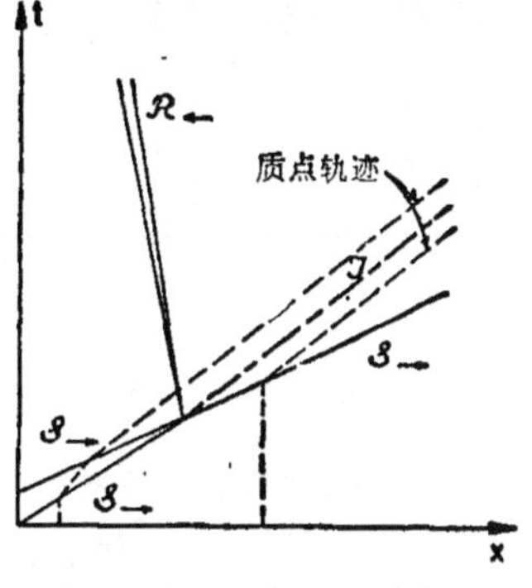

图 51　一个冲击波被另一个赶上.

$$\mathscr{S}_{\rightarrow}\mathscr{S}_{\rightarrow}\rightarrow\begin{cases}\mathscr{R}_{\leftarrow}\mathscr{T}\mathscr{S}_{\rightarrow}\\ \text{或}\\ \mathscr{S}_{\leftarrow}\mathscr{T}\mathscr{S}_{\rightarrow}\end{cases}\quad 对\ \gamma>\frac{5}{3}.$$

冲击波在接触面(或不同介质之间)上的反射和折射按下列两式出现:

$$\mathscr{S}_{\rightarrow}\mathscr{T}_{<}\rightarrow\mathscr{S}_{\leftarrow}\mathscr{T}_{<}\mathscr{S}_{\rightarrow},$$

$$\mathscr{S}_{\rightarrow}\mathscr{T}_{>}\rightarrow\mathscr{R}_{\leftarrow}\mathscr{T}_{>}\mathscr{S}_{\rightarrow}.$$

这意思是,若一种气体中的冲击波碰撞第二种声速更高的气体,在间断面上将产生一个反射冲击波和一个透射冲击波. 如果第二种介质的声速低于第一种介质的,则有两种可能性: 第一种,如果第

二介质具有较低的 $c/(1-\mu^2)$ 值，或者如果冲击波足够弱，则反射稀疏波，但仍然透射冲击波；第二种，如果第二介质具有较高的 $c/(1-\mu^2)$ 值，且冲击波足够强，则透射稀疏波而反射冲击波（参看 § 83）.

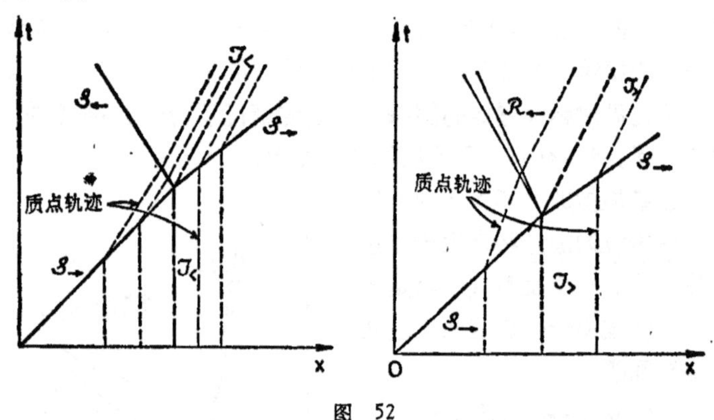

图 52

冲击波与接触面 $\mathscr{T}_<$ 的相互作用.　　冲击波与接触面 $\mathscr{T}_>$ 的相互作用.

在不包含稀疏波的相互作用中，反射波和透射波总是在碰撞之后立即出现. 但是，带有稀疏波的相互作用，最初会有一个穿透时期，在此期间流动不能描述为是由简单波组成的.

根据我们的基本定理，穿透区发生的波是简单波，因为它们与常状态相邻. 如果这种穿透是在有限时间内完成，则因类似的理由所出现的两个简单波之间的区域是处于常数的终止态（参看第二章 § 29 的基本引理）. 以下的描述只涉及到这些终止态. 我们设想，过程以两个把常压和常流速区域分开的简单波开始. 那么，稀疏波的相互作用导致终止态如下. 两个稀疏波的对碰（在两波对称的情况下，这等价于一个稀疏波在固壁上反射）仍产生两个稀疏波作为终止态:

$$\mathscr{R}_{\rightarrow}\mathscr{R}_{\leftarrow} \rightarrow \mathscr{R}_{\leftarrow}\mathscr{R}_{\rightarrow}$$

同样，稀疏波与声速较高区域碰撞的结果就表示为

$$\mathscr{R}_{\rightarrow}\mathscr{T}_{<} \rightarrow \mathscr{R}_{\leftarrow}\mathscr{T}_{<}\mathscr{R}_{\rightarrow},$$

而相互作用 $\mathscr{R}_{\rightarrow}\mathscr{T}_{>}$ 产生一个压缩波，在该波中最后将形成一个

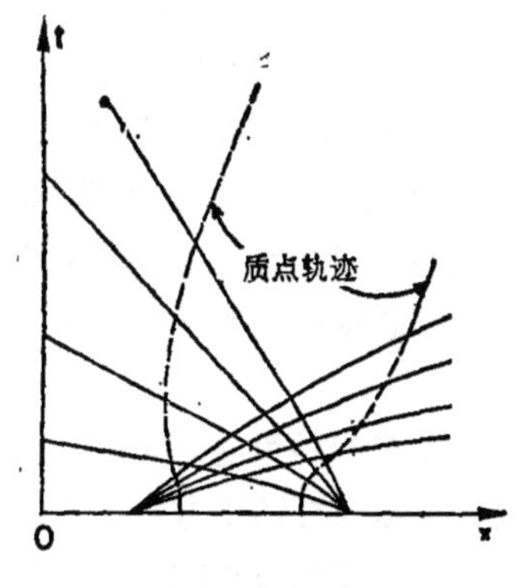

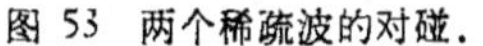
图 53　两个稀疏波的对碰.

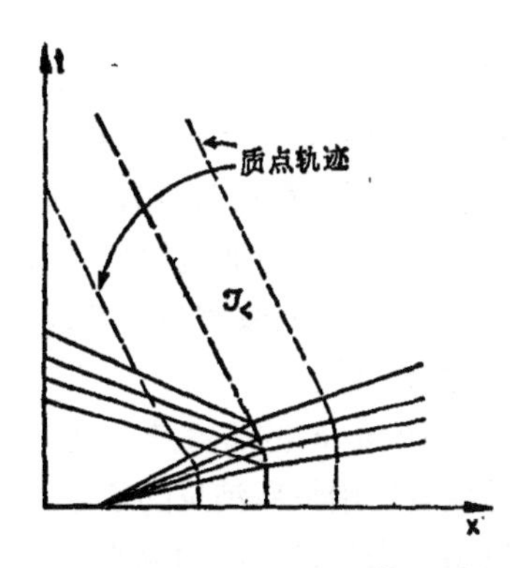

图 54　稀疏波与接触面 $\mathscr{T}_{<}$ 的相互作用.

冲击波(参看[52]).

当**冲击波赶上稀疏波或稀疏波赶上冲击波**时，相互作用过程可以无限延续下去. 在弱冲击波和简单波相互作用的近似处理中我们遇到过这些可能性（参看 § 75). 但是,如果追赶波的强度确实大于被赶波的强度，相互作用在有限时间内完成是可能的. 在这些情况下,我们将有以下结果:

$$\mathscr{S}_{\rightarrow}\mathscr{R}_{\rightarrow} \to \mathscr{S}_{\leftarrow}\mathscr{T}\mathscr{T}\mathscr{S}_{\rightarrow},$$

$$\mathscr{R}_{\rightarrow}\mathscr{S}_{\rightarrow} \to \mathscr{R}_{\leftarrow}\mathscr{T}\mathscr{T}\mathscr{S}_{\rightarrow}.$$

这里所表示的反射冲击波，实际上是一个导致冲击波的压缩波. 应该注意到,忽略反射压缩是我们近似处理的基本方面.

关于这些描述和图像需要作进一步的说明. 区域 $\mathscr{T}\mathscr{T}$ 是由冲击波穿入稀疏波(具有互相减弱的效果)产生的；冲击波轨迹变弯曲,穿过冲击波时诸质点的熵发生不同的变化.所有这些质点最终表现为具有相同的速度,这是一个简化假定,它在一级近似中已表明是正确的. 但是,不能指望这个假定精确地反映事实.

§ 80　Riemann 问题 · 激波管

包含两个冲击波的相互作用同 Riemann 在其经典著作中所研究过的，更为一般类型的现象相联系. Riemann 问题是求解由一初始状态所导致的气体流动，其初始状态为：右边($x>0$)的气体处于由 u_0，p_0，ρ_0 给定的常态(r)，左边($x<0$)的气体处于由 u_1，p_1，ρ_1，τ_1 给定的常态(l)．Riemann 问题和上面讨论的问题的差别在于，所给定的两个状态在这里被看作是无关的，但是，如果这两个状态是通过两个冲击波与原先的中间状态(m)相连接(它在 $t=0$ 时收缩为一点)，那么，初始状态量中只有五个是可以任意给定的．

Riemann 的答案是：随后发生的流动有四种可能的类型，因为随着初始量所满足的不等式的不同，从原点往两个方向上可以发出冲击波或中心稀疏波．在下节中对相互作用过程的分析，同样适用于 Riemann 问题．

我们特别感兴趣的是，在初始状态中气体是静止的，$u_l=u_r=0$，且 $p_l>p_r$，$\rho_l>\rho_r$的特殊情况．这种情况代表一种在长管道中产生常冲击波的重要实验装置．假设管中 $x<0$ 一边的气体具有高于 $x>0$ 一边的压力和密度，在 $t=0$ 时把原先分隔管道两部分的薄膜突然除去．这时将产生如图 55 (在原点近旁) 所示的运动，向静止的低压气体中传入一个冲击波，它把压力 p 提高到一个介于 p_l 与 p_r 之间的值 p_{m^*}，在该波的后面跟随一个以常速 u_m 向右方运动的不断扩展的气体柱．这个柱的末端以当地声速向左边扫过高压气体，并在它后边紧跟随着一个面向左方的稀疏波，在这个

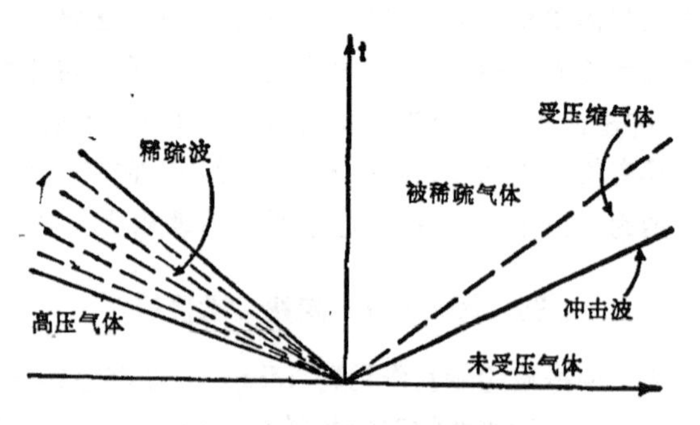

图 55　激波管内所产生的波的运动．

不断扩展的稀疏波区内压力由 p_{m*} 升高到波前仍处于静止状态的高压区的压力 p_l.

由 Payman[62] 引进的这种类型的装置，以后在实验研究中经常被使用.

§81 分析方法

虽然为了论证 §79 的陈述必须参考详细的报告[52]，但是这里可以指出在多方气体情况下得出这些结果的普遍方法. 这就是借助(u, p)平面上的作图对冲击波阵面和稀疏波的过渡关系式所进行的代数讨论.

我们用下标 a, b, m, l, r, k 表示具有常值的 p 和 u 的区域，字母 l 和 r 分别代表“左”和“右”，即较小和较大的 x 值.

在前面的分析中，对于冲击波我们记得有如下结果：对所有的冲击波有 $u_r < u_l$ [参看 (57.01)]；此外，对前向冲击波我们有 $p_r < p_l$，而对后向冲击波则有 $p_r > p_l$ (参看 §65). 再者，如果气体的状态 (a) $u = u_a$, $p = p_a$, $\tau = \tau_a$ 和另一个具有量 u_b, p_b, τ_b 的状态(b)通过冲击波相连接，则我们有[参看(67.04)，(67.05)]

$$m = \frac{p_b - p_a}{u_b - u_a} = \pm\sqrt{\frac{p_b + \mu^2 p_a}{(1-\mu^2)\tau_a}}. \tag{81.01}$$

由此推出

$$u_b = u_a \pm \phi_a(p_b), \tag{81.02}$$

其中

$$\phi_a(p) = (p - p_a)\sqrt{\frac{(1-\mu^2)\tau_a}{p + \mu^2 p_a}}, \tag{81.03}$$

并且对冲击波阵面 $\mathscr{S}_{\rightarrow}$ 上式应取正号，对冲击波阵面 $\mathscr{S}_{\leftarrow}$ 取负号. 单调函数 $\phi_a(p)$ 具有下列简单性质:

$$\phi_a(p_b) = -\phi_b(p_a), \tag{81.04}$$

$$\left.\begin{aligned} &\phi_a(p) \to \infty \quad 当\ p \to \infty 时,\\ &\phi_a'(p) \to 0 \quad 当\ p \to \infty 时,\end{aligned}\right\} \tag{81.05}$$

且曲线 $\phi = \phi_a(p)$ 与 ϕ_a 轴相交于

$$\phi = \phi_a(0) = -\sqrt{\frac{2}{\gamma(\gamma-1)}}\,c_a, \tag{81.06}$$

这里 c_a 是区域 (a) 中的声速．代表关系式(81.02)的曲线示于图 57．曲线的不同分支对应于面向(a)或背向 (a) 的冲击波，并且由 $u_r < u_l$ 确定．

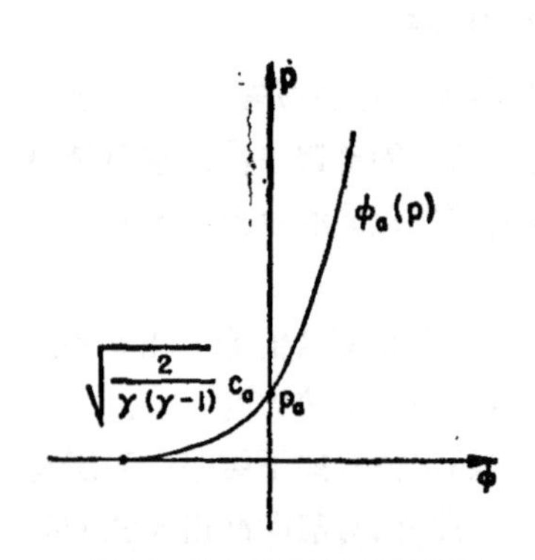

图 56　冲击波波前或波后的压力随速度变化之变化．

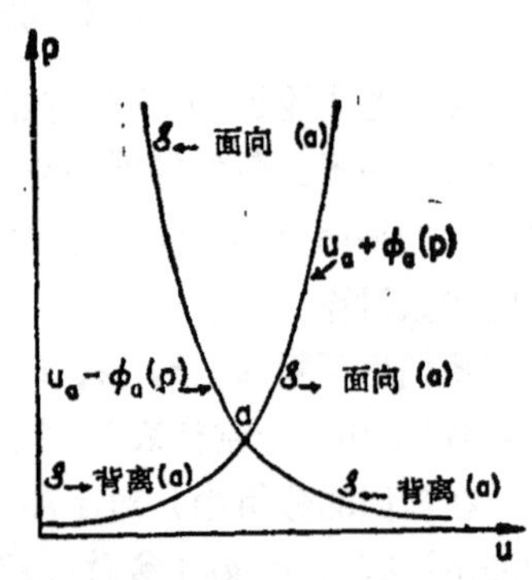

图 57　可以通过面向(a)和背向(a)（如所标出的）的冲击波 $\mathscr{S}_{\rightarrow}$ 和 $\mathscr{S}_{\leftarrow}$ 同给定状态(a)相连接的所有状态的迹线．

在图 58 中给出了可以通过冲击波 $\mathscr{S}_{\rightarrow}$ 和 $\mathscr{S}_{\leftarrow}$ 同给定的右边的状态(r)或左边的状态(l)相连接的所有状态的迹线．

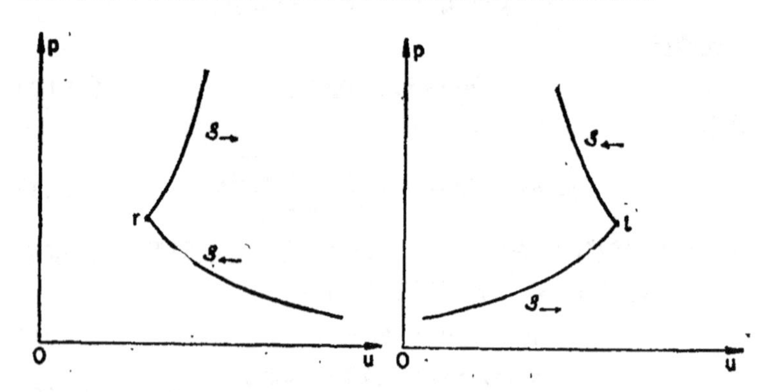

图 58　(1) 当冲击波阵面右边的状态(r)给定时左边的可能状态(l)的迹线．(2) 当冲击波阵面左边的状态 (l) 给定时右边的可能状态 (r) 的迹线．

对于可以由稀疏波与一固定状态相连接的单参数常状态族，能够得到类似的表示法。我们在§ 40 中看到，穿越稀疏波 $\mathscr{R}_{\rightarrow}$ 或 $\mathscr{R}_{\leftarrow}$ 时 $u \mp \frac{2}{\gamma-1}c = u \mp \frac{2}{\gamma-1}\sqrt{\gamma\tau p} = \text{const}$。现在，因为只出现状态的绝热变化，所以我们有 $\rho_a/\rho_b = (p_a/p_b)^{1/\gamma}$ 或

$$\sqrt{\tau_b p_b}\, p_b^{-(\gamma-1)/2\gamma} = \sqrt{\tau_a p_a}\, p_a^{-(\gamma-1)/2\gamma}.$$

于是

$$u_b - u_a = \pm\frac{2}{\gamma-1}(\sqrt{\gamma\tau_a p_a} - \sqrt{\gamma\tau_b p_b})$$

$$= \pm\frac{\sqrt{1-\mu^4}}{\mu^2}\tau_a^{1/2}p_a^{1/2\gamma}(p_a^{(\gamma-1)/2\gamma} - p_b^{(\gamma-1)/2\gamma}), \quad (81.07)$$

这样，类似(81.02)我们有

$$u_b = u_a \pm \psi_a(p_b), \quad (81.08)$$

其中

$$\psi_a(p) = \frac{\sqrt{1-\mu^4}}{\mu^2}\tau_a^{1/2}p_a^{1/2\gamma}(p^{(\gamma-1)/2\gamma} - p_a^{(\gamma-1)/2\gamma}). \quad (81.09)$$

对波 $\mathscr{R}_{\rightarrow}$ 取正号，对波 $\mathscr{R}_{\leftarrow}$ 取负号，因为现在 u_l 小于 u_r，从而对前向波 $p_r > p_l$，对后向波 $p_r < p_l$。单调函数 $\psi_a(p)$ 有以下性

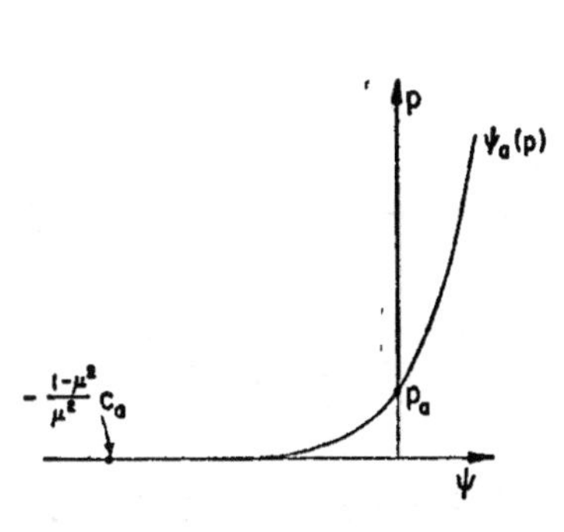

图 59　简单波波前和波后的压力随速度变化之变化.

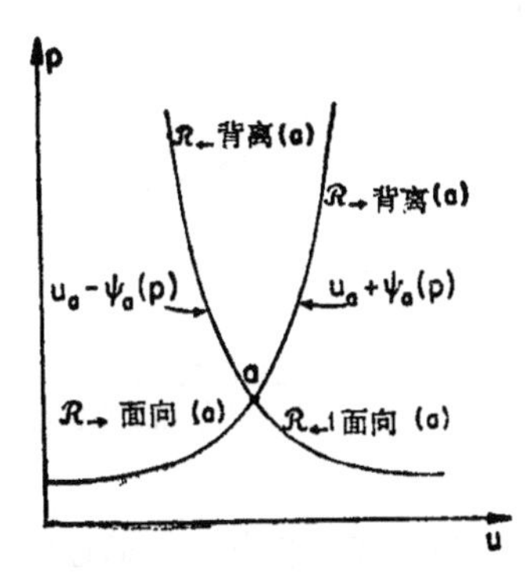

图 60　可以通过如所标出的面向 (a) 或背离(a) 的稀疏波 $\mathscr{R}_{\rightarrow}$ 和 $\mathscr{R}_{\leftarrow}$ 同状态(a)相连接的所有状态的迹线.

质：

$$\psi_a(p_b) = -\psi_b(p_a), \tag{81.10}$$

$$\begin{aligned}&\psi_a(p) \to \infty \quad \text{当 } p \to \infty \text{时},\\ &\psi_a'(p) \to 0 \quad \text{当 } p \to \infty \text{时},\end{aligned} \tag{81.11}$$

并且曲线 $\psi = \psi_a(p)$ 与 ψ 轴相切于

$$\begin{aligned}\psi = \psi_a(0) &= -\frac{\sqrt{1-\mu^4}}{\mu^2}\sqrt{\tau_a p_a}\\ &= -\frac{1-\mu^2}{\mu^2}c_a.\end{aligned} \tag{81.12}$$

与冲击波的情况一样，并由于类似的理由，我们用图 60 中的曲线表示由(81.08)给出的，可以通过面向(a)和背向(a)的稀疏波同固定状态(a)相连接的可能的状态(b)。图 61 示出了可以通过稀疏波 $\mathscr{R}_{\rightarrow}$ 或 $\mathscr{R}_{\leftarrow}$ 分别与波的左边或右边的给定状态(l)或(r)相连接的所有状态的迹线。

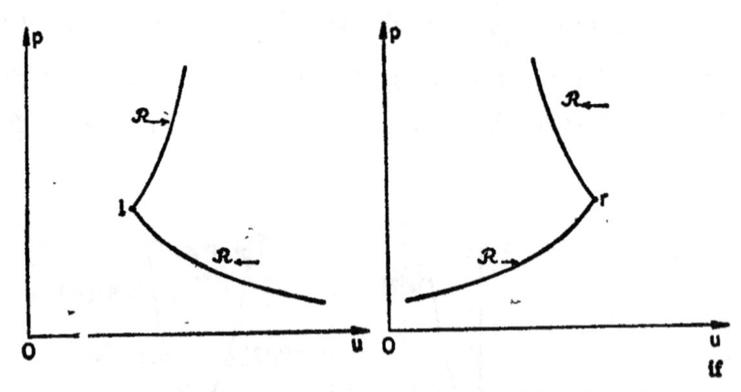

图 61 (1)当稀疏波左边的状态(l)给定时右边的可能状态(r)的迹线。(2)当稀疏波右边的状态(r)给定时左边的可能状态(l)的迹线。

现在我们注意到，通过前向波能够从状态(r)到达的所有状态，可以在(u, p)平面上用一条曲线 $\mathscr{G}_r$ 表示(见图 62)，它的解析表达式为

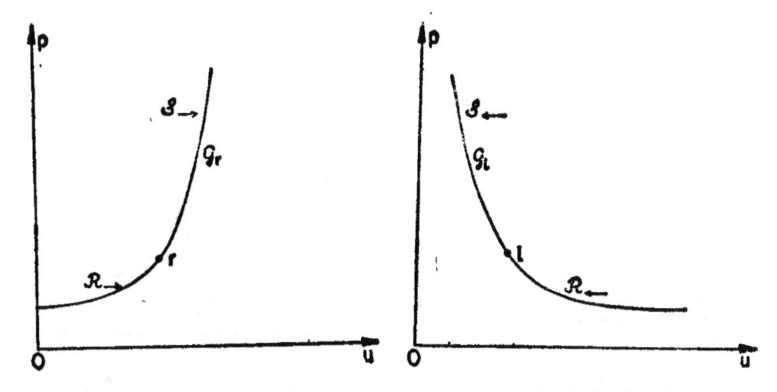

图 62 (1) 从前向波 $\mathscr{S}_{\rightarrow}$ 或 $\mathscr{R}_{\rightarrow}$ 右边的给定状态(r)可以到达的所有状态的迹线 $\mathscr{G}_r$. (2) 从后向波 $\mathscr{S}_{\leftarrow}$ 或 $\mathscr{R}_{\leftarrow}$ 左边的给定状态(l)可以到达的所有状态的迹线 $\mathscr{G}_l$.

$$\mathscr{G}_r\begin{cases}u=u_r+\phi_r(p),\ p>p_r,\ \mathscr{S}_{\rightarrow},\\ u=u_r+\psi_r(p),\ p<p_r,\ \mathscr{R}_{\rightarrow},\end{cases}\tag{81.13}$$

而所有代表通过后向波同(l)相连接的状态的点，位于以下曲线上:

$$\mathscr{G}_l\begin{cases}u=u_l-\phi_l(p),\ p>p_l,\ \mathscr{S}_{\leftarrow},\\ u=u_l-\psi_l(p),\ p<p_l,\ \mathscr{R}_{\leftarrow},\end{cases}\tag{81.14}$$

现在相互作用问题可以着手处理如下. 设相互作用之前左边的状态为(l)而右边的状态为(r),二者通过某些给定的波同一个常速 u_0 和常压 p_0 的中间区域(m)相连接. 在相互作用开始的一瞬间,中间区域(m)消失,并且,或者立即,或者在穿透期间之后,将有一个前向波进入状态(r)和一个后向波进入状态(l)的区域. 这两个波现在被一个新的具有常速 u^* 和常压 p^* 的中间区域(m^*)分开(见图 63). 我们需要求解的,就是状态(m^*)和连接(r)与(m^*)及连接(l)与(m^*)的波.

若两个状态(l)和(r)已知，我们只需画出通过它们的两条曲线 $\mathscr{G}$，这两曲线的交点就决定了状态(m^*)以及由(m^*)分别到(l)和(r)的波. 实际上,用图解法求解经常是不够精确的，但它告诉我们如何适当地安排数值计算.

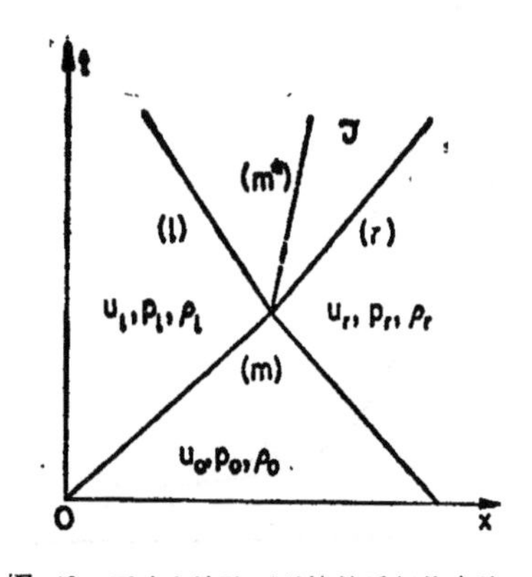

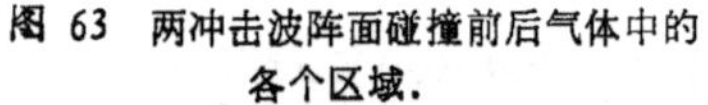
图 63　两冲击波阵面碰撞前后气体中的各个区域.

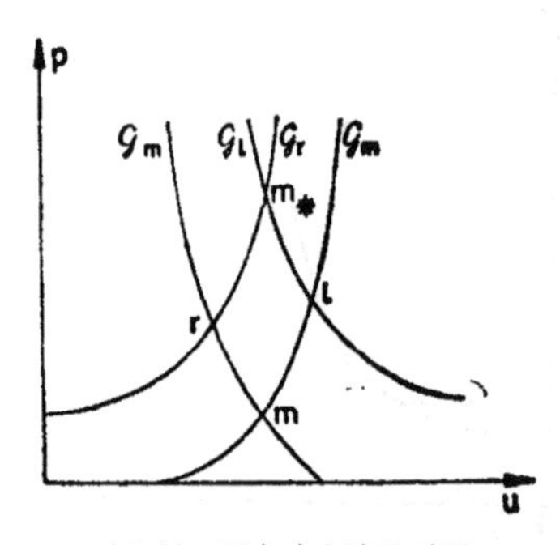

图 64　两个冲击波的对碰.

下面,我们较详细地考虑几种情况,以说明上述作图法.

为了研究**两个冲击波** $\mathscr{S}_{\rightarrow}$ 和 $\mathscr{S}_{\leftarrow}$ 的**碰撞**,我们注意到,在 (u, p) 图上状态 (l) 和 (r) 必然表示成图 64 那样,因为它们是由 (m) 分别通过前向和后向冲击波达到的(所以不完全独立,这对于我们的做法不是实质性的).根据我们的图,曲线 $\mathscr{G}_r$ 和 $\mathscr{G}_l$ 必然在点 m^* 相交,且 m^* 位于 $\mathscr{G}_r$ 和 $\mathscr{G}_l$ 的上部.因此如前所述,自点 m^* 的两个过渡是冲击波(参看图 50).

在状态(m^*)中 p 和 u 的值是常数.但是,从(r)到(m^*)的冲击波过渡所决定的 ρ_+^* 值,一般不同于从 (l) 通过冲击波过渡所得到的 ρ_-^* 值.所以,在(x, t)平面的区域(m^*)中,存在一条接触间断线,它与自碰撞点出发的质点轨迹相重合.

两个稀疏波的相互碰撞导致一个可以容易确定出的终态.在这里可立即看出,(m),(l)及(r),从而(m^*)的相对位置是图 65 所示的位置(还可参看图 53).但这表明,(m^*)是位于 $\mathscr{G}_r$ 和 $\mathscr{G}_l$ 上稀疏波所对应的那些部分,这就证明了我们先前关于 $\mathscr{R}_{\rightarrow}\mathscr{R}_{\leftarrow} \rightarrow \mathscr{R}_{\leftarrow}\mathscr{R}_{\rightarrow}$ 的陈述.(当然,不出现接触间断,因为熵不发生变化.)存在着一些情况,在那里两条曲线不相交,在这些情况下穿透过程将无限地延续下去(参看[52]).

一个冲击波赶上另一个的问题稍许棘手一些.这里原始状态

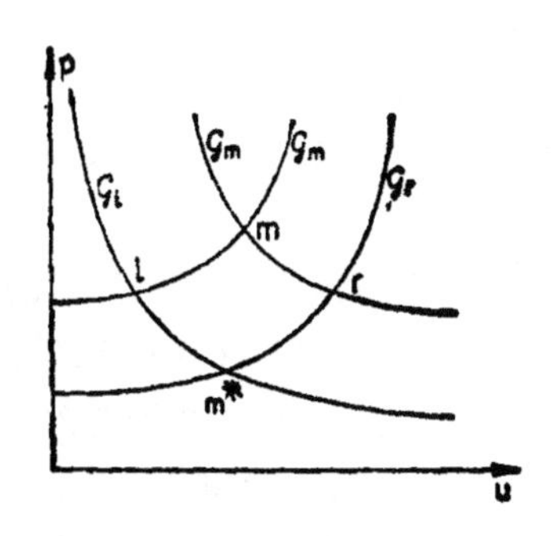

图 65 两个稀疏波的碰撞.

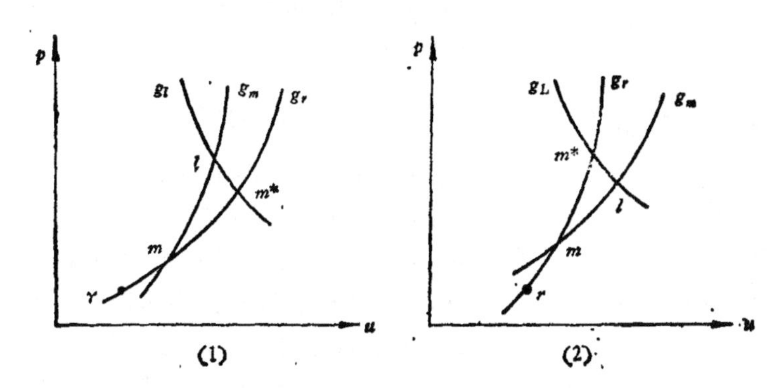

图 66 一个冲击波赶上另外一个.

(l), (m), (r)被两个面向右边的冲击波阵面隔开. 我们有

$$p_l > p_m > p_r,$$
$$u_l > u_m > u_r.$$

在(u, p)图上点m显然在曲线$\mathscr{G}_r$上,因为m是通过冲击波与r相连接,并且未知点m^*必须位于同一条$\mathscr{G}_r$上. 另一方面,m^*位于连接它与l的曲线$\mathscr{G}_l$上,所以,如果$\mathscr{G}_r$通向l的右边,就得到如图 66(1) 的情况. 可以证明,如果$\gamma \leqslant 5/3$,由函数ϕ和ψ的代数式得出的就是这种情况(参看 [51 和 52, A3]). 我们的图指出,这时产生一个被加强的前向冲击波$\mathscr{S}_{\rightarrow}$(由$r$跃变到$m^*$)和一个弱的后向稀疏波. 基于与冲击波对碰情况相同的理由在区域

(m^*) 中会出现一个接触间断.

然而,若 $\gamma > 5/3$,则可能出现 $\mathscr{G}_r$ 通到 l 左边的情况[参看图 66(2)],于是产生一个(弱的)反射冲击波,而不是一个反射稀疏波.

以上讨论基本相互作用所用的分析方法,显然适用于一般的 Riemann 问题(参看 § 80).

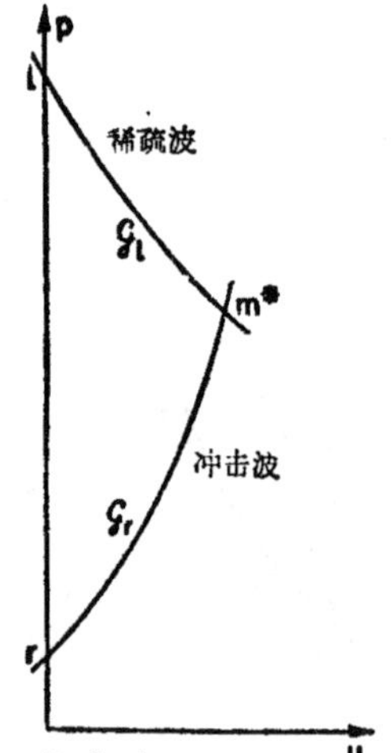

图 67　在激波管中出现的冲击波和稀疏波的 (u, p) 图.

在 § 80 中提及的激波管问题中,两个初始状态 (l) 和 (r) 在图 67 中所示的 (u, p) 图上由两个点 $(0, p_l)$, $(0, p_r)$ 表示,由此立即可知,中间状态 (m^*) 及关于现象的其它量该如何表示.

§ 82　稀疏波的穿透过程

正如前面强调指出的,§ 81 的分析仅仅给出了基本波的结果,其假定是,这些波是由基本相互作用最终产生的. 然而,当相互作用中包含稀疏波或接触间断时,在基本波分离运动以前(有时这种运动的最后阶段可能始终达不到),会出现更复杂的流动. 对这种"穿透"过程需要求解流动的微分方程的边值问题. 正如前面看到的,我们必须一般地考虑方程组 (17.01—.03),此方程组包含了非均匀冲击波,从而包含了可变的熵. 幸而,在两个简单波碰撞的情况下,穿透问题只决定于等熵流的微分方程,并且基于 Riemann 的理论,能够对多方气体进行直接处理(参看 § 38).

设两个给定的稀疏波 $\mathscr{R}_{\rightarrow} = \mathscr{R}_1$ 和 $\mathscr{R}_{\leftarrow} = \mathscr{R}_2$ 相碰(见图 68). 这两个分别由 C_- 和 C_+(沿它们 u 和 c 为常数)直线特征线族组成的波 $\mathscr{R}_1$ 和 $\mathscr{R}_2$,在点 $P(x_0, t_0)$ 上第一次相交之后,相互作用形成一个以特征线 C_+^0, C_+^1, C_-^1 和 C_-^0 为边界的穿透区 Q. 直线特征线一旦进入 Q 区,就不再保持为直线,且沿着这些特征线

u 和 c 要变化．但是，沿着 C_+ 和 C_- 特征线 $\mu^2 u+(1-\mu^2)c$ 和 $\mu^2 u-(1-\mu^2)c$ 分别保持为常数．最后，穿出区域 Q 之后，这些特征线再度成为直线，并组成两个"透射的"简单波 $\tilde{\mathscr{R}}_1$ 和 $\tilde{\mathscr{R}}_2$。

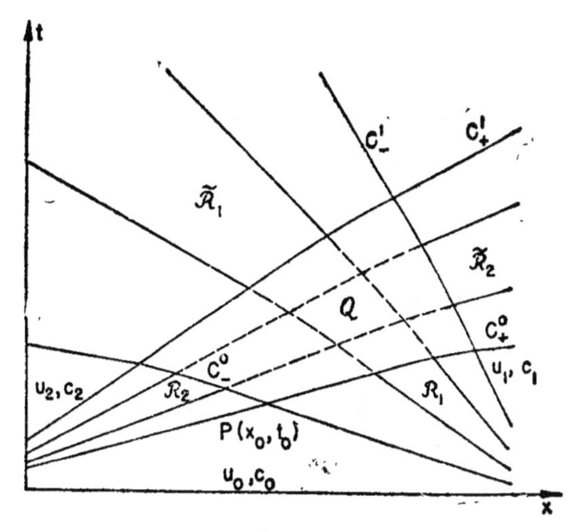

图 68　两个稀疏波的相互作用．

如果通过方程(37.05)引入 Riemann 不变量 r 和 s 作为特征参量，则问题变为对下列方程求解：

$$t_{rs}+\frac{\lambda}{r+s}(t_r+t_s)=0, \tag{82.01}$$

式中 $\lambda=1/2\mu^2$. 这个方程需在一个矩形区域内求解，因为区域 Q 被以一一对应的方式映射到 (r, s) 平面上的一个各边分别与轴平行的矩形区域 $\mathscr{D}$. 这里直线 C_+^0 和 C_-^0 被分别表示为

$$r=r_0=\frac{1}{2}\left(u_0+\frac{2}{\gamma-1}c_0\right) \tag{82.02}$$

和

$$s=s_0=-\frac{1}{2}\left(u_0-\frac{2}{\gamma-1}c_0\right), \tag{82.03}$$

而 C_+^1 和 C_-^1 被分别表示为

$$r = r_1 = \frac{1}{2}\left(u_2 + \frac{2}{\gamma - 1} c_2\right) \tag{82.04}$$

和

$$s = s_1 = -\frac{1}{2}\left(u_1 - \frac{2}{\gamma - 1} c_1\right) \tag{82.05}$$

(参看图 69).

此外,因为只要波 $\mathscr{R}_1$ 和 $\mathscr{R}_2$ 已知,特征线 C_+^0 和 C_-^0 以及 u 和 c 沿它们的分布就被直接给定,$t(r, s_0)$ 和 $t(r_0\ s)$ 也就能够

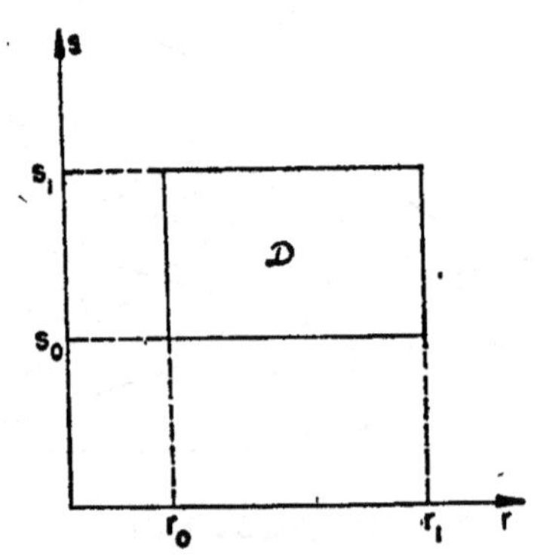

图 69 Riemann 不变量平面上与穿透区 Q (见图 68)对应的区域 $\mathscr{D}$.

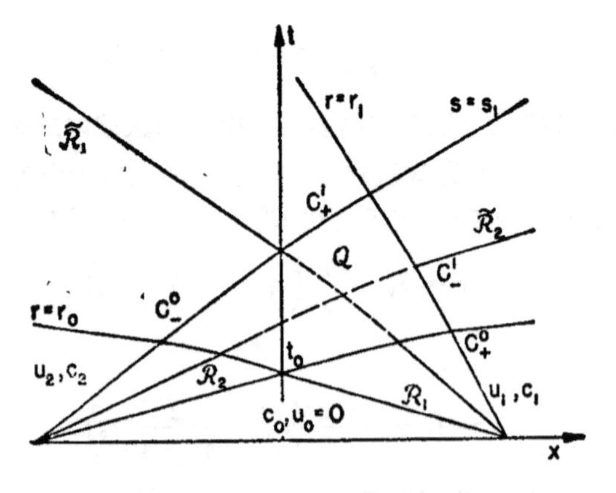

图 70 两个中心稀疏波的相互作用.

算出．因此，确定两个碰撞简单波的穿透区的问题，等价于求解方程(82.01)的“特征初值问题”．对于特殊情况这问题能够显式地解出．

作为例子我们研究如下情况．波 $\mathscr{R}_1$ 和 $\mathscr{R}_2$ 是在点$(x_1, 0)$和$(x_2, 0)$处的两个中心稀疏波，它们首先在$(0, t_0)$相遇（见图 70）．此外，我们可以假定 $u_0 = 0$，于是公式(82.02—.03)简化为

$$r_0 = s_0 = \frac{1}{\gamma - 1} c_0. \tag{82.06}$$

通过把(38.01)代入(38.02)，

$$x_s = \left(\frac{\gamma + 1}{2} r_0 + \frac{\gamma - 3}{2} s\right) t_s, \tag{82.07}$$

并从扫过 $\mathscr{R}_1$ 的直线特征线的方程

$$\frac{x - x_0}{t} = u - c = -\left(\frac{\gamma - 3}{2} r_0 + \frac{\gamma + 1}{2} s\right),$$

就可得到 x 和 t 沿 $r = r_0$ 的分布．如果从这两个方程中消去 x_s，则对 $r = r_0$ 得到

$$t_s + \frac{\lambda}{r_0 + s} t = 0. \tag{82.08}$$

同样，对 $s = s_0$ 得

$$t_r + \frac{\lambda}{r + s_0} t = 0. \tag{82.09}$$

于是对初始条件我们得到

$$t(r, s_0) = t_0 \left(\frac{r_0 + s_0}{r + s_0}\right)^{\lambda}, \quad r_0 \leqslant r \leqslant r_1; \tag{82.10}$$

$$t(r_0, s) = t_0 \left(\frac{r_0 + s_0}{r_0 + s}\right)^{\lambda}, \quad s_0 \leqslant s \leqslant s_1. \tag{82.11}$$

正如 Riemann[38] 首先发现且容易被证明的那样，(82.01)满足初始条件(82.08—.11)的解，可以用超几何函数 $F(a, b, c, z)$显式地写为

$$t(r, s) = t_0\left(\frac{r_0+s_0}{r+s}\right)^{\lambda} F\left(1-\lambda, \lambda, 1,\right.$$

$$\left.-\frac{(r_0-r)(s_0-s)}{(r_0+s_0)(r+s)}\right)$$

$$= t_0 \frac{(r_0+s_0)^{2\lambda}}{(r_0+s)^{\lambda}(r+s_0)^{\lambda}}\cdot$$

$$F\left(\lambda, \lambda, 1, \frac{(r_0-r)(s_0-s)}{(r_0+s)(r+s_0)}\right) \tag{82.12}$$

我们感兴趣的公式可由(82.12)推得．例如，两波相互作用的持续时间是

$$t(r, s)\begin{cases} = t_0\left[\dfrac{c_0}{(c_1+c_2-c_0)}\right]^{\lambda} F\left(1-\lambda, \lambda, 1,\right. \\ \qquad \left.-\dfrac{(c_0-c_1)(c_0-c_2)}{c_0(c_1+c_2-c_0)}\right) \\ = t_0\left[\dfrac{c_0^2}{c_1c_2}\right]^{\lambda} F\left(\lambda, \lambda, 1, \dfrac{(c_0-c_1)(c_0-c_2)}{c_1c_2}\right). \end{cases} \tag{82.13}$$

依照我们先前的陈述(参看§ 38)，如果 $\lambda=\frac{1}{2}\frac{\gamma+1}{\gamma-1}$ 是正整数 N，或 $\gamma=(2N+1)/(2N-1)$，则函数 $F(1-\lambda, \lambda, 1, z)$ 化为 $\lambda-1$ 次的多项式，所以在这些情况下问题的解可以显式地给出．

对于任意的 λ 值 C. De. Prima 的下述意见[1]是具有数学意义的．正如从双曲型微分方程的理论可知(譬如参阅[32，第五章])，初值问题的解总是可以通过 r，s 和两个参量 $\bar{r}$，$\bar{s}$ 的 Riemann 函数 $R(\bar{r}, \bar{s}; r, s)$ 表出，它作为 r，s 的函数满足微分方程(82.01)，作为 $\bar{r}$，$\bar{s}$ 的函数满足伴随微分方程

$$R_{\bar{r}\bar{s}}-\frac{\lambda}{\bar{r}+\bar{s}}(R_{\bar{r}}+R_{\bar{s}})+\frac{2\lambda R}{(\bar{r}+\bar{s})^2}=0 \tag{82.14}$$

---

1) 在未发表的文稿中．

和附加条件

$$R_r - \frac{\lambda}{\bar{r}+\bar{s}} R = 0, \quad \text{对于 } \bar{s} = s$$

$$R_s - \frac{\lambda}{\bar{r}+\bar{s}} R = 0, \quad \text{对于 } \bar{r} = r \tag{82.15}$$

$$R = 1, \quad \text{对于 } \bar{r} = r,\ \bar{s} = s.$$

这些关系式(82.14-.15)表征 Riemann 函数，此外，(82.01)的伴随微分方程的 Riemann 函数 $R^*(\bar{r}, \bar{s}; r, s)$ 由恒等式

$$R^*(\bar{r}, \bar{s}; r, s) = R(r, s; \bar{r}, \bar{s}) \tag{82.16}$$

给出，它当然满足(82.01)和相应的边界条件.

从这些性质得出：两个中心稀疏波穿透的特征初值问题的解 $t(r, s)$ 由 Riemann 函数显式地给出：

$$t(r, s) = t_0 R(r_0, s_0; r, s). \tag{82.17}$$

另一个显式表达式

$$t(r, s) = t_0 \left(\frac{r_0 + s_0}{r + s}\right)^{\lambda} P_{\lambda-1}\left(\frac{1 + \alpha\beta}{\alpha + \beta}\right) \tag{82.18}$$

是 R. Shaw[1] 用一种巧妙的方法推导出来的，其中 $\alpha = r/r_0$，$\beta = s/s_0$，而 $P_\mu(z)$ 代表 μ 阶的 Legendre 函数. 可以利用联系超几何函数与 Legendre 函数的熟知变换公式把它化为前一个表达式.

这些显式解，特别在它们可以用多项式表出的情况下，非常适合于数值计算，并且在这方面有利于与下节中讨论的通过有限差分的逐步近似过程作比较. 但是，当稀疏波不是中心稀疏波时，或者当介质不是多方气体时，甚至当考虑稀疏波与接触面或冲击波相互作用时，用有限差分法求解显然比求任何显式表达式解更容易.

§83 用有限差分法处理相互作用

为求两个基本波穿透区域中的流动，最适用的方法一般是有

1) 在纽约大学的一篇硕士论文中.

限差分法．这一节的内容取自 [53]，将介绍这一方法．差分法为何适用于两个简单波的穿透问题，其道理是显而易见的．

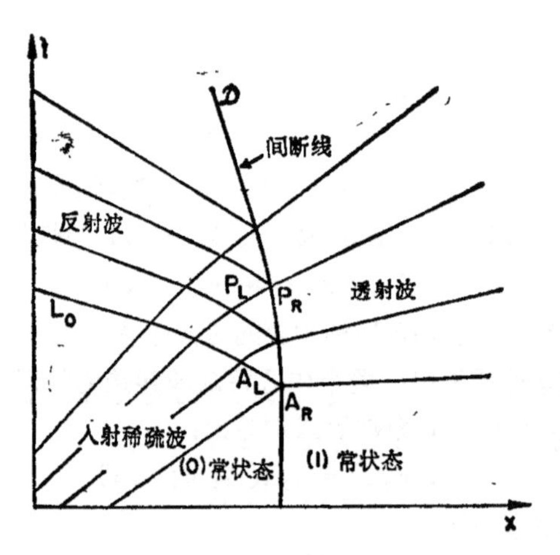

图 71　稀疏波与接触间断的相互作用．

下面简单讨论稀疏波传播到"接触间断"或"分界线"$\mathscr{D}$ [示于 (x, t) 平面上] 上的问题．接触间断原先分隔着两个具有不同值的熵、温度和密度，但有相同值的压力和质点速度的常状态 (0) 和 (1)(见图 71)．在入射稀疏波碰到间断线 $\mathscr{D}$ 之前，间断线在 (x, t) 平面上是直线．相互作用的结果使间断点逐渐减速，用 (x, t) 图表示，就是使线 $\mathscr{D}$ 在整个波区内弯曲，穿出该区后仍是直线．于是，问题就成为根据给定的初值确定 $\mathscr{D}$ 在任一时刻的位置，以及在稀疏波穿透时和穿过后所产生的流动．为简单起见气体取为多方气体．

在 $\mathscr{D}$ 的每一边流动都是等熵的，微分方程可以写为下列特征形式[参看 (34.02—.03)]：

$$
\begin{aligned}
&x_\alpha - (u + c)t_\alpha = 0, \\
&x_\beta - (u - c)t_\beta = 0, \\
&u_\alpha + \frac{2}{\gamma - 1} c_\alpha = 0,
\end{aligned}
\tag{83.01}
$$

$$u_\beta - \frac{2}{\gamma - 1} c_\beta = 0;$$

其中 x, t, u, c 分别是空间坐标、时间、质点速度及当地声速，γ 是绝热指数，而曲线 $\alpha = \alpha(x, t) = \text{const}$ 和 $\beta = \beta(x, t) = \text{const}$ 是特征线. 在"穿透区"(见图 71) 中流动不是简单波，该区的初值按如下所述得出：因为由直线特征线 $\beta = \text{const}$ 所生成的入射稀疏波是给定的，所以与 $\mathscr{D}$ 相碰时产生的第一条"反射"特征线 L_0 以及沿 L_0 上 u 和 c 的分布是已知的. 虽然 $\mathscr{D}$ 的位置待定，但是沿着 $\mathscr{D}$ 有一些数据我们确是知道的：首先，$\mathscr{D}$ 是质点轨迹，即沿 $\mathscr{D}$ 我们有 $dx/dt = u$；其次，穿过 $\mathscr{D}$ 之后的那部分稀疏波仍是简单波，所以对 $\mathscr{D}$ 右边的任一点 P_R，关系式

$$u(P_R) - \frac{2}{\gamma_1 - 1} c(P_R) = u_1 - \frac{2}{\gamma_1 - 1} c_1$$

成立，式中下标 1 代表常状态 (1) 中的量. 于是，根据 $p(P_R) = p(P_L)$ (P_L 是在 $\mathscr{D}$ 的左边与 P_R 相对的点) 及 $u(P_R) = u(P_L)$，沿着 $\mathscr{D}$ 我们可以将 $u(P_L)$ 表为 $c(P_L)$ 的函数. 其显式关系式是

$$u(P_L) - u(A_L) = \left[\left(\frac{c(P_L)}{c(A_L)}\right)^{\gamma_0(\gamma_1 - 1)/\gamma_1(\gamma_0 - 1)} - 1\right] \cdot \frac{2c(A_R)}{\gamma_1 - 1}. \tag{83.02}$$

正如将要指出的那样，这些初值与方程 (83.01) 一起，足以唯一地确定 $\mathscr{D}$ 及此流动. 图 71 示出了穿透区、透射波和自 $\mathscr{D}$ 反射的波.

流动不是等熵的诸问题，性质较为复杂. 作为例子，我们用与 § 75 不同的方法来研究被稀疏波赶上的等速冲击波的运动过程. 在稀疏波穿透过程中，冲击波的强度和速度逐渐减小，最后出现一个被减弱的常速冲击波. 由于冲击波的衰减，过程的等熵性质消失了，所以必须考虑包含熵变化的一维不定常流动的方程组 (17.01—.03). 这时，我们有由下列方程决定的三族特征线:

$$x_\alpha = (u + c)t_\alpha,$$

$$x_\beta = (u - c)t_\beta, \tag{83.03}$$
$$x_\omega = ut_\omega.$$

前两个方程形式上等价于等熵情况下的方程，而第三个方程则是质点轨迹．引进参量 $\alpha = \alpha(x, t) = \text{const}$ 及 $\beta = \beta(x, t) = \text{const}$ 作为微分方程中的新的自变量，我们得到（参看§ 3 和§ 4）

$$\begin{aligned} &x_\alpha = (u + c)t_\alpha, \\ &x_\beta = (u - c)t_\beta, \\ &u_\alpha + \frac{2}{\gamma - 1} c_\alpha = \frac{c\eta_\alpha}{\gamma(\gamma - 1)}, \\ &u_\beta - \frac{2}{\gamma - 1} c_\beta = -\frac{c\eta_\beta}{\gamma(\gamma - 1)}, \\ &\eta_\alpha t_\beta + \eta_\beta t_\alpha = 0; \end{aligned} \tag{83.04}$$

以及 $\eta = (\gamma - 1)S/c_v$.

我们得到对方程组（83.04）的边值问题的提法如下（见图 72）：根据给定的稀疏波确定第一条“反射”特征线 L_0 及沿 L_0 上 u, c, η 的分布．其它的数据给在冲击波曲线 $\mathscr{S}$ 上，而冲击波曲线的位置也是待求的．这些数据现在就是把冲击波波前的已知常

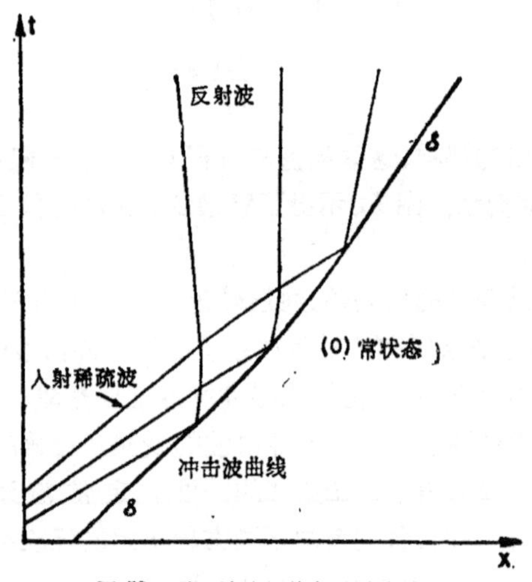

图 72　稀疏波追赶均匀的冲击波．

状态 (0) 和波后状态联系起来的三个冲击波条件．在这些关系式中，我们把冲击波速度 dx/dt 通过紧挨在冲击波面后的质点速度 u,声速 c 和熵 $\eta c_v/(\gamma-1)$ 表出,即

$$
\begin{aligned}
\frac{dx}{dt} &= h(u), \\
\frac{dx}{dt} &= g(c), \qquad (83.05) \\
\frac{dx}{dt} &= k(\eta).
\end{aligned}
$$

函数 h, g, k 由 Hugoniot 关系式给出．利用这些数据就可决定图 72 中所示的穿透区中的流动及冲击波曲线 $\mathscr{S}$ 的位置.

对所述的两个问题,利用特征方程(83.01)或(83.04)的求近似解的有限差分方法，正如许多计算所表明的，只用化相对少的工作量就给出了合理的结果．其做法如下：在稀疏波追赶接触间断的情况下，我们在 (α, β) 平面上考虑直线特征线 $\alpha=\text{const}$ 和 $\beta=\text{const}$ 的格网．特征线 L_0 变成一条给定的直线 $\alpha=\text{const}$,而波内的特征线则变为一系列直线 $\beta=\text{const}$．间断线 $\mathscr{D}$ 被映射成 (α, β)平面上的一条待求曲线,相应的特征线则如图 73 所示．在任何两条上述特征线的交点上,我们都可以决定出 u 和 c 的值,因为沿 $\alpha=\text{const}$ 和 $\beta=\text{const}$ 我们由 (83.01) 分别有两个关系式 $u-\frac{2}{\gamma-1}c=\text{const}$ 和 $u+\frac{2}{\gamma-1}c=\text{const}$．式中的常数由 L_0 上的初始分布和 $\mathscr{D}$ 上的 u 和 c 之间的关系式 (83.02) 确定．然后,我们考虑写为下列形式的(83.01)的头两个方程：

$$
\begin{aligned}
\Delta_\alpha x &= (\tilde{u}+\tilde{c})\Delta_\alpha t \quad 沿\ \beta=\text{const}, \\
\Delta_\beta x &= (\tilde{u}-\tilde{c})\Delta_\beta t \quad 沿\ \alpha=\text{const},
\end{aligned} \qquad (83.06)
$$

其中 Δ_α 或 Δ_β 分别代表 $\beta=\text{const}$ 上或 $\alpha=\text{const}$ 上的相邻两个交点之间的差分； $\tilde{u}+\tilde{c}$ 或 $\tilde{u}-\tilde{c}$ 代表相邻两个网格点上的 $u+c$ 或 $u-c$ 的平均值． 如果知道内网格点 P 的两个相邻点,例如 P_1 和 P_2 点上的 x 和 t 的值，则通过(83.06)就确定出 P 上的

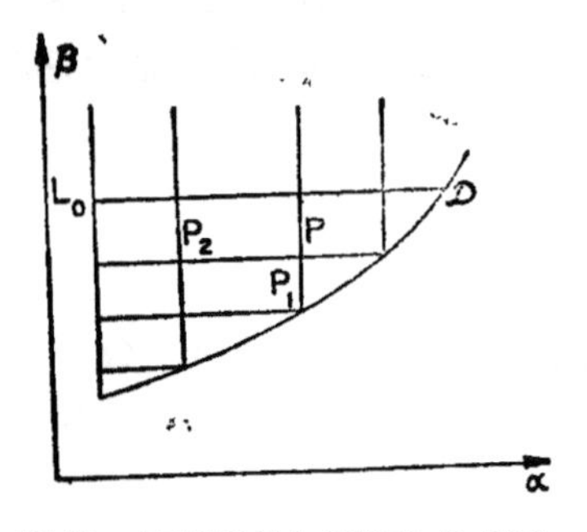

图 73 表示稀疏波与间断面 $\mathscr{D}$ 相互作用的 (α, β) 平面上的区域.

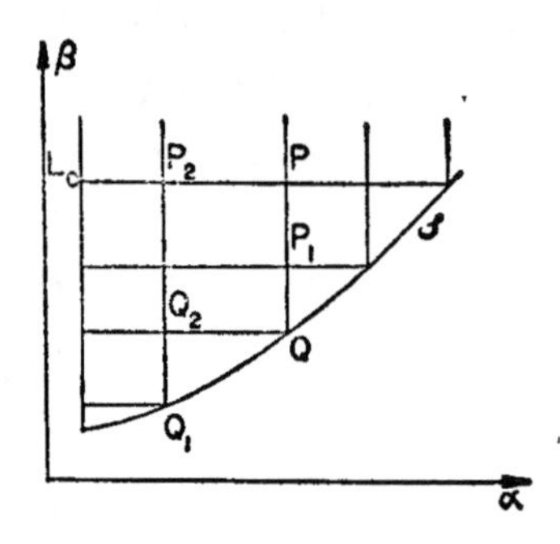

图 74 表示稀疏波与冲击波相互作用的 (α, β) 平面上的区域.

x 和 t 的值(见图 73). 留下的问题是只需确定沿 $\mathscr{D}$ 的 x 和 t 的值. 这通过将 $\mathscr{D}$ 上的关系式 $dx/dt = u$ 写成 $\mathscr{D}$ 上的差分关系式 $\Delta x = u\Delta t$ 来完成. 根据这一关系式和(83.06)的第一式, $\mathscr{D}$ 的位置被确定. 这就完成了计算.

在稀疏波追赶一个原先是常速冲击波的情况下, 有限差分方法稍许复杂一些. 我们仍在 (α, β) 平面上画出类似的网格图,这里 $\mathscr{S}$ 是待定的. 但是,现在 u 和 c 在网格点上的分布不象先前那样被直接决定,而是在知道 L_0 上的 x, t, u, c, η 的值的条件下,把方程组(83.04)写为差分方程组:

$$
\begin{gathered}
\Delta_\alpha x = (\tilde{u} + \tilde{c})\Delta_\alpha t \quad 沿\ \beta = \text{const}, \\
\Delta_\beta x = (\tilde{u} - \tilde{c})\Delta_\beta t \quad 沿\ \alpha = \text{const}, \\
\Delta_\alpha\left(u + \frac{2}{\gamma - 1}c\right) = \frac{\tilde{c}}{\gamma(\gamma - 1)}\Delta_\alpha\eta \ 沿\ \beta = \text{const}, \qquad (83.07) \\
\Delta_\beta\left(u - \frac{2}{\gamma - 1}c\right) = \frac{\tilde{c}}{\gamma(\gamma - 1)}\Delta_\beta\eta \ 沿\ \alpha = \text{const}, \\
\Delta_\alpha\eta\Delta_\beta t + \Delta_\beta\eta\Delta_\alpha t = 0.
\end{gathered}
$$

利用差分方程(83.07)与 x, t, u, c, η 在L_0上的初值及 $\mathscr{S}$ 上的关系式(83.05),就足以决定图 72 中所有网格点上的流动及 $\mathscr{S}$ 的位置. 具体地说,设 P 是一个内网格点,并设两个相邻点 P_1 和 P_2 上的 x, t, u, c, η 的值已知(见图 74). 在 P_1 与 P 之间利用 (83.07)

第一和第三式，在 P_2 与 P 之间利用第二和第四式，对 P_1，P，P_2 三个点利用第五式，就可以决定 P 上的 x，t，u，c 和 η。但是，若 Q 是 $\mathscr{S}$ 上的点，并且若相邻点 Q_1（在 $\mathscr{S}$ 上）和 Q_2 上的解已被定出，则在 Q_2 与 Q 之间取(83.07)的第二和第四个差分方程；而在 Q_1 和 Q 之间利用沿 $\mathscr{S}$ 的(83.05)的三个关系式(写为差分形式)．这些关系式就足以决定 Q（在 (x, t) 平面上）及 Q 上的 u，c 和 η。

为了求解差分方程(83.07)及关系式(83.05)，可以利用迭代过程．首先假定在所讨论的点上 $\Delta\eta=0$，从而(83.07)的前四个方程给出 x，t，u，c 的第一次近似．(83.07)的第五式则决定 η 的一个新值，于是可以用它来求得 x，t，u，c 的新值．这个迭代收敛得很快．此外，将关系式(83.05)中的函数 h，g，k 列成数值表格是方便的．

可以提一下如此算得的一个有趣的具体结果．在稀疏波赶上冲击波的过程中，"衰减时间"一般是很长的．例如，一个以 2.6 倍声速在空气中传播的冲击波，波后压力为 7.3 大气压；它被一个稀疏波赶上，赶上时最先的交点在 x 轴上，该稀疏波通过此交点需要一个单位时间．这时，计算表明，经过 230 个单位时间后，被减弱的冲击波其速度下降到 1.5 倍声速，而波后压力下降到 2.4 大气压．

应该指出，对上述边值问题作满意的理论分析似乎也是办得到的，但尚未做出．

E. 爆轰波和爆燃波

§84 反应过程

1880 年前后，一些法国物理学家，主要是 Vielle, Mallard, Le Chatelier 和 Berthelot，开始做火焰传播实验．他们发现，在充满可燃气体并于一端点燃的管道中，火焰在正常情况下是以每秒几米的低速传播的．但是，在一定情况下，缓慢燃烧过程将变成非常迅速的过程，它以每秒 2000 米或更大的高速度向前传播．这第二种类型的燃烧过程被称为爆轰．自然，对存在这样两种完全不同类型的燃烧传播(不仅在气体中，而且在固态炸药中反复出现)，要求作理论解释. 一种非常简单而且令人信服的解释是 Chapman 于 1899 年及 Jouguet 于 1905 年各自独立地提出的. 在他们的解释中，假定化学反应是瞬时发生的；换言之，假定有一个轮廓明显的阵面，它扫过未燃气体并使之瞬时变为已燃气体. 显然，穿越这样一个阵面的跃变，类似于穿越冲击波阵面时气体由未压缩状态到受压缩状态的跃变. 与冲击波跃变的差别仅在于，已燃气体与未燃气体的化学性质不同，并且化学反应影响着能量平衡.

正确地说，关于轮廓明显的火焰阵面的假定乃是一种极端的理想化，一般对爆轰过程是可以接受的，但对燃烧过程却不太令人满意. 燃烧过程一般受到管壁处产生的粘性边界层的强烈影响. 它还显著地依赖于重力，并且所产生的流动常常是湍流. 尽管如此，在上述假定的基础上对总的性质仍得到了重要的认识.

在这一部分中我们将讨论包含化学反应过程的气体流动理论，化学反应按假定是在通过轮廓明显的阵面时发生的. 我们将看到这些反应过程与冲击波有许多共同的特点，但也有明显的差别，特别是在流动过程的唯一确定性方面. 尽管如此，根据简单的论证，且不管与冲击波过程有多大相似性，我们仍能解释为什么爆轰和燃烧火焰是以不同的方式传播的. 冲击波与反应过程之间的差别之一是，已燃气体的内能函数 $e(\tau, p)$不同于未燃气体的. 此外，我们必须考虑在化学反应过程中所释放的能量，它部分地转化成已燃气体的动能，部分地转化成内能. 所释放的能量来源于未燃气体的分子结合能. 与通常的用法相反，我们在这里把分子中的原子势能记作分子结合能. 我们假定过程是放热的，亦即对已燃气体来说，当原子再化合组成新分子时所消耗掉的能量小于未燃气体的结合能. 我们把单位质量的结合能或“生成能”记作 g，并引进完全能

$$E = e + g.$$

假设对于未燃气体完全能是比容 τ 和压力 p 的已知函数 $E = E^{(0)}(\tau, p)$，对已燃气体 $E = E^{(1)}(\tau, p)$，虽然已燃气体的化

学成分实际上可能随压力和比容而变化. 在作了这些规定之后,用推导支配冲击波过渡关系式的同样做法,从质量、动量和能量三个守恒定律,就可推导出从未燃气体跃变到已燃气体所应遵循的关系式.

我们设已燃和未燃气体的流动发生在柱形管内,并设在每一截面上由比容 τ、压力 p 和速度 u 所表征的气体状态是均匀的. 和以前一样,将反应阵面的速度记作 U,相对阵面的气体速度记作 $v=u-U$. 假若我们在随反应阵面运动的坐标系中观察过程,并将未燃气体中的状态记以下标 0,已燃气体中的状态记以下标 1,则质量和动量两个守恒定律与冲击波阵面的相应定律完全相同:

$$\rho_0 v_0=\rho_1 v_1=m, \tag{84.01}$$

$$p_0+\rho_0 v_0^2=p_1+\rho_1 v_1^2. \tag{84.02}$$

能量守恒定律取如下形式:

$$E^{(0)}(\tau_0, p_0)+p_0\tau_0+\frac{1}{2}v_0^2$$

$$=E^{(1)}(\tau_1, p_1)+p_1\tau_1+\frac{1}{2}v_1^2. \tag{84.03}$$

最后一个公式与冲击波的相应公式有本质的不同,这里出现的不是内能而是完全能,在阵面的两边它是 τ 和 p 的不同函数. 我们将看到,这一差别有着重要的影响.

由前两个(力学的)守恒定律(84.01)和(84.02)得到与冲击波情况相同的关系式

$$\frac{p_1-p_0}{\tau_1-\tau_0}=-\rho^2v^2=-\rho_0^2v_0^2, \tag{84.04}$$

[参看(54.08—.09)]. 公式(84.04)意味着 p_1-p_0 的符号与 $\tau_1-\tau_0$ 的相反. 换言之,压力与比容是按相反的方向减少或增加,或者等价地说,压力和密度按相同方向减少和增加. 因此,有两类不同过程符合守恒定律:在一类过程中压力与密度二者都增加,在另一类中压力与密度都减少. 第一类过程称为爆轰,第二类过程对

应于缓慢燃烧．与爆轰相对比，燃烧有时叫作爆燃．在不发生反应的气体中，不会出现压力和密度减小且满足冲击波过程关系式的过程，因为这种过程会使熵减小．然而，正如我们将看到的，根据这样的理由则不能排除爆燃过程．爆轰与爆燃之间特有的差别隐含在公式

$$\frac{p_1 - p_0}{u_1 - u_0} = -\rho_0 v_0 = -\rho_1 v_1 \tag{84.05}$$

中，此式是由动量守恒(84.02)得出的．为简单起见，取反应阵面朝向后方因而 v_0 和 v_1 为正的特殊情况，于是，未燃气体(0)在阵面左方，已燃气体(1)在右方．这时关系式(84.05)表明，对于压力增加的爆轰，当反应阵面扫过气体时气体的速度减小．换言之，爆轰使已燃气体相对于阵面作减速运动．另一方面，在压力减小的爆燃中，当反应阵面扫过未燃气体时，气体离开反应阵面是加速的．

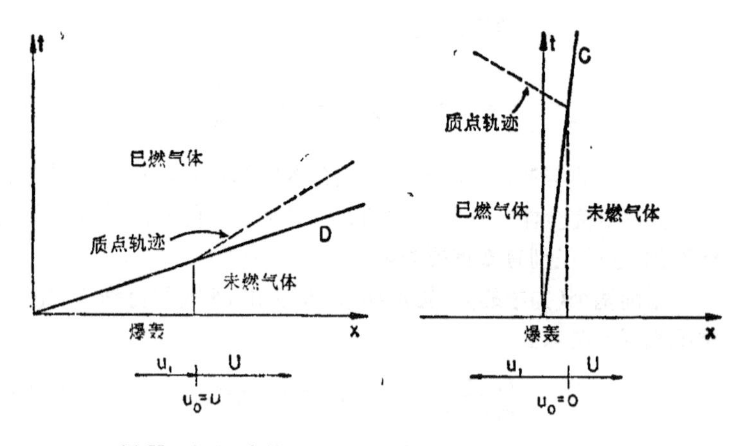

图 75　穿过爆轰波(D)和爆燃波(C)时气体速度的变化．

§85　假　　定

为了下面的论证，我们将对有关能量函数 $E(\tau, p)$ 的性质作几点通常满足物理实际的假定．首先假定，E 对 p 的偏微商和完

全焓

$$I = E + p\tau \tag{85.01}$$

对 τ 的偏微商是正的,即

$$E_p > 0,\ I_\tau > 0. \tag{85.02}$$

第二个假定是,下列关系式成立:

$$dE = de = -pd\tau + TdS. \tag{85.03}$$

如果我们能不考虑结合能 g 对于 p 和 τ 的依赖关系,则上式是正确的.

顺便说一下,如果我们对函数 $p = g(\tau, s)$ 作基本假设 $g_\tau < 0$, $g_s > 0$ [参看 (2.04) 和 (2.07)],则假设(85.02)可由(85.03)得出. 在这种情况下 $e_p g_s = T > 0$ 给出 $e_p > 0$ 或 $E_p > 0$; 而且,这时 $i_\tau = e_\tau + p = -e_p g_\tau$ 是正的,因此 $I_\tau = i_\tau > 0$.

表达过程放热性质的进一步要求是,对于同样的压力和密度,未燃气体的总能和焓始终大于已燃气体的总能和焓. 具体地说,对于紧挨过程之前的未燃气体中的 (τ_0, p_0) 值及紧挨过程之后的已燃气体中的 (τ_1, p_1) 值,应分别满足上述要求,亦即

$$\begin{aligned} E^{(0)}(\tau_0, p_0) &> E^{(1)}(\tau_0, p_0), \\ I^{(0)}(\tau_0, p_0) &> I^{(1)}(\tau_0, p_0), \end{aligned} \tag{85.04}$$

$$\begin{aligned} E^{(0)}(\tau_1, p_1) &> E^{(1)}(\tau_1, p_1), \\ I^{(0)}(\tau_1, p_1) &> I^{(1)}(\tau_1, p_1). \end{aligned} \tag{85.05}$$

§86 各类过程

如在 §64 中对冲击波所做过的那样,将速度从 (84.01), (84.02) 和 (84.03) 三个关系式中消去是有用的. 这时我们得到 **Hugoniot 关系式**

$$E^{(1)}(\tau_1, p_1) - E^{(0)}(\tau_0, p_0) = -\frac{1}{2}(\tau_1 - \tau_0)(p_1 + p_0), \tag{86.01}$$

根据(85.01)它等价于

$$I^{(1)}(\tau_1, p_1) - I^{(0)}(\tau_0, p_0)$$

$$= \frac{1}{2}(\tau_1 + \tau_0)(p_1 - p_0). \tag{86.02}$$

假设我们考虑比容不变，即 $\tau_1 = \tau_0$ 的过程，那么由关系式(86.01)得到

$$E^{(1)}(\tau_1, p_1) = E^{(0)}(\tau_0, p_0). \tag{86.03}$$

由假定(85.04)和(85.02)立即可得不等式 $p_1 > p_0$. 换句话说，这过程是爆轰，是所谓的"定容爆轰". 由关系式(84.04)看出，在这种定容爆轰中，阵面相对未燃气体的速度 $|v_0|$ 为无穷大. 这说明，这种过程应看作只是一种体积增加不多而以巨大速度朝前运动的爆轰的极限情况.

另一方面，考虑一种压力不变，即 $p_1 = p_0$ 的过程. 按关系式(86.02)这意味着

$$I^{(1)}(\tau_1, p_1) = I^{(0)}(\tau_0, p_0). \tag{86.04}$$

根据假定(85.04)和(85.02)这表明 $\tau_1 > \tau_0$. 因此这种过程是爆燃，是所谓的"定压爆燃". 由关系式(84.04)我们看到，在这种爆燃中火焰锋面相对未燃气体将是静止的. 所以，这种过程应看作是压力下降不多且传播非常缓慢的爆燃的极限情况.

为了讨论反应过程，借助已燃气体的 Hugoniot 函数是有用的：

$$H^{(1)}(\tau, p) = E^{(1)}(\tau, p) - E^{(1)}(\tau_0, p_0) + \frac{1}{2}(\tau - \tau_0)(p + p_0), \tag{86.05}$$

(参看§ 64). 略去已燃气体的下标 1，关系式(86.01)可以写为如下形式：

$$H^{(1)}(\tau, p) = E^{(0)}(\tau_0, p_0) - E^{(1)}(\tau_0, p_0), \tag{86.06}$$

根据假设(85.04)上式中右端项是正的. 设未燃气体的比容 τ_0 和压力 p_0 已知，但反应阵面的速度未知. 这时，在所有符合三个守恒定律(84.01—.03)的反应过程中，已燃气体的压力和比容满足关系式(86.06). 然而，实际上不是所有满足这一关系式的 τ 和 p 的值都对应与(84.01—.03)相容的反应过程，因为有由(84.04)导出

的以下条件的限制：

$$\frac{p_1 - p_0}{\tau_1 - \tau_0} < 0. \tag{86.07}$$

在 (τ, p) 平面上满足方程(86.06)和不等式(86.07)的诸点的曲线称作 Hugoniot 曲线（见图 76）．值得注意的是，该曲线由断开的两支组成，它表明各守恒定律与截然不同的两类过程相容这一事实．依照 $\tau \leqslant \tau_0$ 或 $p \leqslant p_0$，这两支将叫做“爆轰分支”和“爆燃分支”．

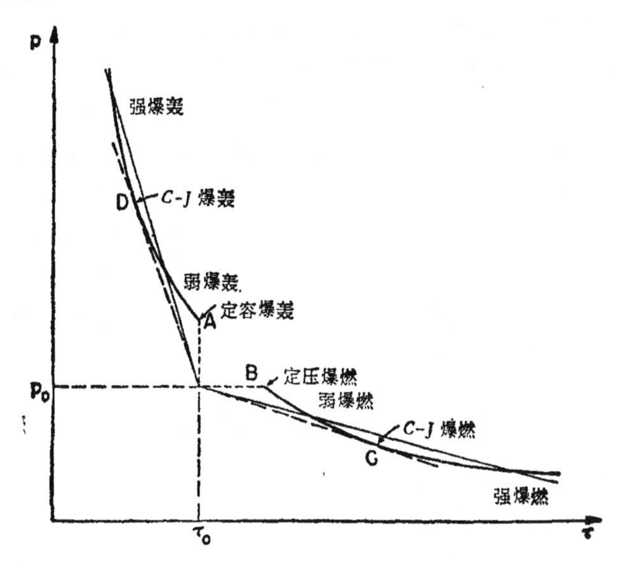

图 76　爆轰和爆燃的 Hugoniot 曲线．

在爆轰和爆燃当中，我们将再区分几种类型．为了作此讨论，我们补充一个假定：沿着 Hugoniot 曲线的爆轰分支，压力无限增大．

我们考虑 (τ, p) 平面上过点 (τ_0, p_0) 的一条直线及它与 Hugoniot 曲线的交点．如果斜率 $(p - p_0)/(\tau - \tau_0)$ 是一个大负数，则在对应定容爆轰的 A 点附近将有一个交点．根据沿 Hugoniot 曲线爆轰分支压力无限增大的假定可得，该直线与爆轰分支还有另一个交点．稍晚在 § 88 中将证明，至少在假定 (85.03) 成立时，只有这两个交点. 如果增大斜率 $(p-p_0)/(\tau-\tau_0)$,则这两个交点最终汇合于D点,因为当 p 达到值 p_0 时,正如前面已表明的,仅有的一个交点位于爆轰分支上.所以在爆轰分支上有一个D点,它将爆轰分支分为两部分. 换言之,正如为了以后的使用应该指出,任何过(τ_0,p_0)点的射线,当其斜率稍小于过D点的射线之斜率时,它就与 Hugoniot 曲线相交于两点. 由该支曲线的下段(即具有较小 p 值的那一段)上的点所代表的爆轰,叫作弱爆轰;由该支曲线的上段上的点所代表的爆轰,叫作强爆轰. 与分隔上述两种点的D点相对应的爆轰,称为 Chapman-Jouguet 爆轰.

类似地,如果直线的斜率 $(p-p_0)/(\tau-\tau_0)$ 是一个小的负数,它将在对应定压爆燃的B点附近与爆燃分支相交. 当减小该斜率时可能出现第二个交点,正如我们将证明的,最多只可能出现第二个交点. 由第一种交点所表示的爆燃将称为弱爆燃;由第二种交点所表示的将称为强爆燃. 弱爆燃和强爆燃被由C点所代表的 Chapman-Jouguet 爆燃分隔开. 为了以后的应用我们指出,任何过 (τ_0, p_0) 的射线,当斜率稍大于过C点的射线之斜率时,与 Hugoniot 曲线相交于两点.

§87 Chapman-Jouguet 过程(C-J 过程)

Chapman-Jouguet 反应过程有种种特有的性质,现在我们始终利用假定(85.03)对其进行讨论. 根据点D和C的定义,通过点(τ_0, p_0) 和D或C的直线是 Hugoniot 曲线的切线,换言之,对于 C-J 反应下列关系式成立:

$$\frac{dp}{d\tau}=\frac{p-p_0}{\tau-\tau_0}, \tag{87.01}$$

其中微分是沿 Hugoniot 曲线取的. 由(87.01)以及由按假定(85.03)从(86.05)得到的等式

$$dH^{(1)}(\tau, p)=TdS+\frac{1}{2}\{(\tau-\tau_0)dp-(p-p_0)d\tau\}, \tag{87.02}$$

我们有关系式

$$dS = 0 \quad 在 D 和 C 处. \tag{87.03}$$

换句话说,如果未燃气体的状态不变,则各种可能的反应过程后面的已燃气体的熵,在 C-J 过程时取一个稳定值. 此外,因为绝热过程由 $dS = 0$ 表征,所以在 D 或 C 处,沿 Hugoniot 曲线的微商 $dp/d\tau$ 与沿过 D 或 C 的绝热曲线的微商 $dp/d\tau$ 相等.

已燃气体的声速 c 满足关系式

$$\rho^2 c^2 = \frac{dp}{d\tau}, \tag{87.04}$$

其中 $dp/d\tau$ 微分是沿绝热曲线取的,所以,当微分沿 Hugoniot 曲线取时,同样的关系式在点 D 或 C 成立. 联合关系式 (87.04),(87.01)和(84.04),我们得到

$$c = |v| \quad 在点 D 或 C 处. \tag{87.05}$$

这就是说,在 C-J 过程中已燃气体相对阵面的速度 $|v|$ 等于已燃气体的声速,或者说,当从 C-J 反应阵面后边的已燃气体方面来观察时,C-J 阵面是以声速运动. 这就是 Jouguet 于 1905 年所作的著名论述. 再一个性质是由下列关系式推导出来的:

$$(u_0 - U)^2 = v_0^2 = -\tau_0^2 \frac{p - p_0}{\tau - \tau_0}, \tag{87.06}$$

此式是从 (84.04) 得出的. 保持 τ_0 和 p_0 不变,对此式沿 Hugoniot 曲线微分,我们得关系式

$$dv_0^2 = \frac{-\tau_0^2}{(\tau - \tau_0)^2}\{(\tau - \tau_0)dp - (p - p_0)d\tau\}, \tag{87.07}$$

由此

$$d(u_0 - U) = dv_0 = 0 \quad 在点 D 和 C 处. \tag{87.08}$$

关系式(87.08)说明: 在由固定的状态(0)开始的各种可能的反应过程中,C-J 过程使反应阵面的相对未燃气体的速度取一稳定值. 这就是 Chapman 于 1899 年所阐述的性质.

更具体地说, 在 C-J 反应中熵和反应阵面的速度取稳定值的性质可以叙述如下: 对于 C-J 爆轰, 速度 $|v_0|$ 和已燃气体的熵是相对的极小值;而对于 C-J 爆燃,速度 $|v_0|$ 和熵是相对的极大值.

重要的是，对于 C-J 爆轰(正如我们将看到的，这是在正常情况下发生的爆轰)熵为极小. 相反，人们也许曾预期过熵为极大的爆轰. (这种预期曾使某些作者错误地断言 S 在 D 点有极大值.) C-J 爆轰是所有爆轰中最慢的，这也是重要的.

我们来着手证明这些论述，首先从推导关系式

$$\frac{d^2p}{d\tau^2} \geqslant 0 \quad \text{在} D \text{和} C \text{点}$$

开始，这里微分是沿 Hugoniot 曲线取的. 根据前面§86末尾所作的论述，即通过点 (τ_0, p_0) 的，斜率分别比通过点 D 或 C 的切线之斜率稍小或稍大的射线，与 Hugoniot 曲线在 D 或 C 附近相交于两点，就立即可得出此式.

然后，我们对关系式

$$2T\frac{dS}{d\tau} = (p - p_0) - (\tau - \tau_0)\frac{dp}{d\tau}$$

沿 Hugoniot 曲线进行微分[参看(87.02)]. 结果是

$$2T\frac{d^2S}{d\tau^2} = -(\tau - \tau_0)\frac{d^2p}{d\tau^2} \quad \text{在} D \text{和} C \text{点}, \tag{87.09}$$

这是因为在这些点上 $dS/d\tau = 0$. 所以

$$\frac{d^2S}{d\tau^2} \geqslant 0 \quad \text{在} D \text{点},$$

$$\leqslant 0 \quad \text{在} C \text{点}.$$

我们现在根据以下的论证将等号去掉. 当沿 Hugoniot 曲线对关系式 $p = g(\tau, S)$ 微分时，我们得到

$$\frac{dp}{d\tau} = g_\tau + g_S S_\tau \quad \text{和}$$

$$\frac{d^2p}{d\tau^2} = g_{\tau\tau} + g_S S_{\tau\tau} \quad \text{在} D \text{或} C \text{点},$$

因为这里 $S_\tau = 0$. 由于基本假定 $g_{\tau\tau} > 0$，最后一个关系式表明，在 D 或 C 点 $p_{\tau\tau}$ 和 $S_{\tau\tau}$ 不能同时为零. 于是关系式(87.09)表明，在 D 或 C 点这些量全都不能为零. 所以我们有

$$\frac{d^2p}{d\tau^2}>0 \quad 在D或C点, \tag{87.10}$$

$$\left.\begin{aligned}\frac{d^2S}{d\tau^2}>0 \quad 在D点,\\ \frac{d^2S}{d\tau^2}<0 \quad 在C点.\end{aligned}\right\} \tag{87.11}$$

最后的关系式意味着，S 在 D 点有极小值，而在 C 点有极大值.

沿 Hugoniot 曲线微分关系式(87.07)，并考虑到(87.01)，我们得到

$$\frac{d^2v_0^2}{d\tau^2}=-\frac{\tau_0^2}{\tau-\tau_0}\frac{d^2p}{d\tau^2} \quad 在D和C点,$$

根据(87.10)由此式得出

$$\left.\begin{aligned}\frac{d^2v_0^2}{d\tau^2}>0 \quad 在D点,\\ \frac{d^2v_0^2}{d\tau^2}<0 \quad 在C点.\end{aligned}\right\} \tag{87.12}$$

于是，$|v_0|$ 在 D 点是极小值而在 C 点是极大值.

§88 Jouguet 法则

现在我们系统阐述可据以区分弱反应过程与强反应过程的特征性质. 这些性质体现在下述所谓的 **Jouguet 法则中：气体相对反应阵面的流动，**

在爆轰波阵面前是超声速的；
在弱爆轰波阵面后是超声速的；
在强爆轰波阵面后是亚声速的；
在爆燃锋面前是亚声速的；
在弱爆燃锋面后是亚声速的；
在强爆燃锋面前是超声速的.

Jouguet 法则是根据 H. Weyl 为讨论冲击波所引进的，并在 §65 中解释过的考虑而成功地推导出来的(还参阅[73]). 下列事实被

证明对于任何理想气体，从而对于反应过程中的已燃气体是成立的.

在(τ, p)平面上通过点(τ_0, p_0)的任何一条直线上，熵S的任何一个稳定值都是极大值，所以，最多有一个这样的稳定值. 再则,因为根据(87.02),关系式

$$dH^{(1)} = TdS \tag{88.01}$$

沿任何射线都成立，所以 Hugoniot 函数 $H^{(1)}$ 在那些射线上也最多有一个稳定值,并且也是极大值.

这个事实的一个直接推论就是前面在 § 87 中所做的重要论述：过点(τ_0, p_0)的一条直线与 Hugoniot 曲线最多相交于两点. 否则,在这直线上函数 $H^{(1)}$ 至少会有两个稳定值.

我们现在考虑过点(τ_0, p_0)的直线射线同由方程(86.06)

$$H^{(1)}(\tau, p) = E^{(0)}(\tau_0, p_0) - E^{(1)}(\tau_0, p_0) \tag{86.06}$$

和不等式(86.07)所表征的 Hugoniot 曲线的两支中任何一支相交而得的两个交点. "第一个"交点对应弱过程，"第二个"交点对应强过程. 在这两个交点上 Hugoniot 函数 $H^{(1)}$ 有同样的值,所以它在某一中间点上有极大值. 因此在该点上熵S也有极大值，并且由于沿射线S没有别的稳定值,所以在第一个交点上S增加,在第二个交点上S减小.

如果射线与爆轰分支相交,则沿射线τ从点(τ_0, p_0)起一直减小，所以上面最后的论述可表示为：在射线与爆轰分支的第一和第二个交点上分别有

$$\frac{dS}{d\tau} < 0 \text{ 和 } \frac{dS}{d\tau} > 0. \tag{88.02}$$

类似地,在射线与爆燃分支的第一和第二个交点上分别有

$$\frac{dS}{d\tau} > 0 \text{ 和 } \frac{dS}{d\tau} < 0. \tag{88.03}$$

沿着直线有 $dp/d\tau = (p - p_0)/(\tau - \tau_0)$，所以根据(84.04)有 $dp/d\tau = -\rho^2 v^2$. 此外,沿绝热曲线 $S_\tau/S_p = -dp/d\tau$，所以根据(2.05) $S_\tau/S_p = \rho^2 c^2$. 于是,根据(2.07) $S_p = 1/p_s > 0$,所以

$$\frac{dS}{d\tau} = \rho^2(c^2 - v^2)S_p. \tag{88.04}$$

这样，在爆轰分支的第一和第二个交点上，条件 (88.02) 和 (88.03)分别等价于

$$c < |v|, \text{ 和 } c > |v|, \tag{88.05}$$

在爆燃分支的第一和第二个交点分别等价于

$$c > |v|, \text{ 和 } c < |v|, \tag{88.06}$$

于是，Jouguet 法则中有关爆轰阵面或爆燃锋面后边状态的这部分内容到此证毕.

为了确立有关反应阵面前边状态的那部分 Jouguet 法则，我们把阵面后边的状态看作固定不变的，而变动阵面前边的状态. 方程(86.01)和(86.06)现在取以下形式:

$$H^{(0)}(\tau, p) = E^{(1)}(\tau_1, p_1) - E^{(0)}(\tau_1, p_1), \tag{88.07}$$

根据假定(85.05)上式右端项为负. 下述结论仍然成立,即 $H^{(0)}$ 和 S 沿射线最多有一个稳定值，且此值是极大值. 同由(86.06)给出的 Hugoniot 曲线的情形相反，过点(τ_1, p_1)的任何射线与(88.07)

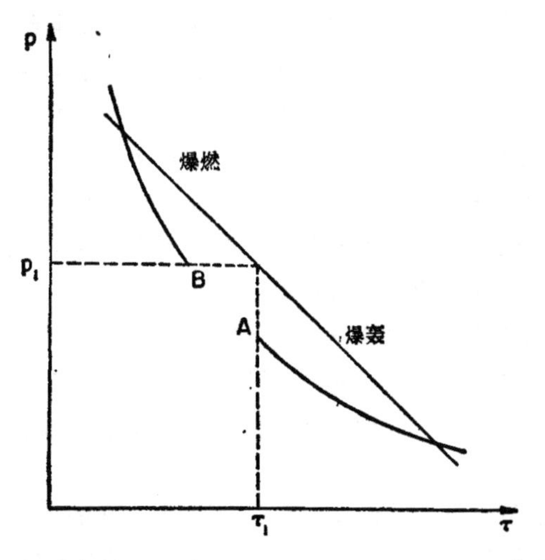

图 77 反应阵面后边的状态(τ_1, p_1)给定时阵面前边状态的 Hugoniot 曲线.

所给的 Hugoniot 曲线最多相交于一点．因为，若假设交点不止一个，则量 $H^{(0)}$（它在点(τ_1, p_1)处为零且在交点上有相同值）在这两个交点之间就会有一个极小值．由于同样的理由，很清楚，在交点处 $H^{(0)}$ 沿射线是减小的．根据(88.01)，熵 S 也是减小的．在与爆轰分支相交的点上，我们有 $\tau > \tau_1$，所以该处 $dS/d\tau < 0$，按(88.04) 的结果，就等价于 $v^2 > c^2$．这样我们证明了，爆轰波前的流动是超声速的．用类似的方法我们得出，在爆燃波前流动是亚声速的，即 $v^2 < c^2$．于是 Jouguet 法则全部证毕．

应着重指出，Jouguet 法则只罗列了与间断面上的守恒定律在数学上相容的各种组合，但是物理实际并未呈现出这种数学模型所提供的所有可能性．正如在§93和§94中的进一步讨论将表明的，强爆燃实际上决不可能发生，弱爆轰只在极端的且很少的情况下才有可能．我们暂且把更深入的分析搁一下，而先就现在已有的数学框架推导一些结论．

§89　包含反应阵面的气体流动的确定性

假设在初始时刻 $t=0$，在一个由 $x=0$ 延伸到 $x=\infty$ 的柱形管内充满了可燃气体，并设 $t=0$ 时刻在截面 $x=0$ 处开始反应，反应在正方向上推进．通常人们关心的是端面 $x=0$ 始终封闭或完全敞开的情况．但是，我们将通过考虑一个活塞在 $t=0$ 时刻从端面 $x=0$ 处以规定的常速度 u_P 开始运动的情况，来进行稍许更一般的分析．这种分析不仅有助于弄清确定性问题，而且对了解更复杂的现象也是有帮助的．

我们的任务是解决这样一个问题：倘若出现一个以常速向可燃气体内运动的轮廓明显的反应阵面，气体流动将在何种程度上由初始状态及活塞的运动决定？当然，这些间断必须满足守恒条件(84.01—.03)．

在上述条件下，我们现在可以讨论流动的解的存在性和唯一性．如果不发生化学反应，流动问题有唯一确定的解．对于活塞速度为正的情况，这个解包含着一个唯一确定的冲击波；对于活塞速度为负的情况，则包含一个中心简单稀疏波. 摆在我们面前的问题是，当发生化学反应时，这种确定性是否仍有效. 换言之，当给定了 $x>0$ 处的静止状态、自 $x=0$, $t=0$ 处开始的反应、以及不变的活塞速度 $u=u_P$ 时，对管道内的流动来说是否有一个且只有一个解？正如我们将看到的，情况未必如此. 为何有这种差别，在 Jouguet 法则中找到了解释.

按照在§36中所提出的确定性原则，确定性取决于在 (x,t) 平面上给数据的曲线是否是时向线或空向线. 当考虑这样的曲线时，时向性质对应于相对气流的亚声速，空向性质对应于超声速. 在 (x,t) 表示图中时向或空向性质意味着，$dt>0$ 时的两个特征方向分别指向曲线的两侧或同一侧. 为简单起见，我们假设未燃和已燃气体的流动是等熵的，从而只有两个特征方向. 在§36中所作的论述这时就意味着，在两条曲线之间的区域内流动问题的解在以下两种情况下是唯一的：

1）两条曲线都是时向的且在每一条上给定了一个量，在交点上给定了两个量.

2）一条曲线是空向的且在它上面给定了两个量，另一条曲线是时向的且具有一个给定的量.

我们不作证明而进一步指出：

假若在情况1）中给定的值在这两条曲线的交点上是连续的，并且在该处两条曲线是时向线，则只要这两条曲线保持为时向线，解就存在.

在情况2）中如果容许冲击波作为解的一部分，则解存在.

在我们考虑的情况中活塞轨迹始终是时向线，因为它与相邻气体质点的轨迹是同一条曲线，它有一个给定量即速度 u_P. x 轴显然是空向线，它有两个给定量，即与未燃气体初始静止这一假定相对应的速度 $u=0$ 和声速 $c=c_0$（或 p_0 或 τ_0）. 但是，由于涉及到反应阵面的未知轨迹，唯一性的论述不能直接应用于这两条曲线. 所以必须对 x 轴与反应轨迹 $\mathscr{W}$ 之间的区域和反应轨迹与活塞轨迹 $\mathscr{P}$ 之间的区域分开应用.

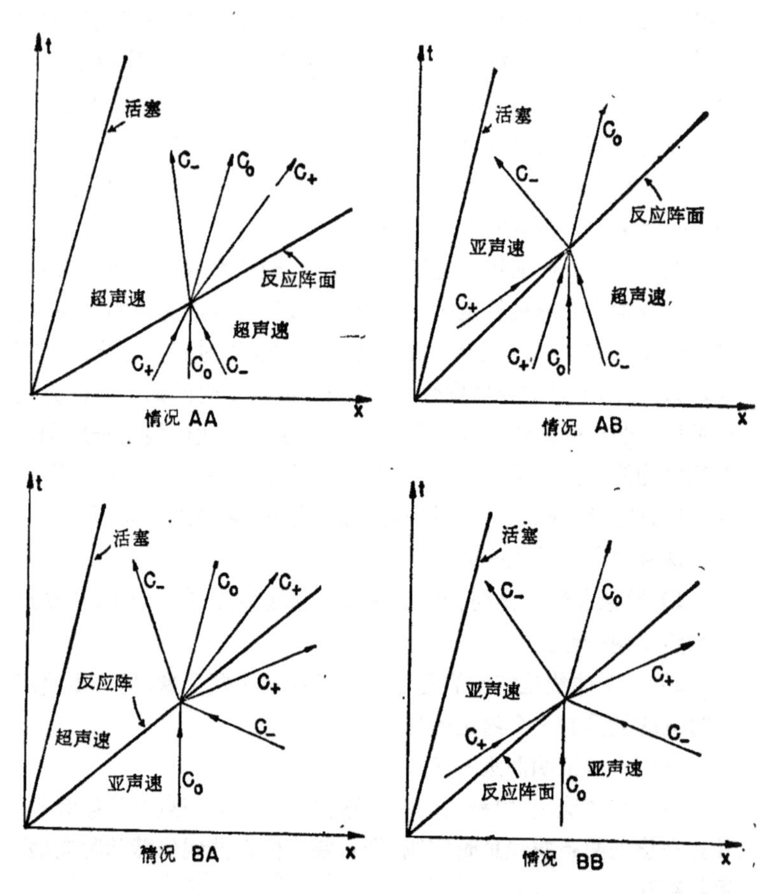

图 78 特征方向和反应阵面之间的可能关系.

根据反应阵面前边或后边的流动相对反应轨迹 $\mathscr{W}$ 是超声速的(A)或者亚声速的(B)，我们区别四种情况 AA, AB, BA, BB. 决定的因素是特征线 C_+, C_- 的和质点轨迹 C_0 的相对位置，相应地存在如图 78 中所表示的下列四种可能性:

假设 $\mathscr{W}$ 的斜率即反应阵面的速度是任意给定的. 如果该反应相对其前面的气体是超声速的，则从它前面的区域中观察时反应轨迹是空向线. 在 $t=0$ 时沿 x 轴的初值 $u_0=0$ 和 c_0 唯一地

决定了 $\mathscr{W}$ 之前的流动，这就是处处有 $u=u_0$，$c=c_0$. 根据跃变条件(84.01—.03)，在反应轨迹紧后面的 u 和 c 的值就被确定. 由于流动的连续性这里出现两种可能情况.

在第一种情况 AA 中，$\mathscr{W}$ 后面的流动相对 $\mathscr{W}$ 也是超声速的. $\mathscr{W}$ 对于它后面的区域是空向线，并带有 u 和 c 两个值，按 Jouguet 法则这时反应是弱爆轰. 因为活塞轨迹 $\mathscr{P}$ 始终是时向线，所以按普遍原则(参看§28) $\mathscr{W}$ 与 $\mathscr{P}$ 之间的区域内的流动被唯一确定. 由于反应阵面的速度可以任意选取（只要保证是超声速的条件），这就留下一个不确定度.

在第二种情况 AB 中，轨迹 $\mathscr{W}$ 对于它后面的区域是时向线. 因此，为了存在唯一解，紧接在作为 $\mathscr{W}$ 与 $\mathscr{P}$ 之间区域的初值曲线 $\mathscr{W}$ 的后面，只有一个量可以被任意给定. $\mathscr{W}$ 后面的另一个量随之被确定. 因为这个量也是由 $\mathscr{W}$ 的斜率确定的，所以显然，此斜率即反应阵面的速度不再是任意的，而必须适当地选定.（在§90 中我们将证明，如果活塞速度 u_P 是常数且足够大，这是可以做到的.）虽然在情况 AA 中波阵面 $\mathscr{W}$ 是可以任意选取的，但在情况 AB 中在选取 $\mathscr{W}$ 上没有这种活动余地，在这里根据 Jouguet 法则反应是强爆轰. 情况类似于无反应流体中包含冲击波的流动情形，在那里冲击波阵面的速度是这样确定的，即将它调整到与给定的活塞运动相适应. 同样，在情况 AB 中流动是根据初始条件和活塞速度确定的. 所以不确定度为零.

在情况 BA 中反应轨迹 $\mathscr{W}$ 从它前面的状态来观察是时向线，所以在 $\mathscr{W}$ 前面可以任意给一个边界条件. 这时在反应阵面后边状态由跃变条件决定，对该区而言 $\mathscr{W}$ 是空向线，$\mathscr{P}$ 是时向线，按一般原则，$\mathscr{W}$ 与 $\mathscr{P}$ 之间的流动就被确定. 所以在反应是强爆燃的情况 BA 中，有两个不确定度. 为了确定流动，除初始状态和活塞运动以外，能够而且必须再给定两个量：反应轨迹和其前面的一个量.

在情况 BB 中反应轨迹 $\mathscr{W}$ 对于两侧相邻的区域而言都是时向线. 必须这样选取 $\mathscr{W}$ 前边所给定的量，使得 $\mathscr{W}$ 后边所得三个量的值与活塞上的边界条件相容．所以，在反应是弱爆燃的这种情况下，有一个不确定度；为确定此流动，有一个量，譬如反应阵面的波速可以而且必须给定．

应强调的是，在 BA 和 BB 两种情况下反应阵面前边的状态未必是不变的，换言之，反应阵面前边的状态是受反应影响的．

与只包含冲击波间断的流动相比较，包含爆轰和爆燃阵面的流动有较多的不确定度，这是由于所有的情况 AA，AB，BA，BB 均符合反应过程中的守恒定律，而冲击波则总是属于情况 AB．

§90 包含爆轰过程的流动问题的解

现在我们对活塞速度 u_P 是常数的情况，通过详细示明流动是如何按活塞上的边界条件进行调整的，以对前面的一般性论述作些补充．

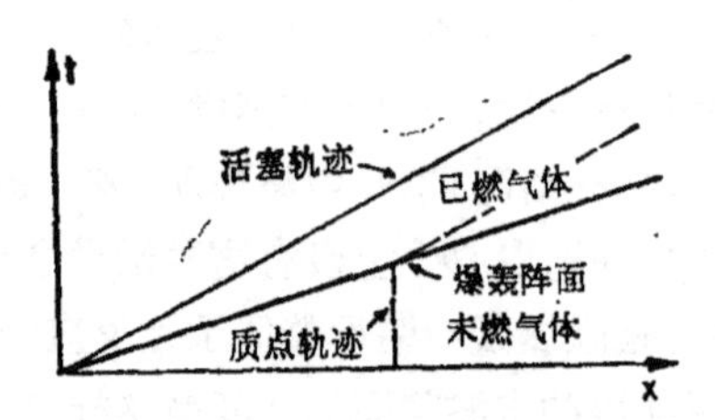

图 79　由以速度 $u_P > u_D$ 运动的活塞所维持的强爆轰．

我们首先讨论在时刻 $t=0$ 于点 $x=0$ 开始的爆轰，其波前是静止状态 $u_0=0$．正如我们在§84末尾已看到的，波阵面后的速度 u 是正的．这时反应阵面的速度由三个守恒定律确定．我们用 $u_D=c_D$ [参看(87.05)]表示满足 C-J 条件的爆轰阵面后边的气体速度的特定值．

我们从

$$u_P > u_D \tag{90.01}$$

的情况出发，并认为这时只可能有包含强爆轰波阵面的一种流动．这种流动中波后状态是不变的，具体地说，速度 u 就等于 u_P．这类似于包含冲击波阵面的流动情形．由于从波后观察的强爆轰波阵面是时向线，所以 § 89 开头的论述表明，它好象没有别的解存在.

下面我们证明，只要

$$u_p \leqslant u_D, \tag{90.02}$$

就可能有一包含 C-J 爆轰的流动. 在 C-J 阵面紧后边的流动速度 $u = u_D$ 不一定等于活塞速度 u_P. 在这种情况下调整是通过紧跟在爆轰波阵面后面的一个中心简单波来实现的，因为波阵面和简单波中的第一个声波相对爆轰阵面后边的气体都以声速运动（见图80）. 仅当 $u_P = u_D$ 时这个稀疏波才消失.

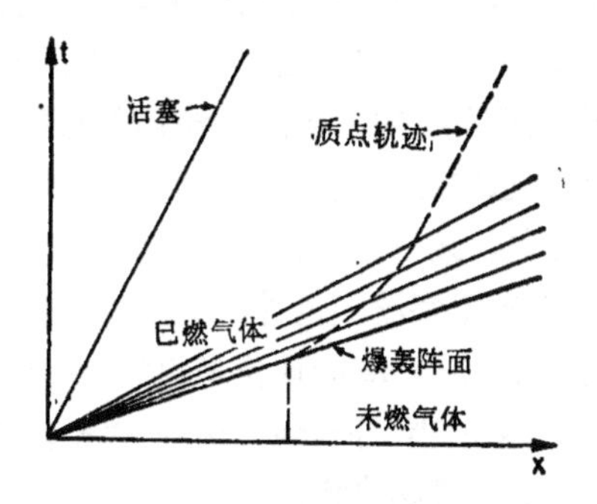

图 80　C-J 爆轰. 已燃气体的流动通过一个中心稀疏波达到静止.

如果管端固定，即 $u_P = 0$，或者被往外抽离，即 $u = u_P < 0$，则与上述情况相合，于是 C-J 爆轰是可能的. 这种爆轰是实际上发生的爆轰，这实质上就是著名的 Chapman-Jouguet 假说.

基于现在的分析，对于任何活塞速度 u_P，包含弱爆轰的流动应该是可能的. 假若在波阵面紧后边的速度 u 是介于 u_P 与 u_D 之间，则流动也应包含一中心稀疏波，但是它应落在爆轰波阵面的后边. 若 $u = u_P$，则稀疏波将消失. 若 $u < u_P$，则将通过一个冲击波实现调整，该冲击波也应落后于爆轰波. 在最后这种情况下，u 值被限制为低于某值 $u_* < u_P$. 当 $u = u_*$ 时冲击波阵面与爆轰波阵面将合在一起，起着与一个强爆轰相同的作用. 我们将在 § 94 中看到，弱爆轰是不存在的，因此，我们对这些内容不作更详细

的讨论．之所以提到它们，只是为了说明仅仅根据三个守恒定律是不能排除弱爆轰的．

§91 包含爆燃的流动问题的解

在爆燃过程中，情形在许多方面与爆轰过程中所碰到的有很大的差别．设有一个弱爆燃波从活塞上（$x=0$）开始，向着管内（$x>0$）的静止未燃气体中传播．于是根据(84.05)，爆燃波阵面后已燃气体的速度 u 是负的，$u<0$． 这只有当活塞被以至少等于 u 的速度抽离时才与问题的条件相容．在相反的情况下，对于爆燃波来说，朝着静止的炸药气体运动是不可能的．在这里我们有情况 BB，直线 $\mathscr{W}$ 对于它后面的区域而言是时向线，按向前运动的活塞作调整是不可能的．所以，流动必然是按照一种不同于前面的分析中所设想的图象进行．实际上发生的是，有一个预压波传入炸药气体．它以某一速度推动前边的炸药气体，该速度恰好足以保证该气体在被爆燃波扫过并使之燃烧时可以变成静止的．

预压波的出现是与 §88 的理论考虑完全一致的，或者倒不如说是它的结果．的确，按照 Jouguet 法则，爆燃波前边的流动是亚声速的(情况 B)，所以爆燃波将影响其前面气体的状态．

假若活塞速度是常数，例如活塞保持不动 $u_p=0$，则存在包含一个常爆燃波和一个中心预压波的流动．（这似乎是流动问题唯一的解．）中心压缩波不过是一个常冲击波．因此问题的解包含一个传入未燃气体的常预压冲击波，它压缩并加速未燃气体，使得在通过跟在冲击波后边的常爆燃波时，气体发生燃烧，并变为静止或达到给定的活塞速度（见图 81)．

对每个假定的预压冲击波还有许多种可能的调整，或者通过一个唯一确定的弱爆燃波调整（情况 BB)，或者通过一个强爆燃波调整(情况 BA)(它可以在单参数变化范围内任意选取，且也是由稀疏波或冲击波跟在其后)．当然，这些可能性受到下述条件的限制，即每一个波的速度要小于它前面的波的速度．

在爆燃的讨论中，主要的一点是，爆燃过程比爆轰过程有更多的不确定度．虽然爆燃过程符合各守恒定律，但是基于对其内部机理的讨论，也必然要排除某些爆燃过程．后面我们将给出这种讨论（参看§93和§94）．其结论是，强爆燃在任何时候都是不可能的，弱爆燃仅当具有完全确定的速度 v_0 时才是可能的，这速度依赖于未燃气体的状态，也依赖于未燃和已燃气体的热传导性．根据以前的讨论可以证明，同样，在对活塞速度 u_P 一定的限制下，对每个 u_P 存在着包含一个常预压冲击波和一个常爆燃波的流动．极限情况是预压冲击波与爆燃波相重合．

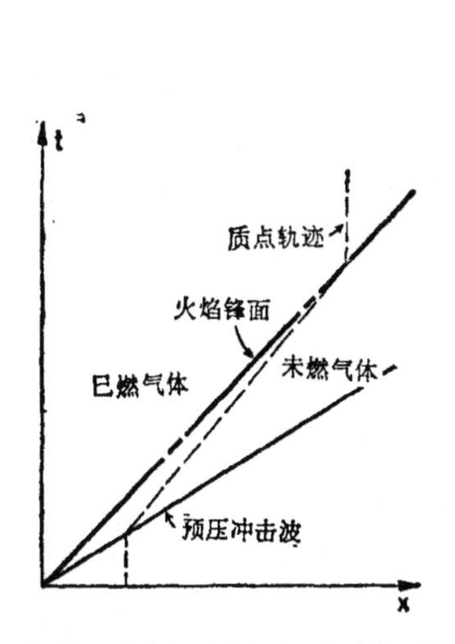

图 81　带有预压冲击波且管端封闭处 $u_P = 0$ 的弱爆燃波．

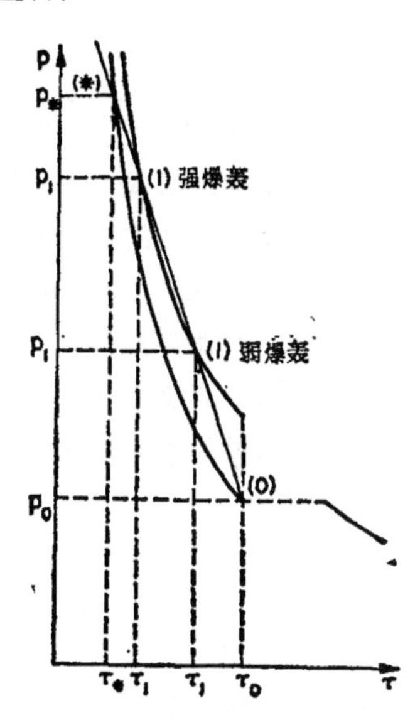

图 82　爆轰作为与其预压冲击波相重合的爆燃．两条曲线是有反应的和无反应的 Hugoniot 曲线．

§92　爆轰作为被冲击波激发的爆燃

一个与其预压缩冲击波重合的爆燃波，等价于一个爆轰波（参阅 Jouguet[64] 和 V. Neumann[71]）．于是，随着把预压缩波的强度增大到其速度等于可能的爆轰波的速度，就可以观察到由爆燃过程到爆轰过程的连续转变．在 §94 中我们将看到，把爆轰解释为由爆燃跟着的冲击波，这在一定程度上描写了爆轰过程的内部机理.

这两种过程形式上的等价是容易证明的. 设有一个以速度 U 运动的冲击波，通过它压力 p_0 和密度 ρ_0 被提高到 p_* 和 ρ_*，并且它产生的流量为 $m=\rho_0(u_0-U)=\rho_*(u_*-U)$. 设该冲击波后面跟着一个具有速度 U_* 的爆燃波，通过它压力 p_* 和密度 ρ_* 下降到 p_1 和 ρ_1，使得相对流量与穿过冲击波的相同，$m=\rho_*(u_*-U_*)=\rho_1(u_1-U_*)$. 由此，两过程有相同的速度 $U_*=U$，所以，只要它们在某初始时刻重合，则两过程重合. 由力学条件 (84.01—.02) 得关系式

$$\frac{p_*-p_0}{\tau_*-\tau_0}=\frac{p_1-p_*}{\tau_1-\tau_*}=\frac{p_1-p_0}{\tau_1-\tau_0}=-m^2.$$

因为能量定律取形式 $v_0^2+E_0=v_*^2+E_*=v_1^2+E_1$，显然，由状态 (0) 到状态 (1) 的跃变就等价于单一的反应过程. 从画出冲击波的和反应过程的 Hugoniot 曲线的图 82 看出，这个过程是爆轰. 从 (τ_0, p_0) 开始并具有相同流量 m 的过程有两个. 由于弱爆燃中的压力降比强爆燃中的小，所以我们看到：**强爆轰等价于后边跟有弱爆燃的冲击波，弱爆轰等价于后边跟有强爆燃的冲击波.**

§93 有限宽度的爆燃区

我们已看到，根据守恒定律，冲击波是确定的，而反应过程是不确定的. 为了确定反应过程必须研究其内部机理. 这样做的第一步是，假设化学成分的变化不象迄今所假设的那样是瞬时发生的，而是在有限宽的区域内逐步进行的. V. Neumann[71] 曾用这种方法证明了爆轰情况的 Chapman-Jouguet 假说(再参阅[68]). 在介绍他的论证之前，我们将首先用类似的理由排除强爆燃.

我们假设定常爆燃过程发生在有限区域 $x_0\leqslant x\leqslant x_1$ 内，未燃气体(0)位于左边 $x\leqslant x_0$，已燃气体(1)在右边 $x>x_1$. 气体的中间成分假设是已燃和未燃气体的混合物. 我们分别用 ε 和 $(1-\varepsilon)$表示已燃和未燃气体在混合物中的份额. 混合物的热力学性质可以通过作为 τ 和 p 的函数的总能 $E^{(\varepsilon)}$ 来表征. 我们具体设此

总能是混合物中已燃和未燃气体在相同的 τ 和 p 值时将含有的总能之和:

$$E^{(\varepsilon)}(\tau, p) = (1-\varepsilon)E^{(0)}(\tau, p) + \varepsilon E^{(1)}(\tau, p). \qquad (93.01)$$

如果气体是理想气体,因而 $E^{(\varepsilon)}$ 只依赖于温度或者在忽略分子量的变化时只依赖于乘积 τp,则上述假设可以证明是正确的.

反应是按确定的反应率 K 发生的,后者是 $T = Rp\tau$,p 和 ε 的给定函数:

$$\frac{d\varepsilon}{dt} = K(T, p, \varepsilon). \qquad (93.02)$$

关于反应率我们所需要知道的是它不为负:

$$K(T, p, \varepsilon) > 0. \qquad (93.03)$$

(以后,在反应区的两端我们将允许 K 为零.)因为我们研究的是定常过程,所以反应方程(93.02)取形式

$$v\frac{d\varepsilon}{dx} = K, \qquad (93.04)$$

流速 v 是正的,因为发生的是从 x_0 处的未燃气体到 $x_1 > x_0$ 处的已燃气体的流动. 所以我们有

$$\frac{d\varepsilon}{dx} > 0. \qquad (93.05)$$

现在的论点是,在整个反应过程中守恒定律都应成立(参阅[70]),所以,下列形式的三个定律(84.01—.03)应成立:

$$\begin{gathered}\rho_0 v_0 = \rho_\varepsilon v_\varepsilon = m,\\ p_0 + \rho_0 v_0^2 = p_\varepsilon + \rho_\varepsilon v_\varepsilon^2, \qquad (93.06)\\ E^{(0)}(\tau_0, p_0) + p_0\tau_0 + \frac{1}{2}v_0^2 = E^{(\varepsilon)}(\tau_\varepsilon, p_\varepsilon)\\ + p_\varepsilon\tau_\varepsilon + \frac{1}{2}v_\varepsilon^2,\end{gathered}$$

其中下标 ε 代表各量在 x_ε 处的值,在该处混合比的值为 ε. 利用消去法我们得到与(59.02)和(55.05)相对应的关系

$$\frac{p_\varepsilon - p_0}{\tau_\varepsilon - \tau_0} = -m^2, \qquad (93.07)$$

$$E^{(\varepsilon)}(\tau_\varepsilon, p_\varepsilon) - E^{(0)}(\tau_0, p_0)$$
$$= -\frac{1}{2}(\tau_\varepsilon - \tau_0)(p_\varepsilon + p_0). \tag{93.08}$$

方程(93.07)说明,在(τ, p)平面上过程由一条直线表示,即

$$\frac{dp_\varepsilon}{d\tau_\varepsilon} = \frac{p_\varepsilon - p_0}{\tau_\varepsilon - \tau_0}. \tag{93.09}$$

对(93.08)式微分,利用(93.01),(93.09)和(85.03)我们得到关系式

$$T_\varepsilon \frac{dS_\varepsilon}{d\tau_\varepsilon} \frac{d\tau_\varepsilon}{dx}$$
$$= [E^{(0)}(\tau_\varepsilon, p_\varepsilon) - E^{(1)}(\tau_\varepsilon, p_\varepsilon)] \frac{d\varepsilon}{dx}. \tag{93.10}$$

特别是,对 $\varepsilon = 1$ 使用这关系式,这时右端项根据 (93.05) 和假设 (85.05)而得知是正的. 因我们讨论的是爆燃,故 $d\tau_\varepsilon/dx > 0$. 于是(93.10)意味着

$$\frac{dS}{d\tau} > 0 \quad 当\ \varepsilon = 1\ 时. \tag{93.11}$$

由不等式(87.11)我们看到,点(τ_1, p_1)是过(τ_0, p_0)的直线与 $\varepsilon = 1$ 的 Hugoniot 曲线的"第一个"交点 (参看 § 88). 所以过程是弱爆燃. 这样,就证明了强爆燃是不可能的.

如果我们考虑一组根据(86.06)而表示为下式的 Hugoniot 曲线

$$H^{(\varepsilon)}(\tau, p) = E^{(0)}(\tau_0, p_0) - E^{(\varepsilon)}(\tau_0, p_0)$$
$$= \varepsilon[E^{(0)}(\tau_0, p_0) - E^{(1)}(\tau_0, p_0)] \tag{93.12}$$

(用明显表示法),则以上论证的基础就变得更清楚了.假若这组曲线如图 83 所示,则要沿直线由 (τ_0, p_0) 过渡到"第二个"交点 (τ_1, p_1), 而不通过一个将由毫无意义的 $\varepsilon > 1$ 所对应的区域,那是不可能的. 如图 84 所示的情况,到达这样的点是可能的 (参看 [72]),但按条件 (85.05),这种情况被排除,因为由 $H^{(0)}$ 的定义和 (85.05) 我们有 $H^{(0)}(\tau_1, p_1) > H^{(1)}(\tau_1, p_1) = 0$, 而该图表明 $H^{(0)}(\tau_1, p_1) < 0$.

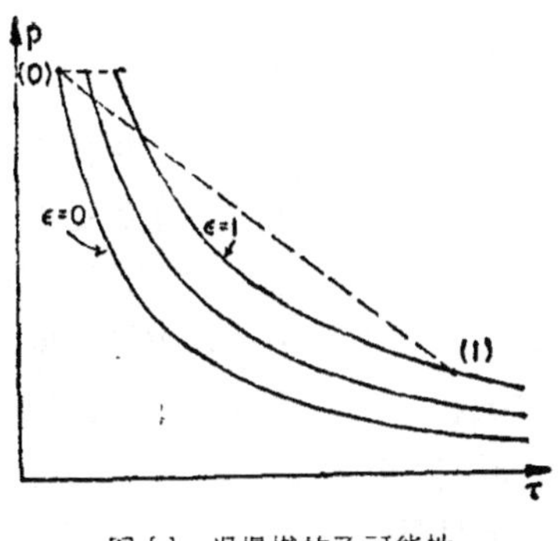

图 83 强爆燃的不可能性.

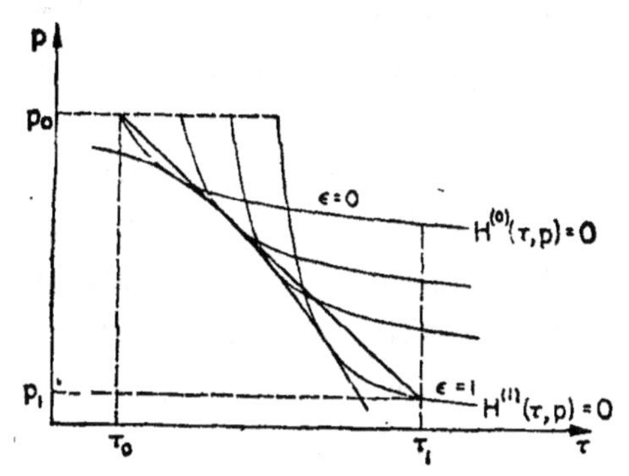

图 84 容许强爆燃但被 Hugoniot 函数上的条件所排除的情况.

作为以上论证基础的各个假设，在某些方面是不实际的. 我们假设了气体只在到达截面 $x = x_0$ 处才会发生反应，这时反应率突然地取一个正值. 较适当的描述应是这样的：在点火之后，未燃气体由于来自已燃气体部分之热传导而被加热，只有当未燃气体被加热到足够高的温度时，反应率才取随温度迅速增大的显著的值. 因而，要正确描述爆燃过程必需考虑热传导. 仅当考虑热传导时才可能理解，为什么在这组符合守恒定律的弱爆燃当中，只有一个具有特殊速度的弱爆燃是可能的. 关于这个问题的讨论，将在 § 96 中给出.

§94 有限宽度的爆轰区·Chapman-Jouguet 假说

通过分析反应的起点也可以证明，如同我们曾描述爆燃那样，爆轰不能描述为受反应率支配的状态的逐步变化过程．（否则先前排除强爆燃的论证也将排除强爆轰，这与事实相矛盾）．爆轰的适当的描述是：爆轰是一个由冲击波点燃的燃烧过程．穿过冲击波压力、密度、温度和熵在一瞬间提高，经过随之发生的燃烧过程，压力和密度又减少，而温度和熵却继续上升．显然，爆轰中的燃烧过程有着与爆燃相同的性质，只是其点火方式不同罢了．由于强爆燃是不可能的，所以我们看到，其燃烧过程与强爆燃相对应的那些爆轰是不可能的．如在§92中所证明的，这些爆轰是弱爆轰．所以弱爆轰是不可能的．因此，只有强爆轰及C-J爆轰有可能存在；我们在§90中已看到，这时流动过程被唯一确定似乎是讲得通的．

我们考虑这样的流动，其中爆轰自管端开始，管端处有一活塞以速度 $u_P < u_D$ 运动[参看 (90.02)]，例如，假设管端封闭不动，$u_P = 0$，或者被向外抽动，$u_P < 0$．已经知道，此时不可能有强爆轰，于是可看出，在这种情况下只有C-J爆轰是可能的．这样，我们就证明了 Chapman-Jouguet 假说（参看§90）．这一证明基本上出自于 v. Neumann 的工作[71]．

§95 反应区的宽度

当反应率 K 已知时，爆燃区或爆轰区的宽度 l 可以用下式计算：

$$l = x_1 - x_0 = \int_0^l K^{-1} v d\varepsilon; \tag{95.01}$$

这里 K 是 p, τ 和 ε 的给定函数，鉴于关系式 (93.06) v, p, τ 是 ε 的已知函数．若 $\varepsilon = 1$ 时反应率等于零，作这假定是较合适的，则宽度 l 变为无穷大．在这种情况下宽度 l 的定义必须修正，可以用稍许任意的方式把它定义为这样一个区域的宽度，在该区域内量 T 和 ε 的变化是显著的．

常常假定反应率K取形式

$$K=(1-\varepsilon)K_{\infty}(p)e^{-A/T}. \tag{95.02}$$

也还使用一些别的依赖于化学反应类型的半经验的反应率表达式.

结果表明,l的值对(95.02)中指数上的系数A的变化极为敏感,该指数一般是不很确切知道的. 所以公式(95.01)被反过来用于根据实验测出的反应区宽度确定A的值.

§96 反应过程的内部机理·燃烧速度

化学反应是在一个有限宽度的区域上发生的假定,只是对反应过程的机理进行分析的第一步. 更完善的讨论应该考虑,除成分改变之外气体的状态是怎样变化的. 我们自然会循着与讨论冲击波的相同途径进行讨论(参看§63),同时要引进热传导和粘性的效应. 利用这些概念时也会出现在冲击波情况下所出现的同样缺陷,但是在这基础上得出的图像,也许定性上仍旧是正确的.

这时,一维定常过程中的微分方程是

$$\rho v=m=\text{const}, \tag{96.01}$$

$$\rho v^2+p-\mu v_x=P=\text{const}, \tag{96.02}$$

$$\rho v\left(\frac{1}{2}v^2+I^{(\varepsilon)}\right)-\mu v v_x-\lambda T_x=Q=\text{const}, \tag{96.03}$$

$$v\varepsilon_x=K. \tag{96.04}$$

头两个方程与方程(63.05—.07)相同,只是这里出现总热焓$I^{(\varepsilon)}$,它依赖于混合比ε且包含结合能[参看§84和(93.01)]. 假设气体混合物是理想气体,因而有 $T=Rp\tau$. 最后一个方程(96.04)与(93.04)相同;K依赖于T,p和ε.

一旦三个常数m, P, Q已知,方程(96.02—.04)就是量v, T和ε的三个一阶微分方程,通过这三个量就可以把所有其它的量表出. 与在冲击波情况下一样,我们把边界条件给在 $x=+\infty$ 和 $x=-\infty$ 处. 假定过程是后向的,因而未燃气体的值$v=v_0$, $\tau=\tau_0$, $p=p_0$, $\varepsilon=0$应给在$x=-\infty$处,已燃气体的值$v=v_1$,

$\tau=\tau_1, p=p_1, \varepsilon=1$ 则应给在 $x=+\infty$ 处. 我们要寻找一个解,它在整个区间 $-\infty<x<\infty$ 上存在,且当它趋于 $x=\pm\infty$ 处的值时, 微商 v_x, T_x 和 ε_x 趋向于零. 要使这成为可能, 我们要求反应率 K 在 $\varepsilon=1$ 时和在 $\tau=\tau_0$, $p=p_0$, $\varepsilon=0$ 时为零. 于是常数 m, P, Q 可以通过边界值表出.要求这三个表达式对状态(0)和(1)有同样的值,这给边界值加上了三个条件,它们当然不外是三个守恒定律(84.01—.03). 我们假定这三个条件是满足的.

于是我们要问,是否符合守恒定律的任何两个这样的状态(0)和(1),都可以通过方程(96.02—.04)的解相连接,或者,是否附加条件都必须为给出的数据所满足.

初步的研究表明, 这些条件的数目正好取决于状态(0)或(1)的流动是超声速的还是亚声速的, 换言之, 取决于过程是爆轰还是爆燃, 是弱的还是强的(参阅[72]). 更具体地说, 其结果是, 在这四种情况下所必须满足的条件之数目,正好与 §89 中对包含任何这四种过程的流动所得出的不确定度相一致. 换句话说, 只考虑守恒定律得出的可以叫作"外部流动问题"的"不确定性", 被"内部流动问题的超确定性"相抵销.

对方程(96.01—.04)的解作更细致的分析给出了下述结果(参阅[72]). 对强爆轰不必加条件,对弱爆轰应加一个条件, 即它要变为 C-J 爆轰的极限情况(除了反应率 K 取极高的值外,这种值也许被附加的物理条件所排除). 基于这样的分析,强爆燃应遵从两个条件. 但是,更完善的分析表明,与§93 的结果相一致, 强爆燃根本不存在.

对于弱爆燃其结果是,两端处的数据遵从一个条件,该条件在本质上依赖于热传导系数 λ. 换言之,在 Hugoniot 曲线的爆燃分支上(图 76)只有一个点是可能的. 这里我们有一个实质性的新结果,它按 §93 的讨论是不可能推导出来的. 这个条件不适用于爆轰中出现的燃烧过程, 因为该过程是用不同的方式即由冲击波点燃的.

为了阐明这些论点, 我们考虑一种"接近定压"爆燃的极限情况(参看§86). 我们假定速度v是与热传导系数λ和反应率K同阶的小量,还假定压力和粘性应力μv_x的变化与v^2有同样的量级,与(96.02)相一致. 我们引进ε和$T=Rp\tau$作为相关的变量,于是方程(96.03—.04)取形式

$$\lambda T_x - mI^{(\varepsilon)} = -mI^{(0)} = -mI^{(1)} = \text{const}, \tag{96.05}$$

$$m\varepsilon_x = RpK(T, p, \varepsilon)/T, \tag{96.06}$$

在这里压力p是给定的常数. 由这些关系式我们得到方程

$$\frac{dT}{d\varepsilon} = \frac{m^2}{\lambda} \frac{I^{(\varepsilon)}(T, p) - I^{(0)}}{K(T, p, \varepsilon)} \frac{T}{Rp}. \tag{96.07}$$

我们要求出此方程满足条件$\varepsilon=0$时$T=T_0$和$\varepsilon=1$时$T=T_1$的解. 值T_0和T_1受下列条件限制:

$$I^{(0)}(T_0, p) = I^{(1)}(T_1, p) = I^{(0)} = I^{(1)}.$$

若m接近于零,则以$T(0)=T_0$开始的解$T=T(\varepsilon)$近似地保持为常数. 若m非常大,则这个解将在ε变为1之前达到T^1值. 所以,有一个特殊的m值,对于它这个解正好在$\varepsilon=1$时取T_1值. m应该正好取这个值,这就是须对数据所加上的条件. 于是,相对的燃烧速度$v_0=m\tau_0$就由它对λ, p, T_0, τ_0和函数$I^{(\varepsilon)}(T, p)$及$K(T, p, \varepsilon)$的依赖关系而确定.

附录　弹塑性介质中波的传播

§97 介　质

固态物质在一定条件下会发生弹性变形,在另一些条件下会发生塑性形变. 物质是弹性的还是塑性的,这由物质的属性表征,这种属性可以从数学上用应力与应变之间的关系表示出来. 我们将在后面几节中对这属性加以定义(还可参看§5).

在这种弹塑性介质中,波的传播出现重要的变化,它在许多方面不同于气体中波的运动. 有决定性的新特性(参阅列举的文献)是,在膨胀和压缩两种运动中都出现冲击波和连续的简单波. 还有,在进入未变形介质区域的稀疏波波头上,始终有声波间断,这

一点也是重要的. 气体在零压下膨胀是不确定的,与此相反,弹塑性物质在不受应力的时候,取完全确定的原始状态.

用 Lagrange 表示法来处理这种物质中的运动,似乎是很自然的. 我们假设有一根处于原始状态(未变形)的，具有均匀横截面的弹塑性柱形杆. 当杆在轴方向变形时，质点的轴向坐标 x 依赖于它的"原始"横坐标 a 和时间 t: $x = x(a, t)$. 这时借助变化率 $x_a = \partial x/\partial a$，应变定义为

$$\varepsilon = x_a - 1. \tag{97.01}$$

当 ρ 是物质的密度和 ρ_0 是"原始"密度时,显然我们有 $\rho_0 da = \rho dx$,或

$$\frac{\rho_0}{\rho} = (1 + \varepsilon) \tag{97.02}$$

应力是沿法向作用在横截面单位面积上的力. 但是，为了下面的讨论,须利用一个稍许不同的量. 实际上,杆的运动不单单发生在轴向上，因为轴向上的伸长总是与垂直方向上的收缩相联系着. 所以,对于所要求的一维近似处理,有意义的量不是应力，而是沿法向作用在横截面上的总力. 这个总力除以原始截面的常面积称为工程应力，下面将它记作 σ 并就称作应力. 于是假定此应力是应变的已知函数

$$\sigma = \sigma(\varepsilon), \tag{97.03}$$

这个函数只依赖于物质的性质. 我们总有

$$\sigma \gtreqless 0 \quad 当 \quad \varepsilon \gtreqless 0, \tag{97.04}$$

这就是说,在拉伸时应力是正的,在压缩时是负的(按定义 $\varepsilon = 0$ 时 $\sigma = 0$ 是对的). 对大多数物质下列不等式

$$\frac{d\sigma}{d\varepsilon} > 0 \tag{97.05}$$

到处满足,也就是说,应变增加意味着应力增加. 在下面的讨论中我们认为关系式(97.05)成立.

当应力线性地依赖于应变时，物质称为弹性的. 当应变不超过一定的极限即临界应变 ε_* 时，大多数物质是弹性的. 这时应

力-应变关系是

$$\sigma = E\varepsilon, \ |\varepsilon| \leqslant \varepsilon_*, \tag{97.06}$$

常数 E 是弹性模量.

当应力是应变的非线性函数时,物质就是所谓的塑性的,这时应变大于临界应变. 对于塑性区我们假定

$$0 < \frac{d\sigma}{d\varepsilon} < E, \quad |\varepsilon| > \varepsilon_* \tag{97.07}$$

且

$$\frac{d^2\sigma}{d\varepsilon^2} \begin{cases} < 0 & \text{当 } \varepsilon > \varepsilon_* \text{ 时} \\ > 0 & \text{当 } \varepsilon < -\varepsilon_* \text{ 时}. \end{cases} \tag{97.08}$$

应该注意,对某些物质存在着一确定范围的变应值,在该范围内应力不依赖于应变,而依赖于应变率. 某些作者对物质的这种状态保留了"塑性"的概念. 在附图中示出了典型的函数 $\sigma = \sigma(\varepsilon)$ (见图 85).

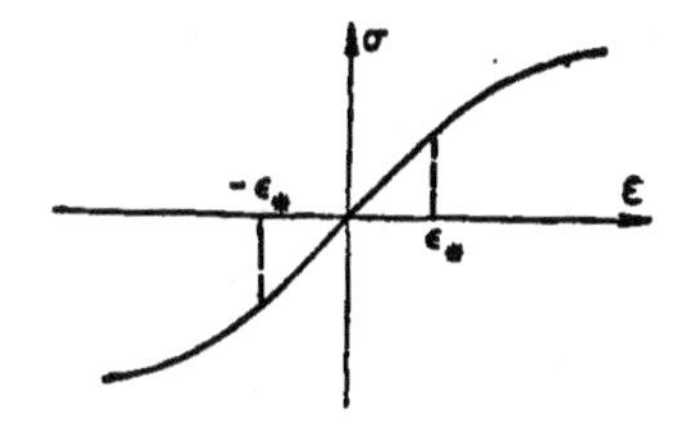

图 85 弹塑性物质的应力-应变关系曲线.

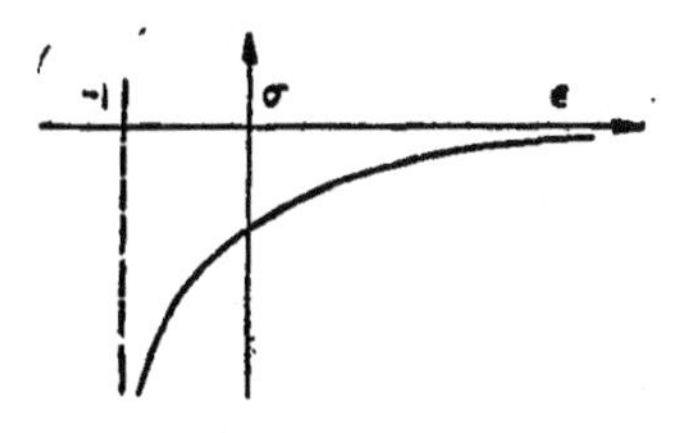

图 86 气体的"应力-应变"关系曲线, $\sigma = -p$.

把弹塑性物质的应力-应变关系与多方气体的绝热压力-密度关系作比较是有意义的. 为了这个目的,我们把压力等同于负应力, $p = -\sigma$ (虽然这不十分恰当,因为 σ 是"工程应力"). 而且我们按 (97.02) 令 $\rho = \rho_0/(1 + \varepsilon)$. 于是气体的绝热关系式变为

$$\sigma = -\frac{p_0}{(1 + \varepsilon)^\gamma},$$

此式的曲线给于图 86 中.我们看到,对于拉伸应变 ($\varepsilon > 0$), 两条 (ε, σ) 曲线的走向是相同的,即增加 ε 时 $d\sigma/d\varepsilon$ 减小. 然而,对于压缩应变($\varepsilon < 0$)来说,对弹塑性物质斜率 $d\sigma/d\varepsilon$ 随 ε 的减小而减

小，对气体则随 ε 的减小而增加．这一事实的意义在以后几节中会变得明白．

§98 运动方程

初始坐标为 a 的质点的运动由函数 $x=x(a,t)$ 给出，所以其速度为

$$u=x_t=\frac{\partial x}{\partial t}. \tag{98.01}$$

根据(97.01)及(97.02)，运动方程 $\rho u_t=\sigma_a/x_a$ 变为

$$u_t=g^2\varepsilon_a, \tag{98.02}$$

其中

$$g=\sqrt{\frac{d\sigma}{d\varepsilon}\Big/\rho_0}. \tag{98.03}$$

作为第二个方程我们由(97.01)及(98.01)有

$$\varepsilon_t=u_a. \tag{98.04}$$

以上两方程与我们曾应用于气体的 Lagrange 方程(参看§18)的差别是，用 ε 代替了 $\tau=1/\rho$ 和用 a 代替了 $h=\rho_0 a$.

量 g 显然是变化率 da/dt，扰动按此值从一个质点移向另一个质点．我们将变化率 da/dt 称作**移动速率**，且 $g(\varepsilon)$ 被具体地叫作**特征移动速率**．移动速率 g 通过下式与先前对气体定义的声速 c 和声阻抗 $k=\rho c$ 相联系：

$$g=\frac{k}{\rho_0}=\frac{\rho}{\rho_0}c, \tag{98.05}$$

这里 c 被定义为

$$c=\sqrt{-\frac{d\sigma}{d\rho}}. \tag{98.06}$$

在弹性区移动速率

$$g_0=\sqrt{\frac{E}{\rho_0}} \tag{98.07}$$

是常数，但声速 $c=(\rho_0/\rho)g_0$ 不是常数．特征移动速率 $g(\varepsilon)$ 的曲线给于图 87 及图 88中．按照假设(97.08)，当 ε 变得大于 ε_* 时，在拉伸过程中 $g(\varepsilon)$ 减小，当 ε 变得小于 $-\varepsilon_*$ 时，在压缩过程中 $g(\varepsilon)$

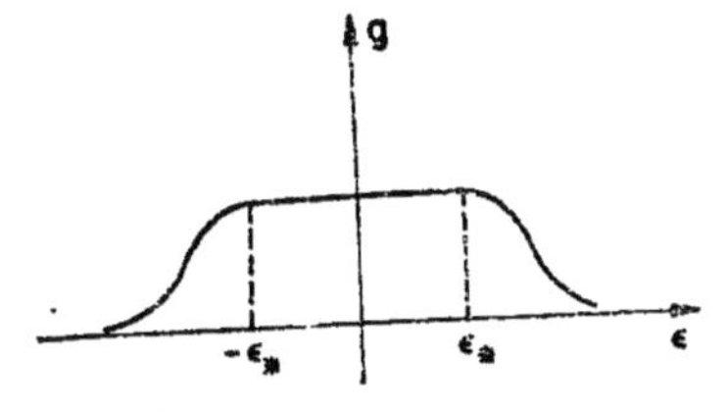

图 87 弹塑性物质的移动速率 g 与应变 ε 之间的关系曲线.

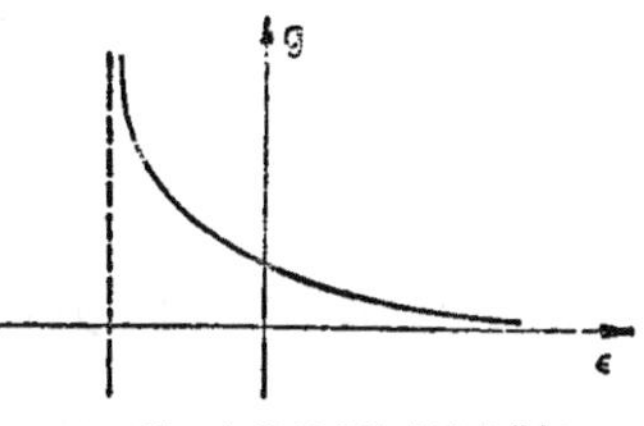

图 88 气体的"移动速率"与"应变"之间的关系曲线.

也减小.

§99 撞击加载

由撞击加载（亦即在杆的一端突然给予一个速度并继续保持之)所造成的运动,涉及到弹塑性材料杆中的波传播的基本问题.对杆的端面压或者拉，则对应于对充满气体的管道中的活塞是推进或者抽离. 抽离活塞将向气体内传入一中心稀疏波. 我们来讨论当杆端受拉时的相应现象.

正如我们将看到的,给予端截面一常速度 u_0,等价于给予它一常应变 ε_0. 若这应变 ε_0 小于临界应变 ε_*,则杆中所产生的应变在波的传播过程中也保持低于临界应变. 所以波的传播由具有常系数的线性微分方程描述. 如果情况正是如此，则初始间断将作为具有常特征移动速率的间断传播.

无论什么时候，只要初始应变 ε_0 大于临界应变，描写传播的微分方程就是非线性的.非线性意味着:初始间断是通过冲击波来传播呢还是被稀疏波所消除，这取决于随 ε 的增加特征移动速率 $g(\varepsilon)$ 是增加还是减小. 按这里所作的假定 [参看 (97.08)]，当 $\varepsilon > \varepsilon_*$ 增加时 $g(\varepsilon)$ 减小. 所以,较大的 ε 值的影响是以较小的速度传播的. 这一事实使得突然施予的初始应变 ε_0，当它大于临界应变时,是通过稀疏波传播的.

为了确定所产生的运动,按照 §22 的方法把运动方程写为特征形式是方便的:

$$da = \pm\, g dt, \tag{99.01}$$

$$du \mp g d\varepsilon = 0. \tag{99.02}$$

引进函数

$$\phi(\varepsilon) = \int_0^{\varepsilon} g(\varepsilon) d\varepsilon, \tag{99.03}$$

我们可把方程(99.02)写为形式

$$d(u \mp \phi) = 0. \tag{99.04}$$

现在假设杆沿着 x 轴正向($x \geqslant 0$)置放,并且撞击使得在端面 $x=0$ 处产生速度 $u_0 < 0$. 中心简单波将在正方向上运动. 穿过它 $u + \phi(\varepsilon)$ 不变; 因为 $t=0$, $x>0$ 时 $u=0$, $\phi(\varepsilon)=0$,所以穿过波有

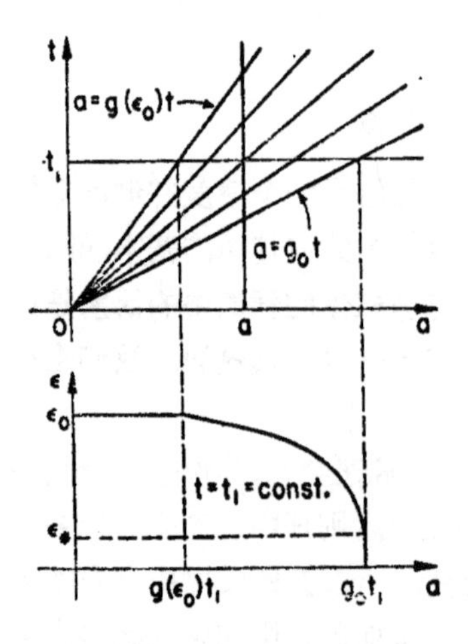

图 89　弹塑性物质中的中心简单压缩波. (a, ε)平面上的曲线示出在拉伸撞击之后 t_1 时刻弹塑性物质内的应变分布.

$$u + \phi(\varepsilon) = 0. \tag{99.05}$$

特别是，在端面上由撞击而产生的应变 ε_0,应使

$$u_0 = -\phi(\varepsilon_0). \tag{99.06}$$

量 $\phi(\varepsilon)$ 被称为撞击速度,因为 $-\phi(\varepsilon)$ 乃是为了使杆端产生应变 ε 而必须给予杆端的速度 u.

撞击的影响以移动速率 g_0 传播,因此我们有

$$\varepsilon = 0,\ u = 0 \quad 当 0 \leqslant t \leqslant \frac{a}{g_0} 时. \tag{99.07}$$

若 $\varepsilon_0 \leqslant \varepsilon_*$, 则应变(初始位置为 a 的质点的) 在 $t = a/g_0$ 时 $\varepsilon = 0$ 跃变到 $\varepsilon = \varepsilon_0$, 而速度由 $u=0$ 跃变到 $u = -\phi(\varepsilon_0)$. 此后,状态保持不变,

$$\varepsilon = \varepsilon_0,\ u = -\phi(\varepsilon_0) \ 当\ t \geqslant \frac{a}{g_0}\ 时. \tag{99.08}$$

但是, 若 $\varepsilon_0 > \varepsilon_*$, 则在 $t = a/g_0$ 时应变由 $\varepsilon = 0$ 跃变到

$\varepsilon = \varepsilon_*$，而速度由 $u = 0$ 跃变到 $u = -\phi(\varepsilon_*)$．此后有一简单中心稀疏波，它可以用如下参数表达式描写：

$$u = -\phi(\varepsilon), \ \frac{a}{t} = g(\varepsilon) \ 当 \ \varepsilon_* < \varepsilon \leqslant \varepsilon_0 \ 时. \quad (99.09)$$

因此，对于 $(a/g(\varepsilon_*) < t < a/g(\varepsilon_0))$ 范围内的各个时刻，值 ε 和 u 被唯一给定，因为按假设 (97.08)，$g(\varepsilon)$ 随 ε 的增加而减小．在达到撞击应变 $\varepsilon_0 = -\phi(u_0)$ 之后，状态保持不变：

$$\varepsilon = \varepsilon_0, \ u = -\phi(\varepsilon_0), \ 当 \ t > \frac{a}{g(\varepsilon_0)} \ 时. \quad (99.10)$$

当然，通过表达在固定时刻 $t = t_1$ 所出现的情况，运动也是可以得到描述的．图 89 对应于这种描述．

波头上的间断具有特殊的意义．它不应叫做“冲击波”，因为它是以特征移动速率运动的“声波”．由于 $0 \leqslant \varepsilon \leqslant \varepsilon_*$ 时的所有特征线 $a = g(\varepsilon)$ 有相同的斜率，从而互相重合，故它可以看作是简单波的退化部分．

我们现在讨论初始撞击产生正速度 u_0 从而产生压缩应变 $\varepsilon_0 < 0$ 的情况．这种情况与突然向充满气体的管道中推动活塞的情况相对应． 我们知道，这时在气体中将产生一冲击波．然而，在弹塑性物质中这压缩是通过一个具有间断波头的简单波传播的，完全象是传播拉伸撞击一样．在描述膨胀波的公式 (99.05—.10) 中用 $-u$ 代替 u，就可以得到压缩波的描述．从(99.09)导出的简单波，使得对 $a/g(-\varepsilon_*) < t < a/g(\varepsilon_0)$ 间隔内的每一时刻，ε 和 u 的值都被唯一确定．这仍然是由下述事实得出的结果，即按假定 (97.08) 在 $-\varepsilon_*$ 到 ε_0 的范围内 $g(\varepsilon)$ 随 ε 的减小而减小．

一般地说，如上所述，当且仅当间断前面的状态的特征移动速率 g 大于间断后面状态的移动速率时，初始间断才是通过简单波传播的．对于所讨论的物质我们看到，对拉伸撞击和压缩撞击都是这种情况，因为自 ε_* 开始 $g(\varepsilon)$ 都随 $|\varepsilon|$ 的增加而减小．但是在气体中 $g(\varepsilon)$ 随 ε 的减小而增加，所以在气体中压缩撞击是通过冲击波传播的．

可以指出，还存在这样一些物质，对于它们假定(97.07)不成立，且当应变足够大时 $dg/d\varepsilon$ 改变符号. 于是，若撞击足够强，则跃变由有一冲击波尾随其后的简单波传播，冲击波波前的状态应这样决定，要使该状态的特征移动速率与冲击波的移动速率相重合.

§100 卸载冲击波

还存在另一种通过弹塑性物质传播冲击波的特殊情况. 迄今，我们假定了，在一端所给的速度是通过施加适当的应力 $\sigma=\sigma(\varepsilon_0)$ 而得以一直保持住的. 当然，研究这应力被突然解除时所发生的情况是重要的. 这种新的间断之影响，肯定不会是通过简单波传播的，因为卸载之前的特征移动速率 g 小于卸载之后的相应值. 所以可以预料，这种卸载的影响是通过冲击波传播的. 这种冲击波属于特别简单的一种类型，这是由于滞后现象造成的. 当塑性物质被解除应变状态时，它在恢复过程中不遵从与产生应变时相同的应力-应变关系. 一般的经验是，在恢复过程中应力线性地依赖于应变，并与弹性状态中的一样 $d\sigma/d\varepsilon=E$（见图 90). 所以当应力恢复到零时，遗留下不为零的"永久"变形. 这对于穿越卸载冲击波的跃变同样是正确的. 令$[\sigma]$和$[\varepsilon]$分别是冲击波波前和波后的 σ 和 ε 值之差. 于是，根据上述的性质 $d\sigma/d\varepsilon=E$,

$$[\sigma]=E[\varepsilon]. \tag{100.01}$$

在 §62 中已推导了 Lagrange 表示法中的冲击波跃变关系式，其中头两式可写为

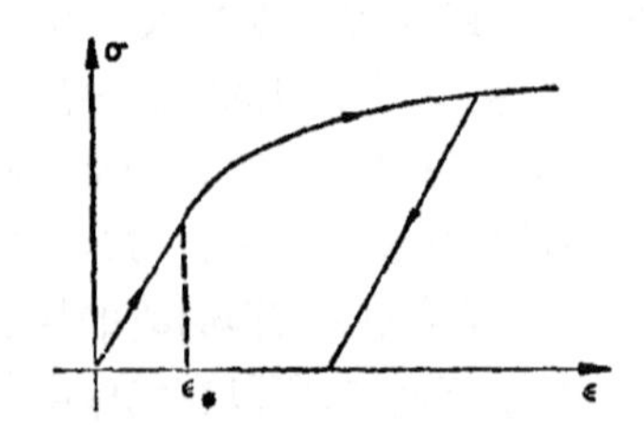

图 90 表明塑性物质中的滞后现象的应力-应变关系图.

$$[u] = -\dot{a}[\varepsilon],\ [\sigma] = -\rho_0\dot{a}[u], \tag{100.02}$$

式中 $\dot{a}$ 是冲击波的移动速率，$\rho_0\dot{a}$ 是从冲击波波前到波后的单位面积质量流量. 消去$[u]$得到

$$[\sigma] = \rho_0\dot{a}^2[\varepsilon] \tag{100.03}$$

因此 $\dot{a}^2 = E/\rho_0$ 或 $\dot{a} = g_0$. 从而看出，冲击波的移动速率 $\dot{a}$ 与弹性状态所具有的特征移动速率 g_0 相重合.

这时，表达能量守恒的第三个冲击波关系式可以用于确定能量的变化;不过,只要用头两个条件,冲击波就已被确定.正是在这一方面这里的"卸载冲击波"在性质上比气体动力学中出现的冲击波简单.

气体动力学冲击波的决定性性质是，由于熵的增加而使气体的状况产生永久性变化. 人们曾试图把熵的变化看作与卸载过程之后所造成的永久性应变相类似.不过,这种类似是很有限的. 弹塑性物质中的永久性变化看来是与过程的非线性阶段连接着的;与气体大不相同,如果应力是被逐步减小,在这里也会发生永久性变化. 所以,永久性变形不能照这样归因于冲击波跃变.

§101 相互作用和反射

卸载冲击波最后要赶上在前面传播的简单波，接着就发生更复杂的相互作用过程. 由于冲击波的这种简单性质，详细地分析此相互作用过程是有可能的. 这已经做到了，但是这里我们将不罗列其结果,仅仅指出,物质状态最终的永久性变化是可以被完全确定的.

弹塑性物质中波的运动也曾在另一个方面作过分析. 有限长杆中的运动可以用一系列反射来描述. 将速度 u 和撞击速度 $\phi = \phi(\varepsilon)$ 作为新自变量引入是合适的. 于是方程 (98.02) 和 (98.04) 被变换为线性方程

$$a_\phi = g t_u,\ a_u = g t_\phi, \tag{101.01}$$

其中 g 可看作是 ϕ 的函数.当杆的另一端 ($x = l$) 固定不动时,该处的速度是 $u = 0$, 所以 (u, ϕ) 平面上的区域是一个固定的条带

$$u_0 \leqslant u \leqslant 0,\ 0 \leqslant \phi.$$

要记住，在(u, ϕ)平面上常状态的像是一个点，简单波的像是一条线，入射波与反射波之间的相互作用区的像是一个三角形．与这个三角形对应的运动则可以利用特征线用近似方法确定．可以看出，在一系列的反射中应变在增加．因此，那些在第一个简单波中重合并组成弹性间断面的特征线，当通过反射延伸下去时，将进入非线性区从而扩展开．所以反射波有一个连续波面．由具有$\varepsilon = \varepsilon_*$值的特征线通过反射而生成的特征线，在图 91 中用虚线示出．

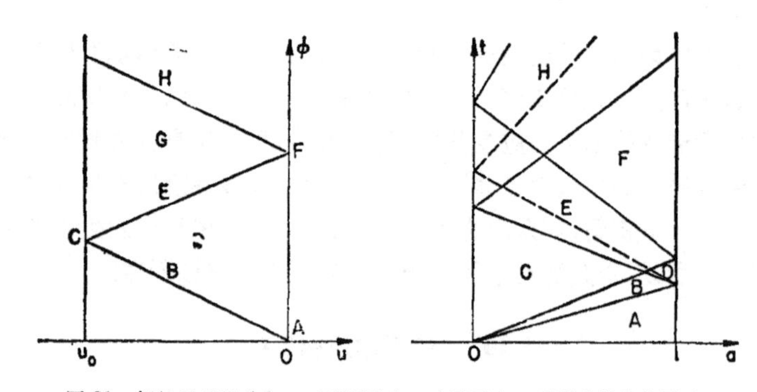

图 91 杆的运动视为(u, ϕ)平面和(a, t)平面上一系列反射波的图示．

在结束时可以再作一点说明． 应力-应变关系的性质实际上还没有象气体的那样完善地确立，对不同的物质其变化是很大的．可以作各种各样的近似假设．特别是，可以充分近似地来这样选取关系式 $\sigma = \sigma(\varepsilon)$，使得对微分方程直接求积分成为可能． 例如，下列假设

$$g = \frac{b^2 g_0}{(b + \varepsilon)^2}$$

就证明非常适合于这样的目的．尤其是，在这个假设下反射问题更加可以用显式方法处理，可以确定出当时间无限增加时所逼近的终态．

第四章 等熵无旋定常平面流

§102 分析背景

在简单性方面仅次于一维流的流动是定常、无旋和等熵的二维流,或者说平面流(参看§10,13和16).它的理论和第三章是相似的.

让我们回忆一下在§16中所作的分析背景.在我们的假定下,流动由速度 $\boldsymbol{q}$ 的两个分量 u, v 所表征,这两个分量看作是平面笛卡尔坐标 x, y 的函数;同样,ρ, p, c 也仅是 x, y 的函数,而不依赖于 z 和 t,它们和 $q^2=u^2+v^2$ 由 Bernoulli 方程

$$q^2+2i=\hat{q}^2=\text{const} \tag{102.01}$$

相联系[参看(16.02)]. 对多方气体它可写为

$$\mu^2(u^2+v^2)+(1-\mu^2)c^2=c_*^2=\mu^2\hat{q}^2 \tag{102.02}$$

[参看(14.07—.08)].正如在§16中所看到的[参看(16.06—.07)],运动的微分方程是

$$v_x-u_y=0, \tag{102.03}$$

$$(\rho u)_x+(\rho v)_y=0. \tag{102.04}$$

由(102.01)导出的,作为 u 和 v 的函数的 ρ 的微分,由下式给出:

$$\tau d\rho=-c^{-2}qdq=-c^2(udu+vdv), \tag{102.05}$$

[参看(16.04)]. 根据(102.05),方程(102.04)可写成如下形式:

$$(c^2-u^2)u_x-uv(u_y+v_x)+(c^2-v^2)v_y=0, \tag{102.06}$$

[参看(16.08)],由(102.01)或(102.02),其中 c^2 是 $q^2=u^2+v^2$ 的已知函数.

引入位势函数 $\varphi(x,y)$,使得

$$\varphi_x=u,\quad \varphi_y=v, \tag{102.07}$$

[参看(16.10—.11)],于是方程(102.06)变为一个二阶方程

$$(c^2-\varphi_x^2)\varphi_{xx}-2\varphi_x\varphi_y\varphi_{xy}+(c^2-\varphi_y^2)\varphi_{yy}=0. \tag{102.08}$$

引入流函数 $\psi(x,y)$，使得

$$\psi_x = -\rho v, \ \psi_y = \rho u, \tag{102.09}$$

[参看(16.12)]，于是方程(102.03)化为一个关于ψ的二阶微分方程.

一般的数学理论是试图通过对微分方程(102.08)提出并求解适当的边值问题而去分析流动现象，在本章末的F部分中我们将讨论这个一般观点. 然而，通过研究特殊流动模型，至今已初步取得了一些明确结果，因此本章的大部分内容是一些关于寻找特解的方法；这些解是有用的，因为它们能适应比较简单的边界条件.

A. 速度图方法

§103 速度图变换

在转入主要问题之前，我们先就速度图变换方法作一简略的说明，这个方法已在第二章§21中述及. 以Chaplygin[74,75]所创立的这个方法为基础所作过的大量工作，主要与亚声速流动有关，在此不能作详细的叙述.

微分方程(102.03)，(102.06)中u和v的微商项的系数只依赖于u和v，故方程是线性齐次的. 因此，只要Jacobi行列式

$$j = u_x v_y - u_y v_x \tag{103.01}$$

不等于零，则通过把x和y作为速度分量u和v的函数引入，以上方程就可化为一对线性微分方程(参看§21). 借助于关系式

$$u_x = j y_v, \ u_y = -j x_v, \ v_x = -j y_u, \ v_y = j x_u,$$

方程(102.03)和(102.06)就变换为两个线性微分方程

$$\begin{aligned} & x_v - y_u = 0, \\ & (c^2 - u^2) y_v + uv(x_v + y_u) + (c^2 - v^2) x_u = 0. \end{aligned} \tag{103.02}$$

第一个方程表示存在一个函数 $\Phi = \Phi(u, v)$，它满足关系式

$$\Phi_u = x, \quad \Phi_v = y, \tag{103.03}$$

于是第二个方程就化为

$$(c^2-u^2)\Phi_{vv}+2uv\Phi_{uv}+(c^2-v^2)\Phi_{uu}=0. \quad (103.04)$$

顺便指出,函数 $\Phi(u,v)$ 是势函数 $\varphi(x,y)$的 Legendre 变换,

$$\Phi=ux+vy-\varphi, \quad (103.05)$$

(例如参看[32, p. 26]),这里势函数 $\varphi(x,y)$ 的微商是 $u=\varphi_x$, $v=\varphi_y$, 并且它显然由下式来表达:

$$\varphi=\int\varphi_x dx+\varphi_y dy=x\varphi_x+y\varphi_y-\Phi.$$

值得提到的是,对流函数 $\psi(x,y)$ 也可引进 Legendre 变换 $\Psi(\rho u,\rho v)$:

$$\Psi(\rho u,\rho v)=\rho uy-\rho vx-\psi(x,y). \quad (103.06)$$

对应于关系式 $\psi_x=-\rho v$, $\psi_y=\rho u$ 的相反的关系式是

$$\Psi_{\rho u}=y, \ \Psi_{\rho v}=-x. \quad (103.07)$$

方程(103.04)是 $\Phi(u,v)$ 的线性微分方程;因此,一旦找到它的几个解,用叠加法就可得到多种形式的解. 如果 Jacobi 行列式

$$J=\Phi_{uu}\Phi_{vv}-\Phi_{uv}^2=x_uy_v-x_vy_u \quad (103.08)$$

不等于零,从而由(103.03) x 和 y 可以作为新的变量引入,则在(u,v)平面某一区域上所定义的每一个解 $\Phi(u,v)$,都导致一个由作为 x 和 y 的函数 u 和 v 给出的流动. 方程(103.04)对亚声速流是椭圆型的,对超声速流则为双曲型.

对亚声速流 Jacobi 行列式 J 决不为零,除非 $\Phi_{uu}=\Phi_{uv}=\Phi_{vv}=0$. 因为由(103.04)有

$$(c^2-u^2)\Phi_{uv}^2+2uv\Phi_{uv}\Phi_{uu}+(c^2-v^2)\Phi_{uu}^2$$
$$=-(c^2-u^2)(\Phi_{uu}\Phi_{vv}-\Phi_{uv}^2),$$

而由于 $u^2+v^2=q^2<c^2$, 上式左边是 Φ_{uv} 和 Φ_{uu} 的正定二次型. 同样的讨论表明,对一个非常数的亚声速流,Jacobi 行列式 j 决不为零. 因此亚声速流动问题本质上等价于线性方程(103.04)的求解问题. 但是,用这方法所得到的线性化方面的便利,却被边界条件的复杂化抵消了;例如,与(x,y)平面上所给定的界壁相对应的(u,v)平面上的边界,是依赖于问题的解的.

另一方面,正如我们在 § 30 中所看到且在 § 105 中还要讨论

的，当 Jacobi 行列式 j 和 J 可能变号时，超声速流的问题并不恰好等价于求解方程(103.04)．在§30中曾说明过，如果 j 变号，则流动的速度图不是单一的．在此情况下，流动在 (u,v) 平面上的像将流动的某一部分覆盖两次或三次．如果 J 变号，那么函数 $x(u,v)$，$y(u,v)$ 并不表示整个 (x,y) 平面上的流动，因为在 (x,y) 平面上的像具有一个将某些部分覆盖二次或三次的折叠，这样一个折叠的边缘称为"极限线"．我们将在§105中较详细地讨论这些奇异性．

不管是否可能有这样的奇异性，我们总能用速度图方法得到一些特殊的很有意义的流动图案，其中有超声速的与亚声速的．

为此目的，除 Φ 和 Ψ 外，利用势函数 φ 和流函数 ψ 是方便的．考虑作为 u 和 v 的函数，它们满足线性微分方程，因为

$$\varphi_u u_x + \varphi_v v_x = u, \quad \varphi_u u_y + \varphi_v v_y = v,$$
$$\psi_u u_x + \psi_v v_x = -\rho v, \quad \psi_u u_y + \psi_v v_y = \rho u,$$

将它们与(102.03)和(102.06)一起，消去 u_x, u_y, v_x, v_y，就得到线性微分方程组

$$\begin{aligned} &\rho(v\varphi_u - u\varphi_v) + (u\psi_u + v\psi_v) = 0, \\ &\rho c^2(u\varphi_u + v\varphi_v) + (q^2 - c^2)(v\psi_u - u\psi_v) = 0. \end{aligned} \tag{103.09}$$

如果在 (u,v) 平面上通过下式引入极坐标 (q,θ)：

$$u = q\cos\theta, \quad v = q\sin\theta, \tag{103.10}$$

方程(103.09)就变为

$$\begin{aligned} &\rho\varphi_\theta = q\psi_q, \\ &\rho q\varphi_q = \left(\frac{q^2}{c^2} - 1\right)\psi_\theta. \end{aligned} \tag{103.11}$$

从这些方程中分别消去 ψ 或 φ，相应地就可以得到 φ 或 ψ 的方程．可以指出，作为 q 和 θ 的函数的 Legendre 变换 Φ，Ψ 满足类似的方程组

$$\begin{aligned} &\frac{1}{\rho} q\Psi_q = \Phi_\theta\left(1 - \frac{q^2}{c^2}\right), \\ &\frac{1}{\rho}\Psi_\theta = -q\Phi_q. \end{aligned} \tag{103.12}$$

上式容易从(103.03),(103.07),(103.10)和关系式

$$d(\rho q)=\left(1-\frac{q^2}{c^2}\right)\rho dq \tag{103.13}$$

导出,后者是由(102.05)直接得到的.(103.05)所表达的 φ 和 Φ 的关系根据(103.03)用极坐标表达为

$$\varphi=q\Phi_q-\Phi,\ \varphi_q=q\Phi_{qq}. \tag{103.14}$$

方程(103.04)则变为

$$c^2\Phi_{qq}-(q^2-c^2)(q^{-1}\Phi_q+q^{-2}\Phi_{\theta\theta})=0; \tag{103.15}$$

这个关系式也可由(103.12)消去 Ψ 而得到. (103.06)所表达的 ψ 和 Ψ 的关系可利用(103.07)和(103.13)表达为以下形式:

$$\psi=\rho q\Psi_{\rho q}-\Psi=\left(1-\frac{q^2}{c^2}\right)^{-1}q\Psi_q-\Psi. \tag{103.16}$$

往往更为方便的是利用由(103.11),(103.14)和(103.15)所得到的关系式

$$\begin{aligned}q\psi_q&=\rho(q\Phi_q-\Phi)_\theta,\\ \psi_\theta&=\rho(q\Phi_q+\Phi_{\theta\theta}),\end{aligned} \tag{103.17}$$

只要求得 Φ,由此就能定出流函数 ψ.

为了以后的需要,我们指出,(103.08)所给出的 Jacobi 行列式 J 的极坐标形式为

$$q^{-2}[\varphi_{qq}(q\varphi_q+\varphi_{\theta\theta})-(\varphi_{q\theta}-q^{-1}\varphi_\theta)^2], \tag{103.18}$$

这是不难证明的.

§104 用速度图方法所得到的特殊流动

现在讨论几种**特殊流动**.

1. 方程(103.15)的一个简单解是

$$\Phi=k\theta=k\operatorname{arc\,tg}v/u.$$

由(103.03)我们有

$$x=-kvq^{-2},\ y=kuq^{-2};$$

因此

$$q=kr^{-1},\ u=kyr^{-2},\ v=-kxr^{-2}.$$

这些关系式表示一个具有角速度 kr^{-2} 的环流. 对应的流函数可由(103.17)求得:

$$\psi = -k\int_{q_0}^{q} \rho q^{-1}dq.$$

2. 另一个简单解是

$$\psi = k\theta;$$

于是可以定出一个满足(103.11)的函数 $\varphi = \varphi(q)$. 假定 Φ 只与 q 有关, $\Phi = \Phi(q)$, 我们由(103.17)导出

$$\Phi = k\int_{q_0}^{q} \rho^{-1}q^{-1}dq.$$

由(103.03)我们有

$$x = k\rho^{-1}q^{-2}u, \quad y = k\rho^{-1}q^{-2}v,$$

因而

$$r = k\rho^{-1}q^{-1}.$$

取 $k>0$,可以得到作为 $k^{-1}r$ 的函数的 q:

$$q = Q(k^{-1}r),$$

以及

$$u = xr^{-1}Q(k^{-1}r), \quad v = yr^{-1}Q(k^{-1}r).$$

这些公式表示一个纯径向流动. 重要的是[1]关系式 $r = k\rho^{-1}q^{-1}$ 的反演仅当 $q > c_*$ 或 $q < c_*$ 时才是唯一可能的,因为当 $q = c$ 从而 $q = c_*$ 时微商 $(\rho^{-1}q^{-1})_q = \rho^{-1}(c^{-2} - q^{-2})$ 为零[参看(103.13)]. 这里 c_* 是在 § 15 中引入的临界声速. 因此所考虑的流动或者是纯亚声速的,或者是纯超声速的. 显见,作为 q 的函数 $\rho^{-1}q^{-1}$ 在 $q = c_*$ 处有一极小值;因此,$r \geqslant r_* = k\rho_*^{-1}q_*^{-1}$ 对两种流动都成立. 换言之,亚声速流和超声速流都被限制在某个圆 $r = r_*$ 的外面,在 $r = r_*$ 上速度是声速,而加速度 $q\dfrac{dq}{dr} = \rho c^2q^3(q^2 - c^2)^{-1}$ 在此处是无穷大. 圆 $r = r_*$ 是流动的极限线(参看 § 30 和 § 105).

---

1) 参看后面 §144 中喷管流的讨论.

3. 将纯径向流动的Φ和纯环流的Φ叠加起来，我们得到函数

$$\Phi = k_0\theta + k\int_{q_0}^{q} \rho^{-1}q^{-1}dq$$

和相应的流函数

$$\psi = -k_0\int_{q_0}^{q} \rho q^{-1}dq + k\theta.$$

而且

$$x = (-k_0 v + k\rho^{-1}u)q^{-2},\ y = (k_0 u + k\rho^{-1}v)q^{-2},$$

$$r = \sqrt{k_0^2 + k^2\rho^{-2}}\, q^{-1}.$$

由 (103.18)，(103.13—.14) Jacobi 行列式 J [参看(103.08)]是

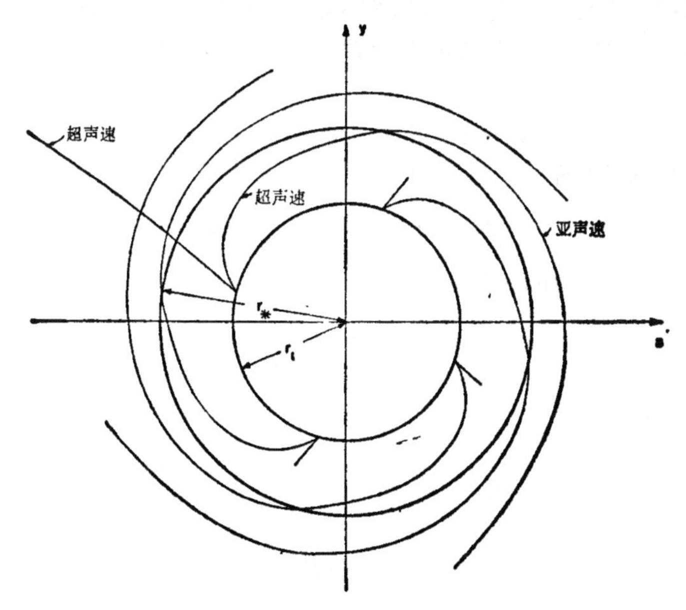

图 1 在圆 $r = r_*$ 上由亚声速过渡到超声速的一螺旋流动的流线和极限圆 $r = r_l$.

$$J = k^2(\rho^{-1}q^{-1})_q\rho^{-1}q^{-2} - k_0^2q^{-4} = -k_0^2q^{-4} + k^2\rho^{-2}q^{-2}(c^{-2} - q^{-2}).$$

因为当 q 由声速 c_* 变到极限速度 $\hat{q}$ 时，这个表达式从一个有限的负值变到无穷. 显然，对于某个 q 值，$q_l > c_*$，有 $J = 0$. 由此可

见，这个解表示一个流动的两支，一支是纯超声速流，另一支是纯亚声速流．两支都在某一圆 $r = r_l$ 的外面，这圆是极限线(参看图 1)．

两个流动的流线，$\psi =$ 常数，显然都是螺旋线，它们在极限线上相遇，交角为 $\arcsin \dfrac{c}{q}$．这可由流线的表达式通过直接计算来验证．

4．刚才讨论的螺旋流动说明，气体有可能从一超声速流动区域流到亚声速流动区域或相反．流动开始是亚声速的，然后是超声速的，最后又是亚声速的一个简单例子是由 Ringleb 给出的[79]．这样的流动可以通过寻找那样的解 Φ，Ψ 或 φ，ψ 而得到，这些解乃是 q 的函数和 θ 的函数之乘积．最简单的情形由下列函数表征：

$$\psi = kq^{-1}\sin\theta,\quad \varphi = k\rho^{-1}q^{-1}\cos\theta,$$

它们满足方程(103.11)．由(103.17)得

$$\Phi = kq\left\{\int_{q_0}^{q}\rho^{-1}q^{-3}dq\right\}\cos\theta,$$

由此再利用(103.03)得

$$x = k\int_{q_0}^{q}\rho^{-1}q^{-3}dq + k\rho^{-1}q^{-2}\cos^2\theta,$$
$$y = k\rho^{-1}q^{-2}\cos\theta\sin\theta.$$

当 q 很小时，有

$$x \sim \frac{k}{2}\rho_0^{-1}q^{-2}\cos 2\theta,\qquad y \sim \frac{k}{2}\rho_0^{-1}q^{-2}\sin 2\theta,$$

$$r \sim \frac{k}{2}\rho_0^{-1}q^{-2},$$

因此

$$x \sim r\cos 2\theta,\quad y \sim r\sin 2\theta,\quad \psi \sim \sqrt{k\rho_0(r-x)}.$$

所以，在距离远的地方，流线近似地为抛物线 $r - x =$ 常数．此外，正 x 轴也为一流线，因为当 $\theta = 0$ 和 $\theta = \pi$ 时 $y = 0$，$x = r$，$\psi = 0$．于是就会出现气体绕一段正 x 轴的流动．但情况并非如

此，因为流动在能够绕边缘转回之前已到达极限线（参看图 2).

由(103.18)求得 Jacobi 行列式

$$J = k^2\rho^{-2}(c^{-2}\cos^2\theta - q^{-2}).$$

因此极限线被条件 $|\cos\theta| = q^{-1}c$ 所表征，这线由四支组成. 其中两支垂直地进入 x 轴，另外两支则随 $x \to \infty$ 而伸向无穷. 这些分支相遇时形成一尖点，其表达式为

$$q^2 = 2c^2 - qc\frac{dc}{dq}.$$

对多方气体，我们求得尖点位于

$$q = \sqrt{2}\,c_*,\quad c = \sqrt{(3-\gamma)/2}\,c_*;$$

于是在尖点处我们有

$$|\cos\theta| = cq^{-1} = \frac{1}{2}\sqrt{3-\gamma}.$$

简单的讨论表明，存在着一些流线，它们从尖点附近经过但不与极限线相交，沿这些流线，流动开始是亚声速的，然后是超声速的，最后又是亚声速的（参看图 2).

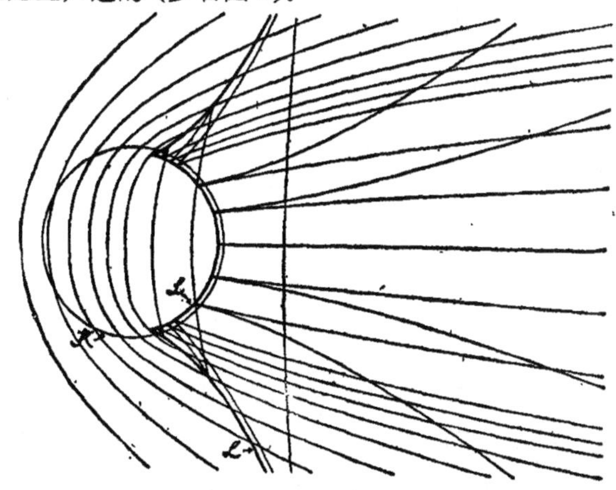

图 2　具有极限线$\mathscr{L}$和声速圆$\mathscr{H}$的 Ringleb 流动的流线，在圆$\mathscr{H}$上将出现由亚声速流到超声速流的转变.

从方程(103.15)的特解可以得到许多其它特殊的流动，详细

情况请参看文献目录中所列出的论文.

§105 极限线和过渡线的作用

仅当要求的流动 $u(x,y)$, $v(x,y)$ 的 Jacobi 行列式

$$j = u_x v_y - u_y v_x$$

和线性速度图方程的解 $x(u,v)$, $y(u,v)$ 的 Jacobi 行列式

$$J = x_u y_v - x_v y_u$$

都不为零时，才能应用速度图变换的方法去得到流动方程的解.

在§30中我们曾描述过当沿"临界线" $J=0$ 或 $j=0$ 时速度图映射的性质. 对现在所讨论的二维定常流，这描述可以通过讨论流线和等势线在临界线处的性质得到进一步扩充.

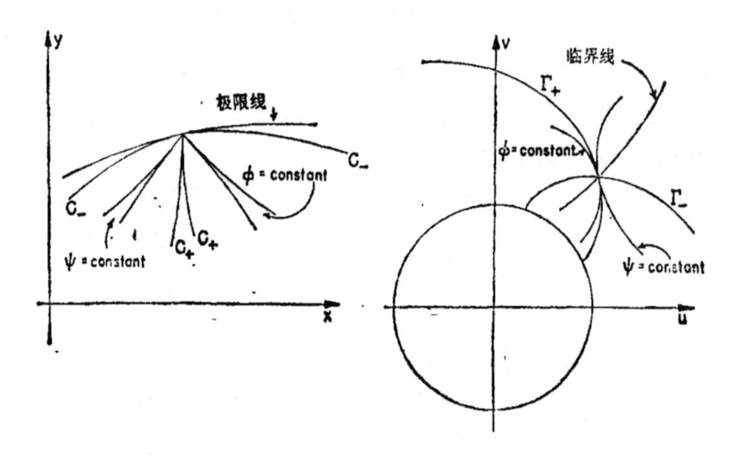

图3 (x,y) 平面上的极限线和 (u,v) 平面上的临界线.

假定在 (u,v) 平面上沿临界线线性速度图方程的解 $x(u,v)$, $y(u,v)$的 Jacobi 行列式 J 等于零. 于是 (u,v) 平面到 (x,y) 平面的映射在 (x,y) 平面上形成一个折叠,折叠的边缘即极限线,被证明是一族 C 特征线的包络. 这时另一族特征线在这边缘上有一个尖点.流线和等势线等分两族 C 特征线之间的夹角,这些将在§106中证明. 因此它们不与边缘相切,从而是一些在例外方向上

穿过 (u,v) 平面上的临界线的曲线的像．因此，根据 § 30 中的叙述，(x,y) 平面上的流线和等势线在极限线上亦有尖点．因为在 (u,v) 平面上例外方向是特征方向，这就导出 (u,v) 平面上的临界曲线可以用下述条件表征：流线和等势线的像在特征方向（即例外方向）上穿过临界线．

有时可以用这个性质来找出临界线：如果发现 (u,v) 平面上流线和等势线的像与特征线相切或彼此相切，那么必然在 (u,v) 平面上出现临界线，或在 (x,y) 平面上出现极限线．因为流线和等势线在极限线上有尖点，所以一般它们在此处的曲率是无穷大．

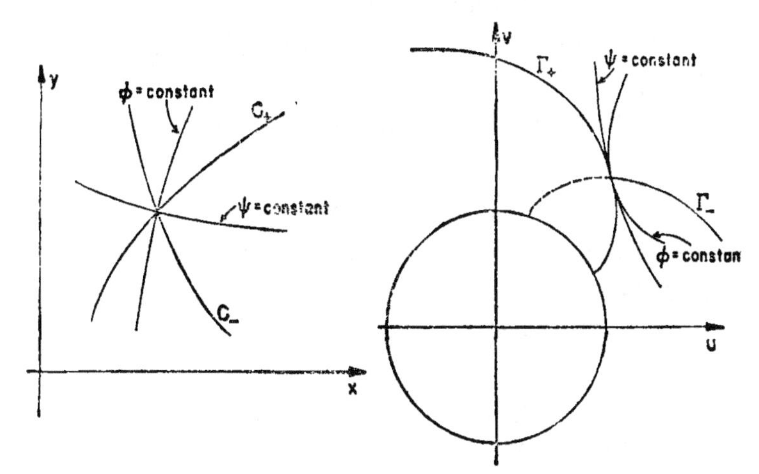

图 4 (x,y) 平面上的过渡 Mach 线和 (u,v) 平面上的褶边特征线 Γ_+.

在实际流动中决不会出现极限线，因为流动要在极限线上完成其方向的倒转，这在物理上是不可能的．事实上，在到达极限线之前就将形成冲击波．

现在可以考虑另一情形，沿 (x,y) 平面上的"过渡线"，流动方程的解 (u,v) 的 Jacobi 行列式 $j=0$．正如我们在 § 30 所证明的，这过渡线是 C 特征线．对应的 Γ 特征线是从 (x,y) 平面映射到 (u,v) 平面上的像的折叠的边． 另一族 C 特征线在例外方向上穿过过渡线．于是，流线和等势线在非例外方向上穿过过渡线．

因此，流线和等势线在$(u,\ v)$平面上的像与构成褶边的Γ特征线相切．在实际流动中要出现过渡线；例如，在喷管流动中就如此，这在第五章§146中将要说明．

B. 特征线和简单波

§106 特征线·Mach 线和 Mach 角

从现在起我们将主要考虑超声速流动，即假定$q^2 > c_*^2 > c^2 > 0$．于是大部分的理论是以微分方程的特征变换为基础的．我们回忆一下§23中得到的下列结果：

方程(102.03)和(102.06)的C特征线满足微分方程［参看(23.07)］

$$(c^2 - u^2)dy^2 + 2uvdydx + (c^2 - v^2)dx^2 = 0, \quad (106.01)$$

或

$$c^2(dx^2 + dy^2) = (udy - vdx)^2,$$

这方程给出商 dy/dx 的两个根 ζ_+，ζ_-．$(u,\ v)$平面上的Γ特征线是方程

$$(c^2 - u^2)du^2 - 2uvdudv + (c^2 - v^2)dv^2 = 0, \quad (106.02)$$

或

$$c^2(du^2 + dv^2) = (udu + vdv)^2$$

的解［参看(23.08)］．

C特征线的方程(106.01)依赖于特定的流动，而Γ特征线则是(u,v)平面上的两族固定的曲线；在§107和§108中我们将详细地描述它们．

一旦由方程(106.01)定出两个根ζ_+，ζ_-，该方程就可分解为

$$C_+:\ y_\alpha = \zeta_+ x_\alpha,\quad C_-:\ y_\beta = \zeta_- x_\beta. \quad (106.03)$$

正如在§23中所说明的，这时方程(106.02)就分解为

$$\Gamma_+:\ u_\alpha = -\zeta_- v_\alpha,\quad \Gamma_-:\ u_\beta = -\zeta_+ v_\beta. \quad (106.04)$$

从这四个特征方程，立即导出关系式

$$u_\alpha x_\beta + v_\alpha y_\beta = 0,\quad u_\beta x_\alpha + v_\beta y_\alpha = 0. \quad (106.05)$$

它们表示下面的重要事实：

如果 (u,v) 和 (x,y) 表示在同一坐标平面上，那么，一类 C 特征线的方向垂直于另一类 Γ 特征线. 或者更确切地讲，通过相应点 (x,y) 和 (u,v)，C_+ 和 Γ_- 的方向垂直，C_- 和 Γ_+ 的方向垂直.

在几何上，我们这样来解释特征方程(106.03)和(106.04)；令角 A 表示在点 (x,y) 处流动速度的方向 (u,v) 与 C 特征线的方向 (dx,dy) 之间的夹角，角 A' 为在对应点 (u,v) 上流动方向和对应的 Γ 特征方向 (du,dv) 之间的夹角. 于是，因 $q^2=u^2+v^2$. 方程(106.01)可写为

$$c^2=q^2\sin^2 A, \tag{106.06}$$

(106.02)可写为

$$c^2=q^2\cos^2 A'. \tag{106.07}$$

所以

$$A'=90^\circ-A. \tag{106.08}$$

关系式(106.06)对通过一点的两条特征线都成立. 因此，两条特征线与流线有相同的夹角 A，称为 Mach 角，关系式(106.06—.08)还意味着：流动速度在垂直于 C 特征线的方向上的分量等于声速，同样，流动速度在 Γ 特征线方向上的分量等于声速.

现在把在正方向与流动方向组成 A 角的 C 特征线记作 C_+，于是对应的 Γ 特征线 Γ_+ 在正方向与流动方向组成夹角 $A'=90^\circ-A$. 这是因为 Γ_+ 垂直于 C_- 的缘故. 当然，C_- 与流动方向的夹角就为 $-A$，而 Γ_- 与流动方向的夹角为 $-A'=A-90^\circ$（见图5).

引进流动方向与正 x 轴的夹角 θ，可以更方便地把特征方程表示出来，这时

$$u=q\cos\theta,\quad v=q\sin\theta. \tag{106.09}$$

于是，两个根 ζ_+ 和 ζ_-，它们是特征方向的斜率，由下列关系式给出：

$$\zeta_+ = \tan(\theta + A),\ \zeta_- = \tan(\theta - A), \qquad (106.10)$$

其中 A 前面的符号的选取和刚才对特征线所作的规定相一致. 用这些记号时，特征方程(106.03)和(106.04)取如下形式:

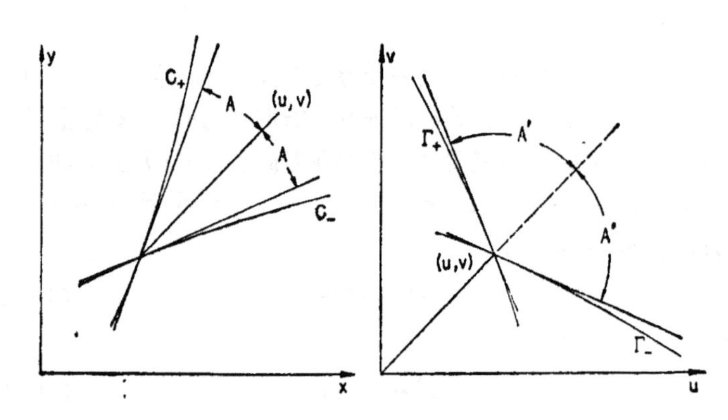

图 5　流动方向与 C 特征线和 Γ 特征线间的夹角.

$$y_\alpha \cos(\theta + A) = x_\alpha \sin(\theta + A), \qquad (106.11)$$

$$y_\beta \cos(\theta - A) = x_\beta \sin(\theta - A),$$

$$v_\alpha \sin(\theta - A) = -u_\alpha \cos(\theta - A), \qquad (106.12)$$

$$v_\beta \sin(\theta + A) = -u_\beta \cos(\theta + A).$$

应该指出，在这些方程中 $\theta = \arctan v/u$ 和 Mach 角 A 都是 u 和 v 的函数，这可由(106.06)和 Bernoulli 定律(102.01)得出. 对多方气体，从(102.02)有关系式

$$\sin^2 A = \frac{c^2}{q^2} = \frac{\mu^2}{1-\mu^2}\left(\frac{\hat{q}^2}{q^2} - 1\right); \qquad (106.13)$$

其中 $\hat{q} = c_*/\mu$ 是极限速度(参看第一章 § 15). 量

$$M = q/c = 1/\sin A \qquad (106.14)$$

被称为流动的 Mach 数. 对超声速流动 $M > 1$. 对于 $q = c$ 或 $M = 1$ 的声速流动，我们有 $A = 90°$; 这表示两个 Mach 方向重合且与流动方向相垂直. 当 $M \to \infty$ 时我们有 $A \to 0$，于是 Mach 方向趋近流动方向. 特别是当出现空穴时 ($c \to 0$ 和 $q \to$

$\hat{q}$)，就是这种情况。

特征线 C 常被称为 Mach 线。

§107 速度图平面上的特征线——外摆线

如果气体是多方的，则 Γ 特征线的微分方程(106.02)可以被直接解出。几何上表达为：对多方气体 (u, v) 平面上的 Γ 特征线是外摆线，它是由半径为 $r = \frac{1}{2}c_*\left(\frac{1}{\mu} - 1\right) = \frac{1}{2}(\hat{q} - c_*)$ 的圆在"声速圆" $u^2 + v^2 = c_*^2$ 上滚动时其圆周上的点所描出的轨迹。

由前面的几何解释可得到这个事实的简单证明：首先，利用(102.02)形式的 Bernoulli 方程，我们把(106.06)写成

$$q^2\{\mu^2 + (1 - \mu^2)\sin^2 A\} = c_*^2. \tag{107.01}$$

其次，我们注意到，Γ 特征线是和矢量 $\boldsymbol{q} = (u, v)$ 的方向构成角 $A' = 90° - A$ 的曲线。现在，我们来看图6，其中半径为

$$r = \frac{1}{2}\left(\frac{1}{\mu} - 1\right)c_*$$

的圆与圆心为 O、半径为 c_* 的"声速"圆切于 T 点，OQ 表示矢量 $\boldsymbol{q}$。如果外圆在声速圆上滚动，于是 T 点是瞬时转动中心；因此 Q 点的轨迹垂直于弦 TQ。为了证明 Γ 特征线与 Q 点的轨迹即所述的外摆线相重合，只需证明角 OQT（暂称为 σ）等于 Mach 角 A。将角 ORQ 记作 Ψ，于是

$$\measuredangle OTQ = 90° + \frac{\Psi}{2},$$

由三角形 ORQ 我们得到关系式

$$q^2 = (r + c_*)^2 + r^2 - 2r(r + c_*)\cos\Psi,$$

或

$$\frac{q^2}{c_*^2} = \frac{1}{4}\left(\frac{1}{\mu} + 1\right)^2 + \frac{1}{4}\left(\frac{1}{\mu} - 1\right)^2 - \frac{1}{2}\left(\frac{1}{\mu^2} - 1\right)\cos\Psi,$$

或

$$\frac{q^2}{c_*^2} = \frac{1}{\mu^2} - \left(\frac{1}{\mu^2} - 1\right)\cos^2\Psi/2.$$

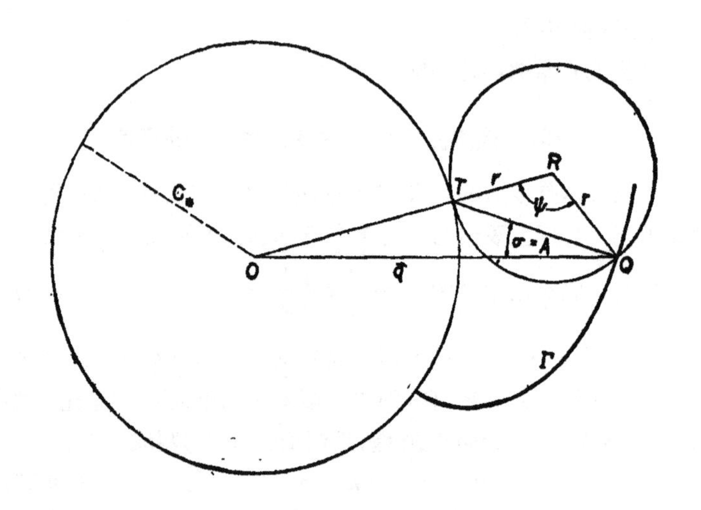

图 6　如外摆线的 Γ 特征线.

利用由三角形 OQT 得出的关系式

$$\cos\frac{\Psi}{2}=\frac{q}{c_*}\sin\sigma,$$

我们又得到

$$q^2\{\mu^2+(1-\mu^2)\sin^2\sigma\}=c_*^2.$$

将它与(107.01)比较,即得

$$\sigma=A.$$

在 (u,v) 平面上的圆环

$$c_*^2<u^2+v^2<\hat{q}^2=\frac{1}{\mu^2}c^2$$

内,每一点上有两条外摆线通过,因此,正如第二章 § 22 中的一般理论所描述的那样,这个圆环为两族 Γ 特征线构成的网络所覆盖.

§ 108 (u,v) 平面上的特征线

脱开 § 107, 现在我们解析地定出作为常微分方程(106.02)的积分曲线的 Γ 特征线.

为此目的,根据(103.10)引入极坐标 q 和 θ 来代替 u 和 v, 并

试图去积分与(106.12)等价的微分方程

$$\frac{dq}{d\theta} = \pm q\cot A' = \pm q\tan A. \tag{108.01}$$

这似乎是很自然的. 但是更简单的是,建立一组对矢量 (u,v) 在平行和垂直于所考虑的 Γ 特征线的方向上的分量 c 和 g 的微分方程. 令 ω 为 Γ 特征线与正 u 轴的夹角,显然有

$$\begin{aligned} \omega &= \theta + A' = \theta - A + 90^\circ, \ \text{对}\ \Gamma_+, \\ \omega &= \theta - A' = \theta + A - 90^\circ, \ \text{对}\ \Gamma_-. \end{aligned} \tag{108.02}$$

因此,沿 Γ 有

$$du\sin\omega - dv\cos\omega = 0. \tag{108.03}$$

从(106.07)和(108.02)我们有

$$c = u\cos\omega + v\sin\omega; \tag{108.04}$$

引进分量 g:

$$g = v\cos\omega - u\sin\omega, \tag{108.05}$$

有

$$\begin{aligned} u &= c\cos\omega - g\sin\omega, \\ v &= c\sin\omega + g\cos\omega. \end{aligned} \tag{108.06}$$

现在将 ω 看作是沿 Γ 的参数, 同时去确定作为 ω 的函数的 c 和 g.

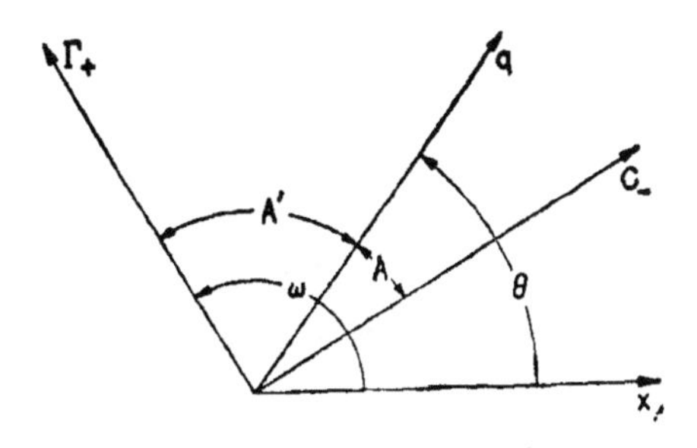

图 7 角 ω,θ,A,A' 之间的关系.

将方程(108.06) 关于 ω 进行微分,得

$$\begin{aligned} \frac{du}{d\omega} &= c_\omega\cos\omega - g_\omega\sin\omega - (c\sin\omega + g\cos\omega), \\ \frac{dv}{d\omega} &= c_\omega\sin\omega + g_\omega\cos\omega + (c\cos\omega - g\sin\omega), \end{aligned} \tag{108.07}$$

将它们代入(108.03)就得

$$g_\omega = -c. \tag{108.08}$$

从多方气体的 Bernoulli 关系式(102.02)有

$$c_*^2 - c^2 = \mu^2(q^2 - c^2) = \mu^2 g^2, \tag{108.09}$$

将它对 ω 进行微分并利用(108.08)，就得

$$c_\omega = \mu^2 g. \tag{108.10}$$

方程(108.08)和(108.10)的解显然是

$$\begin{aligned} g &= -\mu^{-1} c_* \sin\mu(\omega - \omega_*), \\ c &= c_* \cos\mu(\omega - \omega_*), \end{aligned} \tag{108.11}$$

其中 ω_* 是任意常数. 将此结果代入(108.06)就得到速度分量的参数表达式:

$$\begin{aligned} \frac{u}{c_*} &= \cos\mu(\omega - \omega_*)\cos\omega + \mu^{-1}\sin\mu(\omega - \omega_*)\sin\omega, \\ \frac{v}{c_*} &= \cos\mu(\omega - \omega_*)\sin\omega - \mu^{-1}\sin\mu(\omega - \omega_*)\cos\omega. \end{aligned} \tag{108.12}$$

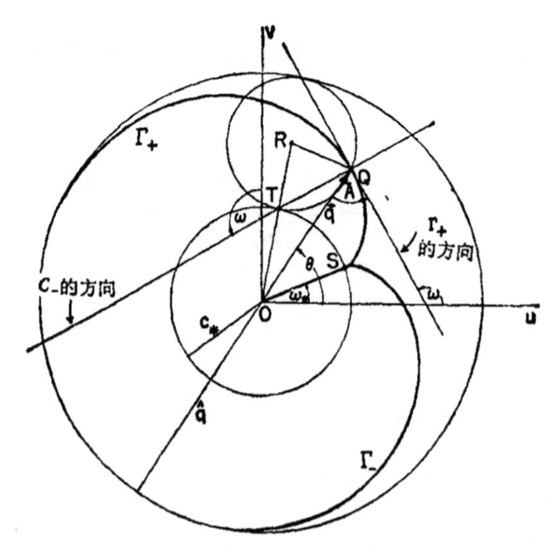

图 8　一对外摆特征线的图.

因为 $c \geqslant 0$，所以角 $\omega - \omega_*$ 从 $\frac{-\pi}{2\mu}$ 到 $\frac{\pi}{2\mu}$ 变化. 从(108.02)和(108.05)有

$$
\begin{aligned}
g &= -q\sin A' = -q\cos A \quad \text{对} \ \Gamma_+, \\
&= q\sin A' = q\cos A \quad \text{对} \Gamma_-.
\end{aligned}
\tag{108.13}
$$

因此对 Γ_+ 有 $g < 0$，对Γ_-有 $g > 0$；于是 $\omega > \omega_*$ 对应于 Γ_+ 支，$\omega < \omega_*$ 对应于 Γ_- 支. 从我们的作图显见，方程 (108.12) 所表达的所有曲线可由其中之一绕原点 O 转动而得.

另一方面，容易验证特征线 Γ 为圆 $u^2 + v^2 = c_*^2$ 和圆

$$
u^2 + v^2 = \frac{1}{\mu^2} c_*^2 = \hat{q}^2
$$

之间的外摆线. 图 8 表示所涉及的各种几何量.

为了以后的应用，我们要注意到以下关系式：

$$
\tan A = \mu |\cot \mu(\omega - \omega_*)|, \tag{108.14}
$$

它是由(106.06)利用(108.11)和由(108.06)所推出的关系式

$$
|g| = \sqrt{q^2 - c^2}
$$

得来的.

§ 109 简 单 波

简单波理论是建立基本流动模型之外的流动问题的解的基础. 在 § 29 中，简单波在数学上定义为 (x, y) 平面上一区域中这样的流动，它在(u, v)平面上的像是一条 Γ 特征线的一段弧. 这表明简单波区域是被一族单参数的直的 C 特征线 (Mach 线) 所穿过，沿上述的每一条特征线u, v 从而 c, p, ρ, τ 均为常数. 一个重要的性质是(参看 § 29)：与常状态相邻的非常状态流动总是简单波. 二维定常简单波是由 Prandtl 发现的，并由 Meyer 建立了理论[100].

在简单波中非直的 Mach 线可称为贯穿 Mach 线. 其每一条线在(u, v)平面上的像都是同一条 Γ 特征线. (我们有时根据简单

波是映射到 Γ_+ 特征线上还是 Γ_- 特征线上而把此简单波称为 Γ_+ 波或 Γ_- 波.）每一条直 Mach 线被映射到这条 Γ 特征线上的一个点，且它的方向垂直于该 Γ 特征线在这相应点处的方向. 所以，后者的方向与正 x 轴间的夹角 ω 同时也就是直 Mach 线与正 y 轴的夹角（见图 8）.

这族直特征线可以表示为

$$x = a(\sigma) - r\sin\omega(\sigma), \quad y = b(\sigma) + r\cos\omega(\sigma), \tag{109.01}$$

其中 $a(\sigma)$, $b(\sigma)$, $\omega(\sigma)$ 是参数 σ 的任意函数，r 是沿直线 $\sigma=$ 常数的坐标，而根据 §108 ω 是直特征线与正 y 轴的夹角. 每条这样的线上的 u 和 v 值由对应于该简单波的 Γ 特征线的表达式所给出. 特别，对多方气体是由关系式(108.12)所给出. 于是，在这些线上的 i 值和 c, p, ρ 的值可由 Bernoulli 方程 (102.01) 求出. 根据第二章 § 29 的一般理论，这样描绘的流动确实满足微分方程(102.03)和(102.06)，当然也可以直接来验证.

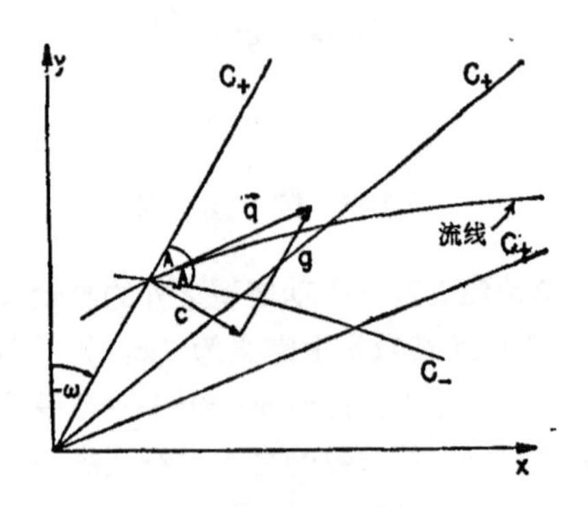

图 9　与一段 Γ_- 特征线相对应的中心简单波中的三条直 Mach 线 C_+、一条流线和一条 Mach 线 C_-.

如果所有直特征线通过一点即所谓的中心（即如果 $a(\sigma)$ 和 $b(\sigma)$ 均为常数)，则这个波就被称为**中心简单波**（见图 9）.

当令参数 σ 单调地变化而横贯简单波时，(u,v) 平面上的像点不必单调地走过一段对应的 Γ 特征线. 而且，像点可以到达声

速圆 $q=c_*$，并从 Γ_+ 支穿越到 Γ_- 支上去，或者相反．在这样的过渡中，作为直 Mach 线的 C_+ 和 C_- 的作用亦互相交换．

在下面的讨论中考虑这样的简单波，对于它，对应的一段 Γ 特征线是被单调地通过的，或者说，在这种波中直 Mach 线和正 y 轴的夹角 ω 单调地随 σ 而改变．于是，我们可以将参数 σ 与角 ω 等同起来．如果气体质点穿过简单波时其流速 q 增加，从而压力 p 和 c，ρ 减少，那么这个波被称为膨胀波或稀疏波；如果流速减少，则这个波被称为压缩波或凝聚波．

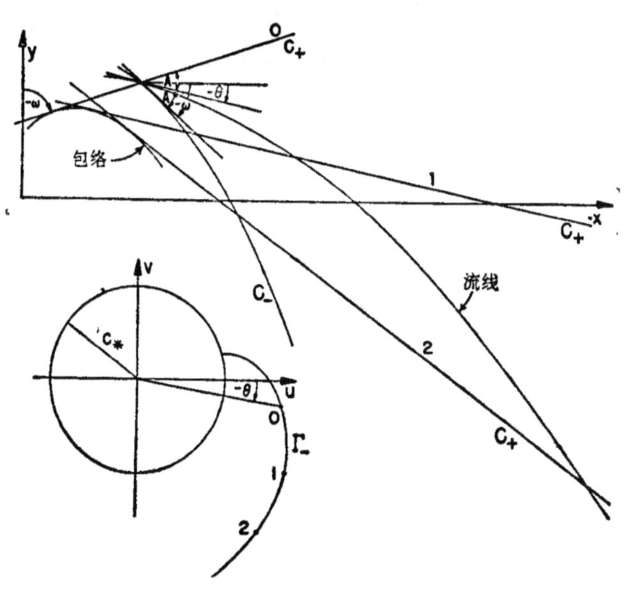

图 10　与 Γ_- 特征线的(0—1—2)一段相对应的简单波中的三条直 C_+- Mach 线 (0,1,2).

我们考虑简单波的由两条直的 Mach 线和一条流线或一条 Mach 线的包络所限定的那些部分，并在一个方向上这些部分一直伸展到无穷远．在更复杂的流动模型中这样一些部分是作为基元而出现的．

在图 10 中我们示出了对应于一段 Γ_- 特征线的膨胀波；在图

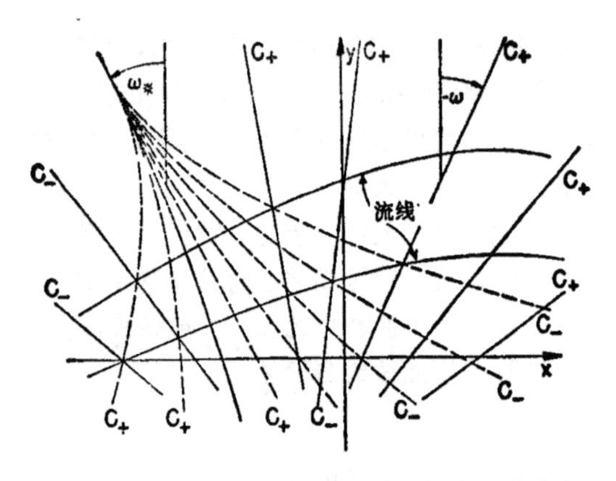

图 11　由超声速流通过声速流变为超声速流的简单波.

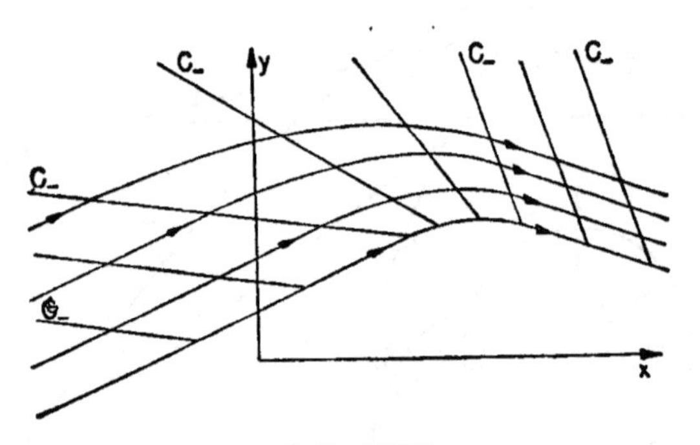

图 12　压缩波.

11 中示出了由一压缩波转变为膨胀波的波，它对应着 Γ_+ 和 Γ_- 二曲线的段. 图 12 中的流动是对应于一段 Γ_+ 特征线的压缩波. 在所有这些情形中沿流动的方向角 ω 减少. 在图 13 中表示的是对应整条 Γ_- 弧线的完全简单波.

在完全简单波中，流动在一端是声速的，且在该处流动方向垂直于 Mach 线 C_+; 在另一端流动速度是极限速度 $\hat{q}$，压力、密度和声速都下降到零; 因而与这一端毗邻的区域是空穴区. 因为 Mach 角在此端点是零，所以 Mach 线 C_+ 或 C_- 在此处趋近为流线.

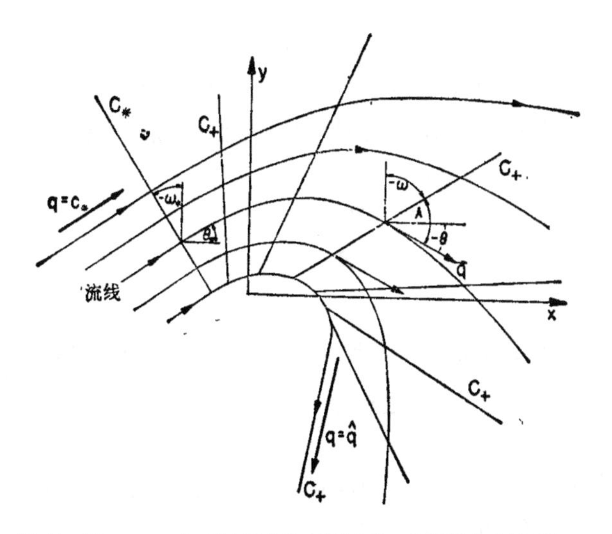

图 13 被 C_+-Mach 线族覆盖的、对应整条 Γ 弧线的完全简单波.

在多方气体中，穿过 Γ_-波当 $\omega-\omega_*$ 趋于 $\frac{-\pi}{2\mu}$时就到达空穴，这是因为根据(108.14) Mach 角 A 趋于零的缘故. 对 $-\Gamma_-$ 波由 $\theta=\omega+A'$ [参看 (108.02)] 所给出的流动方向的角度 θ，是从 $\theta_*=\omega_*$ 变到

$$\hat{\theta}=\omega_*-\frac{\pi}{2\mu}+\frac{\pi}{2}.$$

于是 θ 总的改变是

$$\hat{\theta}-\theta_*=-\left(\frac{1}{\mu}-1\right)\frac{\pi}{2}. \tag{109.02}$$

因为 $\mu<\frac{1}{2}$，我们有 $|\hat{\theta}-\theta_*|>\pi/2$. 在 § 116 的表 2 中给出了对不同 γ 值的$\left(\frac{1}{\mu}-1\right)\frac{\pi}{2}$ 的数值.

§ 110 简单波中流线和贯穿 Mach 线的显式表达式

在简单波中，如果一条流线或一条贯穿 Mach 线已知，则容易

显式地定出任何流线或贯穿 Mach 线. 我们利用表达式(109.01), 并假定 $x=a(\sigma)$, $y=b(\sigma)$ 表示已给的初始流线或贯穿 Mach 线; 于是参数 r 表示从这条初始曲线上的一点沿通过此点的直 Mach 线所量的距离.

根据 θ 的定义沿流线有

$$\frac{dy}{dx}=\tan\theta, \tag{110.01}$$

而沿 Γ_+ 波或 Γ_- 波中的贯穿 Mach 线,则由(106.11)有

$$\frac{dy}{dx}=\tan(\theta\pm A). \tag{110.02}$$

沿初始曲线 $x=a(\sigma),y=b(\sigma)$, 我们给定 θ 和 A 的分布使满足关系式(110.01)或(110.02).

利用 (108.02) 所定义的 ω, 且把 A 看作是 ω 的已知函数是比较方便的, 对多方气体这个函数由(108.14)给出. 我们假定在初始曲线上 $\omega=\omega(\sigma)$ 为已知.

于是关系式(110.01)和(110.02)可以写成

$$\cos(\omega+kA)x_\sigma+\sin(\omega+kA)y_\sigma=0, \tag{110.03}$$

这里对于流线, $k=\pm1$; 对贯穿 Mach 线, $k=\pm2$, "+" 号用于 Γ_+波,"−" 号用于 Γ_- 波. 将 (109.01) 对 σ 进行微分得

$$\begin{aligned} x_\sigma &= a_\sigma - r\omega_\sigma\cos\omega - r_\sigma\sin\omega, \\ y_\sigma &= b_\sigma - r\omega_\sigma\sin\omega + r_\sigma\cos\omega, \end{aligned} \tag{110.04}$$

将它代入(110.03), 注意到表示初始曲线的函数 $x=a(\sigma)$, $y=b(\sigma)$满足关系式(110.03),我们得

$$r_\sigma = r\cot kA\,\omega_\sigma, \tag{110.05}$$

积分得

$$r=r_0\exp\int_{\omega_0}^{\omega(\sigma)}\cot kA\,d\omega, \tag{110.06}$$

其中 r_0 和 ω_0 是任意常数. 注意这里 A 是 ω 的已知函数, 且 $\omega(\sigma)$ 是已给定的. 对多方气体由(108.14)得

$$\pm\cot A = \mu^{-1}\tan\mu(\omega-\omega_*),$$

$$\pm\cot 2A = \pm\frac{1}{2}(\cot A - \tan A)$$

$$= \frac{1}{2}[\mu^{-1}\tan\mu(\omega-\omega_*) - \mu\cot\mu(\omega-\omega_*)]. \tag{110.07}$$

于是由(110.06)导出流线的表达式为

$$r = R\cos^{-\mu^{-2}}\mu(\omega-\omega_*), \tag{110.08}$$

导出贯穿 Mach 线的表达式为

$$r = R\cos^{-\frac{1}{2}\mu^{-2}}\mu(\omega-\omega_*)\sin^{-\frac{1}{2}}\mu(\omega-\omega_*), \tag{110.09}$$

其中 R 为适当的常数.

由(110.08),(110.09)可以看出一个有趣的结果：当接近空穴时,即 $\omega-\omega_*\to\frac{-\pi}{2\mu}$，流线之间的距离和贯穿 Mach 线之间的距离都无限地增加.

对于 $a=b=0$ 的中心简单波中的流线，关系式(110.05)有一简单的物理解释. 沿流线我们将参数 σ 就视为时间 t，于是 $r_\sigma=\dot r$ 是径向速度,而 $\omega_\sigma=\dot\omega$ 是角速度. 比较方程(110.04)和(108.06)，我们就得到

$$\dot r = g,\quad r\dot\omega = -c,$$

这与 g 作为流动速度沿直 Mach 线的分量的意义和 c 作为垂直分量的意义相一致.

§111 绕一弯曲部或一拐角的流动 · 简单波的结构

绕一弯曲部或一尖角的超声速流动是最重要的基本流动之一,它是通过一简单波来实现的. 假定具有常速度 q_0 的流动沿直壁一直到达 A 点(见图 14)，而后流动沿由 A 到 B 的光滑曲壁 K 拐弯，并在 B 点以后继续沿直壁流. 我们进一步假定在与 A 前面的直壁部分相毗邻的区域中来流具有常状态. 这时的问题是：流动如何绕过拐角？或它如何沿曲壁 K 和 B 后面的直壁继续流动？

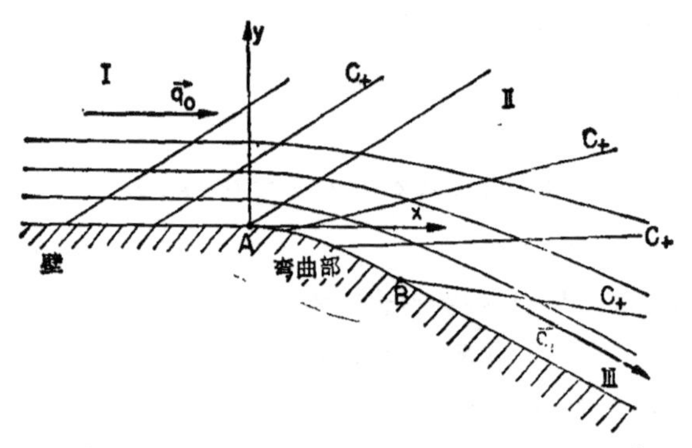

图 14　由一简单膨胀波所实现的绕一弯曲部的流动.

如果来流是亚声速的，则问题包含位势流动，它遵从一个椭圆型微分方程，此方程在任一点的解都依赖于边界条件，甚至边界很远处的条件.

但是，我们将只限于超声速流的情况，因此解就简单多了. 它可以通过将三个具有本质上不同解析特性的流动区域接合起来而得到. 这些区域依次是来流的常状态区域(I)，流动拐弯的简单波区域(II)，和常状态区域(III)，后者可能或者是平行于 B 点后面的直壁的流动区域（如果简单波实现了按弯曲部分所规定的全部拐弯），或者是一空穴区域(如果绕完整个弯曲部分之前流动就已膨胀到了零密度).

我们来详细建立这个解. 首先，常状态区域(I)是以一 C_+^A 特征线或 C_-^A 特征线的 Mach 线为终界，这特征线与来流方向亦即与直壁组成 Mach 角 A_0:

$$\sin A_0 = \frac{c_0}{q_0}. \tag{111.01}$$

因为状态 (0) 即(I)是已知的，因此 c_0 已知，所以角 A_0 是已知的. 流动的变化开始于两条可能的 Mach 线之一上，其中一条往下游倾斜，另一条往上游倾斜. 暂时我们讨论第一种可能的情况，在其中过渡 Mach 线是 C_+^A. 于是直 Mach 线是 C_+ 线，如果流动方向的角度 θ 如图 15 所示是减少的，那么毗邻的简单波对应于一段

Γ_- 波．于是速度 q 显然增加（见图），因此这波是稀疏波或膨胀波．为了作出简单波，我们只要认识到包括弯曲部分在内的壁是流线，因此在弯曲部的每一点 P 上曲壁的方向就是流动的方向．过

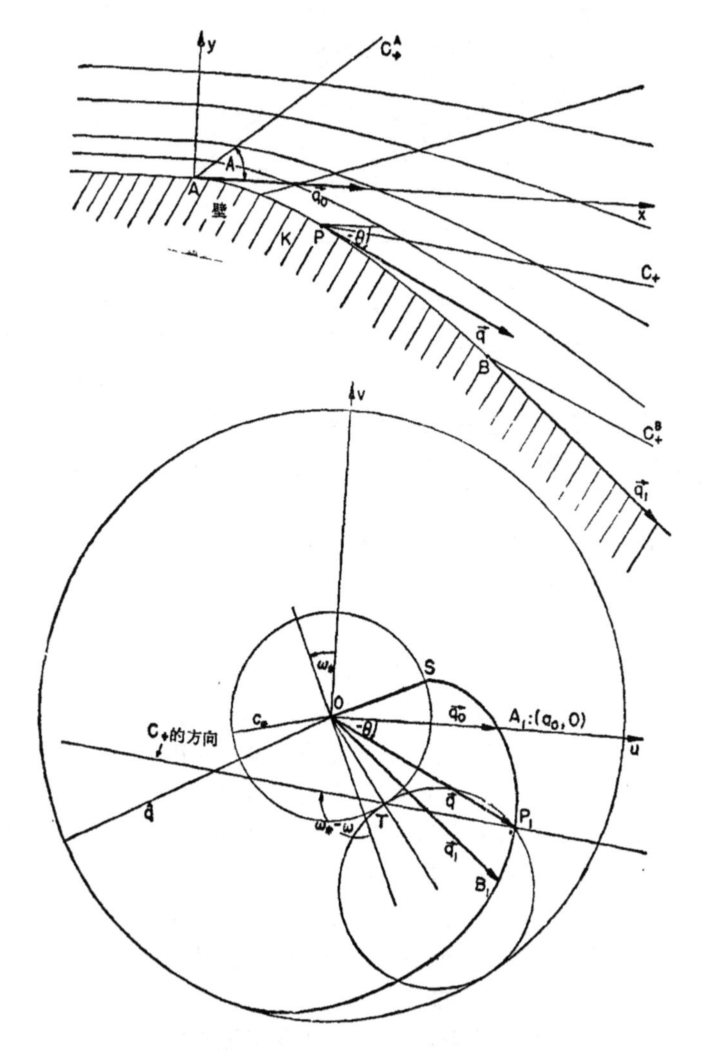

图 15　绕曲壁流动中简单膨胀波的结构图．

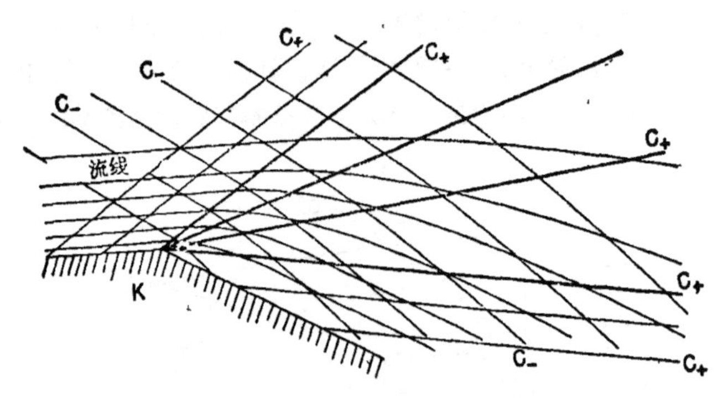

图 16　不完全中心简单波(空气, $\gamma=1.4$).

渡 Mach 线 C_+^A 上的已知流动速度 (u_0,v_0) 在 (u,v) 平面上表示为一点,通过该点,代表简单波的 Γ_- 特征线被定出. 沿这条 Γ_- 特征线 u, v, q, 从而还有 c, A, p 和 ρ 都是 θ 的已知函数. 对多方气体,只要 ω_* 已知,由 (108.14) A 是 ω 的已知函数,因此可以由(108.02)反解出 ω 是 θ 的函数. 这方面将在 § 116 中更详细地说到.

这里我们叙述一下对多方气体的几何作图方法. 我们过(u,v)平面上对应于已给初始状态的点$(u_0, v_0)=(q_0, 0)$作整个外摆线弧 Γ_-. 在它上面位于离 O 点距离为 q_0 处的 A_1 点对应于弯曲部分的起点 A. 外摆线弧 SA_1 对 O 点所张的角是 $\theta_*=\omega_*$. 对弯曲部分 K 上任一点 P,我们可以得到 Γ_- 上的对应位置 P_1, 只要画 OP_1 平行于弯曲部分在 P 点的切线. 过 P 点的直 Mach 线 C_+ 是这样定出的: 它是垂直于 Γ_- 在 P_1 点的方向的直线,也就是它平行于直线 TP_1, T 是滚动圆和固定圆的接触点. 沿 C_+ 速度 $\boldsymbol{q}$ 平行于 OP_1, 而速率 q 是由 OP_1 的长度给出.

如果弯曲部的每一点 P 在 Γ 上有像点 P_1,则 Γ_- 的 A_1B_1 段表示一非完全简单波,通过该简单波之后,流动平行于 B 点之后的直壁,其速率等于 OB_1 的长度.

然而,如果曲壁太弯, 也就是, 如果 Γ 弧的端点 B_1 (在该点 Γ 与极限圆 $q=\hat{q}$ 相切)对应于弯曲部的 A 和 B 之间的一点,那么简

单波在过 B 点的 Mach 线 C_+ 上成为完全的，这时 C_+ 在 B 点与弯曲部分相切；在这 Mach 线之后将出现空穴(参看 § 109)，且区域(II)中的流动将渐近地取此终止的 Mach 线的方向.

采用无量纲量 $\frac{u}{c_*}$, $\frac{v}{c_*}$, $\frac{q}{c_*}$, μ，我们可以用一条仅依赖于 μ 的单一的外摆弧 Γ 实现这个延伸，如何图解地进行是显然的，例如，可利用一个画在透明纸上的 Γ 弧.

所有前面的讨论涉及的是一个具有连续变动切线的弯曲部 K. 但是当用一拐角 K 来代替光滑的弯曲部时(见图 16)，整个论述也一样成立，那时，流动在到达 K 以前是沿壁运动，在 K 处突然转向新的方向. 在拐角 K 处这一不连续的转变，在流动区域内则被光滑为连续转变，这是由一族从中心 K 发出的 C_+ 特征线所扫过的中心简单波造成的. 除了此角度不能用来表示沿弯曲部 K 的流动方向外，前面的讨论保持不变. 图 17 示出了一个由 x 轴方向上的常数流动通过 y 轴方向上的声速 Mach 线 ($\theta_* = \omega_* = 0$)而进入的完全中心简单波的图像. 它是用流线、在中心 O 相遇的一些直特征线 C_+ 和曲特征线 C_- 来表示的. 此完全简单波是处于两

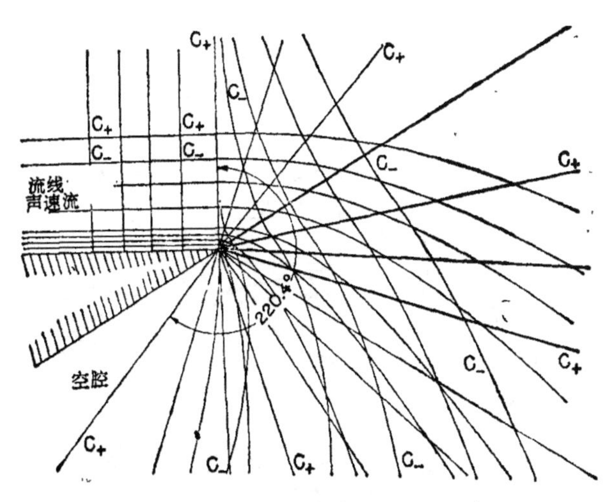

图 17 完全中心简单波(空气，$\gamma = 1.4$).

个常状态区域之间，一个是声速流动区，另一个是空穴区.图 16 示出一个处于两个常状态之间的非完全简单波. 非完全波对应于图 17 中画出的一个扇形，即从完全波中切下的一个扇形，在非完全波两边的状态是常状态. 在常状态区域中直 Mach 线 C_+ 是平行的. 贯穿 Mach 线 C_- 在非完全简单波外面仍然是直的和互相平行的；这两类特征线都和流线交成常数 Mach 角.

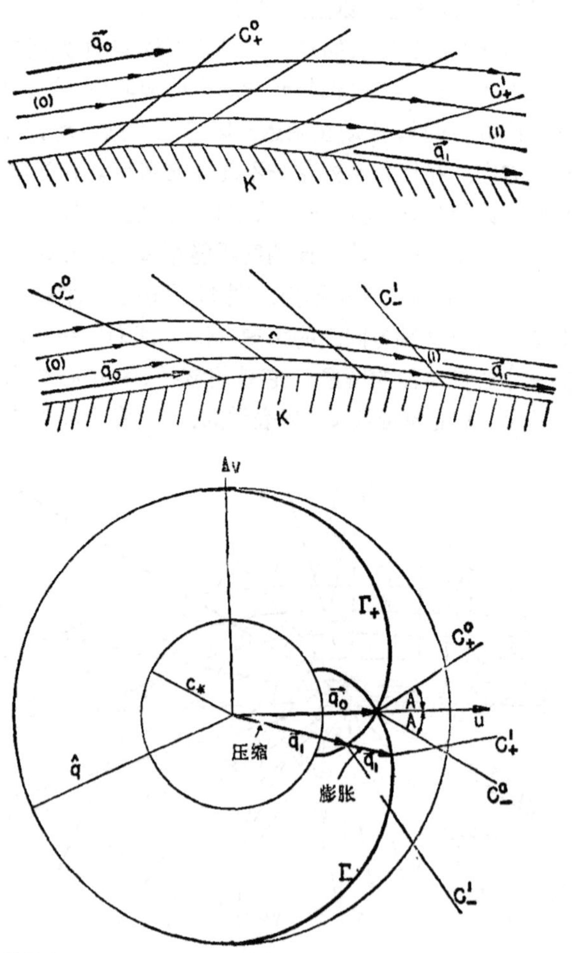

图 18 能使速度 q_0 的来流绕凸壁 K 转弯的简单膨胀波(上图)和压缩波(中图).

§ 112 压缩波 · 在凹形曲壁中的和绕一凸起部的流动

前节中所讨论的简单波是绕一凸形壁的膨胀波. 但是, 在绕凸壁或拐角的流动中同样可能是压缩波, 例如, 当考虑一种乃是膨胀波之逆转的流动时(参看图 18), 这一点就可立即看出. 在前几节中我们通过选取(u,v)平面上给出较大 $q^2=u^2+v^2$ 值从而给出较小 p 和 ρ 值的起自 A_1 点的一支外摆线, 而选出了那些给出沿曲壁K的膨胀波的微分方程的解. 但是, 对给定的曲壁或拐角我们也可以选择速度图平面上通过 u_0,v_0点的外摆线的 Γ_+ 支, 它对应于: 当流动角θ减少时速率q减少, 因此压力和密度增加. 对于选择表示压缩的一段Γ_+ 弧, 我们所有的讨论和公式都基本上保持不变.

对压缩波, 沿 C_- 特征线 u, v, ρ, c, p 保持为常数, C_- 不是往下游倾斜而是逆着流线向上游倾斜的 Mach 线, 如图 18 (中

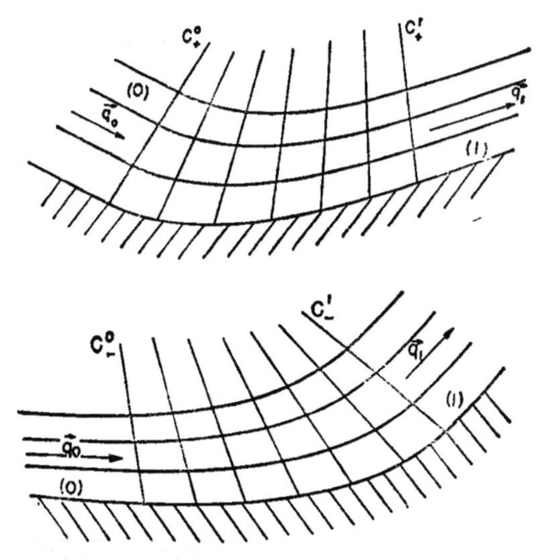

图 19 在凹的弯曲部中使速度 q_0 的来流转向的简单压缩波(上图)和膨胀波(下图).

图)所示.

在具体情况中，绕弯曲部或拐角的流动中究竟产生膨胀波还是压缩波，这依赖于其它部分边界的条件，这将在下节讨论.

到目前为止，我们假定了流动绕着凸的曲壁拐弯. 用同样的方法可以处理流动在凹的曲壁中拐弯的情形. 在从壁上发出的直 Mach 线向下游倾斜的“正常”情形下，我们得到的是压缩波，在从壁上发出的直 Mach 线向上游倾斜的“特殊”情形下，得到的是膨胀波. 这样一个特殊的膨胀波可以看作是某一个“正常”流动的逆转. 应该指出，在这两种情形中，直 Mach 线最终要形成一个包络，因此只在壁的邻域内，流动才可以用简单波来描述，这个邻域将随着弯壁曲率的增加而变小. 在尖角的极限情况下，这个邻域将收缩成顶点本身，于是在尖角的任何邻域内都不可能有连续的流动. 在一般情况下一个包络的出现，或更一般地说直的特征线相交，表明至少在离尖角某一距离处必定出现间断. 我们将在下一部分中借助冲击波理论来处理凹的曲壁或尖角内的流动.

有重要意义的是沿一波形壁的流动，或简单地沿一除“凸起”部外是直壁的流动. 在正常情况下，正如我们在下文中将要说明的，由凸起部的起始处发出的直 Mach 线是向下游倾斜的. 设凸起部是一个伸向流动区域的犬牙状的(见图 20). 于是产生的简单波首先是一个压缩波，而后是一个膨胀波，最后又是一个压缩波. 最终的流动速度和初始的一致.

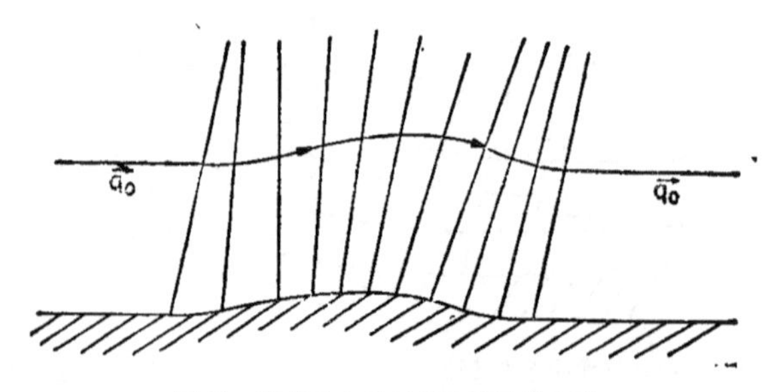

图 20　沿直壁中凸起部的简单波流动.

§ 113　二维管道中的超声速流动

如果将绕一弯曲部的流动看作是在一个其一边管壁被移至无穷远的管道中的流动之极限情形，那么我们就会清楚：为什么绕一弯曲部的流动在正常情况下是一个简单波，该波的直 Mach 线从弯曲部观察是向下游倾斜的．考虑一个由两壁面所围的二维管道，它的入口段是直而平行的，流动以常数超声速度 $\boldsymbol{q}_0$ 通过入口段．两壁面各在 P_+，P_- 点开始弯曲．当流动经过 P_+ 和 P_- 时就开始偏离常数平行流．为了确定每个气体质点在何处改变其速度，作出从 P_+ 和 P_- 点发出的向下游倾斜的那些 Mach 线，即从壁上的 P_+ 点向右的 C_+ 线和从壁上的 P_- 点向左的 C_- 线．每个质点在它们遇到这两条“过渡” Mach 线之前都以 $\boldsymbol{q}_0$ 运动；这是由双曲型微分方程解的唯一性理论得出的（参看 § 24）． 根据第二章的基本定理（参看 § 24），越过过渡 Mach 线，流动是一个简单波．出现什么类型的简单波是很好确定的．

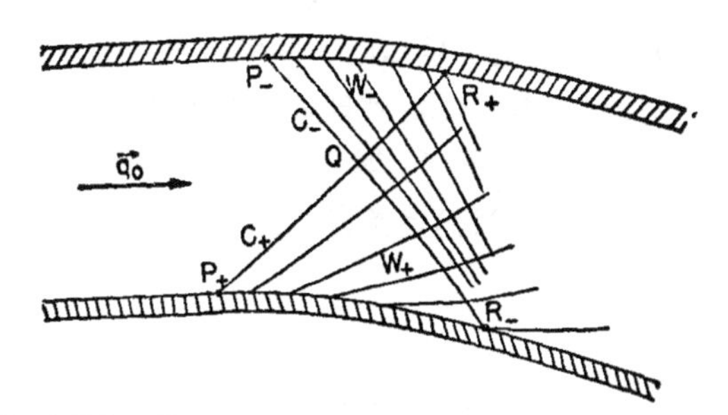

图 21　表示与一平行流相毗邻的简单膨胀波和压缩波的管道中的超声速流动，分界的直 Mach 线朝流动方向倾斜．

现在假设两壁面之一被移到无穷远处，于是从留下的壁面发出的过渡 Mach 线是向下游倾斜的．所以在正常情况下发生的就是这种现象．下面将看到在特殊情况下简单波的直 Mach 线是向上游倾斜的．

在图 21 中示出了在一管道中的流动，它的两条过渡 Mach 线

相交于管道内的 Q 点．于是有两个简单波 W_+ 和 W_-． Mach 线 C_+ 和 C_- 分别穿过 W_- 波和 W_+ 波时的延伸部分，是这两个波的贯穿 Mach 线，且分别与壁相交(如果真相交)于点 R_+ 和 R_-．这两条延伸的 Mach 线结束了简单波区．在它们外面开始相互作用过程，该过程不再导致简单波．关于这样的相互作用过程在下节中还要谈到．

如果 Mach 线中的一条，比如说自弯曲部分的起点 P_+ 发出的 C_+，与对面壁相交于 R_+ 点，而在该点处壁仍旧是直的，则出现的是稍许不同的流动图像．于是这条 Mach 线是唯一的过渡 Mach 线，且仅出现一个简单波区 (见图 22)．这个简单波区是以贯穿 Mach 线，即“反射的”过渡 Mach 线为界，这条 Mach 线是从过渡 Mach 线与对面壁的交点 R_+ 发出的． 在这条“反射” Mach 线后边的相互作用流动，可以方便地但不十分恰当地称为“入射简单波和反射简单波的叠加”．

存在着一种特殊情况，在其中“反射波”消失，甚至在“反射的”过渡 Mach 线后面流动仍保持是简单波．如果在过渡 Mach 线与对面壁的交点 R_+ 处对面壁弯曲的形状与简单波 W_+ 的流线相重合，于是通过反射过渡 Mach 线时简单波 W_+ 将继续下去，这时就出现上述情况．在此情况下，接下去的流动正好就是这继续下去的简单波 (见图 23)．我们要指出，当从对面壁上观察时，这个简

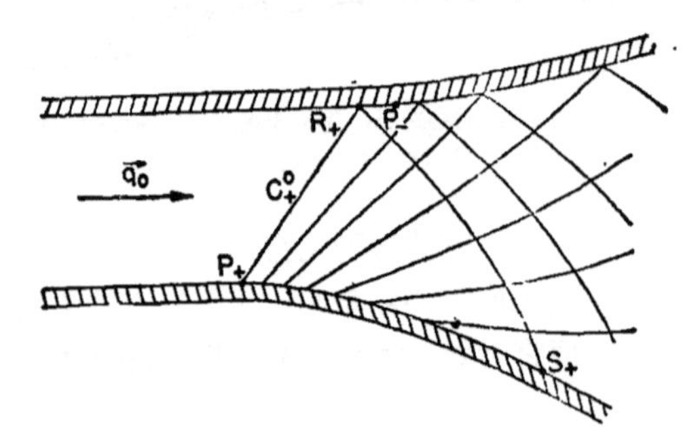

图 22　在管道中具有一个简单膨胀波及其“反射”波的超声速流动．

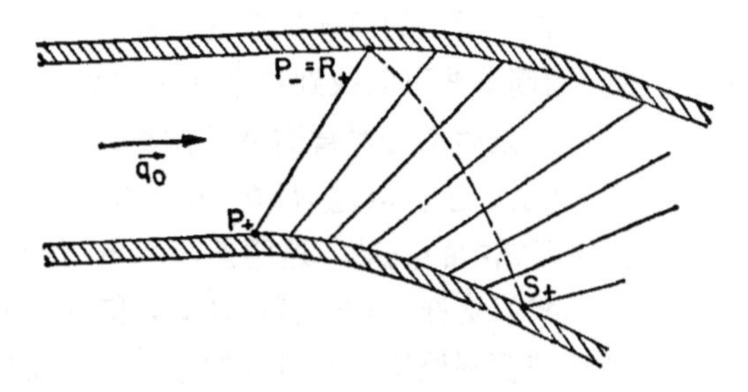

图 23 在管道中具有一个简单膨胀波而没有"反射"波的超声速流动.

单波的 Mach 线是向流动相反方向倾斜的. 因此看出，这样的简单波流动是可能的，但只在非常特殊的情形下才发生。

由简单波的性质容易看出如何去构造一管道，使得一均匀平行流动经过这管道时可能变成另一种流动，这流动仍是均匀平行的，但被压缩且有不同的流向. 平面壁在 R 点的方向就变成要求的新方向，而对面壁可这样来构造，使得它的形状重合于以 R 为中心的向后倾斜的中心简单波的流线，参看图 24（这种结构在 Oswatitch[148] 所设计的喷管中起着决定性作用）.

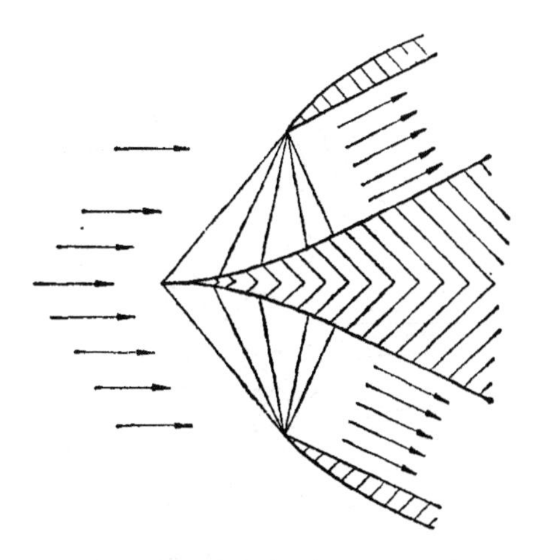

图 24 通过一中心简单波转变为具有另一方向的声速流的管道.

一个特别有趣的问题是用一种方法构造一在其它方面固定的

二维管道的末端，使得以适当的 Mach 数进入管道的流动，以平行常速度流出管道．用简单波可以找到这个问题的解．设分别在上、下壁的两点 A_+ 和 A_- 以后部分对管道进行调整．入口 Mach 数和这两点之前壁的形状决定了在以过 A_+ 的 C_- Mach 线和过 A_- 的 C_+ Mach 线为界的区域中的流动，这两条 Mach 线在 O 点相交（如图 25 中所示）．我们这样来构造管道在 A_+ 和 A_- 后面的延伸部分，使得最终流动速度到处等于 O 点处的速度 $\boldsymbol{q}$．更确切地讲，过 O 点的两条 Mach 线 C_+^0 和 C_-^0 将是这样的线，穿过它们时流动就转变为常速平行流．因此，这些 Mach 线应该是直线，与其每一条邻接的流动应是简单波．在这些简单波中，两条贯穿 Mach 线 C_+ 和 C_- 以及其上的速度、声速、密度和压力的分布是已知的．正如早先在 §110 中已说明的，简单波是由这些数据决定的．特别是过 A_+ 和 A_- 点的流线也就被决定．它们应取为 B_+ 和 B_- 点以前的管道出口段的壁面，B_+ 和 B_- 点分别是它们与从 O 发出的直 Mach 线 C_+^0 和 C_-^0 的交点．管道以这里开始按最终流动速度方向成直线延伸．

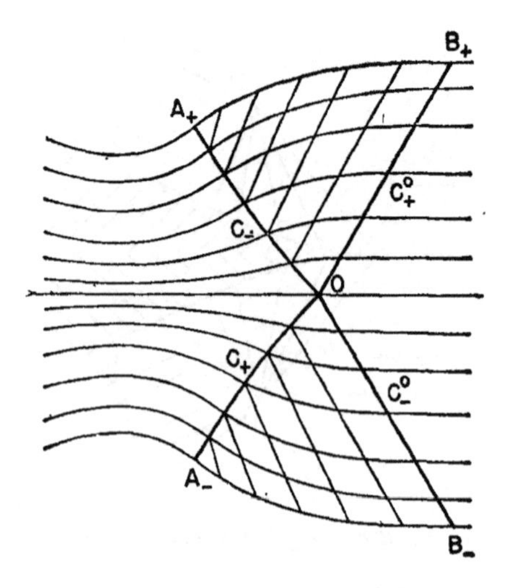

图 25　使流动变直的管道出口段结构．

上面所讨论的流动方向也可以反转过来，所以，使二维流变直的结构也可以用来构造一个常速平行流可以进入的二维管道的入口段，进入的流动被逐步地没有间断地改变(再参看 § 150)。

§ 114 简单波的相互作用 · 在固壁上的反射

当(例如)从管道两个对壁出发的两简单波(I)，(II) 相互作用

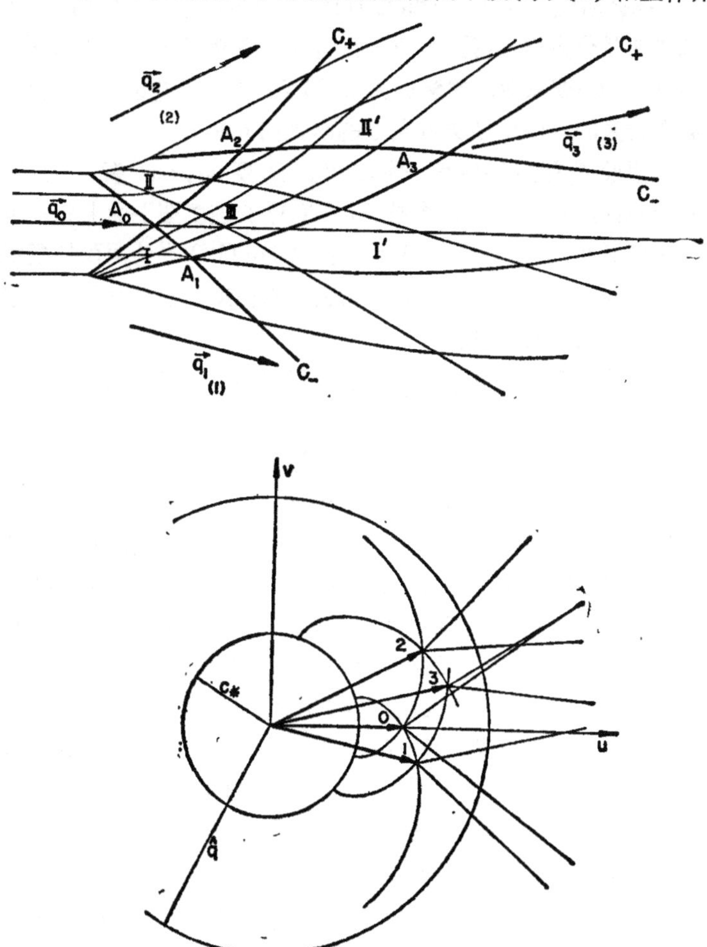

图 26 示出穿透区 III 的两个中心简单波的相互作用.

时，我们必然预料到出现如图 26 中所表明的状况，它类似于一维情况下两个非定常稀疏波相互作用的情形(参看第三章 § 82). 此时将有一个以特征线为四条边所围成的穿透区域(III)，假定管道两边各有不长的弯曲部，随后又继续是直的；于是从相互作用区又发出两个简单波(I′)和(II′). 如果两个相互作用的波(I)和 (II) 已知，那么所发出的波(I′)和(II′)可容易求出，而不必去求解穿透区域中的微分方程，就是说，可以在这样的意义下来决定(I′)和(II′)，即从图 26 (或从对应的解析关系式)可以求出相应的特征弧 Γ，或者作为直的 Mach 线方向角 θ 的函数的 u 和 v.

假设在区域(0)中有一常数超声速度 u_0, v_0, 譬比说 $u_0 = q_0 > c_0, v_0 = 0$. 于是两个波(I) 和 (II) 在速度图平面上分别由外摆线的弧 0—1 和 0—2 所表示. 波(I′)和 (II′) 也为两段外摆线的弧 1—3 和 2—3 所表示. 点 3 是它们的交点，它表示质点通过两个波以后流体的最终状态.

简单波在一固壁上反射的结果简单地就对应于以壁为对称线的两个对称波的相互作用.

上面的论述并没有给出关于透射波宽度、波中直特征线 C 的分布、或穿透区(III)中的状态的详细数据. 为得到这些细节我们必须定出(III)区的流动，为此目的我们必须回到流动的一般微分方程(102.03)和(102.06). 在入射简单波波尾以内的两段特征线弧 A_0A_1 和 A_0A_2 是已知的(参看图 26)，沿这两段弧线 u 和 v 的值是已知的，它们对应于表示(I) 和 (II) 的两段已知弧 Γ. 我们必须在这些初始数据下求解方程(102.03)和(102.06). 换言之，我们的任务就是求解如在第二章 § 24 中所描述过的特征初值问题. 求解后，就定出复盖 (III) 的两族特征线 C，特别是特征线弧 A_1A_3 和 A_2A_3. 这两段弧线分别是简单波(I′)和 (II′) 的贯穿 Mach 线，因此(I′)和(II′)就可立即被确定(参看 § 110).

关于特征初值问题的求解方法可参看 § 24 中的论述，及该处所引的文献.

以这个理论为基础进行数值积分和图解求积是不难的，且在许多情况下已经实现(例如参看[103])。这方法类似于在第二章§24和第三章§83中所阐述的方法.

§115 射 流

作为简单波相互作用的一个例子，我们叙述一下超声速平行气流从孔口流入大气时所产生的射流现象[1](参看图27). 根据观察我们假设，排出气体的射流被一由间断面组成的边界与处于大气压力状态下的静止空气分开.(实际上是被一个涡旋层隔开,该层沿射流逐渐变厚,且可能最后将射流湮没掉.)此外,我们考虑二维、定常、等熵流动，且假定迎面来的平行气流中的压力p_0大于大气压力p_A. 于是，现象可作如下简化描述(只要射流还未被涡旋层所破坏),也可参看§148.

在孔口的拐角处受压缩的气体在两对称的中心简单波中将膨胀到大气压力. 这两个简单波发生相互作用，且从相互作用区出来的仍是简单波. 两个简单波从构成射流边界的间断曲面上反射的仍是简单波，它们互相穿透且继续为简单波. 后来的这些波是压缩波，因为气体流经这些波时密度增加. 正如Prandtl所假定的,如果这些波不是在对面边界上聚集于一点,则它们将导致冲击波. 对小的压差p_0-p_A这个假定是可近似地证明的. 如图27中所示,流动图象被假定自身作周期性重复,直到边界上的涡旋层使现象遭到破坏为止.

出射气体的速度决定出(u, v)平面上的对应点O. 因为在射流的开始处气体压力$p=p_0$是已知的，所以在穿过自喷管边缘上发出的简单波时压力是速率q的已知函数. 于是过O点的Γ_+或Γ_-特征线上的点A和A'刚好是对应于大气压$p=p_A$的点. 这就决定了两个简单波的强度. 穿透后得到的两个简单波对应于从A或A'点直到它们的交点AA之间的两段Γ_-或Γ_+特征弧. 因此反射发出的两个波的强度亦被确定.

---

1) 在第五章中我们将更详细地研究射流.

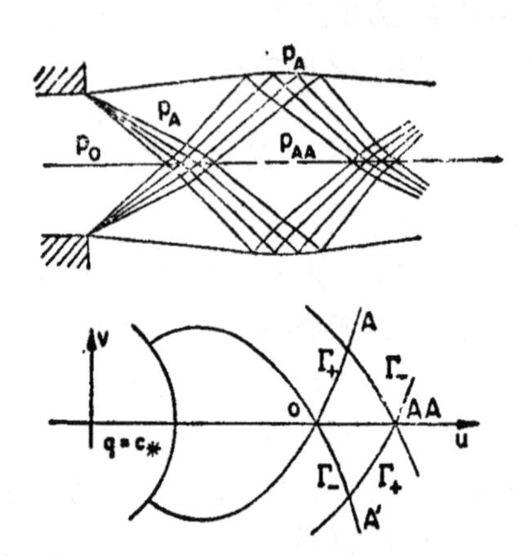

图 27 当平行流进入低压区域时所产生的射流中波的图像.

如果压力差 p_0-p_A 超过某个值，则由 A 或 A' 点开始的两段 Γ_- 或 Γ_+ 特征线弧不相交，但它们这时和圆 $q=\hat{q}$ 相遇. 在此情况下相互作用过程无限地进行下去，穿透区域将伸展至无穷远.

§116 多方气体中简单波的过渡公式

在许多场合，我们希望将穿过简单波时各量的变化表示为流动方向角 θ 之变化的函数. 为此只要将 ω 通过 θ 表出即可（参看§109）. 假设在一条直的 Mach 线上，已给出角 $\theta=\theta_0$，流速 $q=q_0$ 和声速 $c=c_0$，则 Mach 角 $A=A_0$ 由(106.06)给出：

$$\sin A_0=c_0/q_0, \tag{116.01}$$

而临界速度 c_* 则由(102.02)给出：

$$c_*^2=\mu^2q_0^2+(1-\mu^2)c_0^2. \tag{116.02}$$

角 ω_0 和 ω_* 由下式定出：

$$\begin{aligned}\omega_0&=\theta_0-A_0+90^\circ \quad 对\ \Gamma_+,\\ \omega_0&=\theta_0+A_0-90^\circ \quad 对\ \Gamma_-,\end{aligned} \tag{116.03}$$

[参看(108.02)和(108.14)].

$$|\omega_0-\omega_*|=\mu^{-1}\operatorname{arccot}\mu^{-1}\tan A_0. \tag{116.04}$$

作为 θ 的函数的角 ω 最后通过解下面的方程定出：

$$\theta = \omega \pm A \mp 90^\circ = \omega \pm \arctan \mu \cot \mu(\omega - \omega_*), \quad (116.05)$$

上面的符号对应 Γ_+ 波，下面的符号对应 Γ_- 波.

为了实用的目的，对一完全简单波把所得到的关系式以表格形式给出是有用的，该表格只与 γ 或 μ 有关，且可以迳直使用. 如果需要的话，可以对它进行适当的插值. 在表 I 中复制了这样的表格. 为了在具体情况中应用它，通常根据 $\theta = \theta_0$ 的来流之 Mach 数 $M_0 = q_0/c_0$ 或比值 q_0/c_* 确定出要用到的完全波部分，于是该表给出对应的角 $\theta - \omega_*$; 然后就可从表上读出表征简单波的其它各量.

在 § 109 的末尾我们看到，由

$$\omega - \omega_* = \pm \frac{\pi}{2\mu}$$

给出. 完整的弧 Γ 的终点，它们是弧 Γ 与极限圆相接触的地方. 因此从方程(109.02)或从图形可看出，在 Γ_+ 或 Γ_- 波中流动所能弯过的最大角度为

$$|\hat{\theta} - \theta_*| = \left(\frac{1}{\mu} - 1\right)\frac{\pi}{2}, \quad (116.06)$$

此值只在完全波的理想情况下才达到，在该波中流动由声速 c_* 开始而以极限速度 $\hat{q}$ 终结. 第 263 页上的表 II 给出了不同 γ 值时的这个最大角的数值. 如果初始速度 q_0 大于临界速度 c_*，显然在空穴发生以前流动所能转过的整个角是较小的.

对大的 $\frac{q_0}{c_0}$ 值或小 Mach 角 A，从(116.04—·05)求得流动所能转过的最大角度 $|\theta_0 - \theta_*|$ 接近于

$$\left(\frac{1}{\mu^2} - 1\right)\frac{c_0}{q_0} = \frac{2}{\gamma - 1}\frac{c_0}{q_0}.$$

对于穿过简单波时变化不十分大的许多情况，使用关于 $\theta - \theta_0$ 的幂次的展开式就够了. 我们可以假定来流沿正 x 轴方向，即 $\theta_0 = 0$，并假定简单波是具有直的 C_+ 特征线的 Γ_- 波. 令

$$t_0 = \tan A_0 = 1/\sqrt{M_0^2 - 1}, \quad (116.07)$$

展开式*)为

$$q/q_0 = 1 - t_0\theta - \frac{1}{2(1-\mu^2)}(\mu^2 + 2\mu^2 t_0^2 + t_0^4)\theta^2 + \cdots$$

表 I

表征完全简单波的诸量

（对空气　$\gamma = 1.405$）

p/p_*	c/c_*	q/c_*	$M = q/c$	$\|\omega - \omega_*\|$	$\|\theta - \omega_*\|$
.00	0.000	2.437	∞	219.32°	129.32°
.01	.515	2.151	4.178	143.79	67.64
.02	.569	2.083	3.661	134.80	60.65
.03	.603	2.035	3.373	128.90	56.14
.04	.629	1.996	3.175	124.37	52.73
.05	.649	1.964	3.024	120.64°	49.95°
.07	.682	1.909	2.801	114.60	45.52
.09	.707	1.863	2.636	109.73	41.82
.11	.728	1.823	2.506	105.57	39.09
.13	.745	1.788	2.399	101.91	36.55
.15	.761	1.755	2.307	98.62°	34.30°
.20	.793	1.683	2.123	91.47	29.58
.25	.819	1.621	1.979	85.35	25.70
.30	.841	1.565	1.861	79.90	22.40
.35	.860	1.513	1.760	74.89	19.50
.40	.876	1.465	1.672	70.19°	16.92°
.45	.891	1.420	1.593	65.71	14.60
.50	.905	1.376	1.521	61.38	12.48
.55	.917	1.335	1.455	57.13	10.55
.60	.929	1.295	1.394	52.92	8.78
.70	.950	1.218	1.282	44.39°	5.66°
.80	.968	1.144	1.181	35.22	3.09
.90	.985	1.071	1.088	24.27	1.10
.95	.993	1.036	1.043	16.96	.39
1.00	1.000	1.000	1.000	0.00	.00

*) 原书中后三式有错，各式分别少写了方括号中的最后一项．——译者注

表 II

不同的γ值时完全简单波使流动所转过的角度$|\hat{\theta}-\theta_*|$

γ	1.00	1.20	1.25	1.30	1.40	1.67	2.00	3.00	7.00
$\lvert\hat{\theta}-\theta_*\rvert=\left(\frac{1}{\mu}-1\right)\frac{\pi}{2}$	∞	221.8°	180.0°	159.2°	130.4°	90.0°	65.9°	37.3°	13.9°

$$u/q_0=1-t_0\theta-\frac{1}{2(1-\mu^2)}(1+2\mu^2t_0^2+t_0^4)\theta^2+\cdots$$

$$v/q_0=\theta-t_0\theta^2+\cdots$$

$$c/c_0=1+\frac{\mu^2}{1-\mu^2}(t_0+t_0^{-1})\theta+\frac{1+t_0^2}{2(1-\mu^2)^2}$$
$$\times[\mu^2(t_0^2-(1-2\mu^2))-2(t_0^2+\mu^2)]\theta^2+\cdots$$

(116.08)

$$p/p_0=1+\frac{1+\mu^2}{1-\mu^2}(t_0+t_0^{-1})\theta+\frac{1+\mu^2}{2(1-\mu^2)^2}(1+t_0^2)$$
$$\times\left[(t_0^2+2\mu^2+t_0^{-2})-2\left(1+\frac{t_0^2}{\mu^2}\right)\right]\theta^2+\cdots$$

$$\rho/\rho_0=1+(t_0+t_0^{-1})\theta+\frac{1+t_0^2}{2(1-\mu^2)}$$
$$\times\left[t_0^2+(1-2\mu^2)t_0^{-2}-2\left(1+\frac{t_0^2}{\mu^2}\right)\right]\theta^2+\cdots$$

$$A=A_0+\frac{1}{1-\mu^2}(\mu^2+t_0^2)\theta+\cdots$$

$$90^\circ+\omega=90^\circ+\omega_0+\frac{1}{1-\mu^2}(1+t_0^2)\theta+\cdots$$

式中的角ω是 Mach 线和正x轴的夹角 $A+\theta$.

C. 斜冲击波

§117 定性描述

与一维流动的情形一样，在二维或三维情况中连续流的假定常与边界条件不相容;如在一维流中那样可以出现间断. 幸而,实际流动的许多现象用相对简单的冲击波阵面模型就足以表达，穿过冲击波面时密度、压力和速度出现符合守恒定律的跳跃间断.

为了具体地研究甚至在连续边界条件下间断是如何自动产生的,我们考虑沿一凹形曲壁或拐角的流动，进行比 § 112 稍微进一步的分析.

假设沿一直壁运动的常数二维超声速流在一凹形曲壁 K 内被迫拐弯.

原则上，在靠近壁处仍有前述的简单波结构. 在 (x, y) 平面上过 A 点有一 Mach 线，常数流动穿过该线就进入简单波. 但与绕凸形曲壁的流动情况不同，此简单波中相继的那些直 Mach 线现在是这样转动，使得在流动内部产生一个包络. 一般这个包络有一个尖点. 在包络线的两分支之间的区域内，u 和 v 不是单值的. 这个数学上的多值状态在物理上是不可能的. 正如观测所表明的,这里产生了冲击波间断，即 u, v, ρ, p, T, S 诸量的间断曲面. 因为流动是二维的,所以这个曲面就由它和 (x,y) 平面的交线——冲击波曲线所表示. 这冲击波曲线 $\mathscr{S}$ 从包络的尖点出发,在该处其强度为零,然后在这包络的两分支间延伸.

我们即将看出,冲击波条件意味着,等熵区域中的不同质点通过冲击波阵面时,熵的改变一般是不同的,因而在冲击波阵面后的流动不再是等熵的. 于是在冲击波后不可避免地要考虑非均熵情况. 但在许多重要情形（仅是那些能使问题本身相对简单地分析的情形)熵改变的变化或者为零或者可忽略不计,以致等熵流动的简单微分方程(102.03)和(102.06)，在冲击波曲线 $\mathscr{S}$ 的两边实际上都仍适用.

当冲击波线 $\mathscr{S}$ 是直线，$\mathscr{S}$ 的两边都为常状态时，更是这种情况. 其中具有代表性的和本身就很重要的是曲壁 K 收缩成一尖角 K 的极限情形；以常数超声速平行于尖角的一条边运动的来流到达尖角 K 处,突然转到角的另一边的方向,并仍取常速度. 如果壁所转过的角度小于某一个极限值(参看 § 122),流动方向和速度的突然改变,是穿过直的冲击波线 $\mathscr{S}$ 时实现的.在此情况下一个斜冲

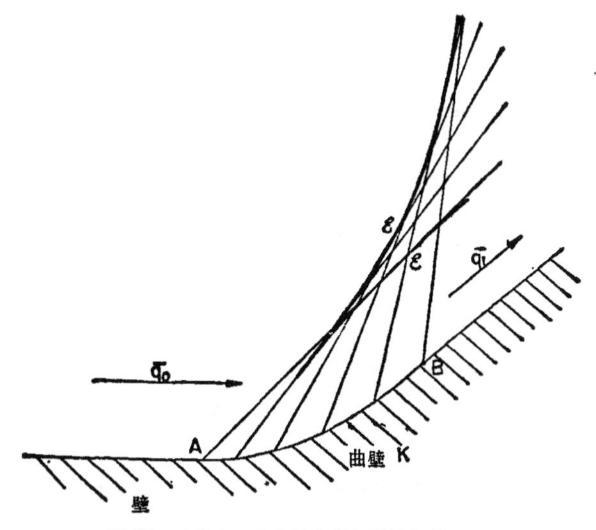

图 28　从曲壁 K 发出的直特征线的包络 $\mathscr{E}$.

击波阵面连接了两个常状态区域(I)和(II)，并且这里没有由于熵的变化所带来的麻烦. 这情形定性地表示在图 29 中.

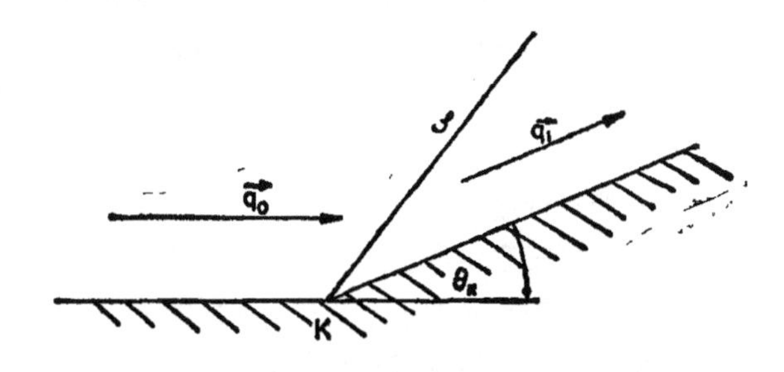

图 29　在一尖角 K 处的流动所产生的直冲击波线.

上面的论述也适用于绕楔形体或二维机翼头部的二维流情况. 这样的流动可以由两个流动图像拼在一起得到，其中每个都对应于绕一拐角的流动，该拐角由到达楔体顶端的流线和楔体的一条边组成. 绕锥形射体的三维超声速流将在第六章 B 部分中讨论.

在进行定量分析之前，我们先建立一般的冲击波关系式.

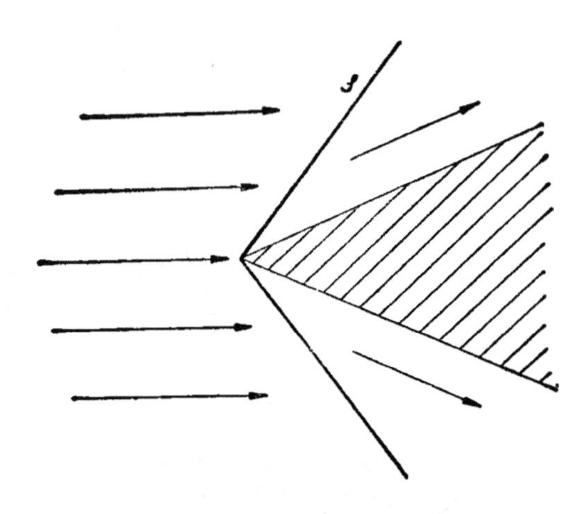

图 30　绕一楔形体的具有两个冲击波阵面的超声速流动.

§118　斜冲击波关系式·接触间断

对于二维和三维流动中的冲击波阵面，可以用与一维流动完全相同的方法，从质量、动量、能量守恒定律导出间断条件. 为此我们来考虑间断面的一光滑部分，对一个包含着间断面且与它一起运动的扁平圆柱体，写出积分形式的守恒定律，然后让柱体朝这个平的间断面收缩.

我们不详细地实行这个过程，而是使用前面的结果，直接将斜冲击波的条件化为第三章中导出的直冲击波的条件.

我们从某些一般的陈述着手：首先，间断面$\mathscr{S}$的一个充分小的光滑部分可按任一近似程度看作是平面. 其次，在充分小的时间间隔内，冲击波阵面速度的垂直分量U可看作常数. 第三，在$\mathscr{S}$近乎平面的那部分的小邻域内，在所考虑的时刻，$\mathscr{S}$二边的状态(0)和(1)都近似为常数. 由于守恒律不包含p, ρ, $\boldsymbol{q}$, U的微商；因此下述结论成立，且不难证明：当对一小体积表达守恒定律来推导冲击波条件时，其结果与假定$\mathscr{S}$是平面、U是常数、二边状态(0)和(1)是常数时所得的结果相同.

由此，我们容易将冲击波条件化为一维流的冲击波条件，只要把现象放到一个以某一适当的常速度相对于原始坐标系移动的坐标系中来讨论,并记住根据 Galileo 相对论原理,在坐标系的平移运动情况下,这组冲击波关系保持不变.

于是,我们可以通过把冲击波阵面 $\mathscr{S}$ 取作坐标曲面来导出冲击波关系式. 不论流动是定常与否,这做法都等价于把冲击波面看作是不动的. 因为我们可以将坐标原点沿 $\mathscr{S}$ 线等速移动,这样我们还有一个自由度. 因此,不失一般性,可以假定来流平行于 $\mathscr{S}$ 的速度分量为零,于是流动被看作是常速流动,且与不动的间断面 $\mathscr{S}$ 成直角相遇. 如果速度 q_0 不为零,即有质量穿过 $\mathscr{S}$,那么根据动量守恒定律,通过这阵面时动量流量的切向分量应是连续的. 因为,此分量的任何跳跃都必须与作用于阵面的切向力平衡,但是这样的切向力是不存在的,因为所有作用于流体的力都假定是垂直于作用面的压力. 动量流量切向分量的连续性就意味着速度的切向分量是连续的,这是因为通过曲面的质量流量是连续的. 因此,如果来流的速度垂直于阵面,则阵面后状态(1)的速度同样垂直于 $\mathscr{S}$. 换言之,从一个适当的坐标系来观察,一个斜冲击波阵面总是等价于一个驻定的一维冲击波阵面.

然而,如果在此坐标系中看到的是 $q_0 = 0$,那么根据动量守恒定律,状态(1)中速度 $\boldsymbol{q}$ 的垂直分量 N 同样为零,而切向分量可能是任意的. 在此情况下,我们得到一个接触间断,对任意曲面来说它一般描述如下: 接触间断 $\mathscr{D}$ 是一个没有质量流通过的曲面(即从两边看,流动都是切向的). 然而它两边的密度、温度和熵是不连续的. 可是正如我们将要看到的,两边的压力是相同的. 这样一个接触面可以看成是一个"涡街",物质的两不同的层(或甚至是不同的物质)各自沿此面滑动.

对有质量流通过的真正的冲击波阵面,如在一维流中那样,我们按如下说法区分波前和波后:流体通过阵面是从波前流到波后.

为了将冲击波关系写成公式,我们用 N 表示流动速度 $\boldsymbol{q}$ 的垂直分量,L 表示切向分量,而用 U 表示冲击波阵面速度的垂直分量(见图 31). 于是冲击波关系式为

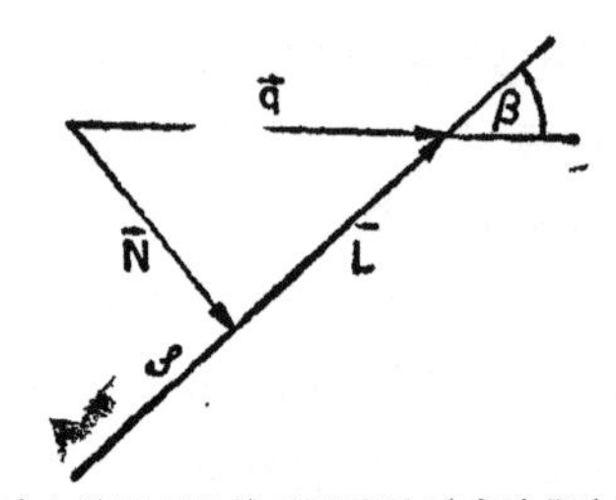

图 31 冲击波阵面前流动速度的垂直分量和切向分量.

质量守恒

$$\rho_0(N_0-U)=\rho_1(N_1-U)=m, \tag{118.01}$$

动量守恒

$$\rho N_0(N_0-U)+p_0=\rho_1 N_1(N_1-U)+p_1, \tag{118.02}$$

切向分量连续

$$L_0=L_1, \tag{118.03}$$

这就是说，速度矢量的差 $\boldsymbol{q}_0-\boldsymbol{q}_1$ 是垂直于冲击波线的.

能量守恒

$$\frac{1}{2}\rho_0(N_0-U)q_0^2+\rho_0(N_0-U)e_0+N_0p_0$$

$$=\frac{1}{2}\rho_1(N_1-U)q_1^2+\rho_1(N_1-U)e_1+N_1p_1, \tag{118.04}$$

其中

$$q^2=L^2+N^2.$$

另外我们要求在通过冲击波阵面时质点的熵是增加的，$S_1-S_0>0$.

对一个 $U=0$ 的驻定冲击波阵面，关系式简化为

$$N_0\rho_0=N_1\rho_1=m, \tag{118.05}$$

$$\rho_0N_0^2+p_0=\rho_1N_1^2+p_1=P, \tag{118.06}$$

$$L_0=L_1, \tag{118.07}$$

$$\frac{1}{2}q_0^2+i_0=\frac{1}{2}q_1^2+i_1=\frac{1}{2}\hat{q}^2; \tag{118.08}$$

$q^2=N^2+L^2$ 是流速的平方，$\hat{q}$ 是流动的极限速度. 最后的关系式表达如下重要事实： 在通过一个驻定冲击波阵面时 Bernoulli

常数 $\frac{1}{2}q^2+i$ 保持不变. 因此，对定常流动，即使流动通过冲击波阵面，Bernoulli 定律仍成立.

当然，如果用 $N-U$ 代替 N，也就是引进一运动着的冲击波阵面，冲击波条件的公式(118.05—.06)仍然成立.(对接触间断，同样的关系式(118.05—.06)和(118.08)成立，只是这时 $m=0$；于是导出 $p_0=p_1$ 和 $N_0=N_1=0$，而 L_1 和 L_0，以及 ρ_0 和 ρ_1 可以不同.)下面，除非另有说明，我们将只考虑驻定冲击波.

驻定冲击波的前两个条件，表示力学量(质量和动量)守恒，它可用稍微不同和更为对称的形式写出. 将(118.05)代入(118.06)，利用(118.07)得

$$(p_1-p_0)=\rho_0N_0(N_0-N_1)=\rho_0\{N_0(N_0-N_1)+L_0(L_0-L_1)\},$$

或

$$\tau_0(p_1-p_0)=\boldsymbol{q}_0\cdot(\boldsymbol{q}_0-\boldsymbol{q}_1), \tag{118.09}$$

同样有

$$\tau_1(p_0-p_1)=\boldsymbol{q}_1\cdot(\boldsymbol{q}_1-\boldsymbol{q}_0); \tag{118.10}$$

从这两式得

$$(p_1-p_0)(\tau_0-\tau_1)=(\boldsymbol{q}_0-\boldsymbol{q}_1)^2 \tag{118.11}$$

和

$$(p_1-p_0)(\tau_0+\tau_1)=\boldsymbol{q}_0^2-\boldsymbol{q}_1^2. \tag{118.12}$$

方程(118.07)，(118.09—.10)联立等价于方程(118.05—.07).

象在一维冲击波的情况一样，值得注意的是，(118.05—.07)和(118.09—.10) 只是力学条件. 介质的热力学性质只包含在条件(118.08)中. 正如在第三章 § 61 中所指出的，在许多情况下，求解流动问题可以不利用冲击波的热力学条件.

对驻定现象而言冲击波条件表明：对冲击波阵面前的一固定状态(0)，与之对应的是满足冲击波条件的一个单参数族的波后状态(1). 略去下标(1)，我们可以认为波后状态是由 p 和 q 描述的，这里 p 和 $\boldsymbol{q}$ 是 τ 或 $\tau-\tau_0$ 的函数，或是任一个其它度量冲击波强度的量的函数.

穿过冲击波时熵的改变仅是冲击波强度的三阶量. 根据一维冲击波的类似论述,上述结论是不言而喻的,因为如果从一适当的均匀运动的坐标系来观察,斜冲击波等价于一个一维冲击波,而熵、压力和密度与参考系无关.

如果冲击波是弱的,两个力学条件(118.11—.12)在 $\tau-\tau_0\to 0$ 的极限情况下导致下列结果:一个无限弱的冲击波是一声波扰动;或者,对无限弱冲击波,冲击波方向变成特征方向.

证明是简单的:省略下标,对关系式(118.05—.06)微分,则对一族冲击波得到

$$Nd\rho+\rho dN=0,\quad mdN+dp=0;$$

因此

$$-mNd\rho+\rho dp=0;$$

由于 $m=N\rho$, 所以

$$-N^2d\rho+dp=0.$$

因为当 $\tau=\tau_0$ 时, $dS/d\rho=0$, 我们有

$$N^2=\frac{\partial p}{\partial\rho}=c^2,\ 当\ \tau=\tau_0\ 时.$$

这样,相对于 $\tau\to\tau_0$ 时冲击波线的极限位置,流动速度的垂直分量恰好是声速. 按照关系式(106.06),这个事实说明冲击波的极限方向就是特征方向.

§119 对多方气体的冲击波关系式 · Prandtl 公式

象一维流的情形一样,从(118.08)和(9.06)推出的多方气体(这将是我们主要关心的)中的驻定冲击波热力学条件是

$$\mu^2q_0^2+(1-\mu^2)c_0^2=\mu^2q_1^2+(1-\mu^2)c_1^2=c_*^2;\quad(119.01)$$

此处 c 是声速, $c_*=\mu\hat{q}$ 是临界速度,

$$\mu^2=\frac{\gamma-1}{\gamma+1}.$$

与正冲击波情形相仿,可以将(119.01)换为

$$\frac{p_1}{p_0}=\frac{\mu^2-\dfrac{\rho_1}{\rho_0}}{\mu^2\dfrac{\rho_1}{\rho_0}-1}=\frac{\mu^2\tau_1-\tau_0}{\mu^2\tau_0-\tau_1}, \tag{119.02}$$

此式只与压力和密度有关，且在平移变换下是不变量［参看(67.01)］.

对驻定正冲击波所得到的 Prandtl 关系式 $q_0q_1=c_*^2$（参看§ 66）加以推广，对研究多方气体中的冲击波有重要意义. 为了在斜冲击波情况下应用这个关系式，我们令

$$\boldsymbol{q}=\boldsymbol{N}+\boldsymbol{L}, \tag{119.03}$$

此处 $\boldsymbol{L}$ 和 $\boldsymbol{N}$ 分别是流动速度矢量在平行和垂直于驻定冲击波线 $\mathscr{S}$ 的矢量分量，因此 $\boldsymbol{N}\cdot\boldsymbol{L}=0$. 将下式代入 Bernoulli 方程(119.01)：

$$\mu^2q^2+(1-\mu^2)c^2=c_*^2,$$

得到

$$\mu^2N^2+\mu^2L^2+(1-\mu^2)c^2=c_*^2,$$

或

$$\mu^2N^2+(1-\mu^2)c^2=c_*^2-\mu^2L^2=\tilde{c}_*^2, \tag{119.04}$$

此处 $\tilde{c}_*$ 是在新坐标系中的临界速度，在该坐标系中冲击波阵面与流动垂直. 于是对此情况由 Prandtl 关系式有（参看§ 66）

$$N_0N_1=\tilde{c}_*^2, \tag{119.05}$$

或

$$N_0N_1=c_*^2-\mu^2L^2, \tag{119.06}$$

这个关系式可以用来代替前面的冲击波热力学条件.

由至今所导出的关系式可以得到一些一般的且重要的结果. 方程(119.06)表明：

$$\begin{aligned}q_0q_1&=\sqrt{N_0^2+L^2}\sqrt{N_1^2+L^2}>N_0N_1+L^2\\&=c_*^2+(1-\mu^2)L^2>c_*^2,\end{aligned} \tag{119.07}$$

这是因为 $\mu^2<1$. 因此，如果(0)状态是在冲击波的前边，则 $q_0>q_1$，于是 $q_0>c_*$；但是我们不能象对正冲击波那样得出

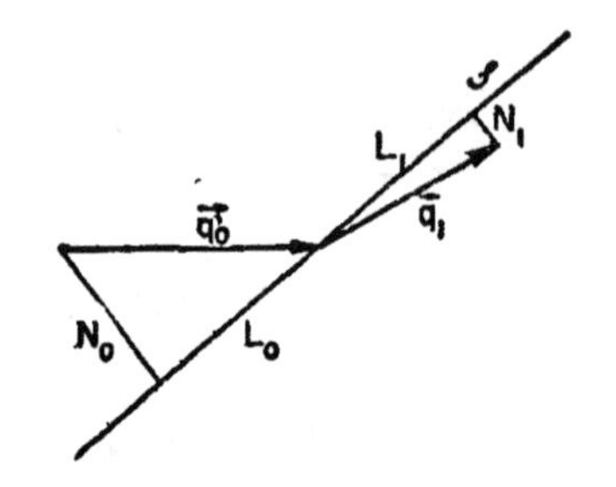

图 32 流动怎样转向冲击波线.

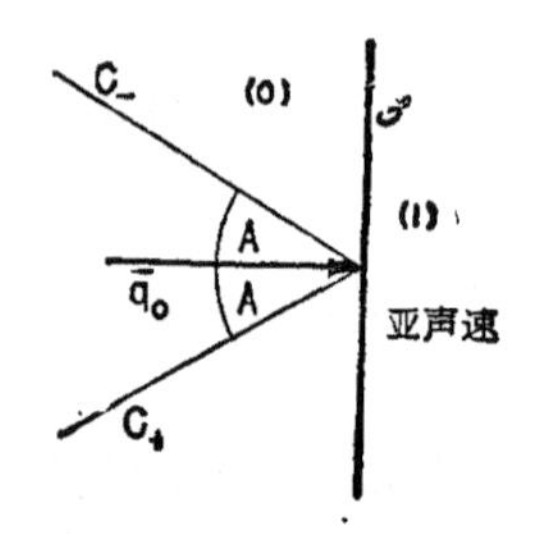

图 33 只在正冲击波线的波前存在的 Mach 线 C.

$q_1 < c_*$ 的结论.

§120 冲击波过渡的一般性质

由多方气体情形的过渡公式容易导出下列结论. 这些结论对非常普遍的情况亦成立(涉及到临界速度 c_* 的除外).

冲击波阵面前的流动速度（从冲击波阵面上观察）是超声速的；而波后的速度可能是亚声速的，也可以是超声速的. 因为切向分量 L 是完全任意的,它可以选择得大于 c_*, 因而 q_0 和 q_1 都变得大于 c_*, 所以波后是超声速的可能性是显然的.

一个更为直接的结论是: 穿过气体中的斜冲击波时，流动方向总是朝冲击波线$\mathscr{S}$方向偏转. 因为，当流动通过冲击波时，垂直分量N变小,而切向分量 L 保持不变.

还有一个更重要的关于 Mach 线和流动矢量的相对位置的论述.

对一正冲击波线$\mathscr{S}$,在 $\mathscr{S}$ 前面的超声速流动区域(0)中有两条 Mach 线 C_+ 和 C_-. 但在$\mathscr{S}$后的区域(1)中流动是亚声速的；因此在正冲击波后的区域中没有 Mach 线(见图 33).

对斜冲击波,如果 $q_1 < c_*$, 即只要在区域(1)中,流动是亚声速的,那么上面的结论仍旧成立. 如果 $q_1 = c_*$,那么在区域(1)中只有一条 Mach 线，且与这区域中的流动速度方向相垂直. 如果 $q_1 > c_*$, 则在区域(1)中有两条不同的 Mach 线. 重要的是搞清

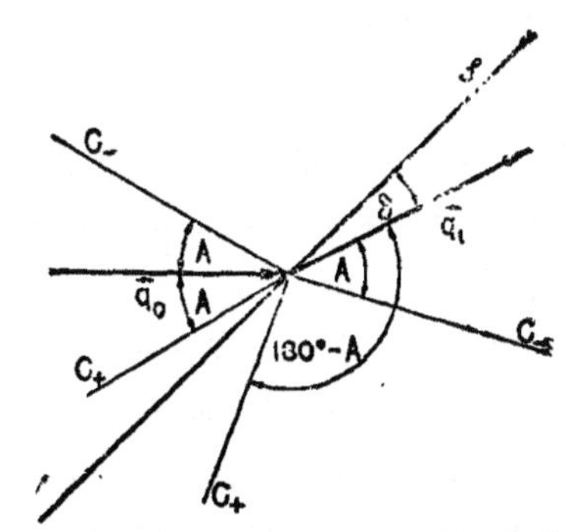

图 34　斜冲击波波前和波后 Mach 线的位置.

楚它们的位置如图 34 中所示. (注意 C_+ 和 C_- 与$\boldsymbol{q}_1$的夹角之和等于 180°.)

换言之，在冲击波阵面$\mathscr{S}$后边两个 Mach 方向 (如果存在的话)与流动方向构成同样的 Mach 角 A_1，且它们都在$\mathscr{S}$与流动矢量 $\boldsymbol{q}_1$ 所夹的钝角部分之中. 这结论显然等价于 $\delta < A_1$，这里 δ 是 $\boldsymbol{q}_1$ 与$\mathscr{S}$线间的锐角. 为了证明这一点我们记住

$$\sin A_1 = \frac{c_1}{q_1}, \quad \sin \delta = \frac{N_1}{q_1};$$

因此必须证明 c_1 大于 N_1，但是，当通过引入以速度 $\boldsymbol{L}$ 运动的坐标系将斜冲击波化为正冲击波时，可直接得到以上结论. 这时流动速度的垂直分量 N_0，N_1 保持不变，声速 c_0，c_1 只依赖于压力和密度，所以亦不变.　在这新坐标系中，冲击波阵面后边的流动速度是 N_1，且因为是正冲击波，所以波后速度是亚声速的，亦即 $N_1 < c_1$.

§ 121　多方气体的冲击波极线

斜冲击波的定量分析可以用二维平面上的几何作图或相应的分析方法来完成.

假定在流动平面 (x, y) 上冲击波线$\mathscr{S}$是直线，冲击波线两边的状态(0)和(1)都是常数状态. 这些假定“在小范围内”总是合理的. 我们再假定冲击波是驻定的，介质是多方气体.

如前所述，对应一固定的状态(0)，通过冲击波可能达到的状态(1)是一个单参数族. 由于这样的状态可以用两个变量来表达，因此可能的状态(1)由这两变量间的关系式给出，该关系式在几何上表示为一条曲线. 这样的曲线称为冲击波极线，根据我们选择什么变量来表达状态(1)，冲击波极线可以用不同的方式引入.

我们用冲击波线 $\mathscr{S}$ 和来流方向之间的夹角 β 来表征冲击波方向. 令 θ 表示来流的矢量 $\boldsymbol{q}_0$ 和去流的矢量 $\boldsymbol{q}_1$ 之间的夹角，也就是流动被冲击波所扭转的角度. 选取坐标系，使来流平行于 x 轴，并使用先前的记号 N 和 L 来分别表示 $\boldsymbol{q}$ 在冲击波线的法向和切向上的分量，这时我们有

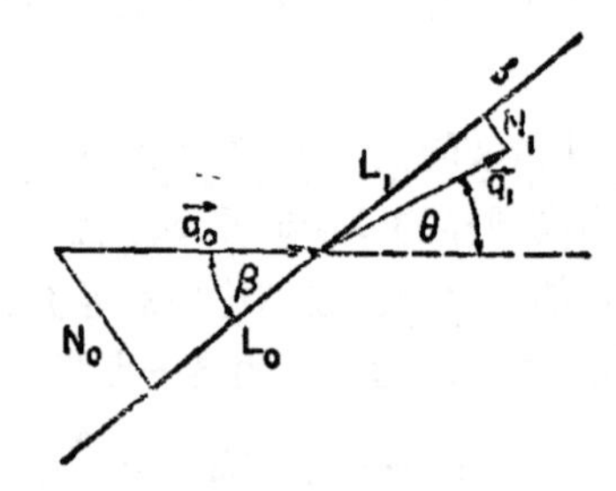

图 35 流动和冲击波方向的角度.

$$u_0 = q_0, \quad v_0 = 0,$$

$$u_1 = L_1 \cos\beta + N_1 \sin\beta, \quad v_1 = L_1 \sin\beta - N_1 \cos\beta, \tag{121.01}$$

$$L_0 = L_1 = q_0 \cos\beta, \quad N_0 = q_0 \sin\beta.$$

Prandtl 基本关系式(119.06)给出

$$N_1 = \frac{c_*^2 - \mu^2 L_0^2}{N_0}.$$

利用(119.01)，(106.06)和这个形式的 Prandtl 公式，得到如下关系式:

$$\begin{aligned} u &= (1 - \mu^2) q_0 \cos^2\beta + \frac{c_*^2}{q_0} \\ &= q_0 - (1 - \mu^2)[\sin^2\beta - \sin^2 A_0] q_0, \end{aligned} \tag{121.02}$$

$$v = (q_0 - u)\cot\beta,$$

其中省略了表征冲击波阵面后的状态(1)的下标. 这些方程表明，

对一给定的临界速度 c_* 和给定的来流速率 q_0，冲击波线 $\mathscr{S}$ 和矢量 $\boldsymbol{q}_0$ 间的夹角 β 决定了去流的速度 $\boldsymbol{q}$. 如果 β 发生变化，则速度图平面上的点 (u, v) 就画出一条和 q_0 值及临界速度 c_* 相关联的冲击波极线，它由以 β 作为参数的方程(121.02)来表示.

从方程组(121.02)中消去 β 得到

$$v = (q_0 - u)\sqrt{\frac{u - \tilde{u}}{U - u}}, \tag{121.03}$$

此式适用于这样的冲击波：通过该冲击波时流动的 y 方向的分量 v 变为正的. 或去掉这个限制，有

$$v^2 = (q_0 - u)^2 \frac{u - \tilde{u}}{U - u}. \tag{121.04}$$

此处

$$\tilde{u} = \frac{c_*^2}{q_0} = [\mu^2 + (1 - \mu^2)\sin^2 A_0]q_0 \tag{121.05}$$

是对一正冲击波所得出的流动速度，而

$$U = (1 - \mu^2)q_0 + \tilde{u} = [1 + (1 - \mu^2)\sin^2 A_0]q_0. \tag{121.06}$$

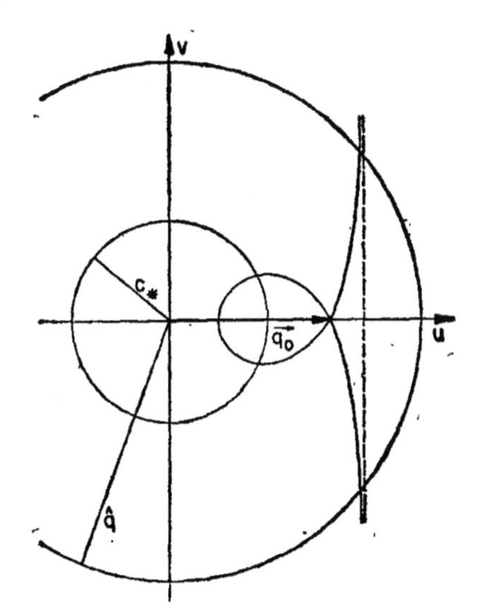

图 36 $q_0 > c_*$ 时的冲击波极线.

(注意，根据 Bernoulli 方程(102.02)，当状态(0)给定时 c_* 是已知的.)

由方程(121.04)给出的(u,v)平面上的曲线，即由 Busemann[3] 引进的**冲击波极线**，是大家熟知的"Descartes 叶形线". 它在 $u=q_0$，$v=0$处有个二重点或一孤立点，并以直线 $u=U$ 为其渐近线.

在冲击波极线上仅有

$$u^2+v^2\leqslant \hat{q}^2=\frac{c_*^2}{\mu^2}$$

的部分对应冲击波过渡. 它是由固定状态(0)穿过驻定冲击波达到状态(1)的所有的点 (u,v) 的几何轨迹. $u<q_0$ 的一支是表示当已给状态(0)为波前状态时的冲击波阵面后的状态. $u>q_0$ 的一支则表示当已给状态(0)为波后状态时的冲击波阵面前的状态.

以状态 (0) 为起点的可能的冲击波过渡的单参数状态族，也可以用(θ,p)平面上的冲击波极线来说明，该极线示出冲击波另一边的压力和通过冲击波时流动所转过的角度 θ（仍假定状态(0)是固定的，即 q_0,ρ_0,p_0 或 q_0,p_0,c_* 为已知). 以 u 作为参数，从(118.09)

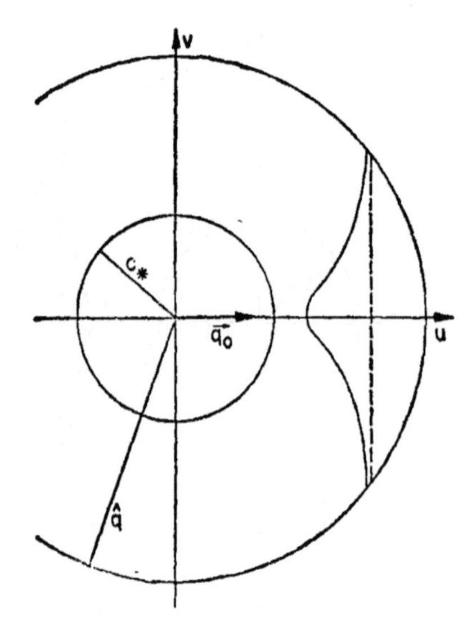

图 37　$q_0<c_*$ 时的冲击波极线.

和(121.03)可得到参数形式的方程:

$$p - p_0 = \rho_0 q_0 (q_0 - u), \tag{121.07}$$

$$\tan\theta = \frac{q_0 - u}{u}\sqrt{\frac{u - \tilde{u}}{U - u}}; \tag{121.08}$$

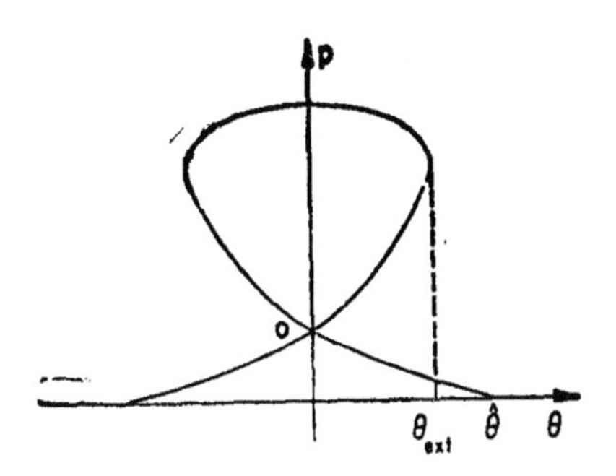

图 38 (θ, p) 平面上的冲击波极线及其 θ_{ext} 和 $\hat{\theta}$.

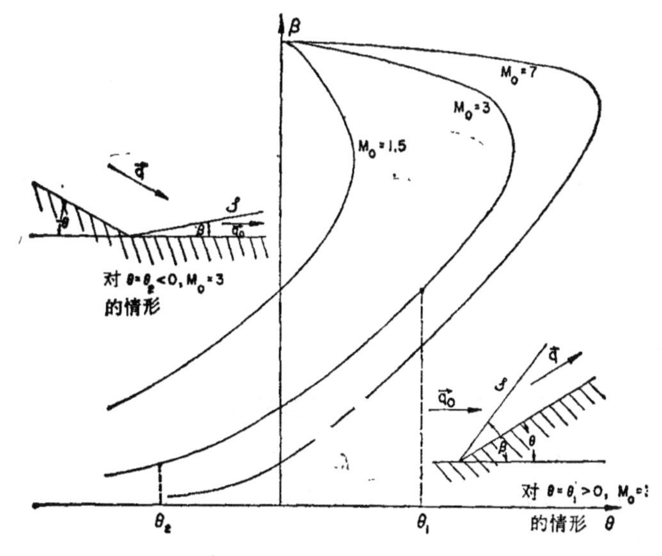

图 39 当冲击波阵面一边的流动速度已知时的冲击波角 β 和流动角 θ 间的关系. $\theta>0$ 和 $\theta<0$ 的情况分别对应于速度 $u=q_0$, $v=0$ 被给定为波前和波后速度时的情形.

这些方程定义了以 u 为参数的 (θ,p) 平面上的 Descartes 圈线的像；(θ,p) 冲击波极线被示于图 38 中．这圈线给出了冲击波波前为状态(0)时波后的可能状态；圈线下面部分给出了波后状态(0)是已知时的波前状态．

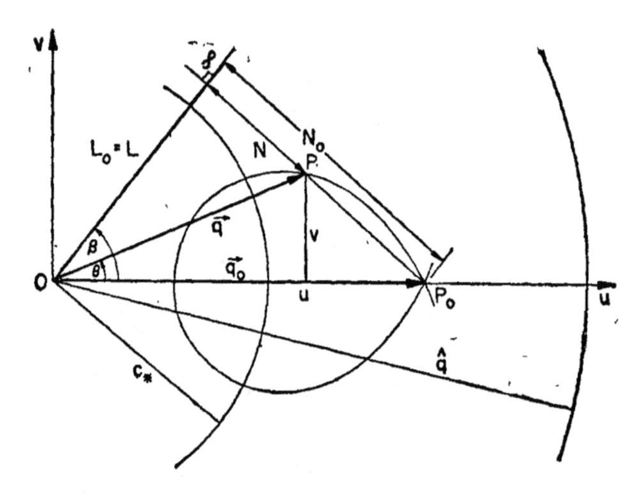

图 40　根据 (u,v) 平面上的冲击波极线确定具有给定转角 θ 的冲击波线．

还有一个表示角 θ 和 β 之间关系的冲击波极线也是很有用的．这个关系式由(121.08)和(121.02.1)给出．这极线被表示在图 39 中．$\beta > A_0$，$\theta > 0$ 的一支是对应于波前状态(0)给定时的斜冲击波阵面 $\mathscr{S}$，而 $\beta < A_0, \theta < 0$ 这一支是对应于波后状态(0)给定时的冲击波阵面．当然也可以考虑诸如由 p 和 β 间的关系所给出的其它的冲击波极线．

§122　利用冲击波极线对斜冲击波的讨论

冲击波极线显示了冲击波过渡的定量情况．我们使用 (u,v) 平面上和 c_* 及 q_0 有关的冲击波极线；可以如下述那样来利用它构造斜冲击波．

图 40 示出了一个用来寻求 $q_0 > c_*$ 时冲击波阵面后的状态的冲击波极线；它在矢量 $\boldsymbol{q}_0$ 的端点 $P_0=(q_0, 0)$处有一个二重点．

对于冲击波极线上任意一点 P，我们求出冲击波阵面后的速度为矢量$\overline{OP}$. 来流穿过冲击波时的转角 θ 是 OP 与 u 轴的夹角. 依照前面所说的矢量 $\boldsymbol{q}-\boldsymbol{q}_0$ 垂直于冲击波线的论点，冲击波线$\mathscr{S}$的方向垂直于二重点 P_0 和点 P_1 的连线，冲击波线$\mathscr{S}$和来流组成夹角 β. 速度矢量 $\boldsymbol{q}_0$ 和 $\boldsymbol{q}_1$ 关于冲击波线的分量 $L_0=L, N_0, N$ 可以按这里所指出的从图上读出.

(u,v)平面上的冲击波极线仅直接给出速度间的关系. 冲击波阵面后的压力则由(121.07)定出，密度从(119.02)定出.

图解可导出下述易为计算所证实的结论: 冲击波线 $\mathscr{S}$ 和矢量 $\boldsymbol{q}_0$ 之间的夹角 β 大于 $\boldsymbol{q}$ 与 $\boldsymbol{q}_0$ 之间的夹角 θ，即 $\beta>\theta$.

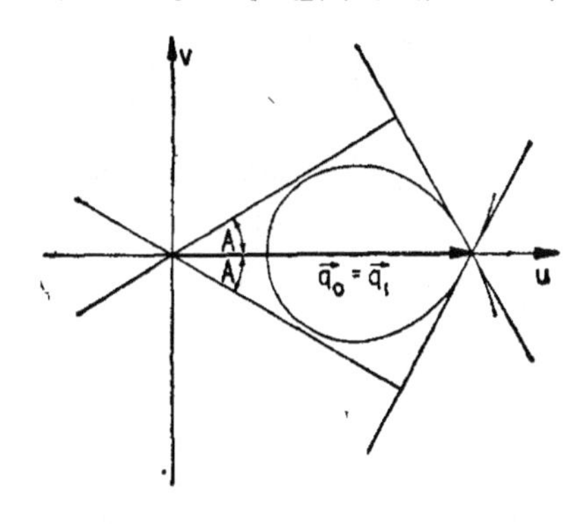

图 41　弱冲击波的击波线接近于 Mach 线.

流动经过冲击波阵面可以成为超声速的，$q>c_*$，或亚声速的，$q<c_*$. 对相对弱的冲击波出现第一种情形；对相对强的冲击波出现第二种情形. 特别是，正冲击波由冲击波极线与 u 轴的交点来表示[参看(121.05)]，$q=c_*^2/q_0=\tilde{u}$.

极线圈线上靠近二重点$(q_0,0)$的，坐标为(u,v)的点 P 表示一个压力和速度改变不大的弱冲击波. 当 P 点趋于二重点时冲击波就变成声波，矢量 $\boldsymbol{q}-\boldsymbol{q}_0$ 变成极线的切线，因此冲击波线 $\mathscr{S}$ 趋于一Mach 线. 根据 § 118 中证明过的结论，这个事实可以直接由方程(121.02)推出. 所以极线圈线在二重点处的两条切线垂直于二重点处的 Mach 线，这是因为这两条切线都垂直于极限冲击波线.

如果冲击波方向β或者转角θ给定时，极线图直接表明怎样根据一个已知的波前状态(0)决定一条冲击波线. 极线图还表明存在一个极端角$\theta=\theta_{ext}$，当$\theta>\theta_{ext}$时不存在冲击波过渡（见图43），而当$\theta<\theta_{ext}$时有两个可能的冲击波，即速度变化小的弱冲击波和速度变化大的强冲击波. 如果θ变小，则在极限情形我们或者有一个无限弱的声波扰动，或者有一个强的正冲击波(见图42). 当$\theta=\theta_{ext}$时两个可能的冲击波重合. 在声速冲击波情形，冲击波角β变成 Mach 角A，在正冲击波时β变成$90°$. 在这当中它经过一个与角θ的极端角θ_{ext}相对应的值β_{ext}.

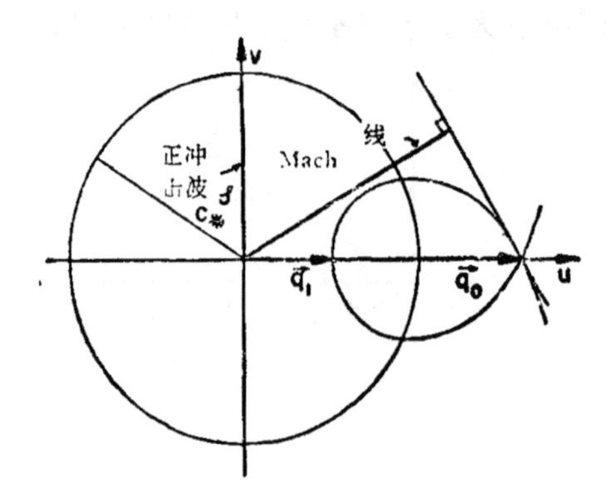

图 42 $\theta=0$ 时的声波扰动和强正冲击波.

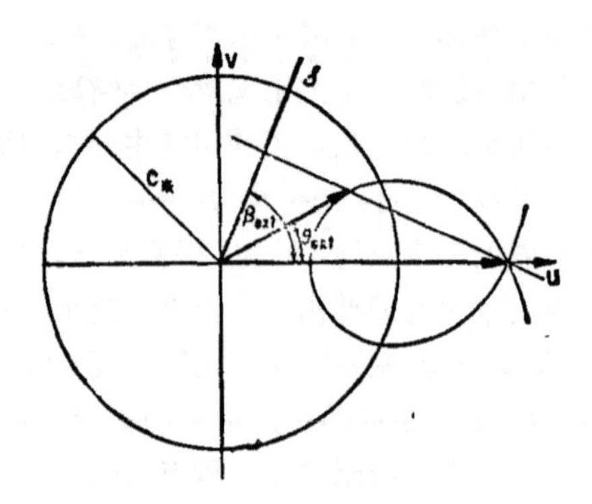

图 43 极端角 θ_{ext} 和 β_{ext}.

顺便指出，对极限情形 $q_0 = \hat{q}$ 有

$$\sin\hat{\theta}_{\text{ext}} = \frac{1}{\gamma}. \tag{122.01}$$

对空气，γ 近似地是 1.4，我们求得 $\hat{\theta}_{\text{ext}} = 45.5°$. 对应的 $\hat{\beta}_{\text{ext}}$ 角是

$$\hat{\beta}_{\text{ext}} = \frac{\pi}{4} + \frac{1}{2}\hat{\theta}_{\text{ext}}, \tag{122.02}$$

对于空气它大约是 67.75°(见图 46).

在另一极限情形 $q_0 = c_*$，由(121.08)看出:

$$\theta_{\text{ext}} = 0°^{*)}, \quad \beta = 90°, \quad \text{对} \quad q_0 = c_*. \tag{122.03}$$

关于 q_0 趋于 c_* 或 $\hat{q}$ 的极限情形要加一点说明. 在 q_0 趋于 c_* 的情况下(见图 45)，极线圈线收缩为一点，两向前分支在该点形成一个尖点.

$q_0 = \hat{q} = c_*/\mu$ 的极限情形对应于：或者冲击波阵面前有空穴，$\rho_0 = 0$，$p_0 = 0$；或者冲击波阵面后的压力是无穷大，$p = \infty$.

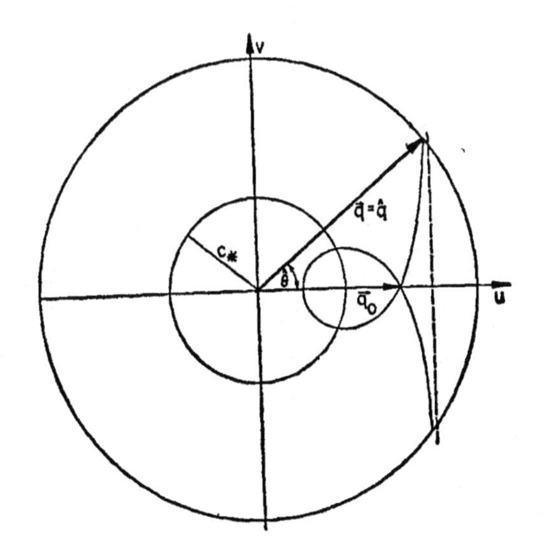

图 44 极限角 $\hat{\theta}$.

*) 原文误为 $\theta_{\text{ext}} = 90°$. ——译者注

在这两种情况下冲击波强度都是无穷大. 根据(121.04)冲击波极线化为圆 $v^2 = (\hat{q} - u)(u - \mu^2\hat{q})$, 参看图 46.

应该指出,对弱冲击波过渡和足够小的 θ, 波后状态是超声速的,而对强冲击波过渡它是亚声速的. 正如简单的计算所表明的,对极端角 θ_{ext} 的情况波后状态是亚声速的.

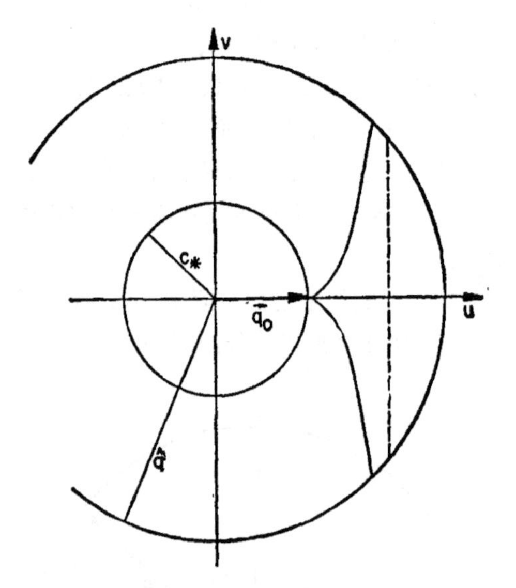

图 45 极限情况 $q_0 = c_*$ 时的冲击波极线.

同样的冲击波极线还可用于确定冲击波前的状态，这时波后是已知的状态(0),参看图 36 和 37. 但是,在这种情况下,未知状态由 $q > q_0$ 的两"向前分支"确定,该两分支以 $u = U$ 直线为渐近线. 在极限圆 $u^2 + v^2 = \hat{q}^2$ 内这两分支表示可能的冲击波过渡. 这里也出现 θ 的极限角即 $\theta = \hat{\theta}$, 这角与极线的向前分支和极限圆的交点相对应.

在前面的讨论中我们假定了状态(0)是超声速的. 图 37 表示亚声速状态(0)即 $q_0 < c_*$ 时的冲击波极线. 在此情形下极线由没有圈线部分一个单支组成;冲击波线的确定与前面一样，当然,总是得到以已知状态(0)为波后状态的冲击波阵面. 显然,如果给

定点 P_0 的冲击波极线通过 P_1 点，那么给定点 P_1 的冲击波极线经过 P_0 点．$q_0 > c_*$ 的 P_0 点的冲击波极线显然包括了所有可能的情况．

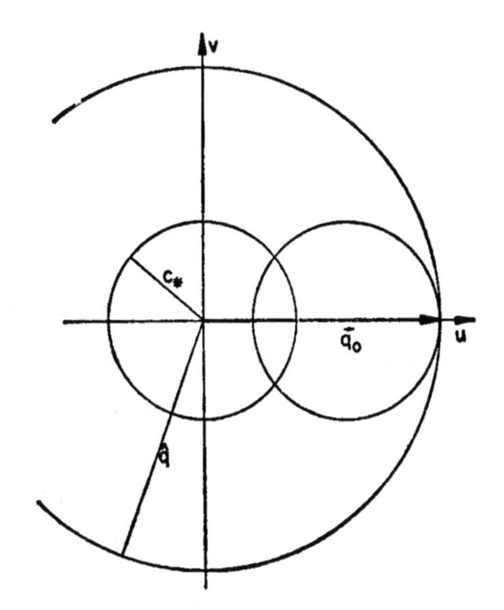

图 46　极限情形 $q_0 = \hat{q}$ 的冲击波极线．

为了实用的目的，在透明纸上制备一套不同的值 $q_0 > c_*$ 的极线是方便的．

利用各种其它的冲击波极线给出另外一些讨论斜冲击波的方法．在许多场合特别方便的是图 38 中的(p,θ)极线．用它与垂直线 $\theta =$ 常数相交，可清楚地看出两种可能的过渡：强过渡与弱过渡，它们产生同样的转角 θ；从这图上也可清楚地见到极端情况．

对图 39 中的(β,θ)极线也可作类似的说明．

§ 123　在拐角处或绕楔形物的流动

前面对斜冲击波的讨论使我们有可能定量地定出 § 117 中所考虑的在拐角处或绕楔形物的流动．如果拐角的角 θ_K（见图 29）小于与来流状态 (p_0, ρ_0, q_0) 有关的极端角 θ_{ext}，则使流动偏转一个

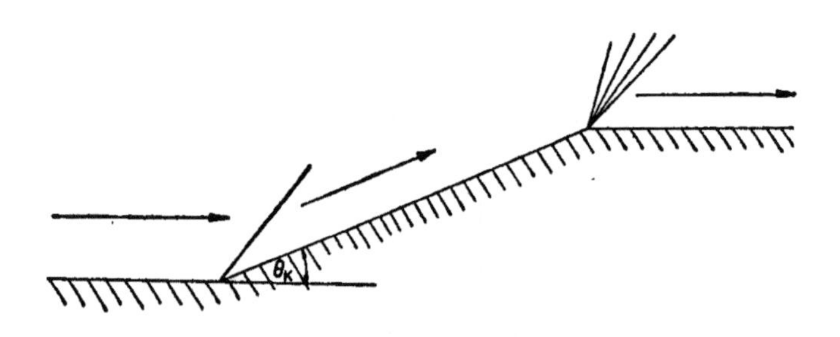

图 47　在拐角处的流动是在管道中的流动的极限情形.

角度 θ_K 的斜冲击波阵面可能有两个：一个强的和一个弱的.问题是这两者中哪一个是实际出现的.常常说强的一个是不稳定的,因此，只有弱的一个能够出现. 但关于此不稳定性的令人满意的证明显然还从没有给出过. 撇开稳定性的问题，如果不考虑无穷远处的边界条件，则不能把确定出现哪一个冲击波的问题化为公式并作出回答. 流动可以看作是当管道变为无限宽且倾斜部分无限长时的管道流动的极限情形(见图 47). 正如将在 § 143 中说明，流动的结构依赖于管道下游末端的条件. 如果在那里给定的压力小于一个适当的极限，则在拐角处出现的是弱冲击波. 但如果在下游末端的压力充分高，则可能需要一个强冲击波来适应. 在适当的情况下，该强冲击波可以刚好在拐角处开始，因而，在提到过的两个可能性中实际上可能出现的是给出强冲击波的那一个.

类似的考虑可回答下列问题：如果拐角 θ_K 大于极端角 θ_{ext} 将发生什么呢？在这种情况下，不论下游末端处的压力如何，在拐角的前面都将出现一个横跨管道的冲击波阵面. 这个冲击波阵面后的流动是亚声速的，在拐角处亚声速流动是可能的；在拐角处方向的瞬时改变是由于速度变为零而实现的. 因此，拐角是一个驻点，冲击波到拐角的距离主要依赖于壁的直的倾斜段的长度. 如果该长度增加，且管道的横截距离以同一比例增加，则由相似性的分析能看出，冲击波阵面向上游方向移动至无穷远.

到目前为止，这里所作的全部论述都是一些推测. 虽然很少怀疑这些推测一般是正确的，但如果可能，还应以详细的理论研究加以证实.

D. 相互作用·冲击波反射

§124 冲击波的相互作用·冲击波反射

在本节中我们将处理几个冲击波阵面间的相互作用，这个与冲击波反射有关的课题近年来引起人们很大的兴趣，在这里可予以稍多的详细讨论. 但是我们将略去冲击波在交界面上反射和折射的有关问题，这个问题是完全可按照这里所叙述的方法讨论的(参看 Taub [103]).

我们假定冲击波阵面所分隔的区域是常数状态区，或者顶多是简单波区(这个假定至少在充分小的邻域内是正确的). 于是在各个区域中不会出现由微分方程引起的困难，构造解的问题乃是一个只包含联结这些区域的过渡关系式的代数问题.

利用这样的处理方法获得的一个重要的成果是构造表达斜冲击波在固壁上反射的流动模型. 在非刚性界面上的反射可以用类似的方法处理.

§125 冲击波在固壁上的正规反射

在与下列类型的物理状态[1]有关的情形中出现反射问题. 假设由爆炸或由一高速飞行的射体所产生的冲击波，在它可以被看作平面波的那段距离上碰撞障碍物. 当这个冲击波阵面沿障碍物表面的平面部分运动时，可以得到一个能用一个“入射”冲击波和一个“反射”冲击波阵面来描述的流动模型(见图 48). 在这样的

---

1) 导致冲击波“反射”的一个完全不同的物理现象，在后面关于射流的流动中将进行讨论.

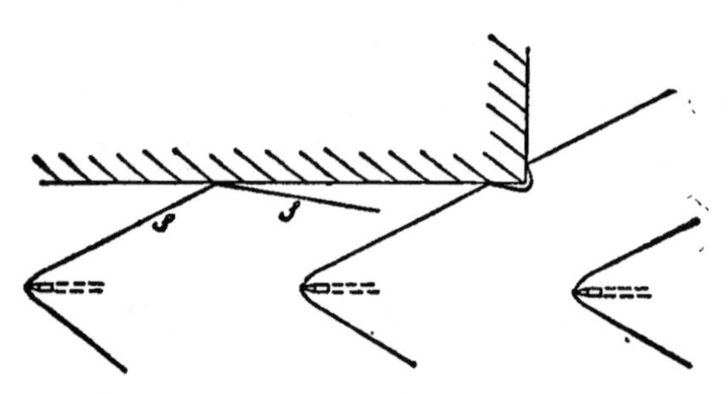

图 48　由一子弹所产生的冲击波的反射现象.

情况下我们说的是正规反射. 存在另一类型的反射,将在 § 128 中讨论.

一个与冲击波反射现象相类似的现象是两个冲击波的相互作用,这两个冲击波譬如是由两个装药产生的(见图 49). 如果两个冲击波是对称的,其相互作用就等价于一个反射过程,对称平面就起着壁的作用.

如果入射冲击波和反射冲击波可以认为是以常速度沿一平面壁移动的平面波, 则从一个以某一适当速度沿壁运动的参考系来看,流动象是定常的,这时两个冲击波阵面就好象是驻定的.

对非常弱的驻定冲击波, 如在 § 112 中已看到的,冲击波线近似是 Mach 线,于是与壁形成一 Mach 角,而壁是一条流线. 因此

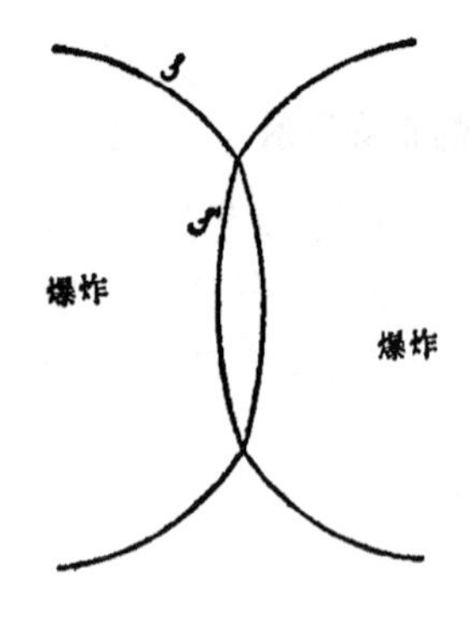

图 49　由两个相同装药同时爆炸产生的冲击波的正规反射.

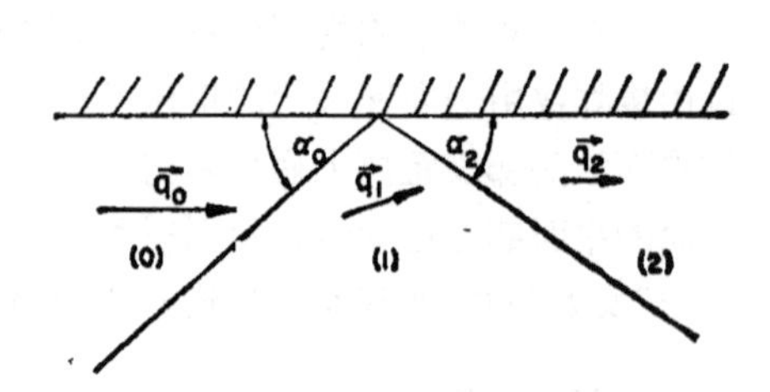

图 50　冲击波阵面在一固壁上的正规驻定反射.

包含有一个弱的入射冲击波和反射冲击波的驻定流动图像，符合几何光学的反射定律，即两个冲击波线与壁构成相等的角度。

当入射冲击波或反射冲击波(或二者)有明显的强度时，没有理由说情况应是相似的。事实上，观察表明这流动图像相对于弱波或声波的图像有一定的偏离；此时入射波和反射波与壁之间的角一般是不相等的。入射角和反射角之间的差别示于图 50 和图 51 中。

在 § 122 所得结果的基础上，不难对冲击波反射进行理论分析。von Neumann 及其同事们首先开始系统地建立这个理论（参看[51,114,116]）。理论讨论的任务在于寻找与观察到的现象的定性和定量特点相容的，数学上可能的流动模型，并对实验事实给出定量上正确的预测(参看[114,124])。

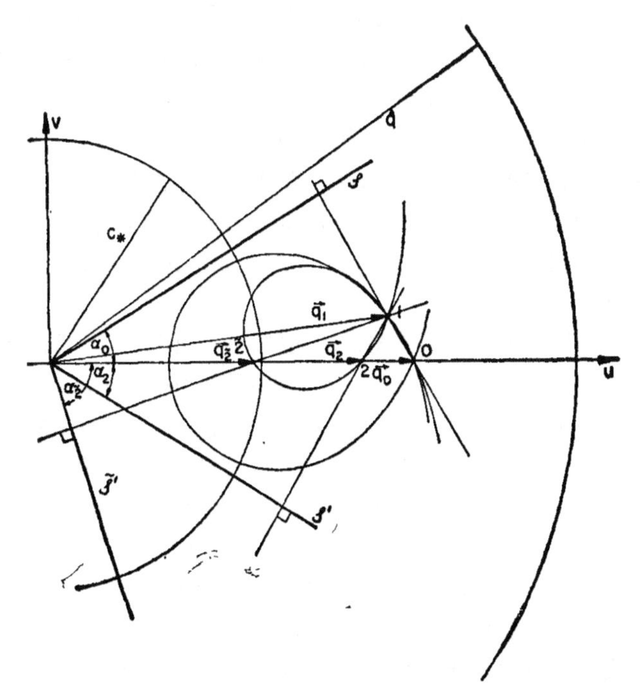

图 51　弱的反射冲击波($\mathscr{S}'$)和强的反射冲击波($\mathscr{S}'$)的作图.

为了建立问题的数学公式，一个重要的预备步骤如下：所研究的现象出现于观察者面前时不一定是驻定的，但通过从全部速度中减去反射点O的平行于壁的速度矢量，或者说，通过将流动拿到随O点运动的坐标系中来讨论，则可把它化为定常流动的现象．于是我们应在(x,y)平面的$y\leqslant 0$半平面中求一个如下的定常流：下半平面$y<0$被划分成三个区域(0)，(1)，(2)(如图50所示)，每一区域都是常状态，它们被两个驻定冲击波线$\mathscr{S}$和$\mathscr{S}'$所分隔，且在区域(0)和(2)中流动平行于壁$y=0$，即$v_0=v_2=0$．因此流动的结构由两个斜冲击波——入射波$\mathscr{S}$和反射波$\mathscr{S}'$所组成．由前几节的讨论显见，具有速度$\boldsymbol{q}_0$的来流通过入射冲击波阵面时，向壁的一方偏转而变为速度为$\boldsymbol{q}_1$的流动，它还是超声速的．它通过反射冲击波后变成一个具有速度$\boldsymbol{q}_2$的平行于壁的流动，或者是超声速的或者是亚声速的．在图50中两冲击波都面向左边．根据关于正冲击波反射的知识(参看§70)，我们可以预料在反射冲击波阵面后压力将显著提高．

数学上的目标是找出所有这种结构以及速度、压力、角度、密度等之间相应的关系式．哪些物理量是给定的或可观测到的，这根据不同情况是可以变的；只要知道u，v，p，ρ，c，c_*之间的所有有关的关系式，我们就可把在数学上最为适合作独立变量的任何量作为数学分析的基础．

将问题变换为驻定冲击波的问题之后，可以发现，把临界速度c_*作为一个已知量是方便的．于是就可以利用(u,v)平面上的冲击波极线来讨论正规反射．从状态(0)出发作对应的冲击波极线的向后的极线圈线．状态(1)由这圈线上的点表示．例如，如果状态(0)和(1)之间的冲击波方向已知，则这个点就由极线圈线与过0点的垂直于冲击波方向的垂线的交点1所决定．通过点1再画一个对称于$\boldsymbol{q}_1$方向的冲击波极线的向后极线圈线．如果这第二个极线圈线与直线$v=0$相交，如图51所示，那么容易看出，其中一个交点$\tilde{2}$是亚声速的，而另一个交点2则可以是超声速的．(2)和($\tilde{2}$)都是“反射”冲击波后的可能状态，因为它们都与守恒定律相容，从而容易求得反射冲击波线，它分别是连线 1—2 或 1—$\tilde{2}$ 的垂线．因此对反射冲击波来说有两个可能：对应于($\tilde{2}$)的具有较高压力值 p_2 的强正规反射和对应于(2)的具有较小压力值 p_2 的弱正规反射．弱反射冲击波阵面与壁的夹角 α_2 比强反射冲击波阵面的要小．通常会预计到，在如上所述的反射现象中出现的是弱反射冲击波．弱反射较接近于声波情形，当入射冲击波强度减少时趋近于它．是什么决定出现弱反射或强反射，这问题将在 § 143 中讨论．在第五章 § 148 中要指出强反射的例子．

如果第一个极线圈线上的点 1 远离点 0，即如果入射冲击波增强且入射角变大，那么第二个极线圈线将收缩，点 2 和 $\tilde{2}$ 将互相靠拢．最后出现两个可能的反射状态(2)和($\tilde{2}$)重合的极端情形，此后就不再存在交点 2 和 $\tilde{2}$；因此，当 q_0 和 c_* 固定时，如果入射冲击波足够强，则正规反射就成为不可能．

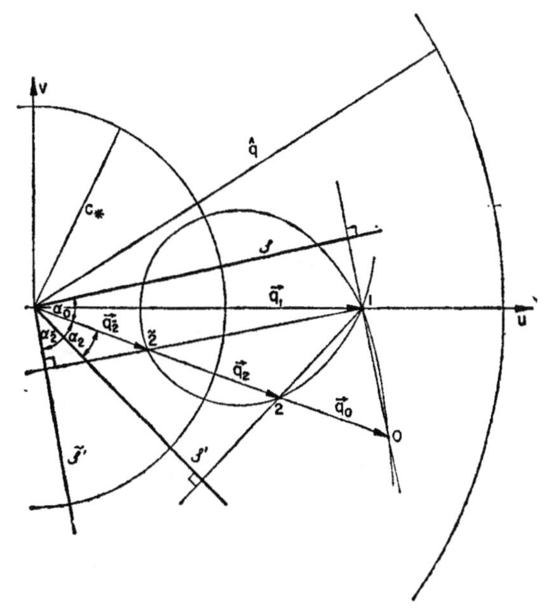

图 52　反射冲击波的另一种作图法．

下面对先前的分析作一变更．我们从状态(1)开始，将图绕坐标原点转动使得矢量 $\boldsymbol{q}_1$ 成为水平的．然后画过点 1 的完整极线．现在状态(0)是在如图 52 中所示的向前的支上，根据矢量 $\boldsymbol{q}_0$ 和向后的极线圈线是相交于两点，或是相切，或是完全不相交，我们仍旧相应地得到两个可能状态(2)和($\tilde{2}$)，或一个状态，或什么都没有．点 2 和 $\tilde{2}$ 对应于反射冲击波波后的状态．冲击波方向仍可立即由直线 0—1，2—1，和 $\tilde{2}$—1 的垂线所定出．

显然确定正规反射结构的两种作图法是等价的．因为，正如在 § 122 中已提到的（参看 282 页），如果过点 0 的冲击波极线经过点 1，那么过点 1 的极线必经过点 0．

这两种作图法都可以得到关于正规反射的所有有关情况；ρ，p 等由前面建立的关系式确定；亦可参看下一节．

还有一个讨论斜冲击波和正规反射的不同方法是利用 § 121 中所描绘的(θ,p)-冲击波极线．在这样的图上如何表示正规反射在图 53 上示出．

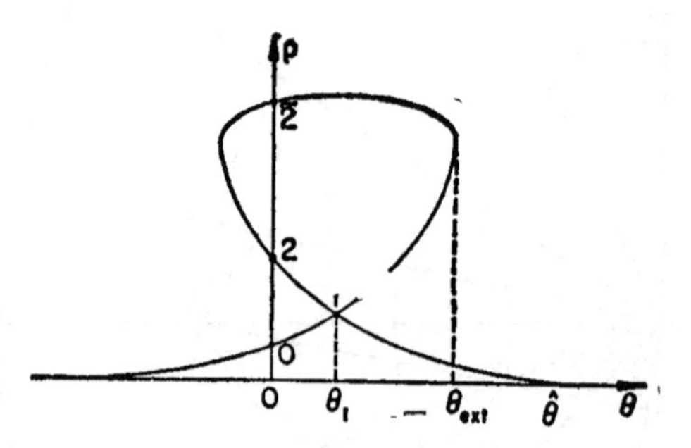

图 53　利用(θ,p)冲击波极线所表示的两种可能的正规反射．

从所有这些作图明显看到一个重要特点．正规反射，不论是弱的还是强的，都只在特定的条件下才能发生．以直接适应具有已知 c_* 和 q_0 值的驻定冲击波阵面的方式，我们可从图上得到这些条件．然而，如果我们感兴趣的不是定常流，而是冲击波斜碰一个静止区域(0)，那么，不存在正规反射的极端情况就必须相对于静止状态(0)来表征．相应的条件容易从上面的结果推断出来．

无需涉及冲击波过渡的这些曲线图或解析表达式，我们就能直观地说明，如果一个强冲击波阵面$\mathscr{S}$以一几乎垂直于固壁的角度冲向一静止区，那么正规反射是不可能的．取一个使现象在其中是驻定的坐标系，假定冲击波阵面$\mathscr{S}$是如此接近于正冲击波，使得它后面的状态(1)是亚声速的．这时，从亚声速状态(1)出发，不可能存在由一个面向区域(1)的冲击波$\mathscr{S}'$到状态(2)的过渡．因此，在这样的情况下，如图50所示的那种正规反射结构是不可能的．

现在我们回到一个冲击波冲向壁附近的静止固定状态(0)的情形．我们把冲击波阵面与壁之间的夹角α_0和超压比$\frac{p_1-p_0}{p_0}$作为两个独立变量．由冲击波条件通过c_0，p_0和p_1可求得入射冲击波波前速度的垂直分量N_0，从而就定出$q_0=N_0/\sin\alpha_0$和$c_*^2=\mu^2q_0^2+(1-\mu^2)c_0^2$．这样，通过化为定常状态，就可定出反射冲击波．为了描述各种可能的正规反射，我们在(α_0,p_0)平面上来考察长方形

$$0\leqslant\alpha_0\leqslant 90^\circ,\quad 0\leqslant\frac{p_0}{p_1}\leqslant 1.$$

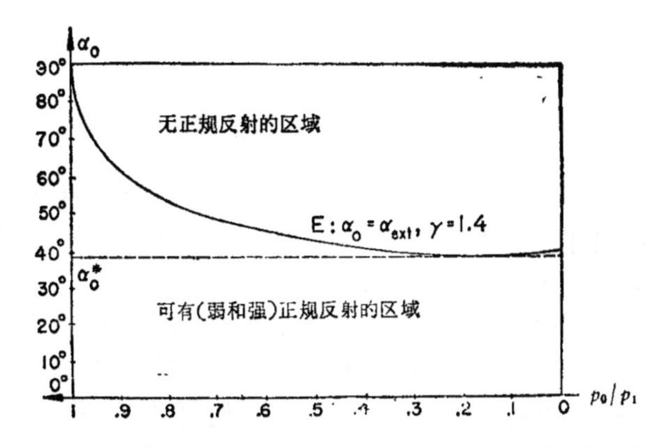

图54　可能或不可能发生正规反射的入射冲击波的入射角α_0和压力比p_0/p_1．

这长方形被曲线E：$\alpha_0=\alpha_{ext}$（是p_0/p_1的函数）划分为两个区域，如图54所示．在区域$0<\alpha_0<\alpha_{ext}$中的每一点都对应两个可能的正规反射，一个弱反射和一个强反射．对于与另一区域中的点相对应的数据则不存在正规反射．

通过研究一系列具有同样强度，即有同一压力比p_1/p_0，但入射角α_0不同的入射冲击波，可得到各种各样正规反射模型的综合图像．如果入射角α_0趋于零，那么对弱反射来说，三个状态(0)，(1)，(2)就趋于与壁正碰的冲击波正反射时所出现的状态．因此，当$\alpha_0\to 0$时反射压力比趋于(70.04)所给出的极限

$$\frac{p_2}{p_1}=\frac{(2\mu^2+1)\dfrac{p_1}{p_0}-\mu^2}{\mu^2\dfrac{p_1}{p_0}+1}. \tag{125.01}$$

随着α_0的增加我们将达到由分界线E上一点所表示的"极端位置"．在该处弱的和强的反射冲击波重合．正如在前面已提到的，对更大的角度α_0则不再存在正规反射．

图54表明：在冲击波变成Mach线时的$p_1=p_0$的极限情形下，极端角是90°；对无限强的冲击波，即当$p_1/p_0\to\infty$时，极端角趋近于$\arcsin\dfrac{1}{\gamma}$．对$\gamma=1.4$的空气，它近似为39.970°（详见[116]）．

§126 正规反射(续)

von Neumann 和 Seeger（参看[51]，[116]）曾对各种γ值的正规反射作了完整详尽的讨论；他们用了不同的方法，一开始都以p_0/p_1和α_0作为参数．在其结果中，关于反射压力比p_2/p_1和反射冲击波与壁之间的夹角α_2的资料是有特别意义的．我们对弱反射冲击波作一简述．对小的入射角α_0，我们得到$\alpha_2<\alpha_0$．当α_0从"正碰状态"时的值，即从$\alpha_0=0$的值上升时，反射压力比p_2/p_1首先下降到低于(125.01)中所给出的正碰的值． 然后增加，到某一值

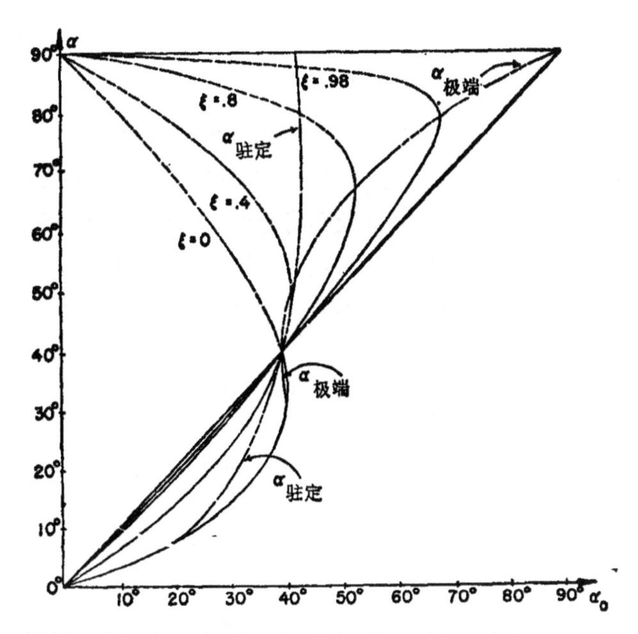

图 55　具有正规反射结构时对入射冲击波的不同波前与波后压力比 $\xi = p_0/p_1$，入射角 α_0 与反射角 α_2 之间的关系，对 $\gamma = 1.4$.

$\alpha_0 = \alpha_0^*$时重新达到正碰的值. 特别值得注意的是，这个 α_0^*值与入射压力比无关，而且当 $\alpha_0 = \alpha_0^*$ 时，入射冲击波和反射冲击波阵面与壁之夹角 α_0 和 α_2 变为相等. 对多方气体 $\cos 2\alpha_0^* = (\gamma - 1)/2$，因此对 $\gamma = 1.4$ 的空气 $\alpha_0^* = 39.23°$. 当 α_0 超过 α_0^* 之后，反射压力比上升且超过正碰的值. 但是仅对弱的或中等强度(对空气 $p_1/p_0 < 7.02$)的冲击波，α_0 和 α_2 相等是在到达极端状态之前. 因此，对强冲击波来说，斜反射决不会使得反射压力高达(125.01)所给出的值.

这些关于反射使压力增加的论述显然是有实际意义的. 因此应该着重指出，对于水或类水物质，情况是大不相同的，因为反射压力比 p_2/p_1 的升高是直接从正碰状态 ($\alpha_0 = 0$)开始的，也就是 α_2 总大于 α_0. 因此，如果假定入射冲击波的强度是一样的话，则在水中斜反射总是比正反射产生的压力要高.

正规反射的现象可以用入射冲击波强度 $(p_1-p_0)/p_0$ 固定时表达 α_0 和 $\ddot{\alpha}_2$ 之间关系的图来说明，参看图 55，其中 $\xi=p_0/p_1$.

§127 对多方气体正规反射的解析处理

我们可以不依靠极线图，而用冲击波条件以独立的代数方法来处理反射问题和其它一些(我们将会看到的)涉及冲击波图像的问题．假定在三个区域(0),(1),(2)中热力学量 ρ 和 p 已知,在相邻的区域它们满足条件 (119.02)．于是我们有四个二次方程 [参看(118.09—.10)]:

$$
\begin{aligned}
\frac{p_1-p_0}{\rho_0}&=\boldsymbol{q}_0\cdot(\boldsymbol{q}_0-\boldsymbol{q}_1),\\
\frac{p_2-p_1}{\rho_1}&=\boldsymbol{q}_1\cdot(\boldsymbol{q}_1-\boldsymbol{q}_2),\\
\frac{p_0-p_1}{\rho_1}&=\boldsymbol{q}_1\cdot(\boldsymbol{q}_1-\boldsymbol{q}_0),\\
\frac{p_1-p_2}{\rho_2}&=\boldsymbol{q}_2\cdot(\boldsymbol{q}_2-\boldsymbol{q}_1).
\end{aligned}
\tag{127.01}
$$

只要再给一个附加条件,就可以从上式定出三个速度矢量 q_i(除了坐标系的一个任意转动外)．这个方法的优点在于关系式(127.01)不依赖于状态方程,因此就有可能清楚地区分开:反射性质中哪些是纯属普遍性的和哪些是由介质特性决定的．应给的附加条件是

$$\boldsymbol{q}_0\times\boldsymbol{q}_2=0, \tag{127.02}$$

即 $\boldsymbol{q}_0$ 和 $\boldsymbol{q}_2$ 平行（在壁的方向）． 如果壁给成 $y=0$，这意味着 $v_0=v_2=0$, 剩下的问题是由四个二次方程 (127.01) 决定 u_0, u_1, v_1, u_2．我们在这里不详细地介绍分析工作，只对所得到的某些有关公式作一说明．

我们总是取多方气体，参考图 50，除声速 c_0, c_1, c_2, c_*和速率 q_0, q_1 及 $q_2=|\boldsymbol{q}_2|$ 外，引入下列各量:

$$
\begin{aligned}
&\left(\frac{c_*}{c_1}\right)^2=x_*,\ \left(\frac{q_0}{c_1}\right)^2=x_0,\ \left(\frac{q_2}{c_1}\right)^2=x_2,\\
&\frac{p_0}{p_1}=\xi,\ \frac{p_2}{p_1}=\zeta,\ \tan\alpha_0=t_0,\ \tan\alpha_2=t_2.
\end{aligned}
\tag{127.03}
$$

于是，经过某些代数演算后，冲击波关系给出下列可供选择的关于状态(0)和(2)的对称公式*)，它们可供实际问题的各种数值计算之需：

$$\frac{(1-\xi)t_0}{1+\mu^2\xi+(\xi+\mu^2)t_0^2}=\frac{(\zeta-1)t_2}{1+\mu^2\zeta+(\zeta+\mu^2)t_2^2}=M, \tag{127.04}$$

$$\frac{(1-\xi)^2}{(\mu^2+\xi)(1+t_0^2)}=\frac{(\zeta-1)^2}{(\mu^2+\zeta)(1+t_2^2)}=L, \tag{127.05}$$

$$\begin{aligned} x_* &= \mu^2 x_0+(1-\mu^2)\xi\frac{1+\mu^2\xi}{\mu^2+\xi} \\ &= \mu^2 x_2+(1-\mu^2)\zeta\,\frac{1+\mu^2\zeta}{\mu^2+\zeta}, \end{aligned} \tag{127.06}$$

$$\begin{aligned} &\frac{(1-\xi)^2}{\mu^2+\xi}\left[1-\frac{(1+\mu^2\xi)^2}{(1+\mu^2)(\mu^2+\xi)x_0}\right] \\ &\quad=\frac{(\zeta-1)^2}{\mu^2+\zeta}\left[1-\frac{(1+\mu^2\zeta)^2}{(1+\mu^2)(\mu^2+\zeta)x_2}\right], \end{aligned} \tag{127.07}$$

$$\begin{aligned} &M^2(1-\mu^2)^2(t_0-t_2)+M\{(1-\mu^2)^2-(t_0-t_2)^2 \\ &\quad-(\mu^2+t_0t_2)^2\}-(t_0-t_2)=0, \end{aligned} \tag{127.08}$$

$$\begin{aligned} &x_*^2(1+\mu^2)(\mu^2+\xi)(\mu^2+\zeta)[\xi\zeta+\mu^2(\xi+\zeta)-2\mu^2-1] \\ &\quad+x_*\{\mu^2[\mu^2\xi\zeta+\mu^2(\xi+\zeta)+(1+\mu^2-\mu^4)] \\ &\quad\cdot[2\mu^2+(1-\mu^2+\mu^4)(\xi+\zeta)-2(1-\mu^2)\xi\zeta \\ &\quad-\mu^4(\xi^2+\zeta^2)-\mu^2\xi\zeta(\xi+\zeta)]-(1-\mu^4)[\xi\zeta \\ &\quad+\mu^2(\xi+\zeta)-2\mu^2-1][\mu^2(\xi+\zeta)+2\xi\zeta+\mu^4 \end{aligned}$$

---

*) 原书中(127.07)，(127.09)，(127.10)三式都有错，原书上是这样的三式：

$$\frac{(1-\xi)^2}{\mu^2+\xi}\left[1-\frac{\mu^2+\xi}{(1+\mu^2)x_0}\right]=\frac{(\zeta-1)^2}{\mu^2+\zeta}\left[1-\frac{\mu^2+\zeta}{(1+\mu^2)x_2}\right], \tag{127.07}$$

$$\begin{aligned} &x_*^2(1+\mu^2)\{1+2\mu^2-\xi\zeta-\mu^2(\xi+\zeta)\}+x_*\{2(\mu^4-\mu^2-1) \\ &\quad-\mu^4(2-\mu^2)(\xi+\zeta)+2(1-\mu^6)\xi\zeta+\mu^4(\xi^2+\zeta^2)+\mu^2\xi\zeta(\xi+\zeta)\} \\ &\quad+(1-\mu^2)(1+\mu^2\xi)(1+\mu^2\zeta)(1-\xi\zeta)=0, \end{aligned} \tag{127.09}$$

$$\begin{aligned} &L^2(1+\mu^2)(1-\mu^2)^3[1+\xi\zeta+\mu^2(\xi+\zeta)]+L(1-\mu^2)^2\{2 \\ &\quad-(2-2\mu^2-\mu^4)(\xi+\zeta)+2(2-\mu^2-\mu^4)\xi\zeta-\mu^2(\xi^2+\zeta^2) \\ &\quad-\xi\zeta(\xi+\zeta)\}+(1-\xi)^2(\zeta-1)^2=0. \end{aligned} \tag{127.10}$$

——译者注

$$
\begin{aligned}
&\cdot(\xi^2+\zeta^2)+\mu^2\xi\zeta(\xi+\zeta)]\}+\{(1+\mu^2)(1-\mu^2)^3 \\
&\cdot\xi\zeta(1+\mu^2\xi)(1+\mu^2\zeta)[\xi\zeta+\mu^2(\xi+\zeta)-2\mu^2-1] \\
&+\mu^2(1-\mu^2)[\zeta(1-\xi)^2(\mu^2+\zeta)(1+\mu^2\zeta)(1+\mu^2\xi)^2 \\
&-\xi(\zeta-1)^2(\mu^2+\xi)(1+\mu^2\xi)(1+\mu^2\zeta)^2\}=0,
\end{aligned}
\tag{127.09}
$$

$$
\begin{aligned}
&L^2(1-\mu^4)[1+\mu^2(\xi+\zeta)+\xi\zeta] \\
&\quad+L[2-(2-2\mu^2-\mu^4)(\xi+\zeta)+2(2-\mu^4)\xi\zeta \\
&\quad-\mu^2(\xi+\zeta)^2-\xi\zeta(\xi+\zeta)]+(1-\xi)^2(\zeta-1)^2 \\
&\quad=0.
\end{aligned}
\tag{127.10}
$$

作为应用这些公式的一个例子，我们来处理当入射波的入射角 α_0 和强度 $\xi^{-1}-1$ 给定时的正规反射问题. 这时，由(127.04)定出量 M，由(127.08)定出 t_2，由(127.04) 定出 ζ，由 (127.09) 定出 x_*，由(127.06)定出 x_0 和 x_2，最后可用(127.07)来检验.

前节中所讨论的性质立即可从这些公式中看出. 例如，由方程(127.05)看出，当 $\alpha_2=\alpha_0$ 时就得到 ζ 和 ξ 之间的一个与 $\alpha_2=\alpha_0$ 的值无关的关系式. 因此显然，当给定了入射冲击波的强度 $\xi^{-1}-1$ 时，不论 $\alpha_0=\alpha_2=0$ 还是 $\alpha_0=\alpha_2=\alpha_0^*$，反射冲击波的强度 $\zeta-1$ 都是相同的.

对给定的 t_0 和 ξ，由方程(127.08)正好有一个实根 t_2 的条件可以定出极端角 α_{ext}. 例如对 $\xi=1$，这方程化为 $t_2=t_0$；于是对 $\xi=1$ 有 $\alpha_{\text{ext}}=90°$.

前面的关系式和各种图解，反复表明这样的事实：仅当给定的参数在某范围内时才能发生正规反射.

我们的分析讨论是基于假定气体为多方的. 应强调指出，和正规反射有关的一些定性结论对非常广泛的一类介质都不变，关于这一点，下面即将讨论的更复杂的"Mach 反射"现象也是如此. 只要从一个给定状态出发的单参数族的可能的冲击波过渡，用形状与上面所讨论的那些极线相类似的冲击波极线来定性地表示，就可以得到同样类型的结论. 这就是为什么非线性运动中(不仅在气体动力学中) 大量的反射现象表现出这里所描述的那些特征的根本原因.

§ 128 几个冲击波汇合的结构 · Mach 反射

正如我们已看到的,在许多情况下,特别是,对给定的 q_0/c_* 当入射冲击波十分强的时候,或当入射冲击波冲向静止介质时其波阵面和壁的夹角 α_0 大于极端角 α_{ext} 的时候,正规反射都是不可能的.

在实验条件类似于不发生正规反射的那些情况下将发生什么现象呢? 很久以前 E. Mach 在实验和文章中所研究的无数的波相互作用的现象对此提供了回答. 然而这个现在称之为 "Mach 反射" 的,直到前些年引起 von Neumann 的注意之前几乎被人忽视和遗忘了.

为了解释非正规冲击波反射或相互作用的物理现象,最好从稍许更一般的观点出发: 在壁 $y=0$ 上的正规反射的流动模型,可以直接用对称的办法延伸到壁的另一边的半平面中去. 于是我们得到具有从壁上一点发出的四条冲击波线的流动模型. 可以提出一些一般性问题: 什么样的定常无旋流动模型可能具有从一点 Z 发出的给定数目的冲击波线,且也许还具有附加的中心简单波和接触间断线? 此外,怎样才能用这样的模型去解释观察到的在直的固壁上"反射"的物理现象?

幸运的是,观察表明,至少在定性上一些数学上最简单的流动模型是在许多不发生或不可能发生正规反射的情况中所实际出现的图像.

§ 129 通过一点的三冲击波结构

下面的事实具有很重要的意义: 三个冲击波隔开三个不同的连续状态的区域是不可能的.为了证明这个结论,可以考虑所假定的三条冲击波线的相遇点 Z 的一个小邻域; 这时对于所假定的三个状态(0),(1),(2),根据三个冲击波关系式 (119.02), 我们在点 Z 附近有

$$\frac{p_i}{p_k}=\frac{\lambda\rho_k-\rho_i}{\lambda\rho_i-\rho_k}, \tag{129.01}$$

其中

$$\lambda=\mu^2=\frac{\gamma-1}{\gamma+1}.$$

相乘后得

$$\begin{aligned}D(\lambda)=&(\lambda\rho_0-\rho_1)(\lambda\rho_2-\rho_0)(\lambda\rho_1-\rho_2)\\&-(\lambda\rho_1-\rho_0)(\lambda\rho_0-\rho_2)(\lambda\rho_2-\rho_1)\\=&0;\end{aligned} \tag{129.02}$$

$D(\lambda)$显然是λ的二次多项式，假定方程(129.02)对值$\lambda=\mu^2$是满足的，此处μ^2在0到1之间．但是我们也立即看出

$$D(0)=D(-1)=0.$$

于是有三个不同的λ值使二次多项式$D(\lambda)$为零，因此它必恒等于零．特别是，我们有$D(1)=0$，因此得

$$(\rho_0-\rho_1)(\rho_2-\rho_0)(\rho_1-\rho_2)=0.$$

这样，三个相邻状态中有两个是一样的，这与我们关于三个冲击波相汇合的假定相矛盾．

因此包含三个冲击波的结构必需要有一个附加的间断．最简单的假定是除三个冲击波阵面外还出现一个接触间断线，这和很多观察也是符合的．

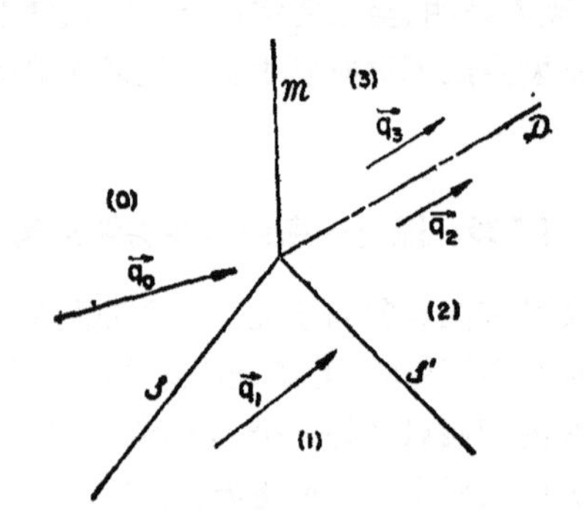

图 56　定常 Mach 结构．

于是“三冲击波结构”可描述如下：一部份气体流过“入射”冲击波和“反射”冲击波两个波阵面，另一部份气体流过一个冲击波阵面——“Mach 波阵面”；这两部份气体穿过波阵面后，被一接触间断线隔开．在定常三冲击波结构中，三个直的冲击波阵面和接触间断线都保持是驻定的，而四个流动区域中的速度是常数(见图56)．当以一个适当的常速度移动这个结构时，就能得到一个向静止气体中运行的三冲击波结构．

§130 Mach 反射

向静止气体中运动的三冲击波结构[1)]可以被采用来描述一个

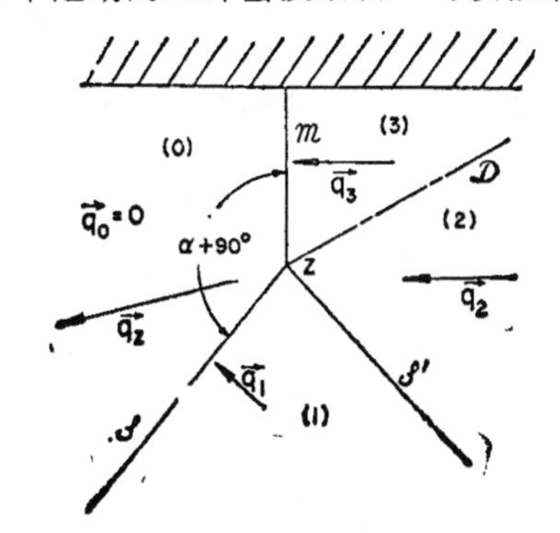

图 57 正 Mach 反射.

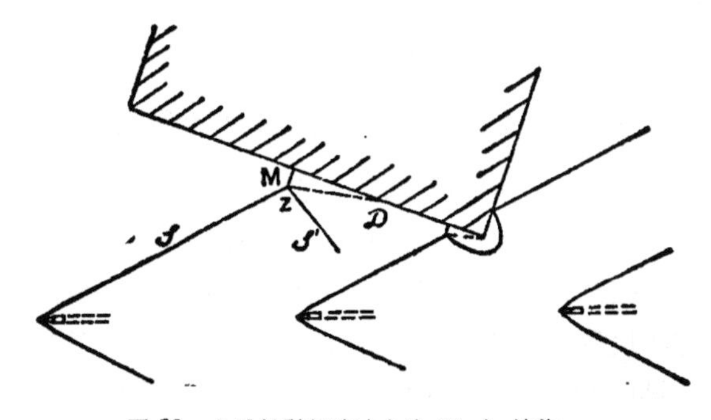

图 58 由反射引起的冲击波 Mach 结构.

1) 也就是通常所说的λ结构.

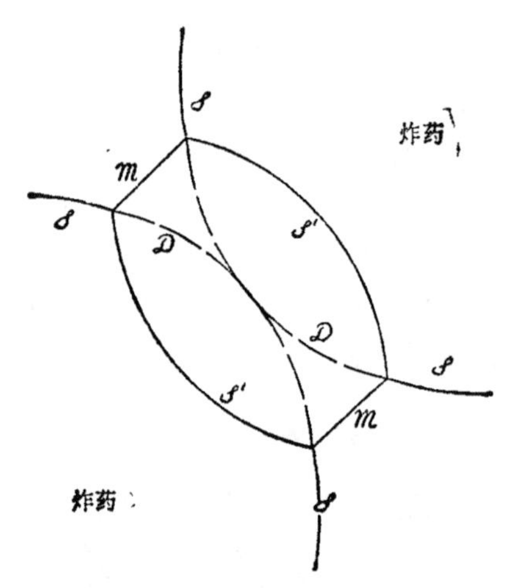

图 59 由两个炸药装药同时爆炸所产生的 Mach 相互作用.

冲击波阵面入射到壁上的反射. 反射冲击波阵面与入射冲击波阵面在点 Z 上分岔，分岔点不是沿壁移动而是斜着从壁上离开. 分岔点 Z 由一垂直的“Mach 冲击波阵面”与壁相连，通过这 Mach 波阵面时流动是垂直波面的. 最后，有一条从分岔点 Z 伸向壁的接触间断线 $\mathscr{D}$.

Mach 结构正象正规反射和冲击波相互作用那样可以经常被观察到. 图 58 和 59 示出了这样的一些情况，后者是由两个炸药装药同时爆炸所产生的结构.

§131 驻定的，正的和反的 Mach 结构

驻定的 Mach 反射是特别有意义的一种结构，在这结构中线 $\mathscr{D}$ 与壁平行，点 Z 平行于壁而移动. 显见，驻定 Mach 结构等价于一个带有附加条件的正规反射结构，这附加条件是：入射波的波前状态和反射波的波后状态是通过一个冲击波的过渡关系式来连接的（见图 60）. 图61中示出了化成定常流动的驻定 Mach 结构. 当一定常的气体射流冲向两个平行的楔形物时它会以成对的形式(在壁上反射)出现（见图 62）.

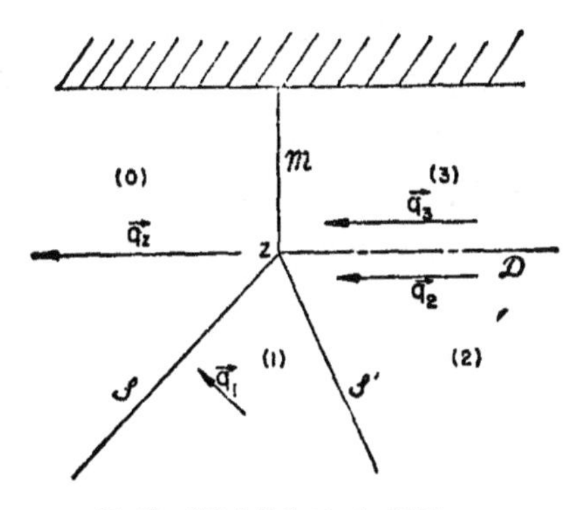

图 60 “驻定的” Mach 反射.

重要的是不要误解“驻定”这个名称.“驻定 Mach 结构”只意味着这样一个结构,在其中流体是垂直地通过 Mach 冲击波阵面,因此,在该结构中接触间断线是垂直于 Mach 冲击波的.于是,流动的这个垂直方向就自动地与气体沿之流动的壁相一致. Mach 结构常在包含有非常数状态的定常流动中观察到;这时冲击波线是弯曲的,因此,流动的驻定特性和壁的存在性就决不意味着,作为一种局部模型的分岔点处的 Mach 结构是上述意义下的那种“驻定的”结构.

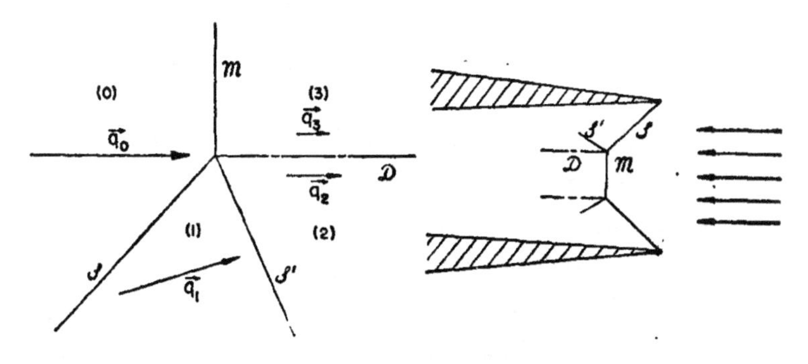

图 61 化成定常流动的驻定 Mach 结构.

图 62 冲向平行楔形物的流动中的驻定 Mach 结构.

一般地,三冲击波结构不是驻定的;状态(0)中的速度 $\boldsymbol{q}_0$ 一般不垂直于 Mach 冲击波线. 我们称图 57 中所示的情形为正 Mach 结构; 称图 63 所示的情形为反 Mach 结构. 如果把所有的速度矢量减去 $\boldsymbol{q}_0$, 这些结构就化成向状态 (0) 的静止气体运动的反射结构,此时我们看到, 在正 Mach 结构中分岔点背离壁而运动(见图 57), 而在反 Mach 结构中分岔点朝向壁移动 (见图 64). 反 Mach 结构会很快被破坏; 在诸如图 58 和 59 所示的那些情形中, 它决不能代表真正的反射. 因此在今后的讨论中我们将排除这种结构.

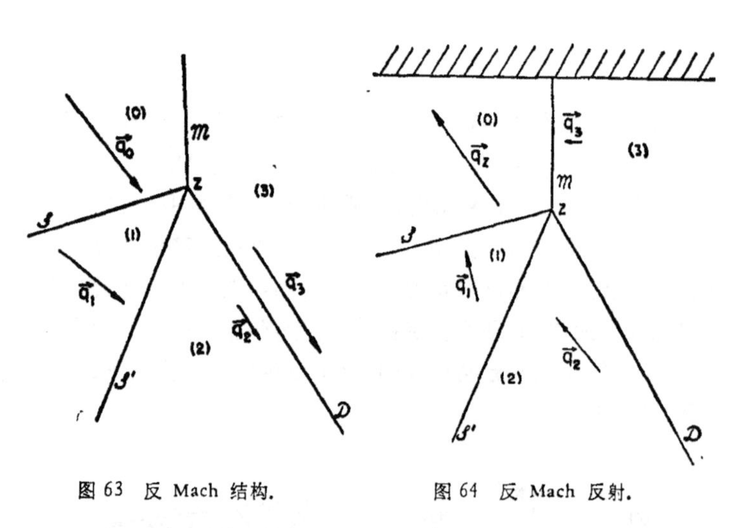

图 63 反 Mach 结构.　　图 64 反 Mach 反射.

如前所述, 正 Mach 反射中的接触间断线$\mathscr{D}$与壁相遇于点 E. 自然要问, 在线$\mathscr{D}$和壁的交点 E 附近气体是怎样流动的? 从该点来观察时,$\mathscr{D}$前面的流动是静止的, 而在$\mathscr{D}$后面流动则与$\mathscr{D}$有相同的方向. 沿着壁流动将有壁的方向. 如果从 E 点观察时, 区域(2)中的流动是超声速的,则引起一个以 E 点为中心的简单波来进行调整. 如果从 E 点观察时区域(2)中的流动是亚声速的,那么在角区域中产生非常数态流动. 在下面的讨论中我们将撇开这个问题,只考虑点 Z 处的局部 Mach 结构,并假定分岔点 Z 四周的每一个区域中的状态都是常数.

§ 132 定量讨论结果

在给出数学上构造 Mach 结构的诸方法之前，我们总结一下结果.

首先，我们考虑定常流动中的三冲击波结构. 引进入射冲击波$\mathscr{S}$的强度的倒数 $p_0/p_1 = \xi$ 和量 $x = q_0^2/c_*^2$ 作为参数,后者和 Mach 数 $M_0 = q_0/c_0$ 的关系是 $x^{-1} = \mu^2 + (1-\mu^2)M_0^{-2}$,在$(\xi, x)$平面上考虑长方形

$$1 \leqslant x \leqslant \mu^{-2},\ 0 \leqslant \xi \leqslant 1.$$

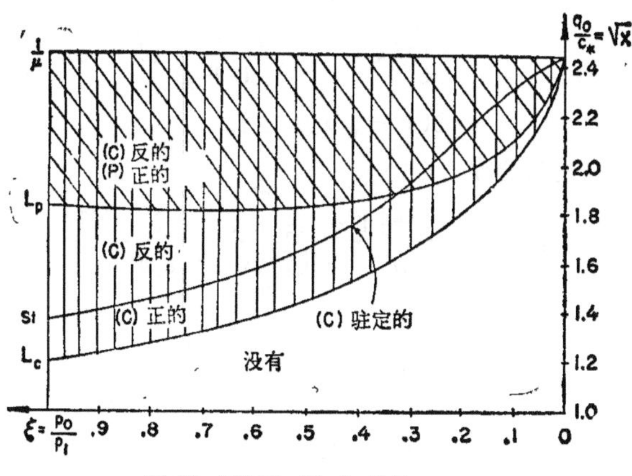

图 65 可能的 Mach 反射.

(见图 65). 在图中我们标出两个区域: (C)和(P), 在(C)和(P)两个区域中每个点对应一个三冲击波结构.

画铅垂线(||||||)的区域(C)覆盖了三冲击波结构的“主支”, 它是 S. Chandrasekhar[115] 首先定出的,还可参看[116]. 这区域以曲线 L_C 为界,这条线对应以下的极限情况: 反射冲击波 $\mathscr{S}'$ 的强度和$\mathscr{D}$的间断性都缩小成零,而入射冲击波$\mathscr{S}$与 Mach 冲击波$\mathfrak{M}$成一直线. 区域(C)还包含一条对应于驻定 Mach 反射的曲线 S_t. 在曲线 L_C 和 S_t 之间的点对应于正 Mach 结构, 曲线 S_t 以上的点对应于反 Mach 结构. 以曲线 L_P 为界的画斜线(\\\\\\)的区域

(P),表示正的三冲击波结构的独立的第二支,这是 H. Polachek[116] 首先定出的. 注意 Mach 反射仅当 $2/(1+\mu) \leqslant x < 1/\mu^2$ 或 $(2+2\mu)/(1+2\mu) \leqslant M_0^2 < \infty$ 时才存在.

通过直接的,稍为冗长的代数计算可导出下列关系式:入射冲击波与来流方向之间的夹角 β_0 由下式求出:

$$\sin^2\beta_0 = \frac{1+\mu^2\xi}{(1+\mu^2)\xi} \cdot \frac{(1-\mu^2 x)}{(1-\mu^2)x}. \qquad (132.01)$$

表征驻定反射的曲线 St 由下面的二次方程给出:

$$\left[\xi(x-1) - \frac{1-\xi}{\xi+\mu^2}(1-\mu^2 x)\right] \cdot \left[\xi(x-1) - \frac{1-\xi}{1+\mu^2}(1-\mu^2 x)\right] = \xi(1-\mu^2 x). \qquad (132.02)$$

L_C 和 L_P 的方程是

$$x = \frac{1+\xi \pm [1+2\xi-(1-2\mu^2)\xi^2]R}{(\mu^2+\xi)[1 \pm (1+\xi)R]}, \qquad (132.03)$$

其中

$$R = \frac{\mu}{\sqrt{(\mu^2+\xi)(1+\mu^2\xi)}}. \qquad (132.04)$$

关于这些公式,可参看[114]和[116].

至此我们描述了最简单的可能的驻定三冲击波结构. 现在转入第二个问题:当考虑到有一固壁存在,并允许流动因平移运动而偏离定常状态时,如何表征真正的反射过程. 换言之,我们现在来考察原始状况:一个进入静止区且在固壁上反射的入射冲击波. 该状况这时由只与静止状态(0)和入射冲击波有关的参数来描述. 我们选取入射波波前压力对波后压力之比 $p_0/p_1=\xi$ 和入射冲击波阵面与壁之间的夹角 α_0 作为这样的参数. 在对三冲击波结构的理论和实验结果进行比较时,角 α_0 应该与分岔点处入射冲击波和 Mach 冲击波的法线之间的夹角一致;实际上 Mach 冲击波常常是弯的,因此它在分岔点的方向一般来说并不严格与壁垂直.

通过把所有的速度减去区域(0)中的速度,可以从具有驻定分岔点的流动得到状态(0)是静止的流动. 因此要将前面用ξ和$q_0/c_* = \sqrt{x}$所表示的结果变换为用ξ和α_0表示的结果是不困难的.

我们限于讨论属于"主支"的正 Mach 反射. 在图 66 中,这样的 Mach 结构所对应的是(ξ, α_0)长方形中画竖线(||||||)的区域.这区域的边界是一曲线,它的点就对应于驻定 Mach 反射. 这条曲线由下列方程给出(参看[41]):

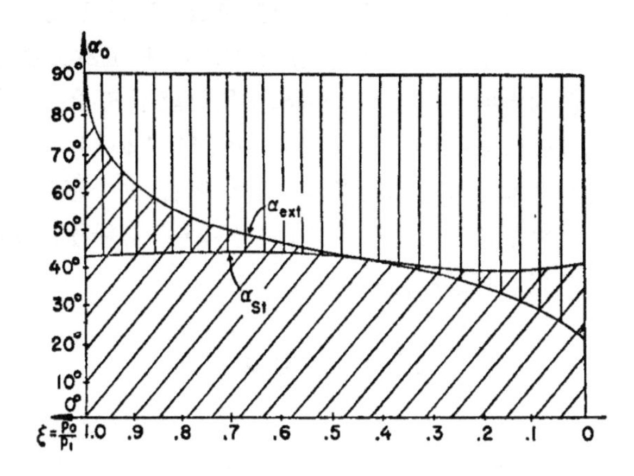

图 66 在区域(///////)中正规反射是可能的,而在区域(||||||)中Mach 反射是可能的.

$$\cot^4\alpha_0 - \frac{\gamma\mu^2(\xi+\mu^2)+(1-\xi)^2}{(\xi+\mu^2)(1+\mu^2\xi)}\cot^2\alpha_0 - \frac{\gamma(\xi+\mu^2)}{(1+\mu^2\xi)^2} = 0. \tag{132.05}$$

对弱的入射冲击波,例如$p_0 = p_1$,可得

$$\cot^4\alpha_0 - \left(\frac{1}{1-\mu^2} - 1\right)\cot^2\alpha_0 - \frac{1}{1-\mu^2} = 0, \tag{132.06}$$

因此 $\tan^2\alpha_0 = 1-\mu^2$, 当 $\gamma = 1.4$, $\mu^2 = \frac{1}{6}$ 时, $\alpha_0 = 42°$.

图 66 中用斜线(//////) 划出可能发生正规反射的ξ和α_0值

的区域(见图 54). 图 66 是对 $\gamma = 1.4$ 画出的.

显然,上述两个区域有共同部分,因为驻定 Mach 反射亦可解释为正规反射. 当 $\gamma \leqslant 3.59$ 时(参看[117]和[116,11页])两区域的边界线在一点相接触,对 $\gamma = 1.4$, 这点在 $p_1/p_0 = 2.61$ 处.

理论并不能确定在公共区域中实际上实现的是正规反射还是 Mach 反射. 根据实验证明情况如下. 假定我们保持入射冲击波强度不变而将 α_0 从 0° 变到 90°; 那么大致在达到驻定的 Mach 反射以前,反射是属于弱的正规型, 此后就出现 Mach 反射. 这种类型的改变确切地在什么地方发生,以及这种改变是否不连续,看来并不是确定不变的. 应该提一提的是, 当具有强的入射冲击波的 Mach 反射与基于前面理论所得的预言在定量上符合时, 则那些具有弱的入射冲击波的 Mach 反射就不符合. 根据 von Neumann, Seeger, Smith 和其他人(参阅[116] 和 [124])所积累的并与广泛的计算比较过的大量实验资料来看,这个事实是明显的. 在 §134 中将要指出的理论推广,似乎不足以解释所出现的偏离. 在 §136 中我们将继续这一讨论.

§133 压力关系式

不但对正规反射而且对 Mach 反射大部份兴趣都是与所产生的压力有关. 我们来讨论反射冲击波 $\mathscr{S}'$ 的波后压力对波前压力的"反射压力比" p_2/p_1. 当入射冲击波强度 $(p_1 - p_0)/p_0$ 保持不变而入射角从 $\alpha_0 = 0°$ 变到 $\alpha_0 = 90°$ 时, 反射压力比将随着变化.

如在 §125 中所提到的[参看(125.01)],对于正碰情形 $\alpha_0 = 0$, 我们有

$$\frac{p_2}{p_1} = \frac{(2\mu^2 + 1)\dfrac{p_1}{p_0} - \mu^2}{\mu^2\dfrac{p_1}{p_0} + 1}. \tag{133.01}$$

当 α_0 增加时,比值 p_2/p_1 先是减少,而当 α_0 接近极端值时, 它可能再度增加而超过正碰的值, 参看 §125 最后的论述. 当在流动中

出现 Mach 结构之后，这种上升就最终停止，比值 p_2/p_1 再度下降，当 α_0 趋于 90° 时 p_2/p_1 趋于 1，因为在此极限情况下反射冲击波变为声波.

§134 修正和推广

上面所描述的三冲击波结构是一个简单的数学模型，有些现象与它极其符合. 但也存在许多与这些 Mach 结构明显地不相符的实验资料. 对这种差异的一个可能的解释是：实际流动图像可能只是局部地在一无法观察的小区域内对应于一个简单的三冲击波结构. 然而存在另外一些可能性使观察到的事实与包含三个冲击波的流动的数学模型相一致. 正如在 §129 中所指出的，上述的流动模型是所有包含三个汇合冲击波的无限多可能性中唯一最简单的一个. 此外，如果过分岔点 Z 允许中心简单膨胀波或压缩波，则在壁上的反射条件，即流动平行于壁的条件，可以为许多包含有三个冲击波和一个通过分岔点 Z 的接触间断的流动模型所满足.

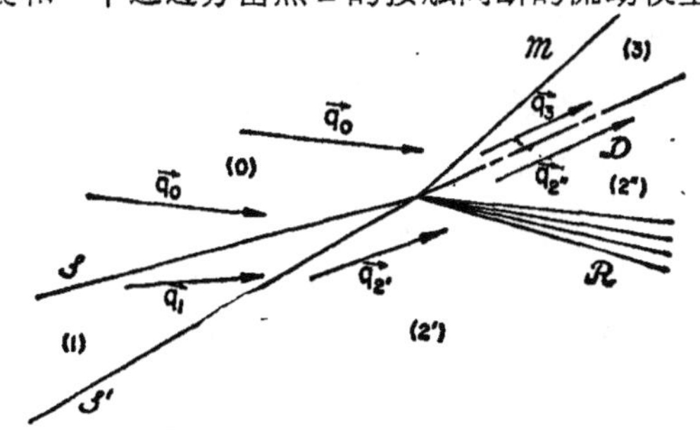

图 67 由稀疏波修整的三冲击波结构.

就符合所有可用的实验根据而言，还没有得到完全的成功；但最直接的推广，也就是添加中心在分岔点的简单波以对 Mach 模型进行修正，或许就足以解释一些较难捉摸的现象.

如果从区域(1)到区域(2)穿过反射冲击波时流动方向是转向分岔点，且在区域(2)中流动(当从分岔点来观察时)是超声速的，那么在区域(2)中就可以插入上述的简单波（见图 67). 于是区域(2)被分为两个区域(2′)和(2″)，流动从(2′)穿过简单波进入(2″)

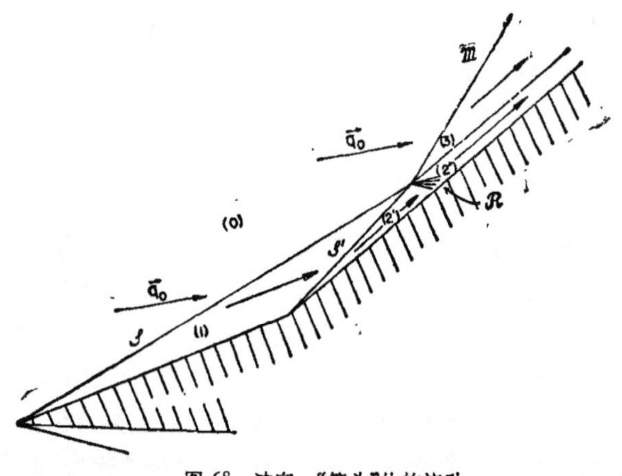

图 68　冲向一“箭头”体的流动.

时进一步转向分岔点．如果入射角 α_0 充分接近 $90°$，那么可以看出是满足所提到的那些条件的.

当流动被一个箭头体，也就是一个其斜率在经过一段距离之后突然改变的楔形物所改向时，这样的结构是可以指望得到的(见图 68)．实际观察到的“箭头”流动似乎肯定了这种解释（注意，简单波在纹影照片上几乎显不出痕迹来).

简单 Mach 模型的一个进一步的、更基本的修正在于假定：用一个其中速度为零的角区$\mathscr{D}$来代替接触间断线，而相邻区域中的速度彼此不平行，但分别平行于区域$\mathscr{D}$的两条边，角区中的压

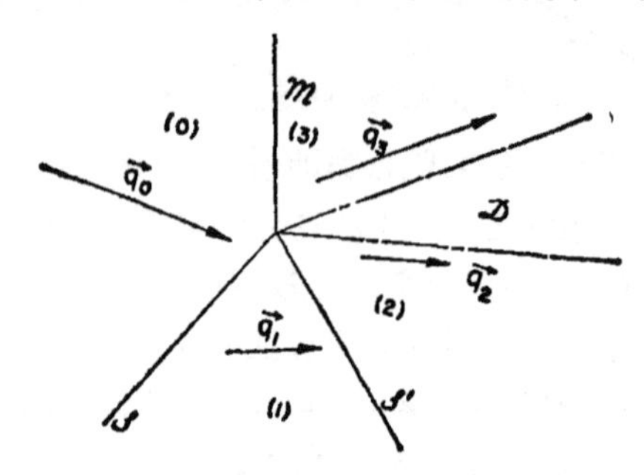

图 69　用一角区代替接触间断的三冲击波结构.

力与两相邻区域中压力应该是相等的.

所有这些和其它的具有一个奇异中心 Z 的数学上可能的流动模型，都听任我们用来解释实验根据. 在给定的环境下出现的究竟是这些可能性中的哪一个(如果存在的话)，在具有这样高度不确定性的理论框架内这是一个无法解决的问题. 这里我们有一个在其基本假定方面并不完备且过分简化了的理论的典型实例，只有更深入地讨论理论的物理基础,也就是考虑热传导和粘性,我们才能指望完全弄清三冲击波奇点处的现象. 完全可能，沿不变的间断线发展的边界层改变了流动图像，其改变程度足以说明所观察到的偏差;最近 H. W. Liepmann[97] 提出了一个在这个基础上的解释. 沿间断线的边界层的影响多少可以比得上前面所提到的角区 $\mathscr{D}$ 的影响. 对于理论的不确定性的更深的意义,还可参看本章第 F 部分的一般论述.

§135 三冲击波结构的数学分析

尽管此问题用目前的表达方式带有不确定性，但用数学推导证实前节的论述还是重要的. 至少将指明构造三冲击波结构的适当途径.

用代数方法构造 Mach 反射模型，可以从相邻区域中的压力和速度之间的关系式着手,它们表示为六个方程，参看 (118.09-.10):

$$\begin{aligned}\tau_0(p_1-p_0)&=\boldsymbol{q}_0\cdot(\boldsymbol{q}_0-\boldsymbol{q}_1),\quad \tau_1(p_0-p_1)=\boldsymbol{q}_1\cdot(\boldsymbol{q}_1-\boldsymbol{q}_0)\\ \tau_1(p_2-p_1)&=\boldsymbol{q}_1\cdot(\boldsymbol{q}_1-\boldsymbol{q}_2),\quad \tau_2(p_1-p_2)=\boldsymbol{q}_2\cdot(\boldsymbol{q}_2-\boldsymbol{q}_1)\\ \tau_0(p_3-p_0)&=\boldsymbol{q}_0\cdot(\boldsymbol{q}_0-\boldsymbol{q}_3),\quad \tau_3(p_0-p_3)=\boldsymbol{q}_3\cdot(\boldsymbol{q}_3-\boldsymbol{q}_0)\end{aligned}\tag{135.01}$$

这些关系式还要加上一个条件

$$\boldsymbol{q}_2\times\boldsymbol{q}_3=0,\tag{135.02}$$

即 $\boldsymbol{q}_2$ 平行 $\boldsymbol{q}_3$. 满足这七个方程的任何一组四个矢量都将给出一个可能的 Mach 结构. 一旦速度已知就立即可定出冲击波线. 正如在前面 §127 中所看到的，我们可以把这些方程中的压力和密度看作是服从关系式(119.02)的给定参数．一个方向，例如$\boldsymbol{q}_0$的方向,可以任意规定,于是我们须从七个方程(135.01—.02)决定七个量.

驻定 Mach 反射只要在 (135.01—.02) 上加如下一个条件来表征就行了:

$$\boldsymbol{q}_0 \times \boldsymbol{q}_3 = 0, \tag{135.03}$$

即$\boldsymbol{q}_0$平行于$\boldsymbol{q}_3$． 消去速度可以得到一个只包含密度和压力的驻定Mach效果的条件．但是我们在这里将不沿这条路线来处理,而用一个更直观的和容易理解的方法来讨论 Mach 效果．这个方法以应用前面介绍过的一条或几条冲击波极线的几何分析为基础.

应该指出,这样的方法和较为代数化的方法大不相同,是易于推广到非多方介质的.

§136 图 解 法

我们用(θ,p)平面上的冲击波极线来代替(u,v)平面上的极线(参看§121)，前者使我们能直接照顾到下述条件，即矢量$\boldsymbol{q}_3$和$\boldsymbol{q}_2$平行(在驻定情况下$\boldsymbol{q}_0$和$\boldsymbol{q}_3$平行)以及在相应的区域中压力相等．我们已看到,如果一个已知状态(0)是由一个驻定冲击波与另一状态相连接，那么第二个状态可以用冲击波使流动转过的角度θ和新状态中的压力p来表征．于是能够用一冲击波与状态 (0) 相邻接的所有可能的状态,都可以在(θ,p)平面上用一条冲击波极线表示,此极线有如图 53 所示的形状,且用方程 (121.07—.08) 表达,或用显式表示为

$$\tan\theta = \frac{\dfrac{p}{p_0}-1}{\gamma M_0^2-\dfrac{p}{p_0}+1}\sqrt{\frac{(1+\mu^2)(M_0^2-1)-\left(\dfrac{p}{p_0}-1\right)}{\dfrac{p}{p_0}+\mu^2}}. \tag{136.01}$$

从这个(θ,p)极线用这样一种方法来得到 Mach 结构,使得以后的数字计算工作比较容易．为了由通过二重点 0 的冲击波极线

Λ_0 去求 Mach 结构，考虑一个将状态(0)过渡到具有高压的状态(1)的冲击波，一个从(1)过渡到(2)的冲击波，和一个从(0)过渡到(3)的冲击波(见图 57). 在(θ,p)图中(见图 70)在涡线 $\mathscr{D}$ 两边的状态(2)和(3)是由同一点表示的，这是因为在这两状态中压力和流动方向都相同. 这个简化是为了采用 (θ,p) 图的缘故. 通过 0 点我们作冲击波极线的圈线部分 Λ_0,同样过 Λ_0 上的点 1 作另一冲击波极线的圈线 Λ_1. 因为状态(3)是通过一冲击波与状态(0)相连接的,所以点 3 在 Λ_0 上. 另一方面，状态(2)是从状态(1)通过一冲击波达到的；因此在我们的图上点 2 必须在 Λ_1 上，又因为点 2

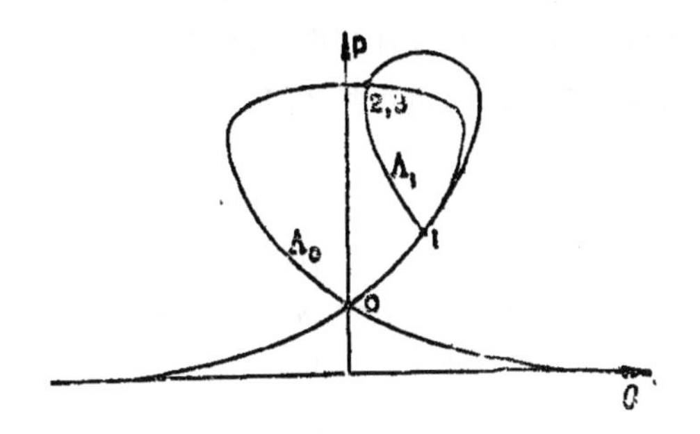

图 70 正 Mach 反射的(θ,p)冲击波极线. 点 2,3 表示接触间断线 $\mathscr{D}$两边的状态(2)和(3).

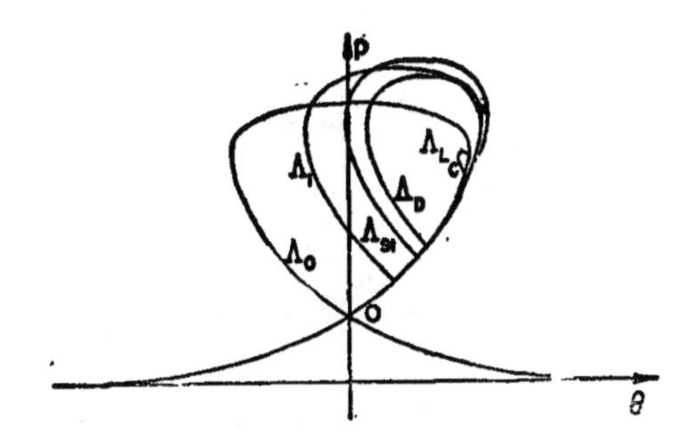

图 71 正 Mach 反射，反 Mach 反射和驻定 Mach 反射的(θ,p)冲击波极线 Λ_D,Λ_I 和 Λ_{St}. 在每一种情况下，它们的圈线部分和 Λ_0 的交点都表示间断线$\mathscr{D}$两边的状态.

和点 3 在我们的表示方式中是等同的，所以由圈线 Λ_0 和 Λ_1 的交点就得到 2 和 3.

如果对交点 2,3 有 $\theta > 0$（见图 71 中的 Λ_D），则我们有正的或通常的 Mach 反射. 驻定 Mach 反射对应于在 $\theta = 0$ 处即刚好在圈线的顶点出现交点的情况（见图 71 中的 Λ_{St}）.

知道点 2 和点3，我们就立即得到冲击波线 $\mathscr{S}$，$\mathscr{S}'$ 和 $\mathfrak{M}$，于是也就可以从(119.02)定出密度，从(135.01)定出速度矢量. 因为我们是从(1)出发得到(2)，从(0)出发得到(3)的诸量，因此状态(2)与(3)之间的差别就自动变得明显了.

总而言之，寻找 Mach 结构就被代之为讨论冲击波极线及其交点. 关于可能的交点的详细分析，特别是关于各种极限情形的分析，可参看[117—120]；也可参看[116].

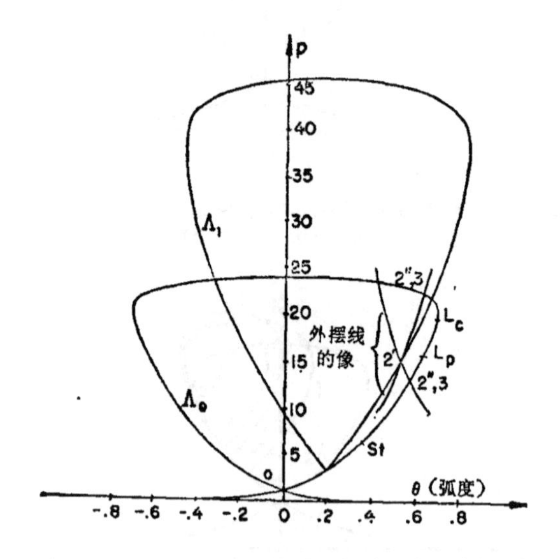

图 72 一个修正的三冲击波结构在 (θ, p) 平面上的表示法.

在早先指出过的条件下插入一个简单波的可能性，也可以从 (θ, p) 图上看出来. 图 72 上的曲线的意义是明显的. 通过极线图

Λ_1 上的点 2′ 画 Γ 特征线的映像；它与 Λ_0 的交点就给出点 2″ 和 3. 仅当状态(2′)是超声速时这才是可能的. 对冲击波线和 Mach 线相对位置的讨论表明：要得到一个可能的流动结构，除非 $\theta_0 < \theta_1 < \theta_{2'} < \theta_{2''}$；换言之，除非所有那些有一部分流动穿过的初等波都使流动朝同一方向偏转.

同理，对一部分流动来说，它可能穿过一系列的冲击波，而不是只穿过一个入射冲击波和一个反射冲击波. 详细的讨论表明，这样的结构也只在这系列中的所有冲击波都使流动朝同一方向偏转时才是可能的. 这时另一部分流动可以只穿过一个冲击波.

经过这些讨论之后，分析早先所提出的其它可能性就不困难了.

E. 相互作用的近似处理·翼型流

§ 137 包含弱冲击波和简单波的问题

前一部分关于冲击波和冲击波相互作用的结果，完全是用代数的且有时有些麻烦的方法推导的. 如果所考虑的是包含简单波的相互作用，那么这样的初等方法就失效了. 这时不可避免地遇到流动的偏微分方程中所固有的分析困难. 然而，如果相互作用的冲击波和简单波具有小的或中等的强度，那么，对相互作用作令人满意的近似处理是可能的.

我们要处理的第一个问题是关于一个驻定冲击波阵面和它后面的一个定常简单波的相互作用. 我们将看到，作为一个很好的近似，可认为冲击波不影响它后面的简单波，它的运动过程可由求解一线性微分方程定出，处理方法类似于 § 74 中对一维流动的冲击波和简单波的相互作用的处理方法.

如果翼剖面足够细长，那么流过翼面的二维流动导致一个弱简单波. 我们将讨论决定此流动的两个不同的扰动方法. 对所考虑的近似可以再一次不计及冲击波对流动的影响，这种冲击波阵面的运动过程可以用前面所说的方法近似确定.

§ 138 弱冲击波和简单波的比较

处理弱冲击波和简单波的相互作用的基础是如下事实：穿过弱冲击波和弱简单波时的变化只在它们强度的三阶量上有差别.

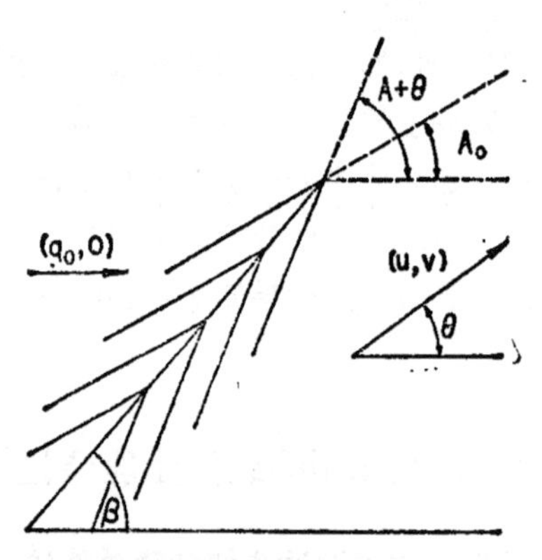

图 73 后向冲击波阵面. 在两边都示出了 Mach 线.

我们首先考虑一组斜的后向冲击波阵面，它们有同样的波前状态：$\tau_0, p_0, u_0 = q_0 > 0, v_0 = 0$（见图 73）. 我们用波后的比容 τ 的值来表征该组中不同的冲击波；于是，倘若规定 $v > 0$，即冲击波是向流动倾斜的，则冲击波后的所有其它的量，压力 p，和速度(u,v)就可定出. 这时我们将 p, u 和 v 展开为 $\tau - \tau_0$ 的幂级数. 为此首先利用 Bernoulli 方程(118.08)，它现在取如下形式:

$$\frac{1}{2}(u^2 + v^2) = i_0 - i + \frac{1}{2} q_0^2. \qquad (138.01)$$

将此关系式相继微分两次，得到在 $\tau = \tau_0$ 时的关系式

$$q_0 du = -\tau_0 dp, \qquad (138.02)$$

$$q_0 d^2u + (du)^2 + (dv)^2 = -\tau_0 d^2p - d\tau dp. \qquad (138.03)$$

将关系式(118.11)写为如下形式:

$$(u - q_0)^2 + v^2 = -(p - p_0)(\tau - \tau_0), \qquad (138\ 04)$$

将它微分二次和三次(或者把 u, v, , p 对 $\tau - \tau_0$ 的展开式代进去)得

$$du^2 + dv^2 = -dpd\tau, \tag{138.05}$$

$$dud^2u + dvd^2v = -\frac{1}{2}d^2pd\tau. \tag{138.06}$$

根据(138.05),关系式(138.03)化为

$$q_0d^2u = -\tau_0d^2p. \tag{138.07}$$

此处的微分当然是对 $\tau = \tau_0$ 取的. p 和 τ 之间的关系式对斜冲击波和对正冲击波是相同的. 于是, dp 和 d^2p 的值是已知的,事实上它们与在 p 和 τ 满足绝热关系时所得的结果是相同的(参看§65). 因根据上面所作的规定, 对 $d\tau < 0$ 有 $dv > 0$, 于是从方程(138.02),(138.07),(138.05),(138.06)可定出 du, d^2u, dv, d^2v.

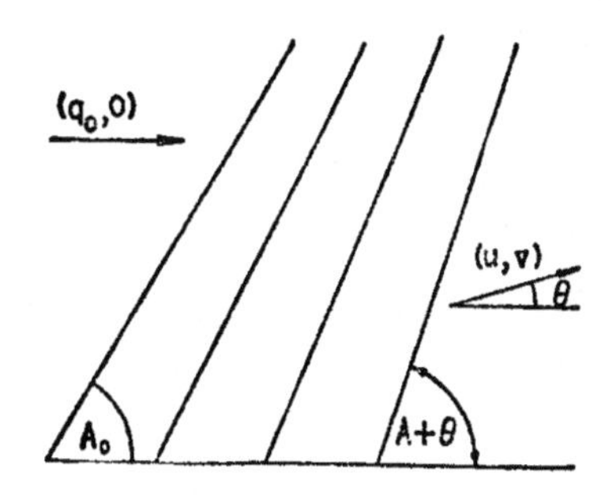

图 74 用一组直 Mach 线所表示的后向简单波.

下面我们考虑一个向左的压缩简单波,其波前状态给定为 τ_0, p_0, $u_0 = q_0 > 0$, $v_0 = 0$ (见图 74). 我们把这个简单波在初始直 Mach 线和具有常数比容 τ 值的直 Mach 线之间的各部分,与具有同样的波前状态和同样的波后 τ 值的各种斜冲击波作比较. 再把 p,u 和 v 值在具有 τ 值的 Mach 线上展开为 $\tau - \tau_0$ 的幂级数. 因为通过简单波时压力和密度满足绝热关系,所以 dp 和 d^2p 的值与具有同样初始状态的冲击波情况下的相应值是相同的. 又因为通过简单波时 Bernoulli 定律成立, 故关系式(138.02)和(138.03)亦成立. 关系式 (138.05) 等价于贯穿 Mach 线的特征方程 [参看(106.02)]; 因此在整个简单波内它都成立. 对(138.05)进行微分

就得到(138.06). 于是显然，对简单波过渡的 du, dv, d^2u, d^2v 的值与对冲击波过渡的是相同的，这是因为 dp 和 d^2p 的值是分别相同的. 这样我们就证明了：具有相同初始状态的冲击波和简单波段，它们波后量的展开式一直符合到二阶项，即一阶和二阶都相同. 这个对 $\tau-\tau_0$ 的幂次展开式得出的论断，显然对可以作为冲击波的或一段简单波的强度的任何量的幂次展开式也成立.

上面的论断也可以用这样的说法来表达：通过 (u,v) 平面上同一点 $(q_0, 0)$ 的临界速度 c_* 相同的冲击波极线和外摆线二阶相切. 因此，如果把冲击波极线上一点所代表的波后状态，用与冲击波波前具有同样熵值的外摆线上一点所代表的状态来代替，那么冲击波关系式满足到冲击波强度的二阶项.

虽然一个弱的或中等强度的冲击波的波后状态因而能够从相应的简单波过渡定出，但是冲击波位置还必须另外来定. 我们知道，当冲击波强度为零时，冲击波阵面与 Mach 线合并在一起. 为了定出弱的或中等强度的冲击波阵面的位置，我们利用 β 的展开式，β 是冲击波阵面与来流方向的夹角. 从关系式 (121.02) 和 $\tan\theta=v/u$ 可以导出 β 按 θ 的幂次展开式，θ 是冲击波波前和波后流动方向的夹角. 把这个结果与穿过简单波成立从而穿过冲击波也成立的最后公式(116.08)作比较，求得关系式

$$\beta=\frac{1}{2}A_0+\frac{1}{2}(A+\theta)+\cdots \qquad (138.08)$$

其中 A 可以看作 θ 的函数，或者相反. 此处 A 和 A_0 分别是冲击波波后的和波前的 Mach 角. $A+\theta$ 和 A_0 分别是来流方向与冲击波波后的和波前的那些与冲击波朝同一方向倾斜的 Mach 线之间的夹角. 这样，关系式(138.08)表明：在一阶近似中冲击波平分其波后和波前的 Mach 线之间的夹角.

§139 衰减冲击波

冲击波过渡和简单波过渡一直符合到冲击波强度的二阶量. 这一事实可以用来近似地确定其波后受简单波影响而波前为常状

态的冲击波阵面．这个处理十分类似于在确定一维冲击波在简单波作用下衰减时所用的处理方法(参看 § 75)．

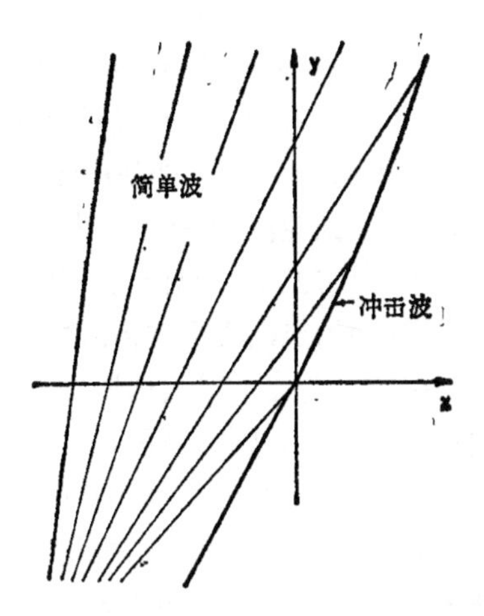

图 75 冲击波阵面和它后面的简单波之间的相互作用．

假设一个 $u = q_0 > 0$，$v = 0$ 的常数超声速气流在穿过一斜率 dy/dx 为正的冲击波阵面时第一次发生偏转．假定在 $y < 0$ 时这已偏转的常数流动在穿过一个其直 Mach 线亦有正斜率 $\frac{dy}{dx}$ 的简单波时进一步被偏转．设简单波和冲击波阵面在 $x = 0, y = 0$ 点相遇．问题是要决定 $y > 0$ 时冲击波阵面后的流动．因为冲击波阵面前的流动是超声速的，所以那里的流动保持不变，但冲击波的走向和强度受到了它后面流动的影响，参看 § 143(F 部分)的讨论．如果冲击波的强度是弱的或至多是中等的，则我们可以近似地认为冲击波过渡和简单波过渡是等同的．这表示对所考虑的近似程度而言，冲击波阵面后的流动将和第一次偏转是受到简单压缩波而不是受冲击波的影响时将会出现的流动相同． 当 $y < 0$，因此亦当 $y > 0$ 时，这样一个简单压缩波将和冲击波阵面后的已知简单波组成一个简单波．换言之，在所考虑的近似程度内，冲击波不影响它后边的流动．在 $y > 0$ 直到冲击波阵面为止的流动正好是已知简单波的继续．因此，如果冲击波阵面的位置已知，则每一点处的流动就可以确定．冲击波的这个位置和冲击波后的简单波流动有关，它可以用下面的方法定出：

我们假定：是一 Γ 波的简单波可以表示为

$$x = a(\sigma) - r\sin\omega(\sigma),\quad y = b(\sigma) + r\cos\omega(\sigma) \tag{139.01}$$

这里 a，b 及直 Mach 线与正 y 轴间的夹角 ω［参看(109.01)］是参数 σ 的已知函数． 于是速度 $u = q\cos\theta$，$v = q\sin\theta$，还有 p 和 τ，就如 § 109 中所说明的那样，都作为 ω 和常数 ω_*，c_* 的函数而被给定． 冲击波阵面的走向将通过把沿直 Mach 线的横坐标 r 给成 σ 的函数来描述．为此，我们利用冲击波波后的流动方向角 θ 来表示冲击波阵面和正 x 轴的夹角 β，对多方气体这表达式由（121.08）和（121.02.1）给出． 根据对简单波成立的关系式(116.05)，角 θ 还可用 $\omega(\sigma)$ 表示． 用此方法得到的函数 $\beta = \beta(\sigma)$，沿冲击波阵面满足关系式 $\sin\beta dx - \cos\beta dy = 0$． 将方程(139.01)微分，得到一个对 $r = r(\sigma)$ 的线性微分方程

$$\cos(\beta - \omega)\frac{dr}{d\sigma} + \sin(\beta - \omega)\frac{d\omega}{d\sigma}r = \sin\beta\frac{da}{d\sigma} - \cos\beta\frac{db}{d\sigma}. \tag{139.02}$$

它的解确定冲击波阵面的走向．详细讨论参看单行本[55]．

我们只提一下，如果 β 展成 $\omega - \omega_0$ 的幂级数，且只保留一阶或二阶以下的项，则关系式(139.02)将大为简化． 从关系式(138.08)和 $\omega = A + \theta - 90°$，$\omega_0 = A_0 - 90°$，我们在一阶近似下得到

$$\beta = 90° + \omega_0 + \frac{1}{2}(\omega - \omega_0). \tag{139.03}$$

代入(139.02)，在一阶近似下给出方程：

$$\frac{1}{2}(\omega - \omega_0)\frac{dr}{d\sigma} + \frac{d\omega}{d\sigma}r = \sin\frac{\omega + \omega_0}{2}\frac{db}{d\sigma} + \cos\frac{\omega + \omega_0}{2}\frac{da}{d\sigma} = f(\sigma). \tag{139.04}$$

不难直接解得

$$r=\frac{2}{(\omega(\sigma)-\omega_0)^2}\int_{\sigma_1}^{\sigma}(\omega(\zeta)-\omega_0)f(\zeta)d\zeta+r_1,\quad(139.05)$$

这时 $\sigma=\sigma_1$ 和 $r=r_1$ 对应于冲击波和简单波最初的相遇点.将关系式(139.05)代入(139.01),就得到冲击波曲线的一个参数表达式.

§140 绕一凸起部或一机翼的流动

冲击波对它后面的简单波的影响只是冲击波强度的三阶量,这一事实的一个重要应用是用来对绕机翼或类似障碍物(见图76)的超声速流动作如下处理.

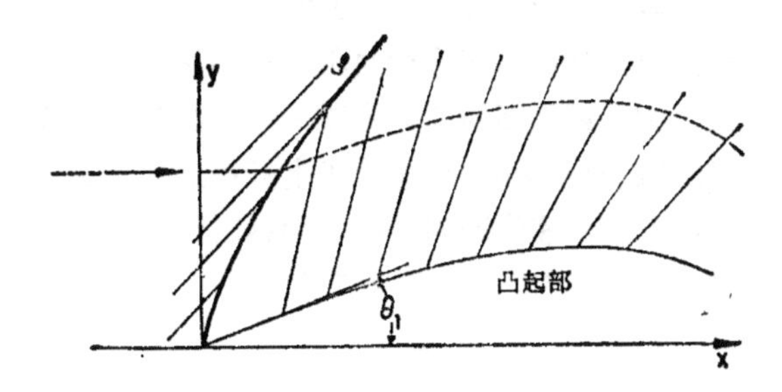

图 76 沿具有凸起部的直壁绕流.示出了产生的冲击波和前向 Mach 线.

考虑一个沿直壁 x 轴,速度为 q_0 的来流,它和一凸起部相碰.这凸起部在开始处相对直壁倾斜成一锐角 θ_1;假定 θ_1 小于 θ_{ext}(参看§122和123),因而流动能借助于一个冲击波 $\mathscr{S}$ 而转过 θ_1 角.伸展下去的冲击波阵面其强度和倾角都是变化的(除非凸起部是直的);因此,凸起部后的流动是有旋的,并具有非常数的熵.然而,在二阶近似内这流动正好是借助一个简单压缩波而转过 θ_1 角时所得到的简单波流动.这简单波流动在 (u,v) 平面上对应于由$(q_0,0)$点开始的外摆线,具有和冲击波波前流动相同的熵.

这些事实足以决定沿凸起部的简单波,从而(譬如)近似地决定障碍物上流动的压力,而无需对冲击波线 $\mathscr{S}$ 本身作任何考虑.

为了确定作为常数来流区域和自障碍物发出的简单波区域间的过渡线的冲击波线,我们可以仿照 § 139 的处理.

这处理的一个附带结果是，在所考虑的近似中，冲击波线$\mathscr{S}$不能穿过发自凸起部最高点的直 Mach 线 C_+. 因为在这 Mach 线上 $\theta = 0$，而超过它后，$\theta < 0$. 所以冲击波不应对这条线上的流动引起任何偏转，假若过了这条线以后流动从 $\theta = 0$ 转入负 θ 的方向，这将和冲击波总是使流动朝冲击波线偏转这一事实相矛盾.

§ 141 用扰动法(线性化)处理绕机翼的流动

假定机翼是一无限长的柱体；横断面是"翼剖面". 当机翼对着一垂直于柱体的气流时,定常流动是二维的.

如果翼剖面具有亚声速飞行时所用的形状，即有一个钝头和一个尖后缘，则在翼剖面的前面形成一个弯曲冲击波阵面. 在这波阵面后,流动是亚声速的(可能除了上周线上的一段外);绕这机翼的流动图像和亚声速流动的一样，包括在钝头的某处有一驻点和在尖后缘处速度为有限(参看图 77).

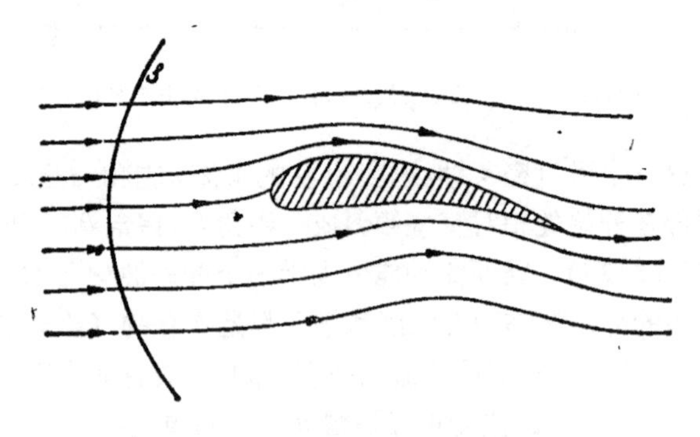

图 77 钝头机翼的超声速绕流.

在一个超声速流中，可以使用由形成尖前缘和尖后缘的两段弧线组成的剖面,而不必担心流动会在前缘分离. 因为,在超声速流动中通过一个冲击波流动方向可以即刻发生改变. 于是，倘若

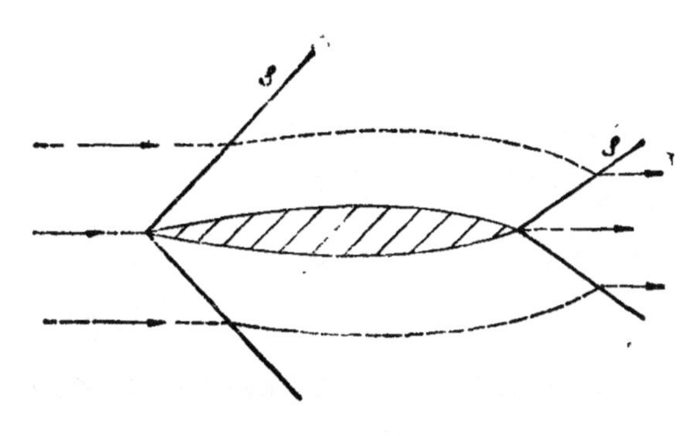

图 78　尖前缘机翼的超声速绕流，冲击波阵面附着在前缘上.

尖头顶点处的弧线与来流方向所形成的角小于极端角 θ_{ext}，则在尖前缘处将出现两个冲击波阵面(图 78). 如果顶点的两个角中任何一个角超过极端角，则流动图像和钝头绕流图像类似，即在前缘的前面有一个弯曲的冲击波阵面(见图 79). 如果在前缘处弧线中有一条和来流方向形成一负角，则在该前缘处将出现一个中心稀疏波而不是冲击波(见图 80). 同样，在后缘处相应于不同的角将出现两个冲击波或稀疏波. 但是，在某些情况下，冲击波阵面是从翼剖面上的某一点开始且引起流动分离(这显然是粘性边界层造成的，甚至当后缘处的角允许在该处出现冲击波时也如此).

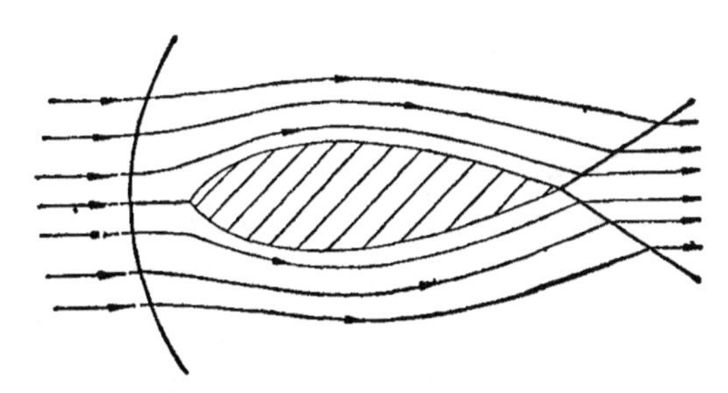

图 79　钝前缘机翼的超声速绕流，机翼前面出现一冲击波.

在这节中我们将讨论确定翼剖面绕流的近似方法，这翼剖面是如此扁平，预计在前、后缘处将出现冲击波. 根据在 § 140 中的

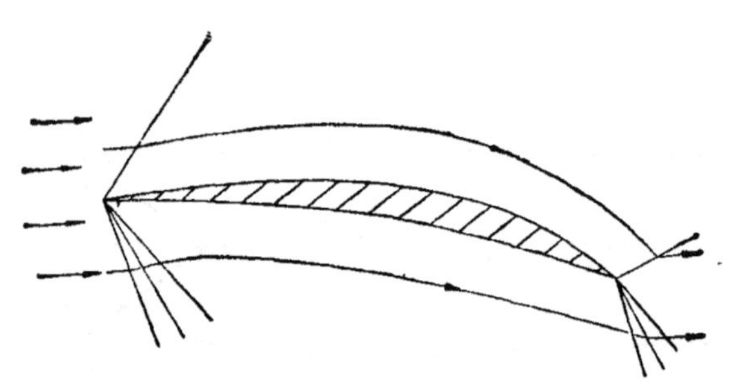

图 80　尖前缘机翼的超声速绕流，在前缘上附着一冲击波和一稀疏波.

讨论，如果假定翼剖面两边的流动由简单波组成，这些简单波和翼剖面前的状态是通过简单波关系式联系起来，那么我们就能得到绕扁平翼剖面流动的一个好的近似. 这时，翼剖面的两条弧线就是规定的穿过简单波的流线. 由 §111 知道，简单波总是由这样的流线所唯一确定（若再假定流线穿过简单波所转的角没有大到会引起涡旋）. 在使用 §139 中所描述的方法之后，可画出四个冲击波阵面.

这个近似确定绕机翼的超声速流的方法是十分简单的. 然而，利用扰动法的进一步近似常常给出足够精确的结果. 假设构成翼剖面的两条弧由下式给出：

$$y = Y^{+}(x) \text{ 及 } y = Y^{-}(x), \tag{141.01}$$

$$Y^{-}(x) \leqslant Y^{+}(x) \quad \text{对 } 0 \leqslant x \leqslant a,$$

$$Y^{+}(a) = Y^{-}(a) = b. \tag{141.02}$$

然后，我们考虑由依赖于一个参数 ε 的

$$y = \varepsilon Y^{+}(x),\ y = \varepsilon Y^{-}(x),\ 0 \leqslant x \leqslant a \tag{141.03}$$

所给出的各种翼剖面. 于是我们得到一组依赖于 ε 的问题. 这时，假定这些问题的解能展开成 ε 的幂级数且能逐个决定这展式的系数. 这里将推导这展式的一阶项. 从一开始就可以假定流动是等熵的，并且熵和机翼前空气的熵是一样的. 我们能建立每个量在固定点(x,y)的展开式；这方法将在 §142 中说明. 然而如果把所有的量当作另外两个参数而不是 x 和 y 的函数来处理，则计算

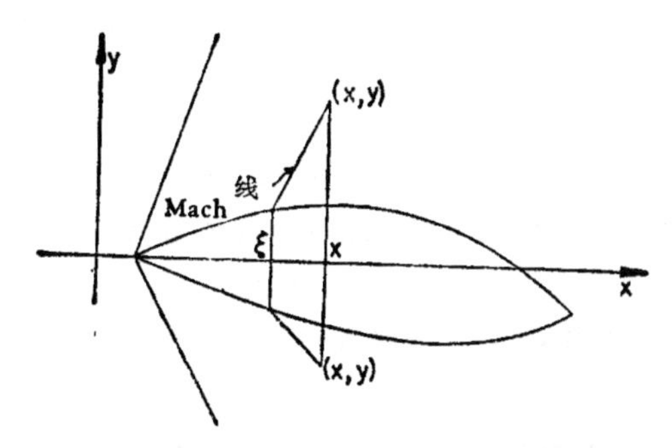

图 81 在扁平翼剖面绕流中表征点 (x,y) 的位置的参数 ξ.

的结果将非常简单．过一点的向翼剖面倾斜的特征线，在坐标为 ξ 和 $\varepsilon Y^{\pm}(\xi)$ 的点上与翼剖面相交（见图 81）．于是我们取 x 和 ξ 而不是 y 作为参数，这个做法适宜于用来导出一阶和二阶项．要导出高阶项，最好是引入过点 (x,y) 的两特征线和翼剖面的两交点的横坐标 ξ 和 ξ' 作为参数．

我们知道，直到二阶近似为止，流动是一个简单波，因此，所有的量沿每一特征线 $\xi=\text{const}$ 是不变的，于是只和参数 ξ 有关．流动的方向角 θ 由 $\tan\theta=\varepsilon Y_x^{\pm}(\xi)$ 给出．因为直到二阶近似为止，有 $\tan\theta=\theta$，则有

$$\theta=\varepsilon Y_x^{\pm}(\xi)\ \text{直到二阶近似}. \tag{141.04}$$

所以，为了用 ξ 来表达量 u，v，c，ρ，p，只需用 θ 来表达它们．当利用 § 116 中所给出的展开式时，这能立刻做到，该式是简单波尾上的量按流动转过的角展开的幂级数．假定来流有不变的声速 c_0， Mach 数 $M_0=q_0/c_0$， 压力 p_0，密度 ρ_0，和速度 $(q_0,0)$，$q_0>0$．利用记号

$$t_0=\frac{1}{\sqrt{M_0^2-1}}, \tag{141.05}$$

根据 § 116 节末的式子，在一阶近似下得到

$$u=q_0[1\mp t_0\theta+\cdots], \tag{141.06}$$

$$v=q_0[\pm\theta-\cdots],$$

$$c = c_0\left[1 \pm \frac{\gamma-1}{2}(t_0^{-1}+t_0)\theta + \cdots\right], \quad (141.07)$$

$$\rho = \rho_0[1 \pm (t_0^{-1}+t_0)\theta + \cdots], \quad (141.08)$$

$$p = p_0 + \rho_0 q_0^2[\pm t_0\theta + \cdots]; \quad (141.09)$$

这里用到了 $\rho_0 c_0^2 = \gamma p_0$ 或 $\rho_0 q_0^2 = \gamma M_0^2 p_0$ [参看(3.06)]，式中的上下符号分别对应于翼剖面的上下边.

为了用 x 和 ξ 表示y,我们注意到过 $(\xi, \varepsilon Y^{\pm}(\xi))$ 的直Mach线由

$$y = \varepsilon Y^{\pm}(\xi) + \tan(\pm A + \theta)(x - \xi) \quad (141.10)$$

给出. 这里 Mach 线的斜率 $\tan(\pm A + \theta)$ 是特征线上流动方向角 θ 的已知函数. 根据(108.02)及(108.14),以 $\theta = \varepsilon Y_x^{\pm}(x)$ 的幂级数表出的 $\tan(\pm A + \theta)$ 的展开式为

$$\tan(\pm A + \theta) = \pm t_0 + \frac{\gamma+1}{2}(1 + t_0^2)^2\theta \pm \cdots, \quad (141.11)$$

于是对于零阶近似 Mach 线为

$$y = \pm t_0(x - \xi). \quad (141.12)$$

这个用 x 和 ξ 表示 y 的关系式，能用来描述以 x 和 y 表示的一阶近似的流动. 将关系式

$$\xi = x \mp t_0^{-1} y \quad (141.13)$$

代入(141.06—.09)的一阶项中，且用翼剖面的斜率 $Y_x(\xi)$ 表示 θ, 就得到

$$u = q_0[1 \mp t_0\varepsilon Y_x^{\pm}(x \mp t_0^{-1}y) + \cdots], \quad (141.14)$$

$$v = q_0[\varepsilon Y_x^{\pm}(x \mp t_0^{-1}y) + \cdots],$$

$$c = c_0\left[1 \pm \frac{\gamma-1}{2}(t_0^{-1}+t_0)\varepsilon Y_x^{\pm}(x \mp t_0^{-1}y) + \cdots\right], \quad (141.15)$$

$$\rho = \rho_0[1 \mp (t_0^{-1}+t_0)\varepsilon Y_x^{\pm}(x \mp t_0^{-1}y) + \cdots], \quad (141.16)$$

$$p = p_0 \pm \rho_0 q_0^2 t_0 \varepsilon Y_x^{\pm}(x \mp t_0^{-1}y) + \cdots]. \quad (141.17)$$

因为当 $\varepsilon \to 0$ 时冲击波强度趋于零，所以冲击波线在零阶近

似下刚好就是从顶端发出的 Mach 线

$$y = \pm t_0 x. \tag{141.18}$$

在高一阶即一阶近似下，Mach 线由公式

$$y = \varepsilon Y^{\pm}(\xi) + \left[\pm t_0 + \frac{\gamma+1}{2}(1+t_0^2)^2 \varepsilon Y_x^{\pm}(\xi)\right](x-\xi) \tag{141.19}$$

给出，这可由(141.10—.11) 及 (141.04) 看出．由 § 139 的讨论知道，在一阶近似中冲击波线平分由顶端 $\xi = 0$ 发出的两条 Mach 线间的夹角．因此由方程(141.19)可导出下列冲击波线的一阶近似表达式：

$$y = \left[\pm t_0 + \frac{\gamma+1}{4}(1+t_0^2)^2 \varepsilon Y_x^{\pm}(0)\right]x. \tag{141.20}$$

我们特别感兴趣的是沿翼剖面的压力分布．令 $\xi = x$，由 (141.17) 得到

$$p = p_0 + \rho_0 q_0^2 [\pm t_0 \varepsilon Y_x^{\pm}(x) + \cdots]. \tag{141.21}$$

对所产生的总作用力，其 x 方向的分量为 F，y 方向的分量为 G，我们用显式表示为

$$\begin{aligned} F &= \varepsilon \int_0^a [pY_x]_-^+ dx \\ &= \varepsilon^2 \rho_0 q_0^2 t_0 \int_0^a \{(Y_x^+(x))^2 + (Y_x^-(x))^2\} dx + \cdots, \end{aligned} \tag{141.22}$$

$$G = -\int_0^a [p]_-^+ dx = -2\varepsilon \rho_0 q_0^2 t_0 b + \cdots; \tag{141.23}$$

其中 b 由(141.02)给出．由此看到，阻力 F 是厚度参数 ε 的二阶量，如果 $b \neq 0$，即连接前后端点(0,0)及 (a,b) 的弦和来流不在一个方向上，则升力 G 是 ε 的一阶量．升力和阻力的这些一阶公式，是首先由 Ackeret[126] 导出的.

用与导出一阶项相同的做法，可以确定问题中所有量的高阶

项．二阶项是由 Busemann[127-129] 给出的．结果证明，对于对称翼剖面，三阶量对阻力的贡献是零．升力和阻力的三阶和四阶项已由 Donov[130] 导出． 在推导这些项时，应考虑穿过冲击波时熵的改变及冲击波关系式与简单波关系式的差别．因为冲击波强度在一阶近似下是常数，故熵的改变在三阶近似内是常数，因此穿过冲击波的流动仍是等熵的，从而在三阶近似内是无旋的(参看 § 13)．流动的有旋性质仅在四阶近似下才出现． 进一步值得注意的是，三阶近似的升力和四阶近似的阻力依赖于翼剖面在顶端的斜率，而在四阶(或五阶)近似内依赖于尖端的曲率． 此外，这些量当然依赖于作为整体的翼剖面的形状．

§142 对机翼的另一扰动法

前面我们说过，还存在另外一种将流动展开为厚度参数的幂次式的方法，这里利用到所有量在一固定点 (x, y) 的展开式．这方法比前面所述的方法要复杂得多． 尽管如此，我们仍就一阶项来介绍它，因为此时将导出线性波动方程，而且可以推广到三维流动的情形，前面的方法和它显然没有类似之处(参看第四章 A 部分)．

因为仅涉及一阶项，我们可以从一开始就假定，流动是等熵的，且熵和机翼前未扰动空气的熵相同．于是，流动问题可以用流函数 $\psi(x,y)$ 来表示(参看 § 102)，该流函数这样来选取，使它在翼剖面顶端处为零．它的微分方程是[参看(102.09)及(102.03)]

$$\psi_y = \rho u, \quad \psi_x = -\rho v, \tag{142.01}$$

$$u_y - v_x = 0. \tag{142.02}$$

这里 ρ 须通过(142.01)及 Bernoulli 方程(102.01)用 $\psi_x^2 + \psi_y^2$ 来表示． 因为假定流动是超声速的，故 Mach 数 $M_0 = q_0/c_0$ 大于 1．

在翼剖面上的边界条件是

$$\psi(x, \varepsilon Y^{\pm}(x)) = 0. \tag{142.03}$$

另外作为"初始"条件，我们还应加上沿未知冲击波线上的关系式．为了避免由于冲击波条件的展开式所引起的麻烦，我们采取一种稍微有点不标准的办法．首先假定翼剖面的斜率在顶端处为零：

$$Y_x^{\pm}(0)=0. \tag{142.04}$$

于是我们知道，只在离翼剖面某一距离的地方才开始出现冲击波，这个距离随厚度参数 ε 的减小而增大．于是无须涉及冲击波只要将“初始”条件给为

$$\psi=\rho_0 q_0 y,\ \psi_x=0,\ 在\ x=0\ 上. \tag{142.05}$$

然后把如此导出的结果用到尖端处的斜率 Y_x 不为零的情况．这做法正确地给出了一阶和二阶项．

将量 ψ，u，v 的值在每一点 (x,y) 按 ε 的幂次展开，预先安排使得 $\varepsilon=0$ 时有　$\psi=\rho_0 q_0 y$，　$u=q_0$，　$v=0$，　$\rho=\rho_0$，$p=p_0$；下标“0”对应于机翼前未受扰的流动．于是展开式是

$$\begin{aligned}\psi&=\rho_0 q_0 y+\varepsilon\psi^{(1)}+\cdots,\\ u&=q_0+\varepsilon u^{(1)}+\cdots,\\ v&=\varepsilon v^{(1)}+\cdots,\\ \tau&=\tau_0+\varepsilon\tau^{(1)}+\cdots.\end{aligned} \tag{142.06}$$

由关系式(102.05)有

$$\tau^{(1)}/\tau_0=M_0^2 u^{(1)}/q_0; \tag{142.07}$$

由关系式(142.01)则有

$$(1-M_0^2)u^{(1)}=\tau_0\psi_y^{(1)},\ v^{(1)}=-\tau_0\psi_x^{(1)}. \tag{142.08}$$

将(142.06)代入(142.01—.02)，利用(142.07—.08)，得到 $\psi^{(1)}$的方程

$$\psi_{xx}^{(1)}+(1-M_0^2)^{-1}\psi_{yy}^{(1)}=0,$$

或根据(141.05)得

$$\psi_{xx}^{(1)}-t_0^2\psi_{yy}^{(1)}=0, \tag{142.09}$$

这是经典波动方程．

根据(142.06)，边界条件(142.03)给出关系式

$$\rho_0 q_0\varepsilon Y^{\pm}(x)+\varepsilon\psi^{(1)}(x,\varepsilon Y^{\pm}(x))+\cdots=0.$$

将函数 $\psi^{(1)}$ 对 ε 展开，我们得到

$$\rho_0 q_0 \varepsilon Y^{\pm}(x) + \varepsilon\psi^{(1)}(x,0) + \cdots = 0;$$

于是

$$\psi^{(1)}(x,0) = -\rho_0 q_0 Y^{\pm}(x). \tag{142.10}$$

这是对于展开式系数 $\psi^{(1)}$ 的边界条件. 注意到这个条件应在轴 $y=0$ 上而不是在翼剖面上得到满足. 这个要求对边界本身随参数变化的所有情况都是有代表性的. 应该强调，这个要求不是一个附加条件或一个人为的安排，而是系统扰动过程的自然结果.

这里还剩下初始条件(142.05)，它给出

$$\psi^{(1)}(0,y) = 0,\ \psi_x^{(1)}(0,y) = 0. \tag{142.11}$$

众所周知,波动方程(142.09)的通解为

$$\psi^{(1)} = f(x - t_0^{-1}y) + g(x + t_0^{-1}y). \tag{142.12}$$

特别是

$$\psi^{(1)}(x,y) = -\rho_0 q_0 Y^{\pm}(x \mp t_0^{-1}y) \text{ 对 } y \gtrless 0 \tag{142.13}$$

满足边界和初始条件 (142.10—.11). 这里在 $x<0$ 时 $Y^+(x) = Y^-(x) = 0$, 对于 $u^{(1)}$ 和 $v^{(1)}$, 由(142.08)及(141.05)求得

$$\left.\begin{aligned} u^{(1)} &= \mp t_0 q_0 Y_x^{\pm}(x \mp t_0^{-1}y) \\ v^{(1)} &= +q_0 Y_x^{\pm}(x \mp t_0^{-1}y) \end{aligned}\right\} \text{对 } y \gtrless 0.$$

这些展开式和用第一种方法导出的公式一致[参看(141.14)].

F. 关于定常流动边值问题的评述

§143 关于边界条件的事实和推测

数学物理和力学的基本问题是：物理现象是怎样由一般的微分方程和特定的边界条件确定的？对前章中所讨论的领域，这问题呈现出一个特别引起兴趣和难以捉摸的方面. 我们寻求那些将保证定常流动问题的解的存在唯一性的适当的边界条件的特性. 作为解答,所能说的仍是推测性的,且离清晰的数学描述还很远.

一个物理问题的任何数学提法都包含着理想化假定；部分假定的合理性证明可以在数学解的存在唯一性中找到，此外还在它的“稳定性”,即在它对数据的连续依赖性中看到. 所出现的困难，

其根源往往不在物理事实中，而是在不完善的数学理想化表述中．严格地讲，定常现象并不存在，而是与这样一种理想化现象相对应；因为它们必须被看作是在给定边界条件下，从已知初始状态发生的瞬变现象的极限状态．然而这样的定常极限状态的存在性并不是明显的，而且大概不能从不考虑某些粘性影响的微分方程导出；甚至要做一个粗糙的证明，看来也超出了目前分析的可能性．

但是，我们从假定存在一个定常极限状态着手．于是就产生这样一个问题：不考虑由之渐近发生定常流的瞬变现象，这极限状态能够在给定合适的边界条件下作为定常状态的微分方程的解而被内在地确定吗？只有当回答了这个问题之后，我们才能认为定常理论是令人满意的．在数学物理的经典线性问题的许多例子中，能够立刻建立的对定常状态的合适的内在的边界条件，它和原瞬变问题中的条件相同．很遗憾，在流体动力学中情形极为复杂．在许多重要情况中，决定瞬变流动的边界条件在趋于定常极限状态的渐近过程中会消失掉．于是必须用更为精细的考虑去寻求合适的内在的边界条件．实际上，寻找这些条件的工作在某些情况下并未完全成功．内蕴的数学分析和物理直观都不总是提供一个现成的回答．

甚至一些最简单类型的气体动力学问题都说明这些困难．例如，我们可以考虑求一无限管道中流动的问题，该管道最初在不同部分包含着不同压力的静止气体，这些气体被一些薄膜隔开，薄膜在 $t=0$ 时被突然去掉．所产生的相互作用过程的影响，将在整个管道中传播．最终到达它的每一部分．因此我们不能指望渐近定常状态是由在管道两远端上最初起作用的那些同样的条件所决定的．特别，如果把管道分隔为具有不同压力的静止气体部分的膜只有一个，则我们有在§80中已研究过的简单情况；得到的定常状态是一个常速度流动，它在两远端无疑地并不满足任何一个在气体中开始时原有的条件；当然，在两远端处定常流的速度不是零，且压力和密度也不同于在那里初始起作用的压力和密度．

如果初始 $t=0$ 时管道中有一定常流动，后来管道的形状被改变，譬如使管道变形或在管道中放置某些障碍物（如在风洞中那样），则情况和前面讲的类似．这些扰动的影响最终将传遍整个管道，在远端可能导致与初始不同的边界条件．但是应该指出，在原来流动是超声速的地方，管道形状的足够弱的扰动，将永远不会到达管道的上游末端．在此情况下，对定常状态来说，在上游末端保持原来的边界条件是合适的．

为了得到合适的边界条件，应该确定在一定位置 x 处当时间 t 趋于无限时的极限流动，而后令 $|x|$ 趋于无穷．因此从数学上讲，建立边界条件的困难，是和这样的事实相联系的，即 $t\to\infty$ 的极限过程和 $|x|\to\infty$ 的极限过程是两个一般不能彼此交换的过程．

对定常气体流动问题，内在的边界条件的一个特性是，它们与解的性质有关．如果这些边界条件所表征的定常流动处处是亚声速的，或处处是超声速的，或部分是亚声速部分是超声速的，那它们是不同的，如果流动中包含冲击波则也是不同的．

我们用流经一无限管道的流动的简单理想情况来说明各种可能性，这管道的入口段由 $y=0$ 和 $y=b$ 之间的两平行于 x 轴的平面壁组成．假定出口段同样由两平行平面壁组成．讨论结果较明显地亦将适用于绕一置于管道中的障碍物（譬如机翼）的流动，或绕一在自由流中的障碍物的流动．我们可以用一流函数来表征流动，且假定在两壁上流函数的值给定为常数 $\psi=0$ 和 $\psi=\psi_0$．这个边界条件不必再被提及．我们还假定在 $-\infty$，即入口段的无穷端，流动有均匀的速度 u_0，均匀的密度 ρ_0 和压力 p_0．这时在壁上流函数的值 ψ_0 由 $\psi_0=\rho_0u_0$ 给出．于是我们将用“入口 Mach 数” $M_0=u_0/c_0$ 来描述流动．

首先讨论定常状态流动处处是纯亚声速的情况，当入口 Mach 数充分小时，就得到这种情况．这时流函数的微分方程是椭圆型的．根据一般的经验，对椭圆型微分方程可以给如对位势方程那样的数据．如果 ψ 是一个调和函数，它将由下述条件完全表征，即它在两壁上取值 0 和 ψ_0，且在入口和出口处保持有界． 因此我们推测．同样的数据确定可压缩流体的流函数．这时穿过入口和出口段的无穷远端速度分布应是均匀的．在其它一些方面，流动应表现出象一个位势流动．因为椭圆型微分方程的充分可微解是解析的，所以整个管道中的流动被它在任意一小段上的分布所完全确定；特别是，在任何一段上流动速度都不可能是常数，除非它在整个流场中是常数．这个事实是值得注意的，因为类似的结论对超声速流动是不对的．

其次，我们考虑另一极端情况：整个管道中流动是超声速的．在此情况下微分方程是双曲型的．合适的类似方程不再是位势方程，而是波动方程，其中时间对应于沿管轴的距离 x．于是，当在入口处给定两个初始条件而在出口处不给条件时，我们就可指望存在一个唯一确定的流动．因为在出口处流动的行为未被规定，所以一般地说，我们不可能期望在出口段的末端，速度是均匀分布的．

适当地限定管壁的形状将发生连续的纯超声速流动．我们知道，甚至可以用§113中所描述的结构获得在出口段有均匀速度的流动．另一方面，由前面的讨论（例如参看§117和123）知道，如果管壁的某些部分弯曲得很厉害，迫使出现冲击波，则就不存在连续的纯超声速流动．

在讨论出现冲击波的情况下所应加的边界条件之前，我们首先考虑部分是超声速部分是亚声速的"混合"连续流动．首先假定进入的流动是亚声速的．这时混合流动有数种可能性．假设除在某一段上有一小的、向管内的凸出部以外，管壁是平的（见图82）．如果入口 Mach 数是一个比1低得不多的值，那么在与凸出部相邻的有限区域中流动变成超声速的，而在整个出口段仍然是纯亚声速的．在此情况下，我们希望能加上象对亚声速流所加的同样的边界条件．然而，我们既不知道对任意形状的凸出部是否存在解，也不知道凸出部形状的微小改变是否将引起流动的大改变；这种不稳定性的显著的征兆是存在的（参看[97]和[98]）．当入口 Mach 数增加时，只要它达到某个小于1的临界值，几乎无疑在给定边界条件下连续流动将不再存在.

增加入口 Mach 数,是否将发生间断,这仍是一个未解决的问题,且不论从实验上或理论上都未得到阐明.已经证明(参看[99]),冲击波不象在一维流动中那样产生于始发“极限线”的尖端处;H. Görtler (参看[99])还证明了,当入口 Mach 数增加时,在混合流动中的两个有限超声速区域不会合并. 但是,间断是怎样具体发生的,需要什么程度的粘性来说明,或者,是否只要非粘性定常流中的不稳定性就足以解释冲击波的形成,这些都是重要而未解决的问题.

另一种可能的混合流动是,流动在穿过整个管道时,在凸出部附近由亚声速状态变成超声速状态,而后就保持为超声速的. 在排气喷管中就出现这种类型的流动(参看第五章). 对于这种混合流动,如在纯亚声速流动情况下那样,在入口处仅给一个边界条件是合适的. 然而,正如在超声速流动情况下那样,在出口处不允许有任何条件. 但是并不知道,流动是否被这样的给值唯一确定.对这种混合流的唯一性问题,Frankl[88-91] 曾用Tricomi[87] 的某些方法处理过. Frankl 证明了从一小孔向外流的下述流动的唯一性,该流动在流出小孔以前是亚声速的,而在孔外是超声速的.

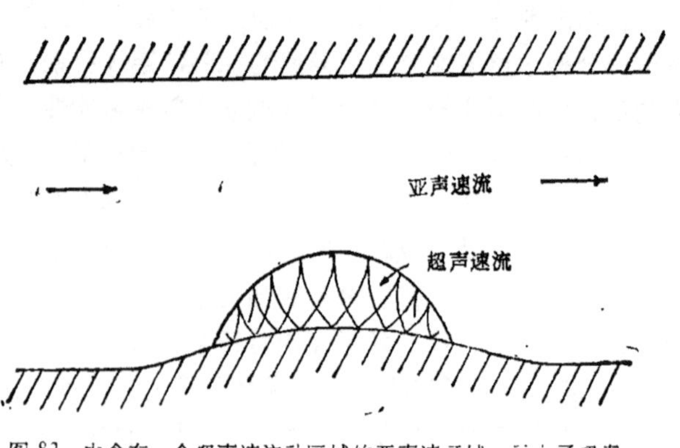

图 82 内含有一个超声速流动区域的亚声速区域. 示出了超声速流动区域中的 Mach 线.

有些流动在管道的入口段是超声速的，而后由于管道的收缩变为亚声速的．对这些流动可看作是从亚声速转变成超声速状态的流动的反向流动．只有对特别设计的管壁，才能存在这种类型的连续流动(参看§113)． 那些由于存在一个向管外的凸出部而造成的只具有有限的亚声速区域的流动，似乎还没有人考虑过．

至目前为止，我们假定了流动是连续的．我们知道，这个假定一般是不成立的，而必须考虑包含冲击波的流动．极重要的问题是弄清包含冲击波的定常流动在什么情况下由边界条件和由进口段的条件唯一地确定，以及什么时候还要在出口处加上条件才是适当的．

正如我们按照先前的分析而假定的那样(参看§117)，在进入管道的超声速流动中，诸冲击波阵面发自来流 Mach 线包络的尖点．在这些尖点处开始的诸冲击波阵面，确实能被唯一地一直延续到它们彼此相遇．假设它们是以可能发生“正规相交”的角相碰(参看§125及126)，那么，冲击波阵面仍可能唯一地延续，直到与对面壁相遇．如果它们是以可能发生弱正规反射的角和这些壁相遇，而允许的只是弱反射，则再一次延续是确定的．所以，如果当反射或相交被要求时，正规反射和正规相交总是可能的，且如果规定的是弱反射，那么流动就可以唯一地延续．这样的情况有点和一维不定常流相当，在那里冲击波阵面随时间的延续是唯一确定的．

若正规反射或相交是不可能的，则将发生 Mach 反射或 Mach 相交．只要在流动图案中允许 Mach 型的和强正规型的反射或相交，关于流动的唯一确定性就出现完全不同的情况．新的重要之点在于：在出口端必须加上一个新条件．

例如，考虑一个以两平行直壁为边界的入口段，壁在某些点处突然向内转过某一角度，经过这些点后又保持某一段距离是直的(见图83)． 假设这些角是如此大使得由角点发出的那些冲击波不可能发生正规相交．于是将发生一个驻定的 Mach 相交，如果在分岔点不能满足驻定 Mach 结构的条件，则这里的 Mach 冲击波阵面一般是弯曲的. Mach 冲击波的位置并不由问题的给值决定. 这一点在具有直冲击波线的 Mach 结构中最能看出. 显然在符合冲击波条件的情况下，结构的分岔点到壁的距离在极限范围内可以是任意的.

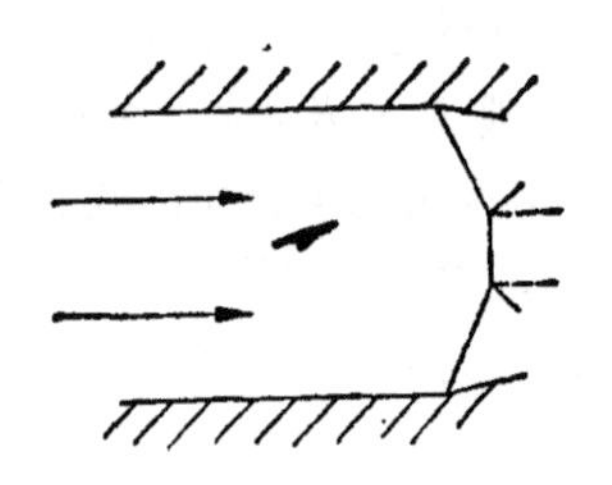

图 83 管道中的 Mach 波结构.

甚至可以设想，平面 Mach 冲击波阵面可以被移向上游相当远，以致它开始的地方是在壁本身上，甚至还要超过这位置. 在此情况下 Mach 相交的结构已退化成一个横截管道的简单的平面冲击波阵面. 由此而知，为了确定冲击波阵面的确切位置，在出口处必须加上一个新条件，例如排气压力.

因此，如果不给定出口处的压力或不给定其它适当的条件，则包含单个冲击波阵面的流动就不是唯一确定的，这一点表面上是说得通的. 为了说明这一点，我们考虑包含一个下述冲击波阵面的流动，这冲击波阵面在管壁不是平行而是向内倾斜的地方（例如在喷嘴的排气段）横跨整个管道. 显然，在此情况下冲击波的位置是和它的强度联系在一起的，而强度又和出口段的流动压力相关联. 于是有理由指望通过给定无穷远端出口处的压力来确定冲击波阵面的位置.

然而，对有大量 Mach 相交和 Mach 反射发生，且因此在出口处将由几个超声速部分和亚声速部分组成的流动说来，在出口的无穷远端应给什么条件并不是显而易见的. 在真实的流动中，粘性将保证在整个断面上流动条件最终是均匀的. 于是又可在出口的无穷远端给定压力，但不考虑粘性的影响似乎还不能确定冲击波阵面的位置.

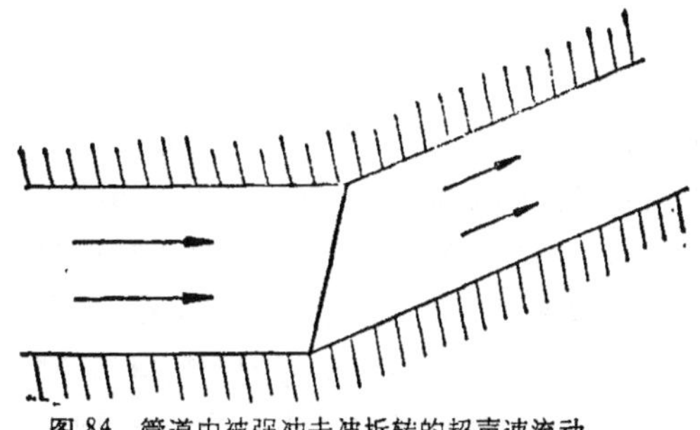
图 84 管道中被强冲击波折转的超声速流动.

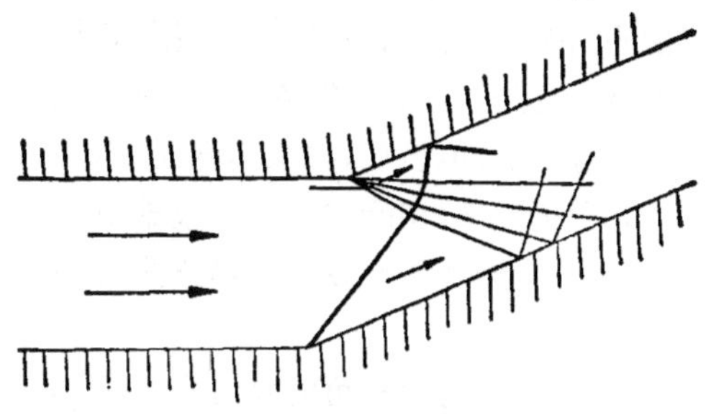
图 85 管道中被弱冲击波和稀疏波折转的超声速流动.

唯一性问题所出现的困难的一个重要例证，是由具有尖拐角的管道(如图 84，85 所示)中的流动所给出的. 假若拐角不是太大,平行的超声速来流经过冲击波 $\mathscr{S}$ 时改变方向. 正如在 § 123 中看到的,和拐角处当地条件相容的冲击波有两个,一个弱冲击波和一个强冲击波. 根据先前的讨论,判定是弱的还是强的冲击波,依赖于在管道下游末端所加的边界条件. 可以设计一个管道，使得对于给定的 Mach 数,常数来流被强冲击波折转到新的方向,且在管道出口部分最终是常数平行流动. 但同样的来流亦可以在内部弯曲处及其附近被一个弱冲击波折转到新方向. 这时冲击波线和来流方向间之夹角将比强冲击波情形中的要小. 从对面管壁的钝角处将发出一个稀疏波，且由于相互作用和反射将产生一个复杂的流动图象. 甚至还有很多包含 Mach 结构的流动模型，这些 Mach 结构和管道中给定的来流的假定都是相容的. 这种数学上的不确定性表明,在各种可想象的现象中所挑选出的实际现象,是由在出口端所加的条件来确定的. 所提到的各种流动无疑在那里表现是不一样的.

流动是否与实际存在的边界条件相容,还依赖于它的稳定性. 当然,存在着不稳定的流动图象(例如参阅[144,147]),特别是,曾多次断言过, 包含强的斜冲击波的流动是不稳定的. 为这种论点所提供的理由,似乎并不令人信服. 相反,图 85 中所示的流动将变成稳定的,只要两段管道在流动方向上做得稍许发散,这好象是讲得通的,因为横跨对称发散管道的强冲击波已知是稳定的.

在不稳定性的情况中,可能有另外一个实际出现的、满足给定边界条件的稳定流动;另一方面,可能有这样一些情况, 在那里不存在所假定类型的稳定流动,例如,如果不稳定流动是由边界条件唯一决定的话. 在此情况下,实际的定常极限流动,如果它存在的话,将不满足为表征它的特性所假设的边界条件,这时应寻找别的条件.

应该提到,在流动中还有另外可能发生的情况,为了有数学上确定的流动,这情况必须排除掉,但是这情况在某些流动中实际上是发生的.这就是射流从壁上分离的可能性.这样的分离容易发生在紧靠冲击波和壁相碰处的后面. 与分离相容的显然仅是斜冲击波阵面, 即不和壁垂直相碰的冲击波阵面. 在实际流动中它的发生和它的强度, 似乎无疑地依赖于已形成的直至分离点的粘性边界层.

最后我们再一次强调, 这一节的讨论主要用来说明理论的整个不完善的状况及用实验和数学理论作更进一步的研究的必要.

第五章　喷管与射流中的流动

§144　喷 管 流 动

在§113至§115中，考察了管道中或自管道喷发的射流中的二维流动图像．现在我们继续进行这方面的讨论：用多少是定性的方法比较详细地研究二维喷管、三维喷管及射流中的定常流动．

严格说来，管道中的流动应该认为是一种关于x轴为柱对称的定常等熵无旋流，且应在适当的边界条件下通过求解微分方程(16.06)和(16.14)来确定．然而，避开处理这种边值问题的困难，进行一种具有很大实用价值的近似分析是可能的．

最重要的一类管道是Laval喷管，它对涡轮、风洞、火箭的运转起着基本的作用，Laval喷管由一收缩的“进气”段及一扩展的“排气”段组成．当容器或气室中的静止气体，在高压作用下通过喷管时，可能出现两种流动：第一种，流动在进气段被膨胀以后在排气段受到压缩，整个流动保持亚声速状态．在气室压力对外界压力之比保持低于某一“临界”值的情况下出现这种流动．当这个压力比超过临界值时，则出现另一种情况：流动行经管喉时变为超声速的，并从这一点开始不断膨胀下去．

§145　通过圆锥的流动

在扩张段中，亚声速流受压缩，而超声速流被膨胀．通过研究绕二维角状扇形面或绕圆锥的流动，可以对这一重要现象得到最清楚的了解．在第四章§111和§117中已讨论过扇形区的流动，所以，下面限于讨论通过圆锥的流动，假定流动是定常、等熵的，流动是沿径向的，且其速度q、密度ρ、压力p只与离开锥顶的距离r有关．此时，连续性方程可以写为

$$(r^2\rho q)_r = 0,$$

或 $r^2\rho q = \text{const}$. 若用 $A = A_0r^2$ 表示圆锥在 $r = \text{const}$ 的球面上所截部分的面积，用 G 表示每单位时间中流过此截面单位面积上的质量，则得

$$A\rho q = G. \tag{145.01}$$

因为流动是无旋的，所以为确定流动仅需补充的方程是绝热关系

$$p\rho^{-\gamma} = \text{const}, \tag{145.02}$$

以及 Bernoulli 定律

$$\mu^2q^2 + (1-\mu^2)c^2 = c_*^2 \tag{145.03}$$

其中 $c^2 = \gamma p/\rho$ [参看方程(14.08)].

以后，我们总是把临界速度 $c_* = q_*$ 当作固定的参量. 于是，根据方程 (145.01.—.03)，与临界速度相对应的压力及密度的值 p_*, ρ_*是固定的，同样地，与 $c = c_*$ 对应的截面 A 的临界值 A_* 也不变. (不管实际流动是否达到这些临界值，这些量都是确定的.) 将 $c/c_*, \rho/\rho_*, p/p_*, A/A_*$ 用 $q/q_* = q/c_*$ 或 c/c_* 来表示，前面的方程可写为

$$\left(\frac{c}{c_*}\right)^2 = (1-\mu^2)^{-1}\left(1-\mu^2\left(\frac{q}{q_*}\right)^2\right),$$

$$\frac{\rho}{\rho_*} = \left(\frac{c}{c_*}\right)^{2/(\gamma-1)}, \quad \frac{p}{p_*} = \left(\frac{c}{c_*}\right)^{2\gamma/(\gamma-1)}, \tag{145.04}$$

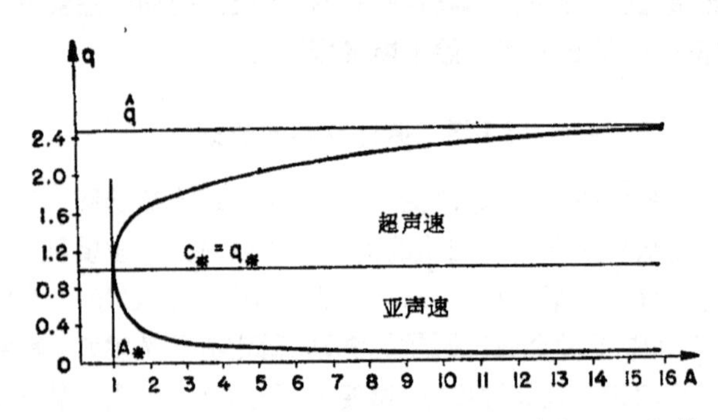

图 1 喷管中流动速度 q 随截面面积 A 的变化 (对于空气，$\gamma = 1.4$).

$$\frac{A}{A_*}=\left(\frac{c}{c_*}\right)^{-2/(\gamma-1)}\left(\frac{q}{q_*}\right)^{-1}.$$

于是,我们可把 A, q, r 中任意一个量取作独立变量(总是对固定的 $c_*=q_*$, p_*, ρ_* 和 A_*),并通过它来表出所有其它的量.

为了进一步讨论我们从(145.01—.03)推得

$$\frac{dA}{A}+\frac{d\rho}{\rho}+\frac{da}{q}=0, \tag{145.05}$$

$$\frac{d\rho}{\rho}=\frac{2}{\gamma-1}\frac{dc}{c}=\frac{1-\mu^2}{\mu^2}\frac{dc}{c}, \tag{145.06}$$

$$\mu^2 qdq+(1-\mu^2)cdc=0, \tag{145.07}$$

因而我们得到

$$\frac{dA}{A}=\left(\frac{q^2}{c^2}-1\right)\frac{dq}{q}. \tag{145.08}$$

最后这一关系式表明:当 $q>c$ 时,速度 q 随面积 A 的增加而增加;当 $q<c$ 时,速度 q 随面积 A 的增加而减少. 再则,由于增加速度对应着减少密度,所以,在超声速情况,在面积 A 增加的方向流动膨胀,在亚声速的情况则受到压缩.

从这些公式可以导出另一重要的结果:当 $q=q_*=c_*$ 时,作为 q 的函数的 A 具有最小值 A_*. 在 $A<A_*$ 的圆锥部分不可能存在具有给定的 c_*, p_*, A_* 值的流动. 在 $A>A_*$ 处开始的收缩流,在达到临界面积 $A=A_*$ 的地方终止. 所以,在圆锥中流动不能从亚声速转变到超声速.

§146 Laval 喷管[1)]

然而通过下面的变动,流动是可能从亚声速过渡到超声速的:将两段共轴的圆锥或形状相似的管子如图 2 所示对着联接起来,组成一个具有进气段、管喉、排气段的 Laval 喷管. 于是,进气段中的亚声速膨胀气流一通过管喉就能在排气段变为超声速膨胀

1) 所依据的文献,参看参考文献表中[139—144]及[102].

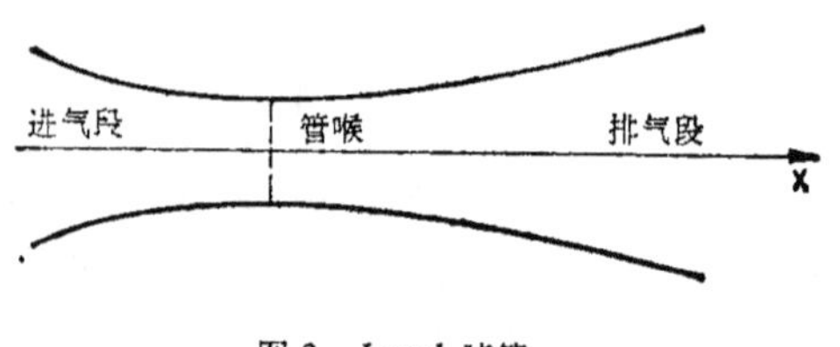

图 2 Laval 喷管.

流.

为了近似地描述不一定为锥形构造的 Laval 喷管中的流动图像，可以将处理圆锥中流动的精确方法加以修正. 以下所述的就是将 O. Reynolds (1886)的“水力学”处理稍作改变的一种近似方法：引进一组与喷管壁垂直相交的迴转曲面[1]；假定流动与这些曲面垂直，所有有关的量在这些曲面上均为常数. 如果用 A 表示喷管管壁在这些曲面上所截部分的面积即截面积，那么对这个流动(145.01)也是成立的. 因而我们可以应用上述从锥型流的公式(145.01—.03)推出的关系式(145.04—.08). 特别地，从(145.08)推知，如果出现亚声速流到超声速流的过渡，那末这一过渡发生在面积 A 最小的曲面上. 于是，流动在管喉处变成声速的，即在该处 $q = q_* = c_*$, $A = A_t = A_*$. 作为这一近似处理的基础的上述假定与流动的无旋特性是不完全相容的. 然而，实验及以微分方程的较全面的分析为基础的精细理论处理(参看[144])表明，水力

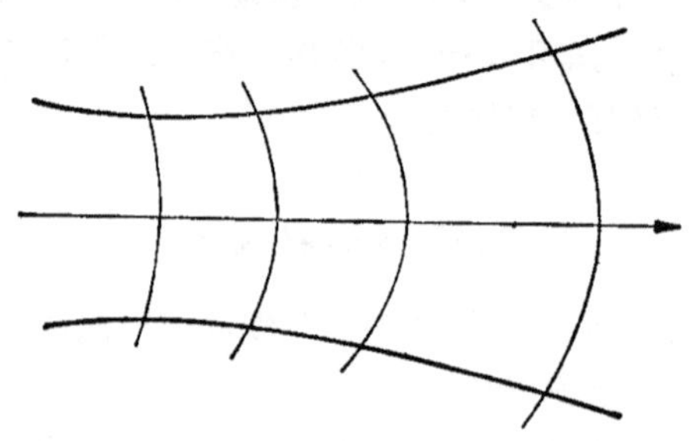

图 3 横在喷管里的曲面，其上 q, p, ρ 是常数.

---

1) 在 Reynolds 的“水力学”处理中，假定垂直于轴的是平面而不是曲面，这是在考虑绕圆锥的流动时所自然得到的启发.

学理论的结果给出了非常好的近似.

显然，二维喷管流动也可用颇为相同的方法处理，通过在速度图平面上研究表征流动的线性微分方程，看来似乎可以建立起一种精确的理论. 但是,这样的方法是不实际的,因为喷管区域在(u,v)平面上的像并非是单支的,它形成了折叠.

要证实这一点，只需看一看流线在速度图平面上的像的性态是如何的. 考虑速度分量v为负的亚声速区域中一条流线上的一个点,在这同一条流线上v最终将在超声速区域变为正值. 因为，沿着喷管轴 $v=0$，所以我们得到图 4 所示的对应于$y>0$的流动部分的图像. 我们看到,诸流线的像彼此相交. 因而,在速度图平面上,流场的像不是单值的,在流线的像的包络上，作为u，v的函数x，y变为奇性的.

由第二章 § 30 和第四章 § 105 中建立的理论可知，上述包络即折边是一条Γ特征线. 显见，对于喷管流动，自点 $u=c_*$，$v=0$发出的两条Γ特征线都是这样的折边. 折边之间的尖角区被映像覆盖了三次. 这两支折边在(x,y)平面上的原像即过渡线，由轴上某一达到临界速度的点上发出的两条 Mach 线构成. （顺便指出,进一步的讨论表明,这一点发出的 Mach 线是四条而不是两条.）

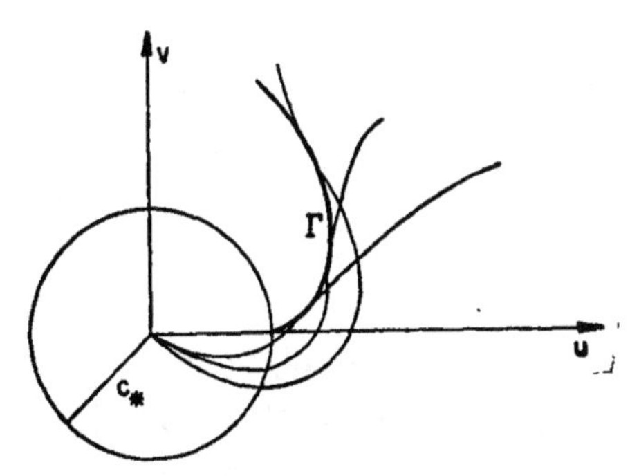

图 4　喷管流动（$y>0$）中流线在速度图平面上的像及其包络线——Γ特征线.

虽然不可能用速度分量作新的自变量，然而用流函数和势函数是可能的．这时，我们得到一种关于喷管流动的精确分析方法，既可用于二维流动，也可用于三维情况[144]．设沿轴线已知轴向速度分量的分布，通过将速度分量和到轴的距离展开成流函数的幂次式(假定流函数在轴上是变化的)，并将这些展开式代入相应的微分方程，就得到一些简单的关系式．其一阶项与用水力学方法得出的结果相一致．在二阶公式中，我们只提一提流动速度 q_W 用速度 q_A 表示的公式

$$q_W = q_A\left(1 + \frac{1}{2}\kappa_W y_W\right),$$

其中 q_W 为壁上的点 W 处的流动速度，q_A 是过 W 的位势面与轴的交点 A 上的流动速度，κ_W 是喷管壁在 W 点的曲率，y_W 为沿位势面量度 W 点到轴的距离．

看来，用这种方法所得到的结果与 Taylor 从对 y 展到五次幂的展开式所获得的结果，或用有限差分方法[143],[146] 所得结果颇相吻合．

§ 147 各种类型的喷管流动

尽管喷管的水力学理论非常简单，但是，它解释了不同条件下产生的某些特殊类型的喷管流动． 为对这些现象作一定的了解，较方便的是假定喷出的气流将注入一个很大的能够保持任意压力的接收器．我们设想接收器压力 p_r 是变化的，而气室压力 p_c 在喷管进气口处保持不变，假定进口处流动速度 q_c 等于零，这相当于假定气室的截面积无限大．于是，从(145.03—.04)可以确定出临界压力 p_*:

$$p_* = (1-\mu^2)^{\gamma/(\gamma-1)} p_c. \qquad (147.01)$$

令面积为 A 的“截面”上的压力是 p；那么，根据式(145.04)，比值 A/A_* 是比值 p/p_* 的完全确定的函数，p_* 和 A_* 分别为临界压力和临界截面面积．虽然临界压力 p_* 是知道的，但是，临界面积 A_* 并不由气室中的已知状态所确定．

为考察在某一固定的气室状态下，流动随接收器压力的变化，较简便的是使用从(145.04)推得的函数

$$A = A_* f\left(\frac{p}{p_*}\right)$$

在取不同的参数值 A_* 时的一组曲线图(参看图 5).

所有这些曲线均以直线 $p = 0$ 和 $p = p_c$ 为渐近线，它们都是从 $A = A_*$ 伸展到 $A = \infty$ 的环形线. 对于每个 $A > A_*$，这些曲线上都有两个 p 值，较大的 p 值对应亚声速状态，较小的对应超声速状态，而当 $A = A_*$ 时，两个状态重合，当 $A < A_*$，则流动根本不可能. 图 6 示出了给定喷管中压力 p 随轴向坐标 x 的变化，这是通过将 A 表示成 x 的函数代入 $A = A_* f(p/p_*)$ 而得到的. 图中这些弧线代表喷管中沿着从气室到接收器的流动中压力与面积的关系.

当接收器压力 p_r 等于容器压力时，根本不产生流动. 当 p_r 稍小于 p_c 时，形成低速流动(图 5 上 $p_r = p_1$). 为了确定这一流动，我们在 (A, p) 平面上定出点 $p = p_r$，$A = A_e$，A_e 为出口截面积. 对于一个适当的 A_* 值，$A_* = A_*(p_r, A_e)$，曲线 $A = A_* f(p/p_*)$ 通过此点，循此曲线直至 A 等于管喉截面积 A_t，在 A_t 与 A_e 之间的曲线段代表从管喉到出口的流动，而从容器到管喉的流动则由此曲线的同一支上 $A = \infty$ 到 $A = A_t$ 之间的曲线段代表. 整个流动都是亚声速的. 显然，以上对流动的描述（我们用下标 $r = 1$ 表

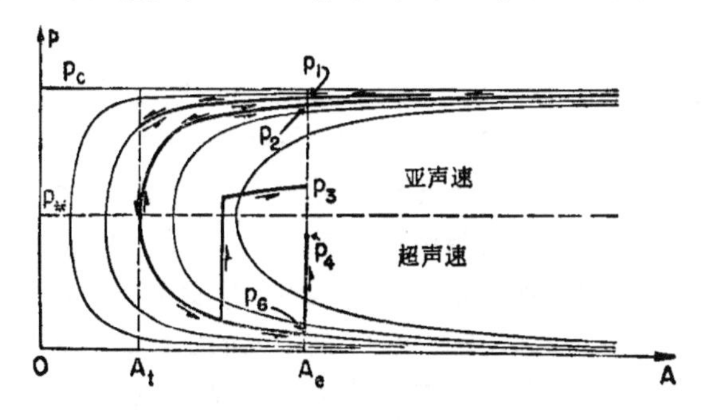

图 5　在 p_1 到 p_6 的各种接收器压力下不同喷管流动中压力与截面积的关系.

示)，仅当过(p, A_c)的曲线 $A = A_* f(p/p_*)$ 与直线 $A = A_*$ 相交才是正确的；也就是说，当 $A_* = A_*(p_1, A_c)$ 是所考虑情况下的特定曲线对应的临界面积，A_t 为给定喷管的管喉面积时，若

$$A_t > A_*,$$

以上描述方为正确.

当接收器压力 p_r 降低，A_* 随之减小，直至最后在某个压力

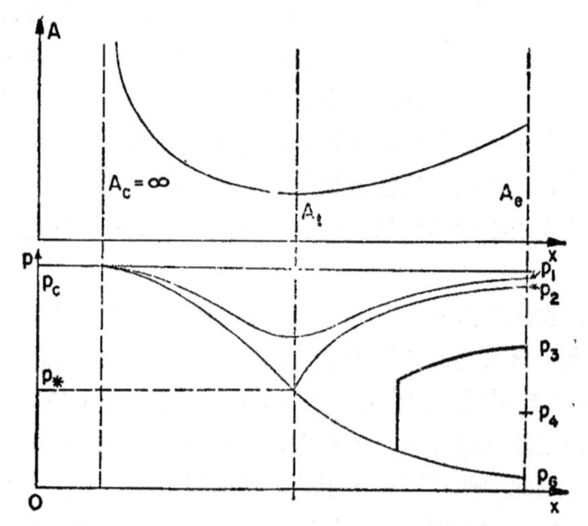

图 6　在不同的接收器压力下喷管流动的压力随轴向位置的变化.

$p_r = p_2$ 下达到 $A_* = A_t$. 当 $p_r = p_2$ 时，流动正好在管喉处变为声速，而在别处仍保持亚声速.

当接收器压力 p_r 低于 p_2 时，出现一种完全不同的流动（如图 5 和图 6 所示）：流动从气室到管喉都是亚声速的，由曲线 $A = A_t f(p/p_*)$ 的上支表示，这一支来自 $A = \infty$，且对应有 $A_* = A_t$. 这部分流动与接收器压力无关，完全由 A_t 和 p_*（或根据(147.01) 由 p_c）所决定. 经过管喉后，流动成为超声速，它由同一条曲线 $A = A_t f(p/p_*)$ 的下支表示；这一支曲线与直线 $A = A_e$ 相交于一确定点，在此点 $p = p_6$；故 p_6 由 $A_e = A_t f(p_6/p_*)$ 确定. 换言之，流动是光滑的，其压力和密度逐渐降低，而速度逐

渐增加，在管喉处则等于声速．假如接收器压力恰巧是 $p_r = p_6$，那么就出现我们所认为的通过喷管的理想流动．通常对于给定的压力 p_c 和 p_r，喷管的设计就是选取 A_t 和 A_e 的尺寸，使得（按我们的符号为）$p_r = p_6$，即 $A_e/A_t = f(p_r/p_*)$．

但是，在这假想的实验中，当 p_r 首先经 $p_r = p_2$ 逐渐降低时，仍然有 $p_r > p_6$．那么，流动过管喉达到超声速以后是如何自行调整到给定的接收器压力的呢？答案是：流动先如特定曲线 $A = A_t f(p/p_*)$ 的下支所示的一直延续至管喉以后，在喷管扩大部分的某处出现冲击波阵面，气体受压缩，同时下降到亚声速，以后继续压缩、减慢；这时压力和面积的关系由过 A_e 和 p_r 具有相应较小的 p_* 值的曲线 $A = A_* f(p/p_*)$ 的上支表示，冲击波阵面的位置和强度自动地调整得使出口端的压力变为 p_r．图上在冲击波阵面对应的位置示出了从具有 $A_* = A_t$ 的超声速曲线分支到经过 p_r, A_e 的曲线上支的跃变．

当接收器压力 p_r 从 $p_r = p_2$ 下降时，冲击波阵面从管喉往出口移动，在某个值 $p_r = p_4 > p_6$ 时到达出口处．换言之，当 $p_r < p_4$ 时，流动不可能通过喷管中的一个冲击波调整到接收器压力．为了描述 $p_r < p_4$ 这一条件下的流动，必须找出一种新的流动图像．

毫无疑问，我们会预料到，此时喷管中的流动与 $p_r = p_6$ 的理想情况相同．表示这种流动的是 $A = A_t f(p/p_*)$ 的整条曲线（确切地说，是亚声速分支 $A_t < A < \infty$ 和超声速分支 $A_t < A < A_e$）．此时，正是在喷管外的射流中，流动调整到外部压力 p_r．按照 $p_4 > p_r > p_6$ 或 $p_r < p_6$ 出现两类现象；$p_r = p_6$ 的中间情形就是前面讨论过的理想调整的连续流．

§148 喷管和射流中的冲击波图像

要弄清流动在射流中的调整过程，最好先回到 $p_4 < p_r < p_2$ 情况下喷管中所出现的冲击波图像．在最简单的描述中，这些冲击波是横截喷管垂直于壁面的曲面圆盘．然而，实际冲击波阵面的形状并不如此，事实上它们是倾斜的，因而是突然地改变流动的方

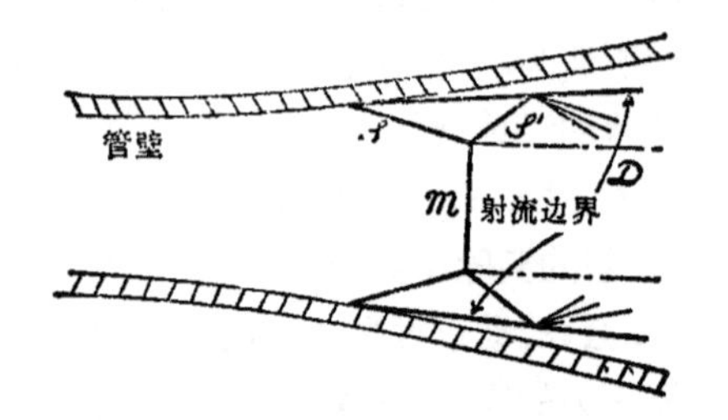

图 7　喷管内的射流脱体及冲击波图像.

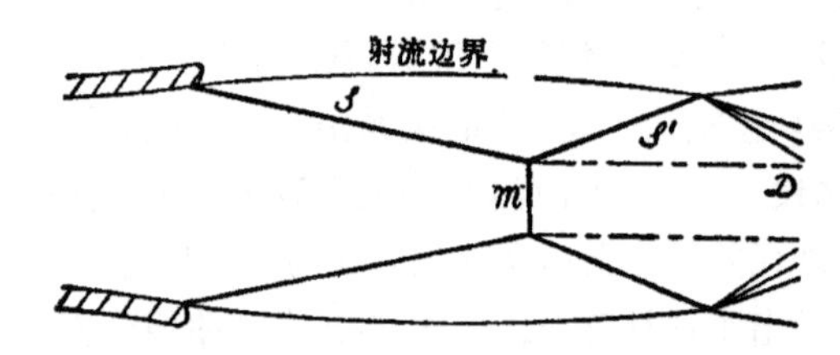

图 8　出射压力低于接收器压力时射流中的冲击波图像.

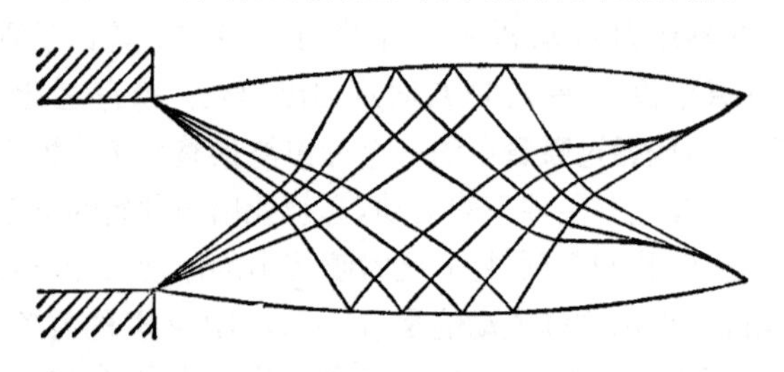
图 9　平行流进入低压区所产生的射流中的波系图.

向. 也就是说，冲击波面引起了射流脱体. 这种情况示于图 7.

所以，冲击波阵面在开始时是一个与管壁斜交的圆锥曲面，其后跟着脱体射流；这个冲击波阵面被一垂直于轴的"Mach 冲击波盘"截断，近似地出现了上节简单描述中所看到的图像；在入射冲击波阵面和 Mach 冲击波阵面后面形成一个反射冲击波阵面 $\mathscr{S}'$ 和一个接触间断面 $\mathscr{D}$.

当接收器压力 p_r 下降到 p_4 时，脱体位置朝前移向喷管端缘. 当 p_r 低于 p_4 时，脱体位置在该处保持不动，而从端缘伸展出去的冲击波阵面将变得更长(见图 8). 若接收器压力降低到 p_6,则自端缘伸展出去的冲击波阵面的强度变为零. 若进一步将接收器压力 p_r 降低到 p_6 以下,则开始出现一组新的现象.

为了说明接收器压力 p_r 低于排气压力 p_6 时出现的现象,我们首先假定射流以常数轴向速度从喷管中喷出. 如果流动是二维的,流动图像由离开端缘的两个中心稀疏波组成，这两个稀疏波彼此相交，且在射流边界上被反射为会聚波（参看 § 115). 若压力差 p_6-p_r 甚小,反射波近似地为入射波的镜面反射像，因而近似地会聚到对面边界上的一点，从而出现了一种近似的周期性波系图像（Prandtl 首先描述了这种图像). 然而，实际上反射波在抵达对面边界以前就已聚合,形成了冲击波阵面（参看图 9 和[153]). 若接收器压力进一步降低,这些冲击波阵面的顶端互相接近,最终彼此相交. 以常数轴向速度从喷管喷出的三维射流中也会遇到类似的波系图像[1](参看 Hartmann 和 Lazarus [152, 图 3]).

只要接收器压力 p_r 低于排气压力 p_6, 从具有喇叭口的喷管中喷出的射流就呈现出新的图像. 对此我们仍然通过二维流动来描述. 这情况下在出口端会形成稀疏波以使压力降低到接收器的压力,而在这些波的外边界某处将产生一个冲击波阵面,它贯穿这些稀疏波并截断稀疏波. 图 10a 和 10b 示出了这些可能产生的流动图像. 若接收器压力 p_r 增高而接近排气压力 p_6, 则这些截断冲击波阵面的顶尖向出口端缘靠近;若接收器压力进一步提高,则冲击波阵面的顶尖保持在端缘上. 所以，从我们所谓的截断冲击波阵面到早先讨论过的在端缘上形成的冲击波阵面是连续过渡的.

以下的论证表明，设想存在这样的截断冲击波是相当有道理的: 流动不受接收器状态的影响地一直延续到它与端缘发出的第一条 Mach 线,即稀疏波的内边界相遇. 由于射流的扩张,沿着轴线压力下降. 当出射射流的 Mach 数 q/c 显著大于 1 时,压力下降相当剧烈，这可由关系式 $dp/p=\gamma(q/c)^2dq/q$ 看出[参看

1) 关于理论上弄清锥型冲击波相互作用的困难,参看 § 157.

(145.06—.07)]. 穿过稀疏波，压力进一步下降，在端缘处降到接收器压力，再往外就低于这个压力. 换句话说，在稀疏波外边界上它低于压力 p_r，而在射流边界上等于 p_r，所以，从射流边界朝射流内部作用着一个压力梯度. 显然，该压力梯度使射流向里弯曲. 从边界上发出的全部 Mach 线都与边界构成同样的角度，因为在边界上压力为常数，从而声速和速度也保持不变. 于是，这些 Mach 线都是逐渐聚合的，倘若不被冲击波阵面截断，它们很可能有包络面. 为避免出现包络的奇异性，就必然产生一个“截断”冲击波(见图 11).

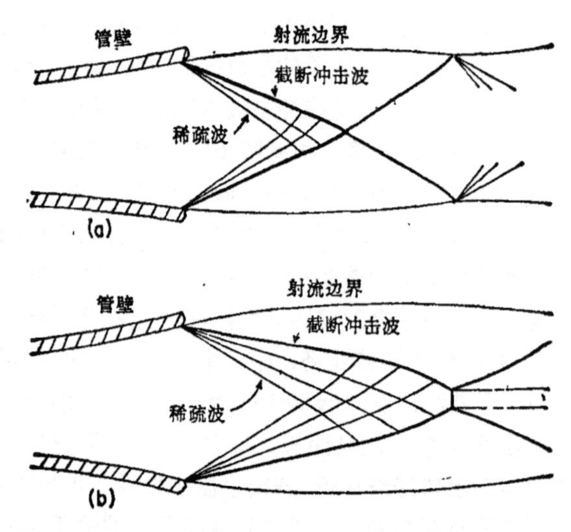

图 10 排气压力大于接收器压力时扩张射流中的冲击波图像.

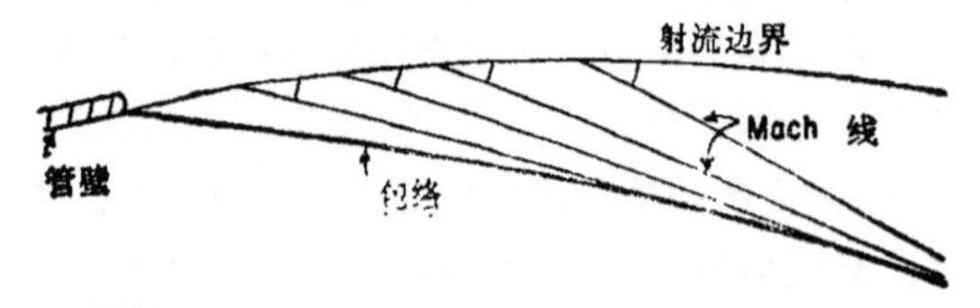

图 11 射流边界上以相同角度发出的 Mach 线的包络.

假如射流扩张不大，如上所述，则截断冲击波只出现在反射波中，且将与非扩张射流中出现的冲击波阵面相合并. 在射流中可能出现各种冲击波图像，它决定于出射流的扩张度，出射流的 Mach 数 M_e 及其压力 p_e 与接收器压力 p_r 之比值．图 8 示出了 $p_r > p_6$ 的一种典型情况．当 $p_r < p_6$ 时，图像是类似的，只是冲击波阵面并不从端缘开始，而是作为一个截断冲击波出现．它包含锥形的“入射”和“反射”冲击波阵面，它们与一个垂直于轴的 Mach 冲击波阵面相联接．在所述这些“入射”和“反射”的特征描述中，常常认为此冲击波图像的各部分与斜碰的冲击波的各相应部分是一样的．在某种意义上我们可以说，在本问题中“反射”冲击波是主导的现象，“入射”冲击波则是由它决定的．如上所述，在小扩张和小压力差 $p_0 - p_r$ 的射流中，只出现一段“反射”冲击波，而 Mach 冲击波阵面和“入射”冲击波并不存在(见图 9)．还应注意到，此“反射”冲击波是强的那支，在冲击波互碰的反射中，通常看不到它出现．类似的图像也出现在三维射流中．

在(例如) M_e 近似等于 3 和半扩张角大于 15° 时，可以观察到图 8 所示的图像．此时发现：Mach 盘前的压力为 $0.03p_r$ 到 $0.1p_r$ 的量级，所以是非常低的；Mach 冲击波的强度非常大，其超压比为 20 到 50 的量级．

关于射流的延续图像，还可以补充几句：射流的边界将往里弯曲直至与截断冲击波相遇，该处冲击波被反射为稀疏波，射流边界再次扩张．整个过程循此重复下去．由于射流边界上的粘性作用，这种周期性的射流图像最终变得模糊并消失掉．

我们希望从理论上确定喷管和射流中各冲击波阵面的位置，特别要定出第一个 Mach 冲击波盘的位置，因为这个冲击波盘是容易观察到的．根据 § 143 的讨论，很明显，这个位置主要取决于射流出射端的给定情况．

当假定喷管中的冲击波阵面为横截管子的圆盘，且排气压力等于接收器压力时，喷管中冲击波阵面的位置是可以被确定的．计算结果与实验数据大致符合．喷管中实际出现更为复杂的冲击波图像的细节，主要取决于因粘性而在壁上形成的边界层的作用．

为确定射流中第一个冲击波盘的位置，不能利用以上这些简单的假定．然而，应注意到，在射流空气跟外界的接触面上形成的掺混层的作用下，射流中的空气将逐渐地达到接收器压力．因而看来第一个冲击波盘的位置主要取决于这一掺混过程．

§149 推　　力

喷管喷射气流是火箭发动机运转的基础．燃烧室形成的燃烧气体通过喷管喷出时，它们在高压下获得很大的动量．因此，这股动量流的反作用，形成了朝喷射流相反方向作用于火箭的推力．作用于火箭的总推力，容易通过喷射流的特征量来表示，同时能够建立提供最大推力的喷管形状所遵从的条件．

习惯上，我们把总推力 F 定义为内推力 F_i 和外界反推力 F_a 之差：

$$F = F_i - F_a, \qquad (149.01)$$

内推力由作用于气室及喷管壁上的压力产生，而若装置喷管的壳体外表面作用着大气压力 p_a，就会产生外界反推力 F_a．

为了算出推力，我们考虑通过喷口的曲面 $\mathscr{S}$，在喷口上速度是常数，从而压力也为常数．内推力 F_i（作用方向与气流方向相反时为正）等于单位时间通过 $\mathscr{S}$ 输出动量的轴向分量 M 与从内部作用于曲面 $\mathscr{S}$ 上的合压力 P 之和．换言之，作用于气室、喷管及曲面 $\mathscr{S}$ 所围气体体积上的压力合力 $F_i - P$ 等于单位时间通过 $\mathscr{S}$ 输运的动量 M．

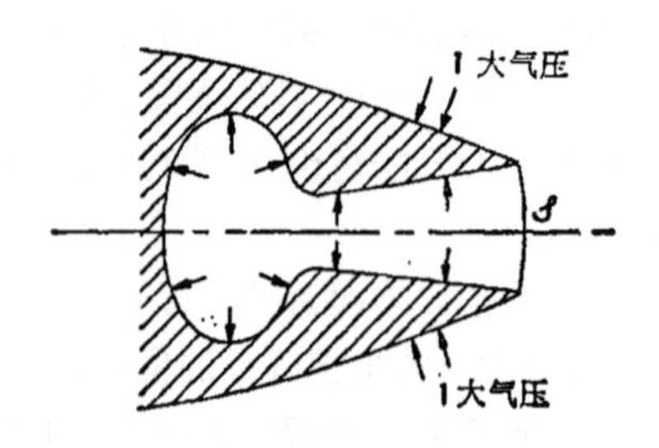

图 12　产生推力的压力．

以 A 表示曲面 $\mathscr{S}$ 在垂直于轴的平面上的投影，那么 $P = pA$，

内推力为

$$F_i = M + pA. \tag{149.02}$$

显然,外推力是

$$F_a = p_a A. \tag{149.03}$$

当作用方向与流动方向相同时 F_a 为正值.

设想喷管可以被延长或在不同的地点被切断,而把总推力

$$F = F_i - F_a = M + (p - p_a)A \tag{149.04}$$

看成是喷口位置的函数. 我们特别感兴趣的是找出喷口位置在何处对应的总推力最大. 这个问题是完全可以回答的.

当喷管在某个位置切断,使得喷口压力正好等于外界压力时,总推力取最大值. 在这种情况下,总推力正好由输出的动量给出,

$$F_{\max} = M. \tag{149.05}$$

为证明这一点,我们考虑两个不同的曲面 $\mathscr{S}$,在这两个曲面上压力 p 是常数,$p = p_1$ 及 $p = p_2$. 动量输运与压力作用力之和的改变量 $[M + pA]_{p_1}^{p_2}$,显然等于作用于这两曲面所截出的一段喷管管壁上的压力的轴向分量. 让这两个曲面互相接近,得

$$d(M + pA) = pdA.$$

所以

$$dF = (p - p_a)dA.$$

这就表明,当 $p = p_a$ 或 $dA = 0$ 时,F 取极值. 可以证明:在管喉处 F 取极小值,该处 $dA = 0$;而当 $p = p_a$ 时,F 取极大值.

如此确定的最大推力仍然随喷管外形界线的形状而变. 我们寻找这样的条件,在此条件下这个形状可使输出同样质量流量的所有喷管的最大推力本身也达到最大.

对于给出最大推力的固定的喷管外形界线,喷口位置用下标 m 表示. 过此喷口的曲面 $\mathscr{S}$ 为 $\mathscr{S}_m$. 在 $\mathscr{S}_m$ 上的速度 q_m,根据 $\mathscr{S}_m$ 处的压力 p_m 等于 p_a 的条件,由式(145.04)确定. 最大推力为

$$F_m = M_m = q_m \int_{\mathscr{S}_m} \cos\theta dG, \tag{149.06}$$

式中 θ 为流动方向与轴的交角,dG 为单位时间质量流量 G 的微

元．显见，$F_m \leqslant q_m G$，且仅当在$\mathscr{S}_m$上$\theta = 0$时$F_m = q_m G$．换言之，若喷气速度是常数且沿轴线方向，则此最大推力是对于固定的质量流量G而言的极大值．

§150 理想喷管

产生不变的轴向喷射气流的喷管可以称之为理想喷管．气流从相反方向通过时，理想喷管是一理想扩压器．

设计二维理想喷管并无困难．事实上，每当给定了扩张的喷射气流，只要重新安排一段气流的路线使其最终获得不变的轴向速度，就可以使流动成为"理想"的．这种理想流动的每条流线都给出一理想喷管．

诚然，火箭喷管的实际设计人员并不追求这种意义上的"理想设计"，因为当出射压力与外界压力不等，出射流又不沿轴向时，推力上的损失换来了设计上的简便．然而，在某些情况下，特别是涉及大 Mach 数的流动，就需要这种理想的设计．关于建立理想二维流动的可能性，Prandtl 和 Busemann[3],[102],[141] 曾作了阐述，我们在第四章 §113 中已作了说明．

在构造三维理想喷管方面，Frankl1) 给出了一种近似的方法；完全理想的扩压器和喷管的存在完全不是显然的，却是确实无疑的2)．在喷管内的出射段，在轴上达到所需出射速度的点处将发出冲击波．我们将在 §157 中描述一种在敞开的进口端缘不生成冲击波的扩压器的设计．在这种设计里，扩压器的外形周线在端缘处沿着轴线方向，从而避免了端缘冲击波的出现，而通过适当选择外形周线的形状，可以完全避免出现冲击波3)．

如果在端缘处扩压器的外形周线朝来流方向倾斜，则在进口

---

1) 参看 Kisenko 的报告[142]；(作者未曾见到原文)．也可参看 Busemann 的工作[141],[144]．

2) W. Y. Chen 在一篇未发表的文章中给出了证明．

3) H. Ludloff 在一篇未发表的论著中，通过对扩压器流动的线性化处理，确凿地证明了流动对外形周线形状改变极端敏感．

端缘将发出一锥形冲击波阵面. Ferri[176]用特征线方法去确定波后流动,定出了此冲击波阵面的形状. 令人感兴趣的是,即使端缘处外形周线与轴的夹角只有5°,所产生的冲击波阵面在轴附近也渐变垂直并形成一个在上面出现Mach反射的圆盘. Ferri也计算了反射冲击波阵面. 计算的结论是,如果端缘处的交角加大,轴线近旁的圆盘(该处冲击波是强冲击波)将变得更大,且反射冲击波消失.

应该提到,正如Oswatitsch(参看§113图24以及[176])所指出的,在进口处插入一适当的"纺锤体",可以构造出一种不同型式的理想扩压器.

第六章 三维流动

一维流动和二维定常等熵流动，由于其基本微分方程的特殊性质以及存在简单波，所以有一套相当系统的理论．然而，三维流动，即使在假定它是对称的限制下，使独立变量可以减少到两个，也还是一个比较复杂的数学问题．广泛地对一些特例进行数值计算可以对一般理论工作提供有价值的启示．然而事实上，除非问题可以用线性化近似，否则，我们只得满足于对一些特殊类型的问题作理论分析和对一些具体情况作数值处理．

本章讨论三种不同类型的流动：A部分，绕细长体的柱对称定常流动；B部分，定常的锥形流动，特别是绕锥体的流动；C部分，球对称(或柱对称)的非定常流动．

A．柱对称定常流动

§151 柱对称·流函数

在第五章中我们只是对某些柱对称流动作了定性描述，这一节我们将对另一种柱对称流动给出一种比较具体的数学处理：细长体绕流的线性化小扰动方法．但是应当说明，对于这些处理，尚未作过严格的证明及有关适用性的评价．

柱对称流动(参看§16)由下述条件表征：所有物理量只依赖于轴向坐标 x 及到轴的距离 y，任一点上的流动矢量都落在过此点和轴的平面上．用 u 和 v 表示速度的轴向和径向分量，于是，定常无旋流动方程为[参看(16.06)，(16.13)]

$$u_y - v_x = 0, \tag{151.01}$$

$$(y\rho u)_x + (y\rho v)_y = 0, \tag{151.02}$$

根据 Bernoulli 定律(14.02)和绝热方程(7.04)式中 ρ 是速度 $q =$

$\sqrt{u^2+v^2}$ 的给定函数.

我们将用 Stokes 流函数 $\psi(x,y)$ 取代势函数 $\varphi(x,y)$，其定义为[参看(16.15)]

$$\psi_x = -y\rho v,\quad \psi_y = y\rho u. \tag{151.03}$$

§ 152 细长回转体的超声速绕流

细长体面对超声速来流所形成的流动，可以用按物体厚度作展开的方法近似确定，正如在 § 142 中近似确定二维薄机翼的超声速绕流一样，我们用下式描述物体表面形状：

$$y = \varepsilon Y(x),\quad x \geqslant 0. \tag{152.01}$$

假定 $x > 0$ 时函数 $Y(x)$ 为正，而 $Y(0) = 0$. 在物体的前方，$x < 0$，流动速度是常数且沿轴向；压力和密度也为常数，且 Mach 数大于 1，对这一流动问题我们想采用类似于 § 142 所指出的方法，寻求对厚度参数 ε 的幂次展开解.

假定流动为柱对称的，我们要找到一个流函数 $\psi(x,y)$ 使满足方程(151.03)和(151.01). 于是物体前方状态所对应的条件可表示为

$$\psi = \frac{1}{2}\rho_0 q_0 y^2,\ \psi_x = 0,\ x \leqslant 0. \tag{152.02}$$

来流的速度 q_0、密度 ρ_0、压力 p_0 满足以下条件：

$$M_0 = q_0/c_0 > 1, \tag{152.03}$$

其中声速 c_0^2 由 $c_0^2 = \gamma p_0/\rho_0$ 给出.

物体表面是流面的条件为

$$\psi(x,\varepsilon Y(x)) = 0,\quad x \geqslant 0 \tag{152.04}$$

如果物体的锥顶角小于某个适当的临界值，则在物体的锥顶上将产生一冲击波阵面(参看 § 154). 为避免涉及冲击波过渡关系式，我们首先假定剖面 $y = \varepsilon Y(x)$ 的斜率在顶端处等于零，$Y'(0) = 0$. 在这种情况，冲击波阵面将在距物体表面的某个距离上开始. 厚度参数 ε 越小，冲击波开始得越远. 因而我们且不管

冲击波所导致的初始条件，代之而假定流动处处等熵、无旋，且在过顶端的平面 $x=0$ 上速度、密度、压力具有与来流相同的常数值. 然后，把以这些假定为基础得出的结果应用于 $Y'(0)\neq 0$ 的情况，这种做法在 ε 的最低阶内是准确的.

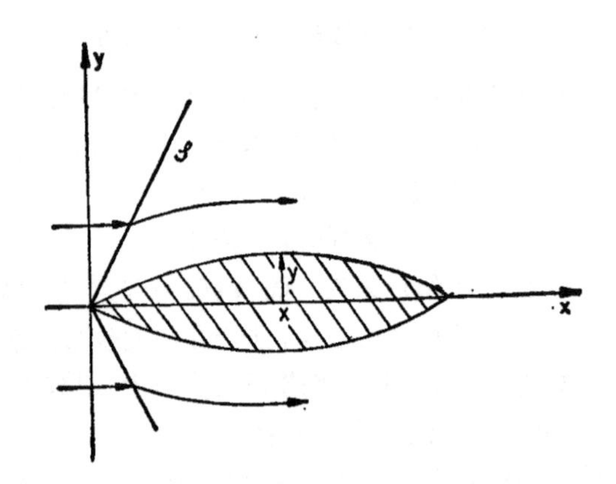

图 1　绕细长迴转体的超声速流动.

是否可能按 ε 的整数次幂展开，这绝非是显而易见的. 我们假定有一个从零阶项开始的展开式，其随后一项正比于 ε^2. 以后我们将至少在一定程度上给出此假定的依据. 把以下展开式:

$$\begin{aligned}&\psi(x,y)=\psi^{(0)}(x,y)+\varepsilon^2\psi^{(1)}(x,y)+\cdots,\\&u=u^{(0)}+\varepsilon^2u^{(1)}+\cdots,v=v^{(0)}+\varepsilon^2v^{(1)}+\cdots,\\&\rho=\rho^{(0)}+\varepsilon^2\rho^{(1)}+\cdots,p=p^{(0)}+\varepsilon^2p^{(1)}+\cdots\end{aligned}\quad(152.05)$$

代入微分方程(151.01—.03)及初始和边界条件(152.02),(152.04).

显然，

$$\psi^{(0)}(x,y)=\frac{1}{2}\rho_0q_0y^2,\qquad(152.06)$$

它是物体前方不变平行流的流函数，而

$$u^{(0)}=q_0,\ v^{(0)}=0,\ \rho^{(0)}=\rho_0,\ p^{(0)}=p_0.\qquad(152.07)$$

为了求得下一阶的项，我们先利用关系式[参看(102.05)]

$$-c^2d\rho/\rho=udu+vdv\qquad(152.08)$$

将 $\rho^{(1)}$ 通过 $u^{(1)}$ 表示,上式是由所假定的流动的等熵和无旋性质得到的. 于是由式(152.05)得

$$-c_0^2\rho^{(1)}/\rho_0 = u^{(0)}u^{(1)} + v^{(0)}v^{(1)}.$$

利用(152.03)和(152.07),由此式得

$$\rho^{(1)} = -\rho_0 M_0^2 u^{(1)}/q_0. \tag{152.09}$$

将展开式(152.05)代入(151.03)得到

$$\psi_y^{(1)} = y(\rho_0 u^{(1)} + \rho^{(1)}u^{(0)}) = y\rho_0(1 - M_0^2)u^{(1)},$$
$$\psi_x^{(1)} = -y\rho_0 v^{(1)},$$

或简写为

$$s_0^2 = M_0^2 - 1, \tag{152.10}$$

$$u^{(1)} = -s_0^{-2}y^{-1}\rho_0^{-1}\psi_y^{(1)}, \quad v^{(1)} = -y^{-1}\rho_0^{-1}\psi_x^{(1)}. \tag{152.11}$$

根据(152.05),由方程(151.01)推出

$$u_y^{(1)} - v_x^{(1)} = 0.$$

借助(152.11),此式变为

$$y(y^{-1}\psi_y^{(1)})_y - s_0^2\psi_{xx}^{(1)} = 0. \tag{152.12}$$

从(152.02)我们推出以下初始条件:

$$\psi^{(1)} = \psi_x^{(1)} = 0 \text{ 当 } x = 0. \tag{152.13}$$

在将所有的量按 ε 的幂次展开过程中,函数 $\psi^{(1)}$ 的边界条件自动地被确定. 我们假定,在 $y \geqslant 0$ 时 $\psi^{(1)}$ 被定义为一个直到 $y = 0$ 都有连续微商的连续函数. 这假定的成功在于对它完全能给予证明. 将边界条件(152.04)展开成 ε 的幂次式后得

$$\psi^{(0)}(x, \varepsilon Y(x)) + \varepsilon^2\psi^{(1)}(x, \varepsilon Y(x)) + \cdots = 0.$$

把(152.06)代入此式,且按 ε 的幂次展开,得到

$$\frac{1}{2}\varepsilon^2\rho_0 q_0 Y^2(x) + \varepsilon^2\psi^{(1)}(x, 0) + \cdots = 0,$$

由此

$$\psi^{(1)}(x, 0) = -\frac{1}{2}\rho_0 q_0 Y^2(x). \tag{152.14}$$

这结果同时可用来作为对先前提出的下述论点的证明: $\psi(x, y)$

展开式中的“一”阶项正比于 ε^2.

方程(152.12)与柱对称波运动的波动方程有密切关系;这里,横坐标 x 代替了时间. 事实上,对应于 $\varphi^{(1)}$ 的势函数 $\psi^{(1)}$ 满足波动方程,但是 $\psi^{(1)}$的边界条件要比 $\varphi^{(1)}$的边界条件简单. 方程(152.12)和边界条件(152.14)及初始条件(152.13)一起,可以显式求解.

利用缩写

$$
\begin{aligned}
k(x) &= \frac{1}{2} Y^2(x), \ x \geqslant 0, \\
&= 0, \qquad\qquad x \leqslant 0,
\end{aligned}
\tag{152.15}
$$

解 $\psi^{(1)}$ 表为

$$
\psi^{(1)}(x,y) = -\rho_0 q_0 \int_0^{x-s_0 y} \sqrt{(x-\xi)^2 - s_0^2 y^2}\, k''(\xi) d\xi.
\tag{152.16}
$$

这一公式也适用于即使剖面的斜率在顶端处不等于零 $(Y'(0) \neq 0)$ 的情况. 可以直接验证此解满足微分方程(152.12)及 $x=0$ 处的初始条件(152.13). 为了证明也满足边界条件(152.14),应用从(152.15)和 $Y(0)=0$ 推出的关系式 $k'(0)=k(0)=0$, 这时

$$
\begin{aligned}
\psi^{(1)}(x,0) &= -\rho_0 q_0 \int_0^x (x-\xi) k''(\xi) d\xi \\
&= -\rho_0 q_0 \int_0^x k'(\xi) d\xi = -\rho_0 q_0 k(x),
\end{aligned}
$$

由此得出(152.14). 速度的一阶项为

$$
\begin{aligned}
u^{(1)}(x,y) &= -q_0 \int_0^{x-s_0 y} \frac{k''(\xi) d\xi}{\sqrt{(x-\xi)^2 - s_0^2 y^2}}, \\
v^{(1)}(x,y) &= y^{-1} q_0 \int_0^{x-s_0 y} (x-\xi) \frac{k''(\xi) d\xi}{\sqrt{(x-\xi)^2 - s_0^2 y^2}}
\end{aligned}
\tag{152.17}
$$

在轴 $y=0$ 上它们变为无穷大.

作为例子,我们考虑锥体的情况: $Y(x)=\theta x$, $x \geqslant 0$, $\theta=$ const. 从(152.16)式得

$$\psi^{(1)}(x,y) = -\frac{1}{2}\rho_0 q_0 \theta^2 \left[x\sqrt{x^2 - s_0^2 y^2} - s_0^2 y^2 \operatorname{arccosh}\frac{x}{s_0 y} \right]$$

$$\text{当 } x \geqslant s_0 y, \tag{152.18}$$

$$\psi^{(1)}(x,y) = 0 \text{ 当 } x \leqslant s_0 y;$$

所以 $\psi^{(1)}$ 在 $y=0$ 处不是正则的，因为括弧中的表达式在 $y=0$ 处的性态与 $x^2 + s_0^2 y^2 \log y$ 相仿.

从任何剖面函数 $Y(x)$ 所得到的解 $\psi^{(1)}(x,y)$，其性态与(152.18)所给出的函数有类似之处.

在过顶端的 Mach 锥 $x = s_0 y$ 上，即使剖面在顶端的斜率 $Y'(0)$不为零，也显然有

$$\psi^{(1)} = 0, \quad u^{(1)} = v^{(1)} = 0.$$

换言之，$x \geqslant s_0 y$ 中由 $\psi = \psi^{(0)} + \varepsilon^2 \psi^{(1)}$ 给定的流动与 $x \leqslant s_0 y$ 中 $\psi = \psi^{(0)}$ 给定的流动是连续相接的. 这一事实表明，自顶端开始的冲击波其强度的一阶量等于零. 这一性态与对应的二维问题解的性态有很大不同. 在二维情况，冲击波强度的一阶量与剖面在顶端上的斜率成正比.

以上理论与 Ferrari 所指出的 v. Kármán 和 Moore 理论的简化处理相一致(参看[155—164]及[171—177]).

为了改善已得到的近似，我们可以去确定展开式中的更高阶项. 下一项对应于 ε 的几次幂是完全不清楚的. 有关这些高阶项的讨论可在文献中找到. (参看 Maccoll[157], Busemann[169], Chien[163] 及 Lighthill[156].)

让 $\psi^{(1)}$在实际的物体表面上而不是在 x 轴上满足边界条件(这与将问题按厚度参数 ε 的幂次展开的想法一致)，我们就无需利用高阶项也可设法得到流动的一种改进的近似描述. 这种做法就是 v. Kármán 和 Moore 的方法. 虽然用这种方法求解并不那么容易，但它有可能比我们所叙述的较系统的方法给出更好的结果. 在 v. Kármán 和 Moore 的处理中，物体用一个头锥和一系列截头锥组成的物体代替.

关于对这里讨论的近似方法的限制，可参看[164].

§153 阻　　力

最后，我们来计算物体上的空气压力所造成的阻力．假设 x 趋于无穷时，物体表面的半径趋于一有限值，斜率趋近于零：

$$Y(x) \to Y_\infty,\ Y'(x) \to 0 \text{ 当 } x \to \infty. \tag{153.01}$$

通常，我们感兴趣的只是超压 $p-p_0$ 产生的作用力 F，其中 p_0 是大气压力，我们有

$$\begin{aligned} F &= 2\pi\int_0^\infty (p-p_0)y\frac{dy}{dx}dx \\ &= 2\pi\varepsilon^2\int_0^\infty (p-p_0)k'(x)dx, \end{aligned} \tag{153.02}$$

式中积分是在物体的整个表面上求积． 由 $p=p_0(\rho/\rho_0)^\gamma$ 和 Bernoulli 定律，我们得到近似式

$$p = p_0 - \varepsilon^2\rho_0 q_0 u^{(1)} - \frac{1}{2}\varepsilon^4\rho_0(v^{(1)})^2\cdots, \tag{153.03}$$

于是，展开式 $F=\varepsilon^4F^{(2)}+\cdots$ 中的最低阶项为

$$\begin{aligned} F^{(2)} = -\rho_0\lim_{\varepsilon\to 0}2\pi\int_0^\infty \Big\{ & q_0u^{(1)}(x,\varepsilon Y(x)) \\ & + \frac{\varepsilon^2}{2}(v^{(1)}(x,\varepsilon Y(x)))^2\Big\}k'(x)dx. \end{aligned} \tag{153.04}$$

从(152.17.1)和(153.03)得

$$\begin{aligned} -q_0u^{(1)}(x,y) &= q_0^2\Big\{k''(x-s_0y)\operatorname{arccosh}\frac{x}{s_0y} \\ &\quad + \int_0^{x-s_0y}\frac{k''(\xi)-k''(x-s_0y)}{\sqrt{(x-\xi)^2-s_0^2y^2}}d\xi\Big\} \\ &\sim q_0^2\Big\{k''(x)\log\frac{2x}{s_0y} - \int_0^x\frac{k''(x)-k''(\xi)}{x-\xi}d\xi\Big\}, \end{aligned}$$

由此得

$$\begin{aligned} -q_0u^{(1)}(x,\varepsilon Y) \sim q_0^2\Big\{ & k''(x)\log\frac{2}{\varepsilon s_0} + k''(x)\log\frac{x}{Y(x)} \\ & - \int_0^x\frac{k''(x)-k''(\xi)}{x-\xi}d\xi\Big\}. \end{aligned} \tag{153.05}$$

从(152.17.2)得 $\varepsilon v^{(1)}(x,\varepsilon Y)\sim Y^{-1}(x)q_0k'(x)$.

根据假定(153.01)，将上式和(153.05)代入(153.04)得到的最低阶项为(不计常数因子)：

$$\log\frac{2}{\varepsilon s_0}\int_0^\infty k''(x)k'(x)dx=\frac{1}{2}\log\frac{2}{\varepsilon s_0}[k'(x)^2]_0^\infty=0.$$

余项为

$$F^{(2)}=2\pi\rho_0q_0^2\int_0^\infty k'(x)\left\{k''(x)\left(\log x-\frac{1}{2}\log 2k(x)\right)\right.$$
$$\left.-\int_0^x\frac{k''(x)-k''(\xi)}{x-\xi}d\xi-\frac{1}{4}k^{-1}(x)(k'(x))^2\right\}dx. \tag{153.06}$$

其中第二项可作分部积分且与第四项相消；余项可以组合成对称的形式：

$$F^{(2)}=-\pi\rho_0q_0^2-\int_0^\infty\int_0^\infty k''(x)k''(\xi)\log|x-\xi|dxd\xi. \tag{153.07}$$

这可以通过后面的运算证明. 上式与 v. Kármán[155] 给出的公式一致[参看 Lighthill[156]，也可与(157—164)作比较]，只是 $k'(x)$ 的含义稍有不同.

现在补作由(153.06)得(153.07)的推导. 令 $k'(x)=f(x)$ 我们有

$$\int_0^\infty\int_0^\infty f'(x)f'(\xi)\log|x-\xi|dxd\xi$$
$$=2\int_0^\infty f'(x)\int_0^x f'(\xi)\log(x-\xi)d\xi dx$$
$$=2\int_0^\infty f'(x)f(x)\log x dx-2\int_0^\infty f'(x)\int_0^x\frac{f(\xi)-f(x)}{\xi-x}d\xi dx$$
$$=-2\int_0^\infty f'(x)f(x)\log x dx+2\int_0^\infty f(x)\int_0^x\frac{f'(\xi)-f'(x)}{\xi-x}$$
$$\cdot d\xi dx,$$

因为

$$
\begin{aligned}
\frac{d}{dx}\int_0^x \frac{f(x)-f(\xi)}{x-\xi}\,d\xi &= \left[\frac{f(x)-f(\xi)}{x-\xi}\right]^{\xi=x} \\
&\quad + \int_0^x \frac{(x-\xi)f'(x)-f(x)+f(\xi)}{(x-\xi)^2}\,d\xi \\
&= f'(x) + \left[\frac{(x-\xi)f'(x)-f(x)+f(\xi)}{x-\xi}\right]_0^x \\
&\quad - \int_0^x \frac{-f'(x)+f'(\xi)}{x-\xi}\,d\xi \\
&= \int_0^x \frac{f'(x)-f'(\xi)}{x-\xi}\,d\xi + \frac{f(x)}{x}.
\end{aligned}
$$

B. 锥 型 流

§154 定 性 描 述

锥形流——本章处理的第二种流动，可以根据微分方程对它作出相当清楚的分析．锥型流是类似于A中所研究的，相对 x 轴有柱对称性的定常等熵无旋流动．但它还另有如下性质：在以原点为共同顶点的诸锥面(认为是无限的)上，量 u, p, ρ, q 均保持为常数．满足上述条件的流动是可能出现的，例如在面向超声速气流的飞行体的锥形头部上[1)]．

假定飞行体是尖头回转体，象在前一部分中所讨论的（见图1)．绕这种飞行体的流动类似于绕楔的流动，且与在楔的情况下一样(参看 § 123),必须区分两种情形．

假若飞行体顶端张角不太大，则流动借助一个自顶端开始的“附体”冲击波阵面而实现偏转（见图 2)．若飞行体头部是一段圆锥,那么,冲击波阵面与波后流动是锥型的，直至来自飞行体弯曲部分的膨胀波与锥型流及冲击波相交并改变它们的特征为止．

---

1) 对在过中心的各射线上 ρ, p 和 q 是常数,但未假定具有柱对称性的流动，Busemann 等人[178-185] 曾作过广泛的研究,所使用的是涉及小张角锥体的扰动方法．

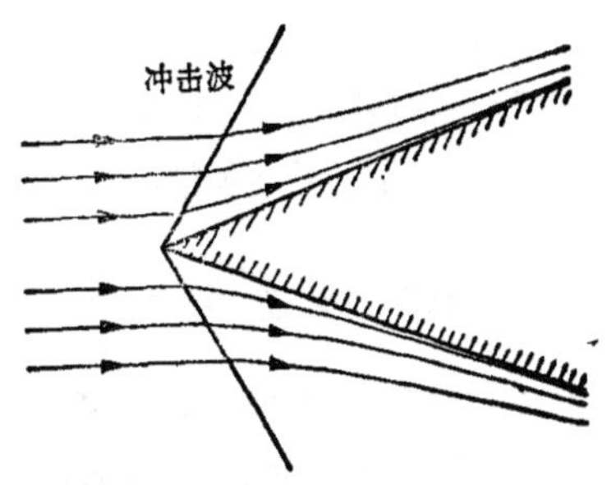

图 2　由绕足够小张角的超声速流形成的锥形冲击波及锥型流.

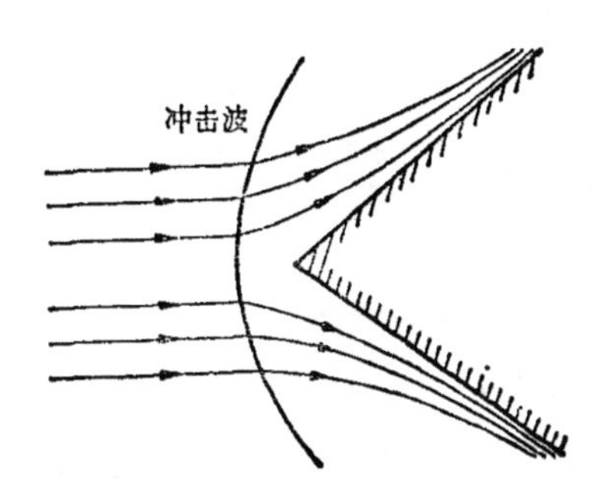

图 3　绕大角锥体的超声速流中的弯曲冲击波阵面.

另一方面，倘若顶部张角超过了某一极限值，则不可能有附体冲击波，而是在飞行体的前方出现一“脱体”冲击波阵面（见图 3），对于具有相同张角的飞行体，脱体冲击波阵面离开飞行体顶部的距离随飞行体主体的厚度加大而增加，当主体厚度无限增加时，此距离也将变至无穷.

特别是，在无限锥体有大张角的极限情况下，脱体冲击波是不可能的. 然而，如果张角足够小，则附体冲击波是可能的. 这时这冲击波阵面也是个无限锥面. 因为冲击波与来流的交角到处相同，其强度是常数，所以冲击波阵面后紧邻的状态也是常数，从而冲击波阵面后边的流动处处等熵. 波后流动能一直延续下去，以致在冲击波锥面和物体锥面之间的每个同心锥面上空气的状态都是常数．当任一个这样的锥面趋近物体锥面时，该锥面与流动方向的夹角也趋于零．对于冲击波附着于顶部的一般情况，流动可以从数学上确定[1]；以下的讨论将限于这种情况．

§155 微分方程

为了在数学上建立这种流动的图象[2]，令 x 为轴向坐标，y 为到轴的距离，u 和 v 分别为流动速度 $\boldsymbol{q}$ 在轴向和垂直地离开轴线的方向上的分量．于是，在 §16 中导出的等熵流动微分方程［参看(16.13—.14)］变为

$$v_x = u_y, \tag{155.01}$$

$$\left(1-\frac{u^2}{c^2}\right)u_x - 2\frac{uv}{c^2}v_x + \left(1-\frac{v^2}{c^2}\right)v_y + \frac{v}{y} = 0, \tag{155.02}$$

式中 c 可以根据 Bernoulli 定律

$$\mu^2(u^2+v^2)+(1-\mu^2)c^2 = c_*^2 \tag{155.03}$$

通过 u 和 v 表示．此时锥型流的基本假定意味着 u 和 v 从而 c 仅仅依赖于比值

$$\sigma = \frac{x}{y}. \tag{155.04}$$

于是方程(155.01)变为

$$v_\sigma + \sigma u_\sigma = 0, \tag{155.05}$$

而方程(155.02)化为

$$\left(1-\frac{u^2}{c^2}\right)u_\sigma - 2\frac{uv}{c^2}v_\sigma - \left(1-\frac{v^2}{c^2}\right)\sigma v_\sigma + v = 0. \tag{155.06}$$

方程(155.05)和(155.06)是 σ 的两个函数 u 和 v 的一对一阶微分方程．显然，这一对微分方程等价于一个函数的一个二阶方程．当

---

1) 其它情况参看[168]．

2) 参看 Busemann, Taylor, Maccoll 以及 Bourquard 的重要著作[165-169]．

将 v 作为 u 的函数引进时，这个二阶方程所取的形式特别便于处理. 从(155.05)我们得

$$\sigma = -v_u, \tag{155.07}$$

将此式对 σ 微分得

$$u_\sigma = -\frac{1}{v_{uu}}. \tag{155.08}$$

由此式与(155.07),(155.05)一起可推出

$$v_\sigma = -\frac{v_u}{v_{uu}}. \tag{155.09}$$

将方程(155.07—.09)代入(155.06)得

$$\left(1-\frac{u^2}{c^2}\right)+\left(1-\frac{v^2}{c^2}\right)v_u^2 - vv_{uu} - 2\frac{uv}{c^2}v_u = 0$$

或

$$vv_{uu} = 1 + v_u^2 - \frac{(u+vv_u)^2}{c^2}. \tag{155.10}$$

可以提一提 Busemann 对方程(155.10)的一个极好的几何解释. 该方程可写为如下形式:

$$R = \frac{N}{1-\dfrac{U^2}{c^2}}, \tag{155.11}$$

式中 R 为 (u,v) 平面上积分曲线在点 $P=(u,v)$ 的曲率半径, N 和 U 的含义在图 4 中是明显的.

如果方程(155.10) 的解 $v=v(u)$ 满足条件

$$v_{uu} \neq 0, \tag{155.12}$$

那么解的每一段都代表一个流动,因为这时可以通过 $v_u=-\sigma=-x/y$ 将 x 和 y 作为自变量引进. 于是, 这 u, v 值对应的 (x,y) 平面上那条通过原点的射线也就被确定了. (x,y) 平面上的这条射线显然平行于速度图平面上的曲线 $v=v(u)$ 在点 (u,v) 处的法线.

这样得到的流动在有些方面类似于二维流中的中心简单波.

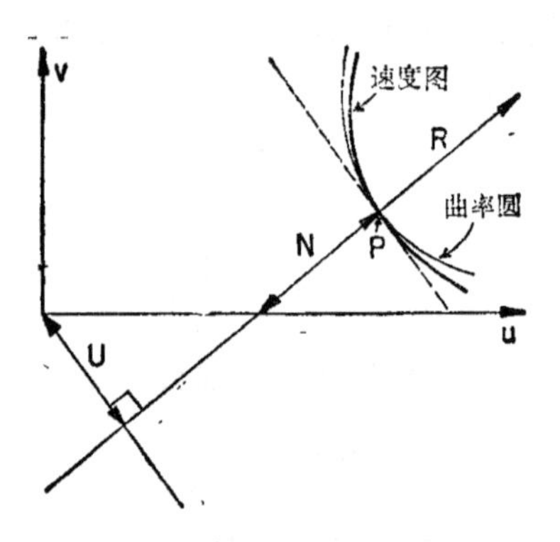

图 4　方程(155.11)的几何解释.

然而,在二维定常流的情况下,简单波在速度图平面上是由两族固定的特征线(外摆线)所表示,而这里所考虑的锥型流,在速度图平面上的像却对应于各式各样的曲线,即过每一点的完整的单参数曲线族.

为了以下几节的讨论,必须建立流体沿给定锥面流动的条件.这个条件显然是,流动具有的方向就是圆锥在(x,y)平面上描出的射线的方向 $x/y=\sigma$,即

$$u/v=\sigma. \tag{155.13}$$

根据(155.07)此条件变为

$$v_u=-u/v. \tag{155.14}$$

在积分曲线上满足条件(155.14)的点,可以称之为"端点". 在端点处,积分曲线的法线显然通过原点.

§156　锥面冲击波

锥面冲击波的过渡关系式与平面斜冲击波的相同,式中不出现冲击波锥面的曲率. 若设冲击波锥是直的,那么当假定一边是锥型流时,则沿每条射线 u,v,p 及熵的跃变都是常数;所以,此假定在另一边也成立. 穿过冲击波后,流动可以作为具有常数熵的锥型流继续下去. 换言之,适当的锥面冲击波是与锥型流的假定

相容的.

设有一个由 p_0, ρ_0, u_0, v_0 表征的流动穿过这样一个锥面冲击波. 注意,这仅当速度 $q_0 = \sqrt{u_0^2 + v_0^2}$ 为超声速即 $q_0 > c_0$ 时才有可能. 冲击波波后速度 $q_1 = (u_1, v_1)$ 落在(u, v)平面上冲击波极线的圈线上（参看 § 121). 描出冲击波锥的那条斜射线与联接(u_0, v_0)和(u_1, v_1)的直线垂直. 对应于情况 (a): $v_1 > v_0$ 及 (b): $v_1 < v_0$ 的冲击波锥的位置示于图 5.

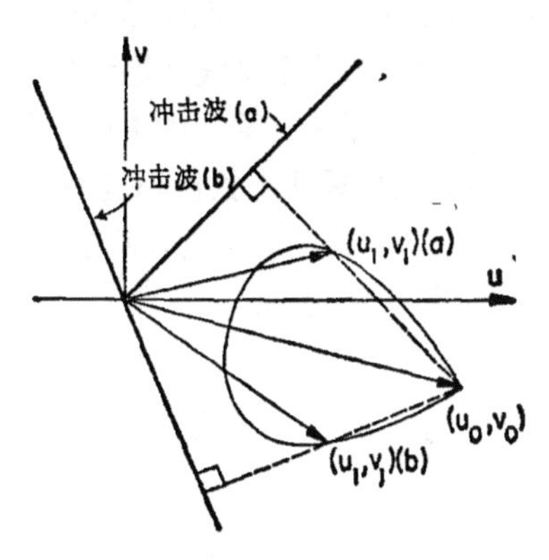

图 5 在 (a): $v_1 > v_0$ 和 (b): $v_1 < v_0$ 情况下穿过锥面冲击波时的过渡.

当要依照微分方程 (155.10) 延续冲击波波前或波后的流动时,积分曲线的斜率应如此确定: 在(u, v)平面上由(155.13)给定的射线应与冲击波波后流动的轨迹相重合. 因为这条射线一方面垂直于积分曲线,而另一方面又垂直于联接(u_0, v_0)和(u_1, v_1)的直线段,故积分曲线应在这个线段的方向上自点(u_1, v_1)发出. 于是积分曲线的初始斜率为

$$v_u = \frac{v_1 - v_0}{u_1 - u_0} \tag{156.01}$$

Taylor 和 Maccoll[165,167] 所讨论的锥面冲击波限于 $u_1 > v_0$(情况(a))且 $u_0 = q_0 > 0$ 和 $v_0 = 0$ 的情况. 当不变的轴向流被锥体偏转时就出现这种情况 (见图 6). 我们将扼要地指出 Busemann 是如何处理这一问题的. 通过冲击波关系式可确定穿过冲击波锥

的流动速度 (u_1, v_1)（第三个过渡关系式保证了冲击波前后的Bernoulli 常数从而还有 c_* 相同）. 我们要求出方程(155.10)的解，解的曲线通过冲击波极线上的点 (u_1,v_1). 在该点上这条曲线的初始斜率 v_u 由(156.01)给出. 现在这个解这样延续，使 $\sigma=x/y$ 增加，从而根据(155.07) v_u 减小，直至到达流动与射线具有相同方向的点. 这样一个"端点"由条件(155.14)表征，这个端点取决于对与二重点 $(q_0, 0)$ 相联系的冲击波极线上点(u_1,v_1)的选取. 这些可以从$(q_0,0)$到达的一系列端点就形成一条曲线，根据它特有的形状，Busemann 称它为"苹果线"(见图 8). 利用以上方法，冲击波就被决定，同时找到了指往端点的方向. 假若规定了指往端点的方向，我们就可以在苹果线上找出相应的点，即苹果线与过原点的相应射线的交点. 一般说来交点有两个，其中对应较弱冲击波的点在实际上大概更可能出现.

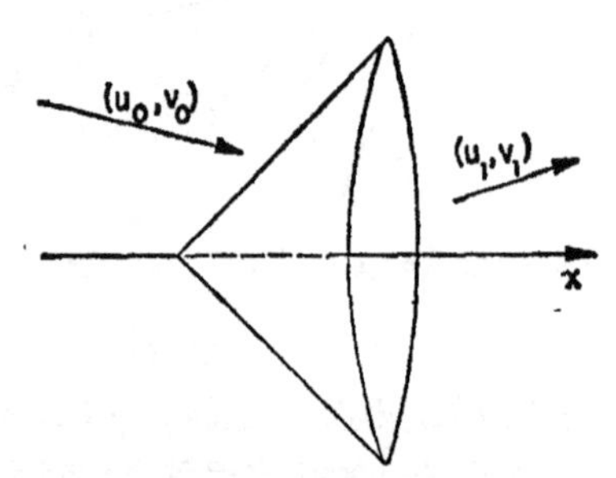

图 6 穿越冲击波锥的流动 $(v_1>v_0)$.

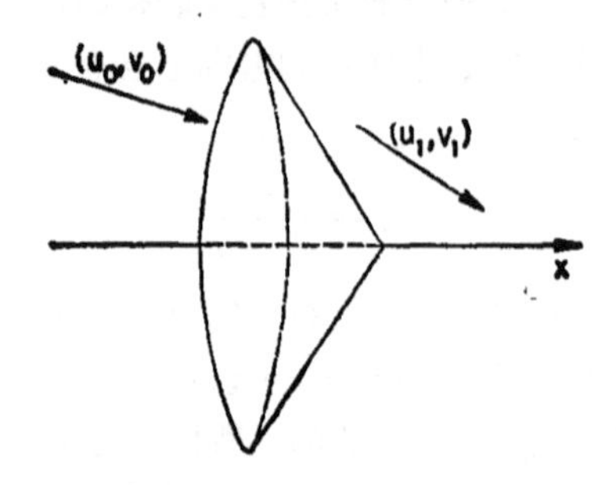

图 7 穿越冲击波锥的流动 $(v_1<v_0)$.

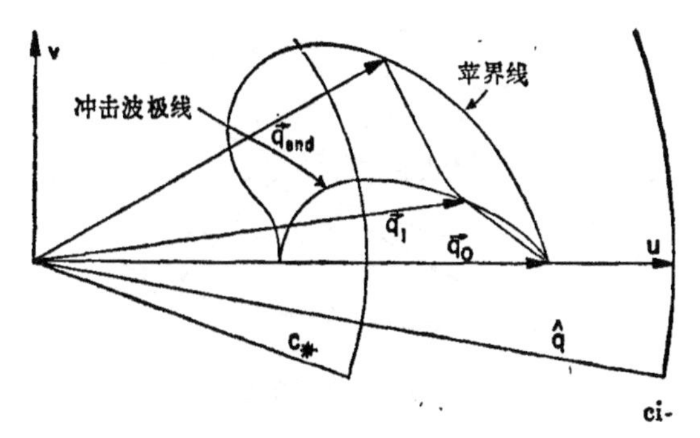

图 8 从具有给定来流速度的状态，通过锥面冲击波阵面后可以达到的所有可能的端点速度的苹果线．

根据以上理论计算出的压力和角度值与实验值符合得非常好（参看 Taylor 和 Maccoll[167,168]）． Kopal[170] 给出了一套包罗所有锥型流动的表册．

§157 其它包含锥型流的问题

下面是另一个可以用锥型流方法求解的问题：要求设计一个管壁为回转曲面的管道，使得沿着轴向进入管道的具有给定 Mach 数的超声速流动，先被不断地压缩和减速，然后通过一个冲击波被瞬时地进一步压缩和减速，在过了冲击波以后流动必须又沿轴向．为设计这种扩压器，我们只需确定出一种具有上述特性的流动，然后选择任何一个“流面”作为管壁．

正如 Busemann[169] 所注意到的，具有上述特性的流动可以作为锥型流来构造，这时冲击波也是一个锥面（见图 9）．为找出这样一种锥型流，较方便的是从冲击波锥后的状态开始，该状态由 u 轴上的点$(u_2, 0)$代表，然后画出(u,v)平面上冲击波极线的后曳分支，该分支上的点代表所有可能的波前状态，而$(q_0, 0)$则代表波后状态．在 $u_2 < c_*$ 的情况，这一支曲线示于图 10 中．在这分支上我们选定 $v_1 < 0$ 的一点 (u_1, v_1)，让方程(155.06)的积分曲线通过该点．积分曲线的斜率在(u_1, v_1)处等于 $v_1/(u_1 - u_2)$． 于是积分曲线与 u 轴的交点$(u_0, 0)$ 就代表入口流动．为了使这种结构能代

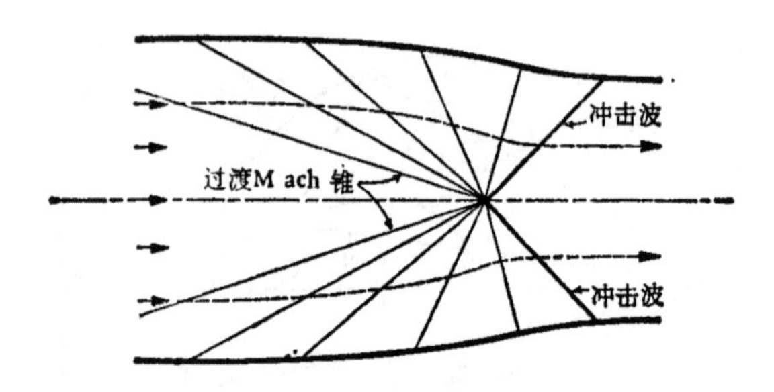

图 9　柱对称的扩压器流动.

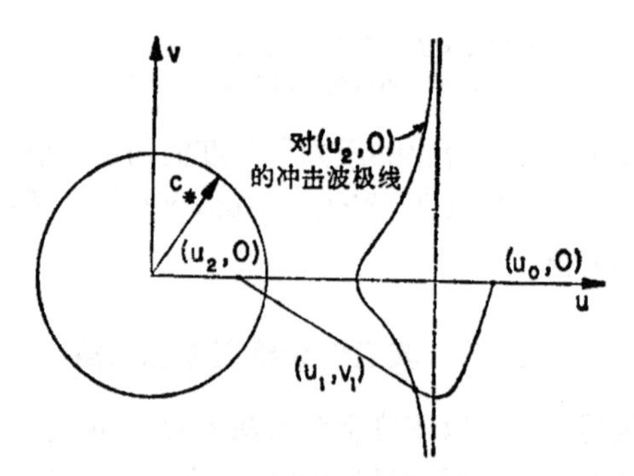

图 10　扩压器流动的速度图.

表一种流动，必需$\sigma = x/y$随u的减小而增加，或者根据(155.08)，在我们的积分曲线上v_{uu}需是正的.

值得指出的是，方程(155.10)和(155.03)在微分之后表明，在点$(u_0, 0)$上$v_u v_{uu} > 0$，因此在该处根据$v_u > 0$或< 0而有$v_{uu} > 0$或< 0；另一方面，对于刚才所描述的结构，条件$v_{uu} > 0$决不可能满足．同时由此可知，不可能存在纯锥型无冲击波的扩压器流动．因为这样一种流动是由从点$(u_0, 0)$开始和在点$(u_1, 0)$终止的积分曲线表示，在起点有$v_u > 0$，在终点有$u_1 < u_0$和$v_u < 0$；条件$v_{uu} > 0$在终点是不满足的.

另一个乍看好象涉及锥型流动的问题是锥形冲击波反射的问题．一常数平行流穿过一"入射"的锥形冲击波阵面后被朝轴方向偏转，而在穿过"反射"锥形冲击波阵面后又成为平行流．自然，人们总想作如下假设来构造这样的流动，即假设在这两个冲击波阵面之间和穿过反射冲击波阵面之后流动是纯锥型流.然而，这种类型的流动并不存在，这可以由讨论 v_{uu} 的符号得到证明. 进一步的猜想是，所观察到的锥形冲击波的反射实际上是 Mach 反射[参看 § 148]，但是其 Mach 盘却小得难以看见. (Ferri 的计算在某种程度上表明了这一点，参看 § 150 及 [176].)

C. 球 面 波

§ 158 概 述

研究球对称运动[1)]，对于水、空气及其它介质中的爆炸波理论是很重要的. 在球面运动中，速度是径向的，速度值以及密度、压力、温度和熵只依赖于离开原点的距离 r 和时间 t. 可以认为这种运动与活塞作用下管道中的一维运动有某些类似.在三维空间，活塞换成一个膨胀(或收缩)的球，它迫使其内部或外部的介质运动.

如我们在 § 162 中将要研究的，最简单的模型是以常速向四周的无限介质推进的"球面活塞"模型. 这样一种流动图像对应于第三章中，特别是 § 53 中所研究的一维情况下的常速"活塞运动". 然而应该记住，在三维空间为保持活塞的常速度，需要不断加快地补充能量.

下述假定是与实际情况符合得较好的: 运动可利用的总能是给定的. 由给定质量的炸药爆炸所产生的球面爆炸波就是这种情况.

在上述两模型的头一个中，跑在活塞前面的冲击波具有常速度，从而冲击波条件是与间断面两边的等熵流假定相容的；但是爆炸波的情况就不再如此. 对后者来说，冲击波的强度从而熵的变化在迅速减少，致使在冲击波阵面后流动已不是等熵的. 此外，

---

1) 以下讨论稍作修改也可应用于柱面波.

爆炸波内的空气或水在穿过冲击波阵面并随之被压缩以后，将再度迅速膨胀，膨胀到一般甚至低于冲击波波前的压力．这种抽吸状态是爆炸所引起的运动的一个重要特性．

球面冲击波的反射是一个极为重要的现象；以冲击波阵面为前导的聚心球面波可以在中心"反射"并使反射波后的压力剧增．

就目前的知识水平，我们循着数学分析的途径所能作的，是求出并讨论球面波微分方程的某些与问题的附加条件近似相符的特解．可以希望这些解至少在定性上展示出实际情况的一些重要特性．值得注意的是，对于在一定程度上了解和控制实际现象，这种平常的做法似乎足够了．

§159 解析公式

径向速度 u，压力 p 以及密度 ρ 作为 r 和 t 的函数满足以下微分方程[参看(17.07—.09)]：

$$
\begin{aligned}
&u_t + uu_r + \frac{1}{\rho} p_r = 0, \\
&\rho_t + u\rho_r + \rho\left(u_r + \frac{2u}{r}\right) = 0, \qquad (159.01)\\
&(p\rho^{-\gamma})_t + u(p\rho^{-\gamma})_r = 0,
\end{aligned}
$$

这里假定介质是多方的，具有绝热指数 γ．第三个方程表示沿质点轨迹熵是常数．我们不能约定熵处处为常数，因为如前所述，在冲击波波后熵一般并不保持为常数．假若在向外运动的波中，波头位置是时间的函数：

$$
r = R(t), \qquad (159.02)
$$

则波运动所携带的总能量可表达为

$$
E = 4\pi \int_0^R \left\{ \frac{1}{2}\rho u^2 + \frac{1}{\gamma - 1} p \right\} r^2 dr, \qquad (159.03)
$$

E 是时间 t 的函数．

另一个重要量，即距离 r 处的球面面积上所承受的单位面积的冲量 I 为

$$I = \int_T^{\infty} p dt, \tag{159.04}$$

式中 $T = T(r)$ 是波面抵达 r 处的时间，$T(r)$ 通过 $r = R(T(r))$ 与 $R(t)$ 相联系，I 是 r 的函数．

§ 160 行　　波

依照经典方法，通过假定一种特殊形式的解，将问题化为只包含常微分方程的问题，就可以求得微分方程的特解．用这种方法得到的解曾被称为**行波**[1]．将这些解写成以下形式是方便的：

$$\begin{aligned} u = \alpha r t^{-1} U(\eta), \quad c = \alpha r t^{-1} C(\eta), \\ \rho = r^{\kappa} \Omega(\eta), \quad p = \alpha^2 r^{\kappa+2} t^{-2} P(\eta), \end{aligned} \tag{160.01}$$

式中 η 是组合：

$$\eta = r^{-\lambda} t, \tag{160.02}$$

而

$$\lambda = \alpha^{-1} \tag{160.03}$$

是一个适当的正常数，且

$$\gamma P / \Omega = C^2. \tag{160.04}$$

换句话说，行波是一种特定的气体流动，对于一个保持 $\eta = r^{-\lambda} t$ 为常数而移动的观察者来说，这种流动中的量 $u r^{-1} t$，$c r^{-1} t$，$\rho r^{-\kappa}$ 为常数．式(160.01)中 U 和 C 的因子 $\alpha r t^{-1}$ 是这个观察者的速度，认为它在 $t > 0$ 时为正，$t < 0$ 时为负．所以气体相对于该观察者以超声速或亚声速运动的条件分别表示为 $|1 - U| > |C|$ 或 $|1 - U| < |C|$．

将方程(160.01)和(160.02)代入方程(159.01)，用(160.04)消去 Ω，通过直接的运算得方程

$$\begin{aligned} D \eta U_{\eta} &= A(U, C), \\ D \eta C_{\eta} &= B(U, C) C, \\ D \eta P_{\eta} &= E(U, C) P, \end{aligned} \tag{160.05}$$

---

1) 关于“行波”的更一般概念，参看(例如) Courant-Hilbert[32, p.446]．

其中

$$D = (1-U)^2 - C^2,$$

$$A = (1-U)(1-\alpha U)U - [3\alpha U - \gamma^{-1}(2 - 2\alpha - \kappa\alpha)]C^2,$$

$$B = (1-U)(1-\alpha U) - (\gamma - 1)\left[(1-\alpha U) - \frac{3}{2}(1-\alpha)\right]U - \left[\alpha + \gamma^{-1}\left(1 - \alpha + \frac{\gamma - 1}{2}\kappa\alpha\right) \cdot (1-U)^{-1}\right]C^2,$$

$$E = (1-U)[(2 + 2\gamma + \kappa)(1-\alpha U) - (3\gamma + \kappa)] + \gamma(1-\alpha U) - (2+\kappa)\alpha C^2. \tag{160.06}$$

由(160.05)的头两个方程，我们可以用 C 和 U 来表示比 dC/dU，于是得到一个以下形式的微分方程：

$$\frac{dC}{dU} = \frac{B(U,C)}{A(U,C)} C. \tag{160.07}$$

一旦解出这个方程，就可通过对(160.05)的第一和第三个方程求积分而确定出 η 和 P. 所以，通过引入一些适当的量，我们可以将问题化成求解一个常微分方程和两个积分. 这一值得注意的事实是 Guderley[193] 在考虑 $\kappa = 0$ 的情况下看出的.

我们将会看到，微分方程(160.05)的解可以表示多种流动. 一个解可以表示向中心运动的气体流动，直到它被在 $t = 0$ 时自中心发出的反射波所停止或改变为止；或者它可以只表示一个来自中心的波. 若感兴趣的只是这种向外运动的波，我们可以发现，根据(160.03)令 $\alpha = \lambda^{-1}$，并用变量

$$\xi = rt^{-\alpha} = \eta^{-\alpha} \quad 当 \quad t > 0 \tag{160.08}$$

来代替 η 是更方便的.

假设这个向外的行波的波头由下式给定：

$$r = R(t) = \Xi t^{\alpha}, \tag{160.09}$$

[参看(159.02)]，或

$$\xi = \Xi = H^{-\alpha}, \tag{160.10}$$

Ξ和H是常数．在t时刻波内所包含的能量根据(159.03)为

$$E = 4\pi\alpha^2 t^{(5+\kappa)\alpha-2} \int_0^{\Xi} \left\{\frac{1}{2} U^2(\eta)\Omega(\eta) + \frac{1}{\gamma-1} P(\eta)\right\} \xi^{\kappa+4} d\xi. \tag{160.11}$$

按式（159.04）算出的波运动传输给距离r处的球面的单位面积的冲量，可以更为方便地用η来表示：

$$I = \alpha^2 r^{\kappa-\lambda+2} \int_H^{\infty} P(\eta)\eta^{-2} d\eta \tag{160.12}$$

§161　特殊类型的行波

以下对一些由几个特殊假定所带来的简化进行讨论．

若流动等熵，$p\rho^{-\gamma}$是常数；关系式(160.01—.02)要求

$$\kappa = 2\frac{1-\lambda}{\gamma-1} \tag{161.01}$$

及

$$\eta^{-2} P(\eta)\Omega^{-\gamma}(\eta) = \text{const}. \tag{161.02}$$

特别是，若$\alpha = \lambda = 1$，$\kappa = 0$，则所有的量u，c，p，ρ沿射线$r/t = \text{const}$为常数．对于向外运动的波，波头$r = \Xi t$以常速Ξ移动，且在波后ρ和p是常数．因而这种波的运动与它前头的常数冲击波是相容的．我们将在§162中讨论$\lambda = 1$，$\kappa = 0$的各种等熵的波运动．

自然会问：在什么条件下行波前的冲击波能运动得使

$$\xi = rt^{-\alpha} = \Xi = \text{const}$$

[参看(160.08)]．此时，关系式(160.01)表明，在冲击波后面比值u/c是常数．这个条件仅当冲击波强度保持不变时才与Rankine-Hugoniot条件(54.08—.11)相容．只当$\alpha = 1$及$\kappa = 0$时才正好是这种情况．

然而，近似地说，倘若$\kappa = 0$，强冲击波是与行波相容的．以ρ_0表示波前的密度，令波前压力等于零，我们就得到对强冲击波近

似成立的关系式;此时冲击波跃变条件化为[参看(69.02—.04)]

$$\begin{aligned} &\rho=\mu^{-2}\rho_0,\ p=(1-\mu^2)\dot{R}^2\rho_0,\\ &c=\mu\sqrt{1+\mu^2}\dot{R},\ u=(1-\mu^2)\dot{R}. \end{aligned} \tag{161.03}$$

假定冲击波阵面往外运动并由 $r=R(t)=\Xi t^{\alpha}=(t/H)^{\alpha}$ 所给定,其中 $\Xi=H^{-\alpha}$ 是常数. 显然这时仅当

$$\kappa=0, \tag{161.04}$$

即当密度在轨迹 $t=\eta r^{\lambda}$ 或 $r=\xi t^{\alpha}$, $\eta=\xi^{-1}=\mathrm{const}$ 上保持为常数时[参看(160.01—.03)], 关系式(161.03)才与(160.01), (160.02)及(159.02)相容. 于是从(160.01)得出冲击波阵面后的状态值:

$$\begin{aligned} &U(H)=(1-\mu^2), C(H)=\mu\sqrt{1+\mu^2},\\ &\Omega(H)=\mu^2\rho_0,\ P(H)=(1-\mu^2)\rho_0. \end{aligned} \tag{161.05}$$

对于聚心冲击波 $r=(t/H)^{\alpha}$, $H<0, t<0$, 得出

$$C=-\mu\sqrt{1+\mu^2},$$

而 U, Ω, P 与(161.05)中的相同.

根据(160.11), 波所携带的能量保持为常数的条件可导致以下条件:

$$\kappa=2\lambda-5, \tag{161.06}$$

此外,若波在自己前头具有一强冲击波因而 $\kappa=0$, 则我们有

$$\lambda=\frac{5}{2},\ \alpha=\frac{2}{5}. \tag{161.07}$$

于是,冲击波阵面的运动由下式给定:

$$r=R(t)=\Xi t^{2/5}. \tag{161.08}$$

G.I. Taylor[190],[192] 在试图描述由中心点爆炸生成的爆炸波时, 首先建立并数值求解了

$$\kappa=0,\ \lambda=\frac{2}{5}$$

时问题的解. 很明显,爆炸波携带的能量等于炸药提供的能量,因此保持为常数.然而在使用 Taylor 的解描述爆炸波时发生了问题. 首先,我们从(161.03), (161.05)及(161.08)注意到,冲击波阵面后

的压力

$$p=\frac{4}{25}(1-\mu^2)\rho_0 E^2 t^{-6/5}=\frac{4}{25}(1-\mu^2)\rho_0 E^5 R^{-3} \quad (161.09)$$

当 $t\to\infty$ 时趋近于零. 因而强冲击波的假定最终将被破坏. 另外, Taylor 波的极为特殊的性质, 例如在 $rt^{-\frac{2}{5}}=\text{const}$ 上 $pt^{6/5}$ 为常数, 与爆炸中心附近的实际压力分布并不一致. 尽管如此, 似乎有理由认为, Taylor 的解对距中心一定距离上的爆炸波给出了很好的描述, 这距离足够大, 能保证爆炸过程的细节已不再影响波形, 同时这距离又足够小, 能保证冲击波依然是强波.

为了构造 Taylor 的行波解, 我们首先找出具有如(161.05)给出的初值 $\eta=H$ 时 $U=(1-\mu^2)$, $C=\mu\sqrt{1+\mu^2}$ 的, 且 $\lambda=5/2$, $\kappa=0$ 时的微分方程(160.07)的解. 这个解可在 η 增加到 $\eta=\infty$ 方向上得到. 若 $\gamma<7$, 则能够证明, 当 C 按 η 的幂次 η^β 变到无穷时 (其中指数 β 大于 α), U 趋向于一有限的极限值. 因而, 当 t 保持固定时, r 趋向于零, 而当 $u=t^{\alpha-1}\eta^{-\alpha}U$ 趋于零时, $c=t^{\alpha-1}\eta^{-\alpha}C$ 趋于无穷. 所以, 在原点气体静止, 而声速从而温度、密度及压力均为无穷.

在每一种情况下都能直接给出方程 (160.07) 的一个确定的解, 即"平凡解" $U=\text{const}$, $C=\text{const}$. 这两个常数是以下方程的解:

$$A(U,C)=B(U,C)=0. \quad (161.10)$$

我们想知道, 在什么情况下这个解与一个强冲击波相容, 将(161.05), $U=(1-\mu^2)$, $1-U=\mu^2$, $C^2=\mu^2(1+\mu^2)=\gamma\mu^2\cdot(1-\mu^2)$ 及 $\kappa=0$ 代入(161.10), 在作一些计算之后, 我们得到关于 μ 或 γ 的条件:

$$\mu^2=\frac{3}{4} \text{ 或 } \gamma=7,$$

且 $\lambda=5/2$. 值得注意的是, 这个 λ 值正好是与能量为常数的条件相对应的值, 而 $\gamma=7$ 可作为非常好的近似用于水 (参看

§3). 所以水里的 Taylor 型爆炸行波解可以显式地给出.

这样一种爆炸波的前导冲击波阵面的运动满足

$$r = \Xi t^{2/5},$$

其中Ξ为一适当的常数;波区内的速度和声速为

$$u = \frac{1}{10}t^{-1}r,\ c = \frac{\sqrt{21}}{10}t^{-1}r,\ 0 \leqslant r \leqslant \Xi t^{2/5};$$

从(160.05)的第三个方程,(160.08)及(161.05)则得压力分布:

$$p = \frac{1}{25}\rho_0 r^2 t^{-2}\xi/\Xi = \frac{1}{25}\rho_0 r^3 t^{-12/5}/\Xi,\ 0 \leqslant r \leqslant t^{2/5}.$$

这个显式解是由 H. Primakoff 得出的.

§162 球面拟简单波

现在我们来详细讨论前面提到过的球对称流动,在这些流动中速度、声速、压力和密度在射线 $r/t = \text{const}$ 上是常数. 按§32所引进的术语,这些流动称为三重波,但不妨称它们为拟简单波更好,因为它们与简单波有许多共同点. 这些波是§160所考虑的行波的一些特殊情况,它们对应于 $\lambda = \alpha = 1,\ \kappa = 0$. 此时微分方程(160.05)化为

$$\begin{aligned} D\eta U_\eta &= \{(1-U)^2 - 3C^2\}U, \\ D\eta C_\eta &= \{(1-U)^2 - (\gamma-1)U(1-U) - C^2\}C, \\ D\eta P_\eta &= 2\{(1-U)^2 - \gamma U(1-U) - C^2\}P, \end{aligned} \tag{162.01}$$

其中

$$D = (1-U)^2 - C^2. \tag{162.02}$$

记住[参看(160.08), (160.01—.02)]: $\eta = tr^{-1} = \xi^{-1}$,且

$$u = \eta^{-1}U(\eta),\ c = \eta^{-1}C(\eta),\ p = \eta^{-2}P(\eta),\ \rho = \Omega(\eta). \tag{162.03}$$

我们可以求出这些微分方程的解,只要先从微分方程

$$\frac{dC}{dU} = \frac{(1-U)^2 - (\gamma-1)U(1-U) - C^2}{(1-U)^2 - 3C^2}\frac{C}{U} \tag{162.04}$$

找出作为U的函数C，然后从(162.01)的其余两个方程确定出作为U的函数η和P. 方程(162.04)的解的性态可从(U, C)平面上代表该方程的矢量场看出. 如图11所示,此矢量场在D_+, D_-, C_+ C_-, A, B各点具有奇异性. 区域$C > 0$对应于$\eta > 0$, 即对应于$t > 0$, 而区域$C < 0$对应于$\eta < 0$, $t < 0$. 图中所示的箭头给出η增加的方向,亦即r值固定时,时间t增加的方向. 注意到在穿过"临界"线$D = 0$或$|1 - U| = |C|$时该方向将反转,所以代表真实流动的积分曲线都不穿过临界线,因为时间必须是增加的.于是,真实的流动将产生一个在空间中运动的"界限"曲面.

我们首先研究以常速ξ_0膨胀的球产生的波运动. 在膨胀的球表面上,气体的速度等于球表面的速度,$\xi = \xi_0$; 所以该处$u = \xi = \xi_0$, 或根据(162.03), $U = 1$. 假定波的前头有一以常速Ξ移动的冲击波阵面,冲击波速度值是待定的. 冲击波阵面后的气体速度及声速分别用u_s和c_s表示. 我们使用以下关系式作为穿越冲击波阵面的过渡关系式:

$$\mu^2(u_s - \Xi)^2 + (1 - \mu^2)c_s^2 = -\Xi(u_s - \Xi)$$
$$= \mu^2\Xi^2 + (1 - \mu^2)c_0^2, \qquad (162.05)$$

上式得自Prandtl关系式和C_*^2的表达式,其中C_*^2用冲击波速度Ξ和冲击波波前声速c_0表示[参看(119.06)和(119.01)].

用Ξ^2除方程(162.05)得到关系式:

$$(1 - \mu)^2 C_s^2 = (1 - U_s) - \mu^2(1 - U_s)^2$$
$$= (1 - \mu^2)(1 - U_s)^2 + U_s(1 - U_s), \qquad (162.06)$$
$$U_s = (1 - \mu^2)\left(1 - \frac{c_0^2}{\Xi^2}\right). \qquad (162.07)$$

以上公式建立了U_s, C_s与c_0/Ξ之间的关系. 在(U, C)平面上,满足(162.06)的点(U_s, C_s)落在一个椭圆上. 关系式(162.07)加上条件$U_s < (1 - \mu^2)$, 就使得只有一段"冲击波椭圆"代表冲击波的波后状态. 对于一个向外膨胀的冲击波的波后状态, 关系式$u_s < \Xi$和$c_s > \Xi - u_s$成立, 前者表示气体自右向左地穿越冲击波阵面, 后者表示冲击波后流动相对冲击波为亚声速的. 对于向

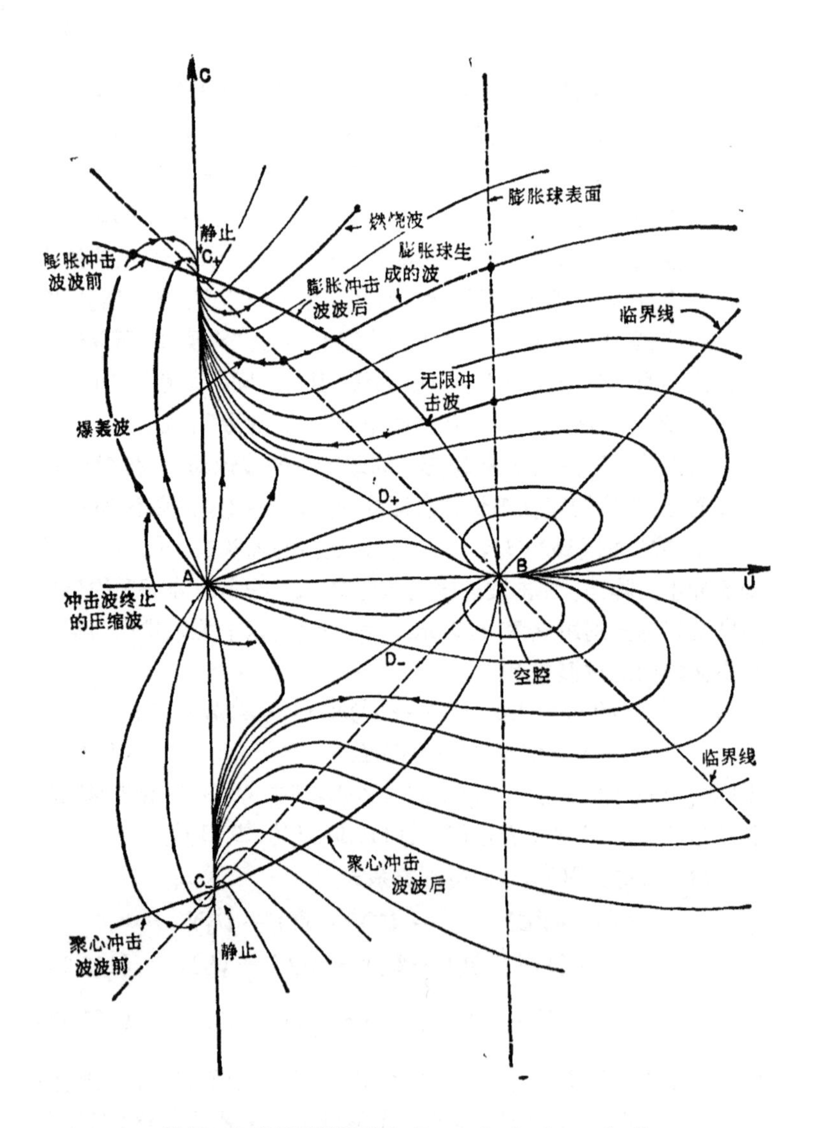

图 11　表示球面拟简单波中 $U = rt^{-1}u$ 和 $C = rt^{-1}c$ 的微分方程的矢量场

外膨胀的冲击波阵面，这两个条件给出

$$0 < 1 - U_s < C_s. \tag{162.08}$$

正如从(162.06)所看到的，这两个关系在冲击波椭圆的 $0 < U_s <$

$(1-\mu^2)$ 段上是满足的.

现在假设前导冲击波阵面的速度 Ξ 已给定;于是,在 (U,C) 平面上,冲击波波后状态就在冲击波椭圆的允许段上确定出一个点 $U=U_s$, $C=C_s$. 有一条方程(162.04)的积分曲线通过此点. 我们沿 ξ 减小或 η 增加的方向来追踪这条积分曲线. 如图 11 所见,这条在该方向延伸的积分曲线终止于直线 $U=1$ 上某点,而不穿过临界线 $|1-U|=|C|$. 这端点上 ξ 的值 ξ_0, 现在可通过对(162.01)的第一个方程从 $U=U_s$ 到 $U=1$ 求积分确定. 所以 ξ_0 是 Ξ 的已知函数. 结果表明,这函数是单调的, 因此,冲击波速度 Ξ 可以作为球表面的给定速度 ξ_0 的函数而被确定. 这样就求出了 G. I. Taylor 所首先得到的问题的解.

球表面上以及冲击波波后的气体速度对冲击波速度的依赖关系示于图 12 (也可参看[195]). 注意到, 对于以常速运动的活塞所产生的相应一维气体流动问题,这两个量是相等的.

有意义的是,在穿越冲击波时获得正速度 $u_s=\Xi U_s$ 的气体质点,在运动中将进一步加速,并渐近地达到膨胀球的速度 ξ_0;同时,

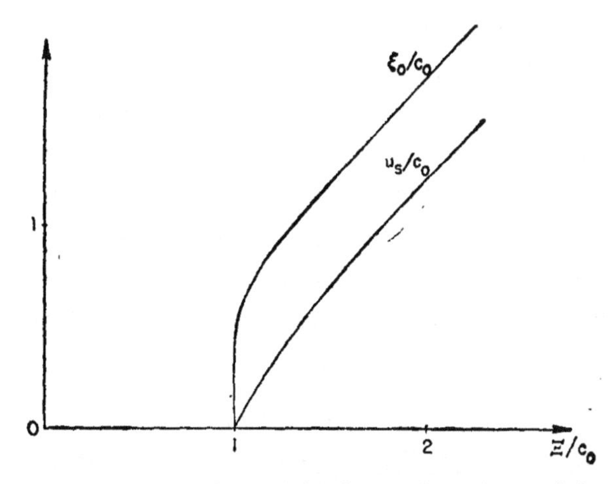

图 12 膨胀球的速度 ξ_0 随初始冲击波阵面速度 Ξ 的变化;同时画出了冲击波后流动速度 u_s 随 Ξ 的变化以供比较. 在一维运动中 u_s 就代表产生同样强度的冲击波的活塞速度.

声速 $c = \xi C$ 增加，这表明冲击波后气体在运动中受到进一步的压缩.

可以提一下，在球面速度是 $0.2c_0$ 的情况下，Taylor 曾经把用上述理论计算出的流动和根据声学理论中提出的声学近似所算得的结果进行了比较，他发现除了球面附近的压力分布外(对于压力声学理论给出的值太大)，两者非常一致.

由球膨胀引起的各种拟简单波型的流动，都以一个冲击波阵面作前导，这在以前是并不清楚的. 然而，以下事实说明，情况确是如此：每一条自直线 $U = 1$ 开始的 $C > 0$ 的积分曲线，都以增大的 C 值和 $dU/dC = 0$ 进入点 $U = 0$, $C = 1$. 这可以通过讨论该点矢量场的奇异性得到证明. 所以，这些曲线在与临界线 $C = 1 - U$ (在该处 ξ 的方向将反转)相交之前就与冲击波椭圆相交.

§163 球面爆轰波与爆燃波

作为微分方程(162.04)的解的另外一些令人感兴趣的拟简单波是球面爆轰波. 我们先回忆一下一维爆轰波的情况. 在第三章的 E 部分中已见到，爆轰波被看作是一种类似冲击波的间断，爆轰过程由已燃气体的特性和可释放的能量所唯一确定；倘若采用 Chapman-Jouguet 假定(认为爆轰波波后的气体速度等于声速)，则过程不依赖于波后方的条件. 我们已经知道，爆轰波波后的已燃气体能够通过一中心简单波自行调整，使达到静止 (参看 §90). 现在的问题是，倘若我们仍认为 Chapman-Jouguet 假定成立，那末球面爆轰波波后的已燃气体的流动会不会有可能与上述情况相同. Chapman-Jouguet 条件用波面速度 Ξ，波后气体速度 u_D 及声速 c_D 表示为 $\Xi - u_D = c_D$ 或

$$1 - U_D = C_D. \tag{163.01}$$

换句话说，波后的状态由临界线 $1 - U = C$ 上的点 $U = U_D$, $C = C_D$ 表示，此点由爆轰的特性确定. 于是，通过此点的积分曲线应沿 η 增加的方向延伸. 从图 11 看出，倘若点 (U_D, C_D) 落在临

界曲线的 $0 < U < U_E, 1 > C > C_E$ 段上，那么，这样的积分曲线将终止于点 $U = 0,\ C = 1$ 上.

对点 $U = 0, C = 1$ 邻域中矢量场的简单讨论表明，在任何积分曲线上，当趋近此点时，η 趋于一有限值 η_0. 所以爆轰波区尾接一个内中心球，该球以声速 $c_0 = \xi_0 = \eta_0^{-1}$ 由原点向外膨胀. 在中心球内气体处于静止，而声速具有常数值 $c_0 = \xi_0$. 波区的压力分布可由求解(162.01)第三个方程得出. 这个问题首先由 G.I.Taylor 提出并予以解决.

从这个解看来，似乎可能有这样的爆轰波，其波面以 Chapman-Jouguet 条件确定的常速度向外膨胀. 但是，与此同时，这些解展示出的一些特性却与爆轰理论的某些基本假定相矛盾. 微分方程(162.01)表明，在 $1 - U = C$ 的点上，$dU/d\eta$ 和 $dC/d\eta$ 为无穷大，因为这时 $D = 0$. 换言之，紧接在爆轰波面后 u, c 和 p 的变化率为无穷大. 爆轰过程的间断理论的基本假定之一是：在爆轰波面后等于爆轰波面宽度的一段距离上，流动过程中一些重要量的变化是可以忽略不计的. 在刚才讨论的球面爆轰波中，这个假定显然是不成立的. 由此可以得出结论，在球面爆轰波中，爆轰过程不再与其后方的稀疏过程无关，此稀疏过程影响着爆轰的内部机制. 事实上，在实际的球面爆轰过程中，这影响的结果是，爆轰波面传布的速度比由 Chapman-Jouguet 假定给出的速度小.

我们说球面**燃烧波**或**爆燃波**也可以用拟简单波来描述. 假定燃烧过程可以解释为一个相对其前面的未燃气体以给定的燃烧速度传播的间断（参看 § 91）. 于是，燃烧过程在它前头发出一个压缩波，压缩波又以冲击波阵面为前导. 被压缩的气体在穿过爆燃波面时发生燃烧并变成静止态.

预压波与膨胀球产生的波有相同的性质，所以在$(U,\ C)$平面上由相同分支的积分曲线代表. 仅有的差别在于此压缩波在 U 值小于 1 的 U_c 处终止，于是这个 U_c 值须调整得使 $\xi_c - u_c = \xi_c(1 - U_c)$ 正好为所述的相对波前未燃气体状态的燃烧速度. 燃烧阵面的绝对速度 ξ_c 可以从燃烧气体处于静止的条件来确定.

§ 164 其它球面拟简单波

存在一些有意义的其它类型的球面拟简单波．它们是：被一个波后气体变为静止的向外传的“反射”冲击波阵面所截断的聚合压缩波．在(U,C)平面上这些波由下列曲线表示，它们自点$U=0, C=-1$或点$U=1, C=0$开始，穿过点$U=0, C=0$，终止于$U<0, C>0$象限中某处的“冲击波椭圆”上．简单的讨论表明，在发自$U=0$, $C=-1$或$U=1$, $C=0$的积分曲线上，η以有限值η_A开始．因而这些第一种类型的波具有一收缩的中心球，球内气体静止；而第二种类型的波具有空腔．进一步的讨论说明，当穿过点$U=0$, $C=0$时η要变为零，以使量$u=\eta^{-1}U$及$c=\eta^{-1}C$经过有限值．注意到在整个波内u为负而c为正．在积分曲线与冲击波椭圆的交点上有$1-U>C$，即$\xi-u>c$；换言之，在该处流动相对波面为超声速的，因为它在冲击波阵面的前头．所以曲线是在适当的方向上穿过冲击波面．令r趋于无穷而保持t为常数，我们得$\eta\to 0$．所以当$r\to\infty$时量u和c趋于它们在$t=0$时的值；换句话说，在无穷远处，流动具有有限的负速度和有限的声速．

自然要问，是否存在以聚心冲击波阵面为前导而被散心的“反射”冲击波阵面所截断的拟简单波．聚心冲击波的波后状态，在(U,C)平面上由冲击波椭圆的$C<0, 0<U<1-\mu^2$的下支上的一个点表示．通过此点在η增加的方向上延伸的积分曲线与临界线$1-U=-C$相交．从而，在一个可以延拓到$t>0$时刻的聚心冲击波阵面后，这种波的流动是不存在的．所以含有反射冲击波阵面的流动不能是拟简单波．

§ 165 球面反射冲击波

以下我们补充一些有关 Guderley[193] 对球面反射冲击波问题的研究结果． Guderley 假定聚心冲击波波后的流动是 § 161 所考虑的行波类型，而且波前头的前导冲击波是如此地强，以致可以认为波面上的状态满足关系式 (161.03) 及 (161.05)；此外仍按 (161.04) 假定 $\kappa = 0$. 对应于微分方程(160.07)的(U, C)平面上的矢量场，在 $\lambda \neq 1$ 情况下要比 $\lambda = 1$ 的更复杂(见图 11)；但是有几点性质是共同的. 此矢量场存在一些奇点，在这些点上 $A = B = 0$ [参看(160.06)]. 从关系式(在推导表达式(160.06)时可自然得出)

$$2(1-U)B - (\gamma - 1)A = [2(1-\alpha U) - 3(\gamma - 1)\alpha U]D$$

看出，$A = B = 0$ 意味着：或者 $2(1-\alpha U) - 3(\gamma - 1)\alpha U = 0$，或 $D = 0$. 在方程 $A = 0$ 中令 $C^2 = (1-U)^2$，可得临界线 $D = 0$ 上的奇点. 奇点数目是 5，3 或 1，这取决于二次方程

$$(1-\alpha U)U - [3\alpha U - \gamma^{-1}(2 - 2\alpha - \kappa\alpha)](1-U) = 0$$

是有二个、一个或没有实根. 这些奇点是鞍点型的，所以在其中每个奇点上只有一条积分曲线通过，因而在穿过临界线 $D = 0$ 时 $d\eta$ 的符号不变. 于是，这些点提供了从亚声速流过渡到超声速流的可能性. Guderley 发现，若 $\alpha = 0.717$ (柱形流的情况 $\alpha = 0.834$)，则那条从点

$$U = (1-\mu^2), C = -\mu\sqrt{1+\mu^2}$$

(该点对应无限强聚心冲击波的波后状态，参 看 (161.05)) 出发的积分曲线正好通过这些奇点之一，随后，这曲线通过点$U = C = 0$，从而就由对应于 $t < 0$ 的点通向了对应于 $t > 0$ 的点. 此时，不难在所得流动中这样匹配上一个散心的反射冲击波阵面，使得这冲击波阵面后边的气体，在中心是静止的，在中心以外，则随着时间的无限增加而逐渐变为静止. $\alpha = 0.717$ 小于1 表明，当聚心强冲击波到达中心时，它的速度达到无穷大；而且，反射冲击波也以无穷大速度离开中心，但随后就逐渐减弱.

Guderley 的一个重要结果是，反射冲击波波后的压力大约为入射冲击波波后压力的 26 倍；与此相比较，在柱对称情况下此比值为 17，而一维强冲击波反射时为 8(参看第三章 § 70).

冲击波反射的这种图像，是一种偶然的可能性呢，还是在下述意义上有着代表性？即在原点附近每一种冲击波反射的过程都包

含着表现出相似性的流动. 目前似乎仍无确定的答案.

§166 结 束 语

本章的讨论再次展示了非线性波运动理论的初步特征. 所有我们已完成的工作,是构造适用于具体情况的特解,而对于给出在给定的边界条件和初始条件下唯一地确定流动的理论, 我们还相距甚远. 尽管如此,令人鼓舞的是,一些从数学上得出的流动图像仍与物理现象符合得很好. 但是可以想象,在某些情况下,存在着另外一些可以很好代表所观察到的流动的解. 工程师和物理学家对数学分析结果的信赖,最终将以验证为依据,即验证所得的解是按问题的给定条件选出来的. 为把本书所介绍的理论发展到既满足应用之需要, 又符合物理学之基本要求的阶段, 尚需作巨大的努力.

参 考 文 献

与可压缩流体流动有关的文献的综合文献目录，参看

[1] Michel, L. R., Bibliography on flow of compressible fluids, Department of Mechanical Engineering, Massachusetts Institute of Technology, 2nd edition, Cambridge, Mass., 1946.

[2] Summaries of foreign and domestic reports on compressible flow, Headquarters Air Matériel Command, Wright Field, Dayton, Ohio, 1947.

广泛详尽的文献目录还可以在下面提到的 von Kármán 的三篇讲稿中找到. 因此，我们可以只限于给出一个有限数目的恰当的参考书目. 气体动力学的一般性介绍是

[3] Busemann, A., Gasdynamik Handbuch der Experimentalphysik, Vol. IV, Akademische Verlagsgesellschaft, Leipzig, 1931.

[4] Ackeret, J., Gasdynamik, Handbuch der Physik, Vol. VII, Springer, Berlin, 1927.

[5] Taylor, G. I., and Maccoll, J. W., The mechanics of compressible fluids, W. F. Durand's Aerodynamic Theory, Vol. III, Division H, Springer, Berlin, 1935. (Reprinted: California Institute of Technology, 1943.)

[6] Sauer, R., Theoretische Einführung in die Gasdynamik, Springer, Berlin, 1943.

[7] Liepmann, H. W., and Puckett, A. E., Introduction to Aerodynamics of a Compressible Fluid, Galcit Aeronautical Series, Wiley, New York, 1947.

[8] Lin, C. C., An introduction to the dynamics of compressible fluids, Monograph I, Headquarters Air Materiel Command, Wright Field, Dayton, Ohio, 1947.

一般的概括性研究报告是

[9] Taylor, G. I., Recent work on the flow of compressible fluids, Journal of the London Mathematical Society 5, 224—240 (1930).

[10] Prandtl, L., Allgemeine Überlegungen über die Strömung zusammendrückbarer Flüssigkeiten, Zeitschrift für angewandte Mathematik und Mechanik 16, 129—142 (1936), 以及其中参考文献.

[11] von Kármán, Th., The engineer grapples with non-linear problems, Bulletin of the American Mathematical Society 46, No. 8, 615—683 (1940), and literature given there.

[12] von Kármán, Th., Compressibility effects in aerodynamics, Journal of the Aeronautical Sciences 8, No. 9, 337—356 (1941).

[13] Emmons, H. W., Shock waves in aerodynamics, Journal of the Aeronautical Sciences, 12, 188—194 (1945)..

[14] von Kármán, Th., Supersonic aerodynamics—Principles and applica-

tiona, Journal of the Aeronautical Sciences, 14, No. 7, 373—412 (1947).

至于在德国关于气体动力学方面的工作参看

[15] Döring, W., and Burkhardt, H., Beiträge zur Theorie der Detonation, Air Materiel Command, Wright Field, Ohio, Air Documents Division, FB1939, Film R 23, 181.

[16] Bibliography on German supersonic research No. 1, Headquarters Air Materiel Command, Wright Field, Dayton, Ohio, 1946.

第一章 可压缩流体

A部分. 普通流体动力学和热力学概念

关于流体动力学一般方程的推导和讨论,参看

[17] Lamb, H., Hydrodynamics, Cambridge University Press, 6th edition, Cambridge, 1932. (Reprinted: Dover, New York, 1945.)

[18] Milne-Thomson, L. M., Theoretical Hydrodynamics, Macmillan, London, 1938 (中译本:L. M. 米尔恩-汤姆森,理论流体动力学,机械工业出版社,1984).

[19] Goldstein, S., Modern Developments in Fluid Dynamics; an Account of Theory and Experiment Relating to Boundary Layers, Turbulent Motion and Wakes, (Fluid Motion Panel of the British Aeronautical Research Committee.) 2 volumes, Clarendon Press, Oxford, 1938.

关于热力学概念的介绍,参看

[20] Epstein, P. S., Textbook of Thermodynamics, Wiley, New York, 1937.

[21] Zemansky, M. W., Heat and Thermodynamics, 2nd Edition, McGraw-Hill, New York, 1943.

B部分. 具体流动类型的微分方程

关于非等熵流的特殊处理,参看

[22] Crocco, L., Una nuova funzione di corrente per lo studio del moto rotazionale dei gas, Atti Reale Accademia Nazionale dei Lincei 23, 115—124 (1936), Eine neue Strömungsfunktion für die Erforschung der Gase mit Rotation, Zeitschrift für angewandte Mathematik und Mechanik, 17, 1—7 (1937).

[23] Vazsonyi, A., On rotational gas flows, Quarterly of Applied Mathematics 5, No. 1, 29—37 (1945).

[24] Frazer, J. H., Hicks, B. L., Guenther, P. E., and Wasserman, R. H., Reports issued by the Ballistic Research Laboratories, Aberdeen Proving Ground, Maryland, 1946.

[25] Tsien, H. S., One dimensional flows of a gas characterized by van der Waals' equation of state, Journal of Mathematics and Physics 25, 301—324 (1947); 26, 76—77 (1947).

附录

至于实验报告,参看

[26] Einstein, H. A., and Baird, E. G., Progress report of the analogy between surface shock waves on liquids and shocks in compressible gases, Hydrodynamics Laboratory Report No. N-54, California Institute of Technology, Pasadena, 1946.

详细讨论浅水波理论并附有一个广泛详尽的文献目录的是

[27] Stoker, J. J., The formation of breakers and bores, Communications on Applied Mathematics 1, No. 1, 1—87 (1948).

第二章 依赖于二个变量的流动的数学理论

双曲型微分方程的一般理论在下列文献中得到发展:

[28] Hadamard, J., Lecons sur la propagation des ondes, Hermann, Paris 1903.

[29] Lewy, H., Über das Anfangswertproblem bei einer hyperbolischen nichtlinearen partiellen Differentialgleichung zweiter Ordnung mit zwei unabhängigen Veränderlichen, Mathematische Annalen 98, No. 2, 179—191 (1927).

[30] Perron, O., Über Existenz und Nichtexistenz von Integralen partieller Differentialgleichungssysteme im reellen Gebiet, Mathematische Zeitschrift 27, No. 4. 549—564 (1928).

[31] Hadamard, J., Le problème de Cauchy et les équations aux dérivées partielles linéaires hyperboliques, Hermann, Paris, 1932. (In particular, the Appendix.)

[32] Courant, R., and Hilbert, D., Methoden der mathematischen Physik, Vol. II. Springer, Berlin, 1937. (Reprint: Interscience, New York, 1943.)

[33] Cinquini-Cibrario, M., Un teorema di esistenza e di unicità per un sistema di equazioni alle derivate parziali, Annali di matematica [4], 24, 157—175 (1945).

[34] Friedrichs, K. O., Nonlinear hyperbolic differential equations for functions of two independent variables, American Journal of Mathematics (in press, 1948).

附录

[35] Giese, J. H., Compressible flow with degenerate hodographs, Ballistic Research Laboratories, Aberdeen Proving Ground, Maryland.

第三章 一 维 流 动

A 部分. 连续流动

B 部分. 稀疏波和压缩波

关于简单波的最初的讨论,参看

[36] Poisson, S. D., Mémoire sur la théorie du son, Journal de l'école polytechnique, 14 ^{me} Cahier, 7, 319—392 (1808).

[37] Earnshaw, S., On the mathematical theory of sound, Transactions of

the Royal Society of London 150, 133—148 (1860).

关于一维非线性波的理论，一般地参看

[38] Riemann, B., Über die Fortpflanzung ebener Luftwellen von endlicher Schwingungsweite, Abhandlungen der Gesellschaft der Wissenschaften zu Göttingen, Mathematisch-physikalische Klasse 8, 43 (1860), or Gesammelte Werke, 1876, p. 144.

[39] Rayleigh, J., Aerial plane waves of finite amplitude, Proceedings of the Royal Society 84, 247—284 (1910). Also Scientific Papers, Vol. V. Cambridge University Press, Cambridge, 1912, pp. 573—610.

C部分. 冲击波

关于气体运动中的间断性的讨论，除[38]和[39]外，参看

[40] Stokes, E. E., On a difficulty in the theory of sound. Philosophical Magazine [3], 33, 349—356 (1848).

[41] Challis, J., On the velocity of sound, Philosophical Magazine [3], 32, 494—499 (1848).

[42] Rankine, W. J. M., On the thermodynamic theory of waves of finite longitudinal disturbance, Transactions of the Royal Society of London 160, 277—288 (1870).

[43] Hugoniot, H., Sur la propagation du mouvement dans les corps et spécialement dans les gaz parfaits, Journal de l'école polytechnique 58, 1—125 (1889).

[44] Rüdenberg, R., Über die Fortpflanzungsgeschwindigkeit und Impulsstärke von Verdichtungsstössen, Artilleristische Monatshefte, No-113 (1916).

[45] Becker, R., Stosswelle und Detonation, Zeitschrift für Physik 8, 321—362 (1922).

这篇文章包含了冲击波区宽度的理论. 关于精细的处理，参看

[46] Thomas, L. H., Note on Becker's theory of the shock front, The Journal of Chemical Physics 12, No. 11, 449—453 (1944).

下列文献讨论了具有任意状态方程的流体中的冲击波

[47] Bethe, H., Office of Scientific Research and Development, Division B, Report No. 545, 1942.

[48] Weyl, H., Shock waves in arbitrary fluids, National Defense Research Committee, Applied Mathematics Panel Note No. 12 (Applied Mathematics Group—New York University No. 46), 1944.

下文中给出了空气中冲击波过渡的表格

[49] Brinkley, S. R., Jr., Kirkwood, J. G., and Richardson, J. M., Office of Scientific Research and Development No. 3550, 1944.

D部分. 相互作用

下文中处理了 Lagrange 问题

[50] Love, A. E. H., and Pidduck, F. B., Lagrange's ballistic problem, Transactions of the Royal Society of London 222, 167—226 (1922).

相互作用现象是在[64]中提到的. 系统地研究过它们的是

[51] von Neumann, J., Progress report on the theory of shock waves, National Defense Research Committee, Division 8, Office of Scientific Research and Development No. 1140, 1943.

[52] Courant, R., and Friedrichs, K. O., Interaction of shock and rarefaction waves in one-d'mensional motion National Defense Research Committee, Applied Mathematics Panel Report 38.1R (Applied Mathematics Group—New York University No. 1), 1943.

[53] Courant, R., Technical Conference on Supersonic Flow and Shock Waves, Naval Report 203—45, Bureau of Ordnance, 1945.

关于相互作用的近似处理,参看

[54] Chandrasekhar, S., On the decay of plane shock waves, Ballistic Research Laboratories, Report No. 423, Aberdeen Proving Ground, Maryland, 1943.

[55] Friedrichs, K. O., Formation and decay of shock waves, Institute for Mathematics and Mechanics—New York University No. 158 (1947). or Communications on Applied Mathematics (in press, 1948).

[56] Leopold, A., Decaying shocks, Institute for Mathematics and Mechanics—New York University No. 167 (1947).

特别,关于反射问题参看

[57] Chandrasekhar, S., The normal reflection of a blast wave, Ballistic Research Laboratories, Report No. 439, Aberdeen Proving Ground, Maryland, 1943.

[58] Von Neumann, J., Proposal and analysis of a new numerical method for the treatment of hydrodynamical shock problems, Applied Mathematics Panel Report 108.1R: Applied Mathematics Group, Institute for Advanced Study No. 1, 1944.

[59] Finkelstein, R., Normal reflection of shock waves, Explosives Research Report No. 6, Bureau of Ordnance, Navy Department, 1944.

[60] Martin, M. H., A problem in the propagation of shock, Quarterly of Applied Mathematics 4, No. 4, 330—348 (1947).

[61] National Defense Research Committee, Division 2, Office of Scientific Research and Development Nos. 4147, 4257, 4356, 4514, 4649, 4754, 4875, 5011, 5144, 5271, 5393, 6007.

关于实验结果参看

[62] Payman, W., and Shepherd, W. F. C., Explosion waves and shock waves Part VI, The disturbance produced by bursting diaphragms with compressed air, Ministry of Supply, Advisory Council 735, Phys./Ex. 98 (W-12-157), 1941.

[63] Winckler, J. R., Van Voorhis, C. C., Panofsky, H., and Ladenburg, R., National Defense Research Committee, Division 2, Office of Scientific Research and Development No. 5204, 1945.

E部分. 爆轰波和爆燃波

除 Becker[45], von Neumann[51], Döring[15]等文献外, 有关这方面的文献参

看
[64] Jouguet, E., Méchaniques des explosifs, O. Doin et Fils, Paris, 1917.
[65] Jouguet, E., La théorie thermodynamique de la propagation des explosions, Proceedings of the International Congress for Applied Mechanics, 1926, pp. 12—22.
[66] Semenov, N. N., The theory of the combustion process, Zeitschrift für Physik 48, 571—582 (1928), Translated by I. Alcock. (Reprinted: Durand Reprinting Committee, California Institute of Technology.) Also: Thermal theory of combustion and explosion, National Advisory Committee on Aeronautics, Technical Memorandum No. 1024, 1026.
[67] Lewis, B., and von Elbe, G., Combustion, Flames and Explosion of Gases, Cambridge University Press, Cambridge, 1933.
[68] Jost, W., Explosions—und Verbrennungsvorgänge in Gasen, Springer, Berlin, 1939. (Reprinted: Edwards Brothers, Ann Arbor 1943.)
关于实验结果参看
[69] Payman, W., and others, Explosion waves and shock waves, Parts I-V, Proceedings of the Royal Society (A) 132, 200—213 (1931); 148, 604—622 (1935); 158, 348—367 (1937); 163, 575—592 (1937).
进一步参看
[70] Taylor, G. I., Detonation waves, Ministry of Supply, Advisory Council on Scientific Research and Technical Development, Explosives Research Committee, Paper Advisory Council 639, Research Committee 178 (W-12-144), 1941.
[71] von Neumann, J. Office of Scientific Research and Development No. 549, 1942.
[72] Friedrichs, K. O., On the mathematical theory of deflagrations and detonations, Naval Report 79—46, Bureau of Ordnance, 1946.
[73] Gamow, G., and Finkelstein, R., Theory of the detonation process, Navy Department, Bureau of Ordnance, Navord 90—46 (103), 1947.
F部分.弹塑性介质中波的传播
参看 von Kármán 和其他著者通过国防研究委员会二处发表的大量报告和备忘录

第四章 等熵无旋定常平面流

A部分.速度图方法
二维定常流动的速度图方法应归于
[74] Molenbrock, P., Über einige Bewegungen eines Gases bei Annahme eines Geschwindigkeitspotentials, Archiv der Mathematik und Physik 9, 157—195 (1890).
[75] Chaplygin, S. A., On gas jets, Scientific Annals of the Imperial University of Moscow, Physico-mathematical Division, No. 21, Moscow, 1904. (Translation by M. H. Slud available through the School of Mechanics, Brown University, Providence, Rhode Island.)

对亚声速流动使用这方法曾写过大量的文章和报告,例如参看[12]和

[76] Theodorsen, T., and Garrick, I. E., General potential theory of arbitrary wing sections, National Advisory Committee for Aeronautics, Report No. 452, 1933.

[77] Busemann, A., Hodographenmethode der Gasdynamik, Zeitschrift für angewandte Mathematik und Mechanik 17, 73—79 (1937), or Forschung 4, 186 (1933).

[78] Tsien, H. S., Two-dimensional subsonic flow of compressible fluids, Journal of the Aeronautical Sciences 6, 339—407 (1939).

[79] Ring'eb, F., Exakte Lösungen der Differentialgleichungen einer adiabatischen Gasströmung, Zeitschrift für angewandte Mathematik und Mechanik 20, 185—198 (1940), Abstract in the Journal of the Royal Aeronautical Society 46, 403—404 (1942).

[80] Tollmien, W., Grenzlinien adiabatischer Potentialströmungen, Zeitschrift für angewandte Mathematik und Mechanik 21, 140—152 (1941).

[81] Bers, L., and Gelbart, A., On a class of differentia equations in mechanics of continua, Quarterly of Applied Mathematics 1, 168—188 (1943).

[82] Garrick, I. E., and Kaplan, C., National Advisory Committee for Aeronautics, Report No. L4I29, 1944.

[83] Bers, L., On a method of constructing 2-dimensional subsonic compressible flows around closed profiles, National Advisory Committee for Aeronautics, Technical Note 969, 1945.

[84] Bers, L., On the circulatory subsonic flow of compressible fluid past a circular cvlinder, National Advisory Committee for Aeronautics, Technical Note 970, 1945.

[85] Bergmann, S., On the two-dimensional flows of compressible fluids, National Advisory Committee for Aeronautics, Technical Note 972, 1945.

[86] Lin, C. C., On an extension of the von Kármán-Tsien method to two-dimensional subsonic flows with circulation around closed profiles, Quarterly of Applied Mathematics, 4, No. 3, 291—297 (1948).

对跨声速或混合流动参看

[87] Tricomi, F., Sulle equazioni lineari alle derivate parziali di 2° ordine, di tipo misto, Parts I-VII, Memorie della Reale Accademia Nazionale dei Lincei, classe di scienze fisiche, [5], 14. 133—247 (1922).

[88] Frankl, F., and Aleksejeva, R., Zwei Randwertaufgaben aus der Theorie der hyperbolischen partiellen Differentialgleichungen zweiter Ordnung mit Anwendungen auf Gasströmungen mit Überschallgeschwindigkeit. Matematicheskil Sbornik (Moscow) 41, 483—502 (1934/35). German résumé at end of article. See also review in Zentralblatt für Mechanik 5, 131—132 (1935).

[89] Christianovitch, C. A., On supersonic gas flow, Reports of the Central Aerohydrodynamical Institute No. 543.

[90] Frankl, F., On Cauchy's problem for partial differential equations of

mixed elliptico-hyperbolic type with initial data on the parabolic line, Akademiya Nauk S. S. S. R., Izvestiya, Seriya Matematicheskaya 8, 195—224 (1944).

[91] Frankl, F., On the problems of Chaplygin for mixed sub-and supersonic flows, Akademiya Nauk S. S. S. R., Izvestiya, Seriya Matematicheskaya 9, 121—148 (1945).

[92] Maccoll, J. W., and Codd, J., Ministry of Supply, Armament Research Department, Fort Halstead, Kent, 1945.

[93] Tsien, H. S., Galcit Publication No. 3, California Institute of Technology, 1946.

[94] von Kármán, Th., The similarity law of transonic flow, Journal of Mathematics and Physics 26, No. 3, 182—190 (1947).

关于极限线的概念和理论除[9],[77],[78]和[79]外,参看

[95] Clauser, F. M., New methods of solving the equations for the flow' of a compressible fluid, Doctoral Thesis, California Institute of Technology, 1937, Unpublished.

[96] Tsien, H. S., The limiting line in mixed subsonic and supersonic flow of compressible fluids, National Advisory Committee for Aeronautics, Technical Note No. 961, 1944.

[97] Liepmann, H. W., Investigations of the interaction of boundary layer and shock waves in transonic flow, Guggenheim Aeronautical Laboratory, California Institute of Technology.

[98] Guderley, G., The reason for the appearance of compressible shocks in transonic flow (Monograph On Transonic Flow), Translation by Kate Liepmann, Guggenhein Aeronautical Laboratory, California Institute of Technology.

[99] Friedrichs, K. O., On the non-occurrence of a limiting line in transonic flow, Institute for Mathematics and Mechanics—New York University No. 165, 1947.

B 部分. 特征线和简单波

C 部分. 斜冲击波阵面

简单波和斜冲击波阵面是由 L. Prandtl 及其学生们所研究过的;例如参看[3]和

[100] Meyer, Th., Über zweidimensionale Bewegungsvorgänge in einem Gas, das mit Überschallgeschwindigkeit strömt, Dissertation, Göttingen, 1908, Forschungsheft des Vereins deutscher Ingenieure, Vol. 62, Berlin, 1908, pp. 31—67.

[101] Steichen, A., Beiträge zur Theorie der zweidimensionalen Bewegungsvorgänge in einem Gas, das mit Überschallgeschwindigkeit stromt, Dissertation, Göttingen, 1909.

关于特征线方法参看

[102] Prandtl, L., and Busemann, A., Näherungsverfahren zur zeichnerischen Ermittlung von ebenen Strömungen mit Überschallgeschwindigkeit, Stodola Festschrift, Zürich and Leipzig, 1929, pp. 499—509.

研究过简单波的相互作用的是

[103] Taub, A. H., Refraction of plane waves, Physical Review [2], 72, No. 1, 51—60 (1947).

发表过的一些有用的表格，参看

[104] Emmons, H. W., Gas Dynamic Tables for Air, Dover Publications, New York, 1947.

[105] Edmonson, N., Murnaghan, F. D. and Snow, R. M., The theory and practice of two-dimensional supersonic pressure calculations, Bumblebee Report 26, Applied Physics Laboratory, Johns Hopkins University, 1945.

[106] Shapiro, A. H., and Edelman, G. M., Method of characteristics for two-dimensional supersonic flow-graphical and numerical procedures, Journal of Applied Mechanics 14, No. 2, A154—162 (1947).

进一步可参看

[107] Schubert, F., Zur Theorie des stationären Verdichtungsstosses, Zeitschrift für angewandte Mathematik und Mechanik 23, No. 3, 129—138 (1943).

[108] Thomas, R. N., Ballistic Research Laboratories, Report No. 483, Aberdeen Proving Ground, Maryland, 1944.

[109] Laitone, E. V., Exact and approximate solutions of two-dimensional oblique shock flow, Journal of the Aeronautical Sciences 14, No. 1, 25—41 (1947).

[110] Tsien, H. S., Flow conditions near the intersection of a shock wave with solid boundary, Journal of Mathematics and Physics 26, No. 1, 69—75 (1947).

[111] Thomas, T. Y., On curved shock waves, Journal of Mathematics and Physics 26, No. 1, 62—68 (1947).

研究过间断面的稳定性的是

[112] Landau, L., Stability of tangential discontinuities in compressible fluid, Akademiya Nauk S. S. S. R., Comptes rendus (Doklady), 44, No. 4, 139— 141 (1944).

D部分．相互作用和反射

提到过几个相互作用结构的是

[113] Preiswerk, E., Anwendung gasdynamischer Methoden auf Wasserströmungen mit freier Oberfläche, Mitteilungen aus dem Institut für Aerodynamik, Eidgenössische Technische Hochschule, Zürich, No. 7, (1938).

由 von Neumann 发展的系统理论，参看[51]和

[114] von Neumann, J., Oblique reflection of shocks, Navy Department, Bureau of Ordnance, Explosives Research Report No. 12, 1943.

[115] Chandrasekhar, S., On the conditions for the existence of three shock waves, Ballistic Research Laboratories, Report No. 367, Aberdeen Proving Ground, Maryland, 1943.

[116] Polachek, H., and Seeger, R. J., Regular reflection of shocks in ideal gases, Navy Department, Bureau of Ordnance, Explosives Research Report No. 13, 1944.

在本书中提到的图解法讨论，参看

[117] Friedrichs, K. O., Remarks on the Mach effect, National Defense Research Committee, Applied Mathematics Panel Memos Nos. 38.4M and 38.5M (Applied Mathematics Group—New York University Nos. 5 and 6), 1943. (Also Appendix.)

独立地发展了理论的有

[118] Weise, A., Theorie des gegabelten Verdichtungsstosses, Institut für Gasdynamik der Deutschen Versuchsanstalt für Luftfahrt, E. V., Berlin-Adlershof, 1943.

[119] Weise, A., Über die Strömungsablosung durch Verdichtungsstösse, Institute für Gasdynamik der Deutschen Versuchsanstalt für Luftfahrt, E. V., Sonderdruck aus Technische Berichte 10, No. 2, 59—61 (1943).

[120] Weise, A., Die Herzkurvenmethode zur Behandlung von Verdichtungsstössen, Institut für Gasdynamik der Deutschen Versuchsanstalt für Luftfahrt, E. V., Berlin-Adlershof, 1943.

这些文章的英译本参看英国情报目标附属委员会II组，Halstead 开发中心的译本.

进一步参看

[121] Bargmann, V., Applied Mathematics Panel Report No. 108.2R (Applied Mathematics Group—Institute for Advanced Study No. 2), 1945.

关于实验结果参看

[122] Cranz, C., and Schardin, H., Kinematographie auf ruhendem Film und mit extrem hoher Bildfrequenz, Zeitschrift für Physik, 56, 147—183 (1929).

[123] Smith, L. G., Division 2, Office of Scientific Research and Development No. 6271, 1945.

[124] Libessart, P., Ministry of Supply, Research Committee 417 (WA-2315-6), 1944.

关于相互作用的近似处理参看[55]和

[125] DuMond, J. W. M., Cohen, E. R., Panofsky, W. K. H., and Deeds, E., A determination of the wave forms and laws of propagation and dissipation of ballistic shock waves, Journal of the Acoustical Society of America 18, No. 1, 97—118 (1946).

E部分. 相互作用的扰动方法. 翼型流.

一阶扰动理论属于

[126] Ackeret, J., Über Luftkräfte bei sehr grossen Geschwindigkeiten insbesonders bei ebenen Strömungen, Helvetica Physica Acta 1, 301—322 (1928).

二阶扰动理论属于

[127] Busemann, A., Widerstand bei Geschwindigkeiten nahe der Schallgeschwindigkeit, Verhandlungen des 3. Internationalen Kongress fur technische Mechanik, Stockholm, 1, 282—286 (1930).

[128] Busemann, A., and Walchner, O., Profileigenschaften bei Überschall

geschwindigkeit, Forschung auf dem Gebiet des Ingenieurwesens 4A, 87—92 (1933).
[129] Busemann, A., Aerodynamischer Auftrieb bei Überschallgeschwindigkeit. Reale accademia d'Italia, classe delle scienze fisiche, matematiche e naturali, Quinto Convegno Volta 13, 3—35 (1935).
三阶和四阶扰动理论属于
[130] Donov, A., A plane wing with sharp edges in a supersonic stream, Izvestia Akademia Nauk U. S. S. R. Série Mathématique (1939).
进一步参看
[131] Epstein, P. S., On the air resistance of projectiles, Proceedings of the National Academy of Sciences 17, 532—547 (1931).
[132] Taylor, G. I., Applications to aeronautics of Ackeret's theory of aerofoils moving at speeds greater than that of sound, British Aeronautical Research Committee, Reports and Memoranda No. 1467 (WA-4218-5a), 1932.
[133] Hooker, S. G., British Aeronautical Research Committee, Reports and Memoranda No. 1721, 1936.
[134] Crocco, L., Singolarità della corrente gassosa iperacustica nell' interno di una prora a diedro, (Singularity of supersonic gas flow in the neighborhood of leading edge of a wedge.) L'Aerotecnica 17, 519—534 (1937).
[135] Goldstein, S., and Young, A. D., The linear perturbation theory of compressible flow, with applications to wind-tunnel interference, British Aeronautical Research Committee Technical Report 6865, Reports and Memoranda No. 1909 (WA-4029-5), 1943.
[136] Lighthill, M. J., British Aeronautioal Research Committee, Reports and Memoranda No. 1929, 1944, addendum, 1944, The conditions behind the trailing edge of the supersonic aerofoil, British Aeronautical Research Committee, Reports and Memoranda No. 1930, 1944.
还可参看
[137] Tukey, J. W., Linearization of solutions in supersonic flow, Quarterly of Applied Mathematics 5, No. 3, 361—364 (1947).
描述实验结果的是
[138] Ferri, A., Experimental results with airfoils tested in the high-speed tunnel at Guidonia, National Advisory Committee for Aeronautics, Technical Memorandum No. 946. From Atti di Guidonia, No. 17 (1939).

F 部分，关于定常流动边值问题的评述
特别是参看[88]，[90]和[92]到[94]。这些文献是与跨声速流动有关的。

第五章 喷管与射流中的流动

关于这课题的广泛详尽的文献中我们提出
[139] Stodola, A., Dampf-und Gasturbinen, 6th edition, 1924. (Steam and

Gas Turbines, translation by L. C. Löwenstein. McGraw-Hill, New York, 1927).
[140] Stanton, T. E., On the flow of gases at high speeds, Proceedings of the Royal Society of London (A) 111, 306—339 (1926).
[141] Busemann, A., Lavaldüsen für gleichmässige Überschallströmungen, Zeitschrift des Vereins Deutscher Ingenicure 84, 857—862 (1940).
[142] Kisenko, M. S., Comparative results of tests on several different types of nozzles, Central Aero-hydrodynamical Institute, Moscow, Report No. 478, 1940. (Translation, National Advisory Committee for Aeronautics, Technical Memorandum No. 1066, 1944).
[143] Emmons, H. W., The numerical solution of compressible fluid flow problems, National Advisory Committee on Aeronautics, Technical Note No. 932, 1944.
[144] Friedrichs, K. O., Theoretical studies on the flow through nozzles and related problems, National Defense Research Committee, Applied Mathematics Panel Report 82.1R (Applied Mathematics Group—New York University No. 43), 1944.
关于不定常喷管流动参看
[145] Schultz-Grunow, F., Nichtstationäre eindimensionale Gasströmung, Forschung 13, 125—134 (1942).
[146] Green, J. R. and Southwell, R. V., High-speed flow of compressible fluid through a two-dimensional nozzle, Relaxation methods applied to engineering problems, Part IX, Philosophical Transactions of the Royal Society of London (A) 239, No. 808, 367—386 (1944).
[147] Kantrowitz, A., and Donaldson, C. du P., National Advisory Committee on Aeronautics, No. L5D20, 1945.
关于凝聚冲击波参看
[148] Oswatitsch, K., Kondensationserscheinungen in Überschalldüsen, Zeitschrift fur angewandte Mathematik und Mechanik 22, No. 1, 1—14 (1942). (Translation reprinted by the Durand Reprinting Committee, California Institute of Technology.)
[149] Herrmann, R., Der Kondensationsstoss in Überschall-Windkanaldüsen, Luftfahrtforschung 19, No. 6, 201—209 (1942).
关于射流参看
[150] Prandtl, L., Neue Untersuchungen über die strömende Bewegung der Gase und Dämffe, Physikalische Zeitschrift 8, 23—32 (1907).
[151] Fraser, R. P., Flow through nozzles at supersonic speeds, Four interim reports on jet research, 1940 to 1941, Ministry of Supply, D. S. R, Extra Mural Research F72/115 (WA-1513-1a).
[152] Hartmann, J., and Lazarus, F., The air-jet with a velocity exceeding that of sound, Philosophical Magazine [7], 31, 35—50 (1941).
还可参看[63]和
[153] Pack, D. C., Branch for Theoretical Research, Fort Halstead, Kent, (WA-3903-3), 1944.

关于火箭理论参看

[154] Rocket fundamentals, Office of Scientific Research and Development No. 3992, Division 3, Section H, ABL-SR4, George Washington University, 1944.

第六章 三 维 流 动

A 部分、柱对称定常流动

[155] von Kármán, Th., and Moore, N. B., Resistance of slender bodies moving with supersonic velocities, with special reference to projectiles, American Society of Mechanical Engineers, Transactions 54, 303 (1932).

[156] Lighthill, M. J., Fluid Motion Panel, Aeronautical Research Committee, 8040, F. M. 727, 1944.

[157] Maccoll, J. W., Theoretical Research Committee Report 15/45, British Aeronautical Research Committee 45/13, 1945.

[158] Sears, W. R., On compressible flow about bodies of revolution, Quarterly of Applied Mathematics 4, No. 2, 191—192 (1946).

[159] Hayes, W. D., Linearized supersonic flows with axial symmetry, Quarterly of Applied Mathematics 4, No. 3, 255—261 (1946).

[160] Sears, W. R., On projectiles of minimum wave drag, Quarterly of Applied Mathematics 4, No. 4, 361—366 (1947).

[161] Sears, W. R., A second note on compressible flow about bodies of revolution, Quarterly of Applied Mathematics 5, No. 1, 89—91 (1947).

[162] Laitone, E. V., The linearized subsonic and supersonic flow about inclined slender bodies of revolution, Journal of the Aeronautical Sciences 14, No. 11, 631—642 (1947).

还可参看[137]

[156]和下文指出了改进

[163] Chien, W. Z., Galcit Publication No. 3, Abstracts, California Institute of Technology, 1946.

下文讨论了近似的精度

[164] Kopal, Z., A few remarks on the limitations of linearized theory in supersonic flow, Massachusetts Institute of Todhnology, Technical Report No. 2, 1947.

B 部分. 锥型流

[165] Busemann, A., Drücke auf kegelförmige Spitzen bei Bewegung mit Überschallgeschwindigkeit, Zeitschrift für angewandte Mathematik und Mechanik 9, No. 6, 496—498 (1929).

[166] Bourquard, F., Ondes balistiques, planes obliques et ondes coniques, Comptes rendus 194, 846 (1932).

[167] Taylor, G. I., and Maccoll, J. W., The air pressure on a cone moving at high speeds, Proceedings of the Royal Society (A) 139, 278—311 (1933).

[168] Maccoll. J. W., The conical shock wave formed by a cone moving at

high speed, Proceedings of the Royal Society (A) 159, 459—472 (1937).
[169] Busemann, A., Die achsensymmetrische kegelige Überschallströmung, Luftfahrtforschung 19, No. 4, 137—144 (1942).
下文中发表了关于向着锥形射体的流动的详尽表格
[170] Kopal, Z., Tables of supersonic flow around cones, Massachusetts Institute of Technology, Technical Report No. 1, 1947.
至于柱对称流动一般可参看
[171] Ferrari, C., Determinazione della pressione sopra solidi di rivoluzione a prora acuminata disposti in deriva in corrente di fluido compressibile a velocità ipersonora, Atti della reale accademia delle scienze di Torino 72, 140—163 (1936).
[172] Ferrari, C., Campi di corrente ipersonora attorno a solidi di rivoluzione, L'Aerotecnica 16, No. 2, 121—130 (1936). Campo aerodinamico a velocità iperacustica attorno a un solido di rivoluzione a prora acuminata, L'Aerotecnica 17, No. 6, 508—518 (1937).
还可参看
[173] Ferrari, C., Campi di corrente ipersonora attorno a solidi di rivoluzione, Atti 1, Congr. Un. Mat. Ital., 1938, pp. 616—626.
[174] Ferrari, C., Sulla determinazione del proietto di minima resistenza d'onda, I and II, Atti della reale accademia delle scienze di Torino 74, 675—693, 75, 61—96 (1939).
[175] Sauer, R., Charakteriskenverfahren für raumliche achsen symmetrische Aberschallströnungen, Forschungsbericht, No. 1269, 1940.
[176] Ferri, A., Application of the method of characteristics to supersonic rotational flow, National Advisory Committee on Aeronautics, Technical Note No. 1135, 1946.
[177] Sauer, R., Überschallströmung um beliebig geformte Geschossspitzen unter kleinem Anstellwinkel, Luftfahrtforschung 19, No. 4, 148—152 (1942).
不用假定柱对称的线性化流动在许多文章中都有处理
[178] Schlichting, H., Airfoil theory at supersonic speed, Jahrbuch der deutschen Luftfahrtforschung 1, 181—197 (1937), Translated by National Advisory Committee for Aeronautics, Technical Memorandum No. 897, 1939.
[179] Busemann, A., Deutsche Akademie der Luftfahrtforschung, 1942, pp. 455—470 and 7B, No. 3, 105—122, 1943. Reprinted in translation by Douglas Aircraft Company, Inc.
[180] Stewart, H. J., The lift on a delta wing at supersonic speeds, Quarterly of Applied Mathematics 4, No. 3, 246—254 (1946).
[181] Frankl, F. I., and Karpovich, E. A., Resistance of a delta wing in a supersonic flow, Prikladnaya Matematika i Mekhanika 11, No. 4, 495—496 (1947).
[182] Galin, L. A., A wing rectangular in plane in a supersonic flow, Prikla-

dnaya Matematika i Mekhanika 11, No. 4, 465—474 (1947).
[183] Bonney, E. A., Aerodynamic characteristics of rectangular wings at supersonic speeds, Journal of the Aeronautical Sciences 14, No. 2, 110—116 (1947).
[184] Puckett, A. E., and Stewart, H. J., Aerodynamic performance of delta wings at supersonic speeds, Journal of the Aeronautical Sciences 14, No. 10, 567—578 (1947).
[185] Hayes, W. D., Linearized supersonic flow, Doctorate Thesis, California Institute of Technology, 1947.
[186] Evvard, J. C., Distribution of wave drag and lift in the vicinity of wing tips at supersonic speeds, National Advisory Committee for Aeronautics, Technical Note 1382, 1947. See also: The effects of yawing thin pointed wings at supersonic speeds, National Advisory Committee for Aeronautics, Technical Note 1429, 1947.
[187] Evvard, J. C., and Turner, R. L., Theoretical lift distribution and upwash velocities for thin wings at supersonic speeds, National Advisory Committee for Aeronautics, Technical Note 1484, 1947.

C部分.球面波

下列文献处理过这部分所讨论类型的波

[188] Bechert, K., Zur Theorie ebener Störungen in reibungsfreien Gasen, Annalen der Physik [5]. 37. 89—123 (1940); 38, 1—25 (1940). See further: Über die Ausbreitung von Zylinder-und Kugelwellen in reibungsfreien Gasen und Flüssigkeiten, Annalen der Physik [5], 39, 169—202 (1941). And also: Über die Differentialgleichungen der Wellenausbreitung in Gasen, Annalen der Physik [5] 39, 357—372 (1941).
[189] Marx, H., Zur Theorie der Zylinder-und Kugelwellen in reibungsfreien Gasen und Flüssigkeiten, Annalen der Physik [5], 41, 61—88 (1942).

进一步参看[69]和

[190] Taylor, G. I., The formation of a blast wave by a very intense explosion, Ministry of Home Security, R. C. 210 (II-5-153), 1941.
[191] Landau, L. D., On shock waves, Akademiya Nauk S. S. S. R., Fizichaskil Zhurnal, 6, 229—230 (1942).
[192] Taylor, G. I., The propagation and decay of blast waves, British Civilian Defense Research Committee, 1944.
[193] Guderley, G., Starke kugelige und zylindrische Verdichtungsstösse inder Nähe des Kugelmittelpunktes bzw. der Zylinderachse, Luftfahrtforschung 19, No. 9.
[194] Kuo, Y. H., The propagation of a spherical or a cylindrical wave of finite amplitude and the production of shock waves, Quarterly of Applied Mathematics 4, No. 4, 349—360, (1947).
[195] Taylor, G. I., The air wave surrounding an expanding sphere, Proceedings of the Royal Society of London [A], 186, 273—292 (1946).

关于球面波类型的近似处理参看

[196] Kirkwood, J. G, and Bethe, H, A., Progress report on "the pressure wave produced by an underwater explosion I." Division B, Serial No.

252, Office of Scientific Research and Development No. 588, 1942.
[197] Sauer, R., Charakteristikenverfahren für Kugel- und Zylinderwellen reibungsloser Gase, Zeitschrift für angewandte Mathematik und Mechanik 23, No. 1, 29—32 (1943).
[198] Kirkwood, J. G., and Brinkley, S. R., Jr., National Defense Research Committee No. A-318, Office of Scientific Research and Development No. 4814, Cornell University—Division 2, 1945.

此外,还可参考 **M. J. Lighthill** 的综合报告:"高速气体流动"(它将发表于第 VII 届国际应用力学会议文集中,此次会议于 1948年在英国伦敦举行)及 **S. Goldstein**[19] 的书的第三卷,后者正在准备中,它将涉及可压缩流体的流动.